新基建 新动能

数字化转型中的5GtoB

黄逸珺　车培荣　胡一闻
彭若弘　张爱华　董　爽　编著
谢智勇　杨　旭　杨天剑

電子工業出版社
Publishing House of Electronics Industry
北京 · BEIJING

内 容 简 介

作为奇数代移动通信网的系统与技术，5G 的“破坏性创新”主要源于 toB 需求场景。目前，运营商已经部署了大规模 5G 网络，千行百业的 5G 应用探索也在如火如荼地进行。本书基于 toB 价值主张下的产业经济学研究和对电信运营规律的解构，采用动态能力理论框架，探索 5GtoB 服务感知能力、捕获能力的构建，助力 5G 能力与 B 端企业数字化转型需求的深度耦合。在此基础上，从服务营销转型、网络运营转型、网络资源配置转型、能源管理转型等方面分析电信运营转型思路，探索以对内数字化转型推动对外数字化赋能的驱动路径，以期实现电信运营使能千行百业，创造全局性数字化产业变革的美好未来。

本书适合战略与运营管理学术研究人员、运营商及其上下游产业链各层级管理人员、互联网界关注 toB 转型的相关人员与 toB 创业人士使用。

图书在版编目（CIP）数据

新基建 新动能：数字化转型中的 5GtoB / 黄逸珺等编著. —北京：电子工业出版社，2024.1

（数字化转型理论与实践系列丛书）

ISBN 978-7-121-46799-8

Ⅰ. ①新… Ⅱ. ①黄… Ⅲ. ①第五代移动通信系统－研究 Ⅳ. ①TN929.53

中国国家版本馆 CIP 数据核字（2023）第 230975 号

责任编辑：李树林　　特约编辑：田学清
印　　刷：三河市华成印务有限公司
装　　订：三河市华成印务有限公司
出版发行：电子工业出版社
　　　　　北京市海淀区万寿路 173 信箱　　邮编：100036
开　　本：720×1000　1/16　印张：19.5　字数：415 千字　插页：2
版　　次：2024 年 1 月第 1 版
印　　次：2024 年 1 月第 1 次印刷
定　　价：98.00 元

凡所购买电子工业出版社图书有缺损问题，请向购买书店调换。若书店售缺，请与本社发行部联系，联系及邮购电话：（010）88254888，88258888。

质量投诉请发邮件至 zlts@phei.com.cn，盗版侵权举报请发邮件至 dbqq@phei.com.cn。

本书咨询联系方式：（010）88254463，lisl@phei.com.cn。

序

以 5G 为代表的新一代基础设施如何成为高质量发展的新动能是信息通信产业的时代命题，在此背景下以数字化转型为主题的研究成果不计其数，在技术演进、商业模式、千行百业解决方案等方面都有不少的著作。本书的新颖之处主要体现在运营与 toB 两个视角上。

从运营视角看，新型基础设施建设（以下简称新基建）的高效运营对数字化转型来讲不可或缺。

改革开放以来，我国开展了大规模的各类基础设施建设（以下简称基建），有效拉动了经济的增长。随着基础设施规模的不断扩大，盘活存量、高效运营的重要性日益凸显，二者成为经济社会高质量发展的重要驱动力。在以 5G 为代表的新基建领域，电信运营责任重大，这不仅体现在网络基础设施提供方面，更体现在电信运营是全面生态构建的基础。我非常同意本书的观点，以华为、腾讯、海康威视等为代表的解决方案提供者可以做出“点”状的“灯塔工厂”，甚至可以拉通某些“线”状的易感行业，但要在覆盖全国甚至全球的“面”上真正实现数字化转型的效益闭环，电信运营全程全网和属地运营兼有的能力不可或缺。当然，新基建的运营并不局限于现有的运营商，亚马逊、阿里巴巴等从云服务出发实行专网运营的尝试也被证明是可行的。本书应用战略管理前沿的动态能力理论，从感知能力、捕获能力、转型能力等方面对电信运营体系进行一般化推演，给出了构建新基建高效运营体系的可行思路。

从 toB 视角看，尝试解构以 5G 为代表的新基建领域高质量发展的动能来源也很重要。

我国的消费互联网发展迅猛，特别是在以零售和本地生活服务等为代表的 toC 领域，以互联网为主体，对传统行业的“互联网+”平台化运营模式的改造取得了极大成功。产业互联网与消费互联网的发展路径大相径庭。toB 的本质是面向生产，其个性化、定制化特点限制了驱动消费互联网平台经济“高歌猛进”发展的网络外部性效应，OTT 平台的生存空间大大受限，产业互联网的发展越来越清晰地呈现出以传统行业为主体、以互联网手段赋能的“+互联网”模式。在这种背景下，如何深入地认知 B 端行业、企业，在千行百业的个性化中找到“+互联网”的共性规律，就成为驱动以 5G 为代表的新基建领域高质量发展的关键。本书在总结作者长期电信运营经验的基础上，从需求识别、场景评估、能力构建、生态整合等方面尝试建立 toB 认知体系，为以 5G 为代表的新基建领域的高质量发展寻找可行路径。

本书作者中有多位是我的学生，他们均有超过二十年的研究、教学经验，是一批长期致力于电信领域研究的学者。本书作者与我都深刻认识到，电信运营必须向数字化服务运营转型，只有这样，才能真正实现对数字化转型的有效支撑。同时，电信运营转型对全社会的数字化转型［消费互联网、泛信息通信技术（ICT）演进、新基建、“双碳”等］具有很大的溢出价值，因此电信运营转型也是全社会数字化转型成功的必要条件。在此，向有志于探索数字化转型战略的研究者、参与电信运营体系的实践者、互联网 toB 创业者推荐本书，本书一定会对大家打开转型思路、探索未知路径有所帮助。

北京邮电大学　舒华英

2023 年 10 月

前　言

科学发现孕育技术发明进而驱动产业变革是科技创新最终形成生产力、优化生产关系的路径与规律。牛顿经典力学理论孕育了以蒸汽机为代表的技术发明，进而驱动了机械化工业革命的发生；热力学、电磁学理论等孕育了内燃机、电动机等为代表的技术发明，进而驱动了电气化工业革命的发生。从科技发现到产业变革是一个长期、渐进的过程。

以半导体、计算机等为代表的信息技术（IT）创新源于20世纪初产生的、以相对论与量子力学理论为基础的科学发现，但直到20世纪90年代，互联网的爆发才催生了电子商务、在线离线商业模式（O2O）等对零售领域和本地生活服务领域的产业变革，而其影响主要集中在消费侧，即消费互联网。近年来，千行百业大规模开展的数字化转型正在通过产业互联网向全面的数字化产业变革推进。

产业变革的概念源于18世纪末至19世纪中叶欧美国家发生的并引发世界范围内的机器大工业生产替代手工工业生产的革命性变革。从概念上讲，全面的产业变革一般指社会物质生产部门结构的革命或变革，是技术革命的成果在生产中的广泛应用，只有当社会经济运行模式和生产方式发生变革时，才意味着产业变革的发生。当前，我国彻底跨越了短缺经济，全面实现了温饱经济，在迈向充裕经济的路上面临增长方式转型的巨大挑战。在这种形势下，我国的5G网络部署全球领先，我国也力图以此带动新基建、产生新动能。

技术形成生产力需要基础设施的加持，某一类通用技术适逢相应的关键基础设施就有机会形成规模庞大的产业体系，蒸汽机之于铁路系统、内燃机之于公路系统皆是如此。网络是主要的IT基础设施，运营商及其生态体系是网络建设与运营的主体，从这个意义上讲，5G网络是集中体现IT进步的关键基础设施，5GtoB是IT进步并推动社会经济运行模式和生产方式发生变革的代表路径之一。因此，以5G为代表的数字技术是B端企业数字化转型的新动能，包括运营商、系统集成商（SI）、互联网企业、5G设备供应商等在内的电信运营生态对如何满足高度差异化、定制化的 toB 数字化转型需求正在加速给出答案，挑战与机遇并存。5GtoB 是 ICT 行业对千行百业数字化转型大潮的响应，同时 5GtoB 的成功离不开电信运营体系的支持，其健康发展也是电信运营转型的重要契机。

本书定位为一部面向数字化产业变革的运营管理专著，共 12 章，核心逻辑围绕 toB 动态能力的提升而构建。第 1 章具有综述性质；第 2 章从产业经济的视角阐述 toB 服务的本质，读者需要一定的经济学基础知识；第 3 章通过系统动力学方法阐述 5G 网络演进视角的运营管理规律；第 4 章介绍了 5GtoB 动态能力框架，即对感知能力、捕获能力、转型能力的综述；第 5～12 章分别对感知能力、捕获能力、转型能力这三方面展开论述，第 5 章的客户需求识别能力和第 6 章的场景识别及易感性评估能力对应感知能力，第 7 章的技术服务能力和第 8 章的生态整合能力对应捕获能力，第 9～12 章的服务营销转型、网络运营转型、网络资源配置转型、能源管理转型对应转型能力。本书各章节具备一定的独立性，读者可以根据自身情况各取所需。

有志于深入探索数字化产业变革基本规律与未来发展趋势的战略与运营管理学术研究人士可以在通读全书的基础上，根据自己的研究方向重点关注相关内容；运营商的各层级管理人员、上下游产业链（网络与终端设备制造、开发与集成、工程运维服务、渠道等）管理人员可以从第 3 章开始，在深入解构复杂的电信运营体系的基础上，根据自己关心的线条（市场、政企、网络、建设等）重点关注后续相应章节；互联网界关注 toB 转型的相关领域人士、toB 创业人士可以从第 4 章开始，探索基于动态能力的 toB 服务能力架构，在电信运营转型趋势中寻找价值创造的机会。

本书作者有北京邮电大学的黄逸珺、车培荣、胡一闻、彭若弘、张爱华、谢智勇、杨旭、杨天剑及北京联合大学的董爽。全书的编写思路、核心成果是全体作者共同研究的结晶。本书编写工作的分工如下：黄逸珺、车培荣、胡一闻负责全书的统稿与审校；胡一闻编写了前言、1.3 节、9.5 节，还与黄逸珺合作编写了 12.3 节；车培荣编写了 1.1 节、1.2 节、第 4 章；谢智勇编写了第 2 章；黄逸珺编写了第 3 章、第 6 章，还与胡一闻合作编写了 12.3 节；张爱华编写了第 5 章、9.1～9.4 节；彭若弘编写了第 8 章、第 11 章、12.2 节；杨旭和董爽共同编写了第 7 章和第 10 章；杨天剑编写了 12.1 节、12.4 节。本书作者均为在电信行业从事教学和学术实践研究工作多年的大学教师或研究人员，大多完整经历了改革开放后我国电信行业的高速发展及电信网络 2G、3G、4G、5G 的代际演进过程，亲身感受了我国通信科技对西方的追赶、超越，是一群对我国电信行业有很深感情的学者。希望有志者以本书为载体，将本书作者对电信运营的理解与积累应用到面向未来的 5GtoB 转型中，为我国 ICT 行业的健康发展贡献自己的力量。

感谢以下学生在数据收集、书稿编辑等方面对本书做出的贡献：北京邮电大学的李嘉展、吴倩倩、何欣、陈锡敏、赵越、姬俊杰、李琳、杜利、都昊、赵肖克、王飞、赵泽旭、翁永廉、陈璧藤、黄泽平、祝可菲、陈超、胡鹏、田婷、贾黎、马鸣阳、于涵、陈超雨、周澜、赵泽旭、李梓凡、王梦怡，以及北京联合大学的刘云云、顾晓萍。

目　　录

第 1 章

5GtoB 进入深水区

作为奇数代移动通信网的系统与技术，5G 的"破坏性创新"主要源于 toB 需求场景。在运营商大规模开展 5G 网络建设的同时，千行百业的 5G 应用探索也在如火如荼地进行，大量"点"状创新应用正在依场景拉通成为"线"状的行业问题解决方案，下一步的主要议题是如何形成"面"状的全领域提升，从而实现全局性数字化产业变革。

我们对运营商、电信设备供应商、SI、B 端[①]客户等进行了多渠道实地调研，调研发现：B 端客户的价值与 C 端[②]客户有很大的差异，运营商传统的以服务 C 端客户为主的运营模式使之在 5GtoB 时代面临着极大的挑战。如何快速满足高度差异化、定制化的 toB 需求亦是运营商面临的重大挑战。运营商迫切需要研究 5GtoB 的价值创造本质，下大力气提升自己明显的能力短板，大胆创新转型。

1.1 5GtoB 发展现状

2019 年 6 月 6 日，工业和信息化部发放 5G 牌照，随后，中国电信、中国移动、中国联通三家运营商都对 5G 进行了大规模投资。截至 2022 年底，我国 5G 基站总数达 231.2 万个，占移动基站总数的 21.3%；5G 移动电话用户达 5.61 亿户，占移动电话用户总数的 33.3%。随着 5G 的快速发展，各行各业都在开展与 5G 相关的新技术应用探索，仅 2022 年由工业和信息化部主办的第五届"绽放杯" 5G 应用征集大赛就收到参赛项目超 2.8 万个，智慧城市、智慧园区、智慧港口、智慧钢铁、智慧电力、智慧矿山、智慧医院、云游戏、自动驾驶等 5GtoB 应用取

---

① B 端即 Business 端，通常代表生产侧需求，一般表现为企业、政府等组织客户的需求。

② C 端即 Customer 端，通常代表消费侧需求，一般表现为个人、家庭等消费客户的需求。

得了一定的发展。华为通过成立煤矿军团、智慧公路军团、海关和港口军团、智能光伏军团、数据中心能源军团、数字金融军团、站点能源军团、机器视觉军团等在相关行业持续推进 5GtoB 落地。5GtoB 应用取得了不小的成绩，离“面”状的全领域提升看似只有一步之遥。但是，在我国 5G 牌照发放第五个年头的今天，通过 5GtoB 实现全局性数字化产业变革的道路依然漫长，5GtoB 的规模化推广遇到了比较大的困难。目前，运营商在 5G 上的投入远大于收益，成功的商业模式还没有出现，但作为具备全程全网基础设施和属地化运营能力的全域运营主体，运营商在 5GtoB 的规模化推广与效益闭环形成方面责无旁贷。

5GtoB 也引起了 IT 界的极大兴趣，特别是一些兼具互联网运营和云服务经验的实力玩家，通过既有的云技术创新引领及对 B 端客户的深入洞察，引入 5G 带来的大带宽、大连接、实时、高可靠等各类连接新特性，从而更有效地为企业的数字化转型提供服务。典型范例是亚马逊推出的“Amazon Private 5G”和阿里巴巴推出的 5G 轻量化核心网（CN）及基于云原生技术和理念的“XG-Hypervisor”。前者承诺企业客户可以“像其他任何 IT 采购一样采购专网”（专网的全称为专用网络），在几天的时间范围内，使客户以自助形式配置、部署 5G 专网（Private 5G Network，P5G），以云服务体验满足其云网一体的 5GtoB 专网构建需求，赚足了眼球；后者经过宁波舟山港的实施，深耕云原生，“云化”了 5G 核心网（5G Core，5GC）的关键网元用户面功能（User Plane Function，UPF），实现了 5GtoB“驻地网”的云网融合。随着工业和信息化部于 2022 年 11 月 20 日正式宣布给中国商用飞机有限责任公司发放全国第一张企业 5G 专网的频率许可，5GtoB 形成更丰富的运营生态成为共识，而作为“云”实现虚拟化的基础，“网”本身依属地而生，IT 界的这些探索在实施中同样面临深入价值挖掘与提升属地运营能力的问题。

我们判断 5G 的发展已经历泡沫期，正在逐步进入理性发展期，并为进入爬升期做铺垫和准备，5GtoB 进入深水区。

1.2 5GtoB 发展调研

为了更清楚地了解 5GtoB 在应用发展上的问题和挑战，我们对专家学者、钢铁企业、工程设备制造企业及运营商进行了调研访谈。

问题 1：5GtoB 的本质是什么？运营商在其中的角色是什么？目前存在的主要问题是什么？

专家学者观点：5GtoB 的本质是 B 端的数字化。对于 toB，运营商是一个非常重要的赋能角色，需要获得企业的认可，提出的解决方案要具有可复制性。运营商要强调和 B 端的行业协同，在考虑自身资源和能力的同时，也要考虑 toB 本身的需求、能力和发展阶段。

钢铁企业观点：钢铁企业数字化转型以企业为主导，以业务为驱动，从一线工人及企业产业链痛点出发制订行业问题解决方案。当前，运营商、设备供应商等第三方为钢铁企业提供的服务并没有深入到业务核心，也还没有改变业务流程，对钢铁企业的降本增效效果有限。

运营商观点：在 5GtoB 中，运营商肩负着“对内数字化转型，对外赋能行业”的使命，致力于做产业链的整合者和信息化、数字化转型的使能者。数字化转型强调数据要素，通过网络技术解决算力和连通性的问题。运营商面向 5GtoB 仍存在许多困难，例如，行业融合困难，toB 系统解决方案的设计能力欠缺，5GtoB 方案落地成本高昂，以及商业模式难寻等。

问题 2：如何识别 5GtoB 客户和易感场景？

专家学者观点：toB 项目不可能深耕所有行业领域，所以运营商在探索 5GtoB 时需“有度”地选择重点行业。有学者认为，车联网行业值得关注，其头部厂商是重点服务对象。通过工业调研，我们发现许多制造业企业都有随时传感、随时测试和数据及时处理、反馈等场景数智化需求，这类 toB 项目落地的前提是：企业具有雄厚的经济实力且存在业务痛点，领导者对技术高度重视，企业有采纳新技术的动力。

钢铁企业观点：

（1）某钢铁企业对 5G 的诉求是：改善员工工作环境，实现工作流程自动化、智能化，提升生产效率。

（2）钢铁企业在炼钢过程中存在的易感场景有远程控制、机器视觉、智能加渣机器人、安防监控、5G+虚拟现实（Virtual Reality，VR）、协同装配、无人码头、空地一体智能飞行系统等。

（3）对钢铁企业来说，要识别易感场景，就要关注企业管理痛点和可以为企业降本、增收的场景。

设备制造企业观点：由 5G 可以率先带来变化的是工业互联网行业。

该企业作为行业龙头，已实现了 6 个 5G 应用场景，分别为自动导引车（Automated Guided Vehicle，AGV）、数据采集、机器视觉、三现视频、远程驾驶、车路协同。未来计划打造出 8 大类 30 多个细分场景。它与运营商具有前期合作的良好基础，具有数字化转型的强烈意愿，希望打造 5G 全连接工厂，并使之成为未来赋能产业链上的小型 B 端。

运营商观点：

（1）目前，开展5GtoB应用比较积极的领域包括电力、政府、交通、医疗、教育、互联网、彩色电视制造、封闭空间的局域化场景（港口、仓储、钢铁、煤炭、采矿）等。运营商应该从技术需求出发，判断可以给哪些行业赋能，自下而上地选择行业，并从中筛选出具有同类企业所有制性质和类似管理模式、经营管理需求的客户。但是，运营商难以进入需要深度定制的行业，难以服务价值大但难度高、风险大的客户。

（2）当前，5GtoB新业务主要基于历史客情关系进行挖掘，依靠客户经理与客户的深入接触发现和形成需求。但是，仍缺乏更高层次需求的挖掘及需求识别的方法论。

（3）运营商主要推动与安全相关的场景（矿山）、广域的流动性场景（AGV）、政府的公共场景（车站、站厅）、环保场景等200多个重点场景的建设。目前已经完成的场景多来自头部企业的技改项目，且这些企业自身使用5G方案的意愿较强。但是，目前已经完成的场景较离散，可复制性、可拓展性也不强。对此，期待国家政策的支持和良好激励机制的出现是运营商的共同心声。

问题3：运营商应该打造什么样的5GtoB技术服务能力架构？

专家学者观点：5G作为网络连接技术，需要在数据和算力两个要素上发力。作为5G技术的引领者，运营商应肩负起振兴5G的责任，制定统一的技术和应用标准，促进5G在中国落地的本土化、融合化和开放化。运营商要关注数字技术与行业工艺技术的协同发展，明白数据要素对企业的重要性，并给企业提供一个全业务流程的整体优化解决方案，而不能只关注局部优化。

运营商观点：频谱资源和网络是运营商的核心优势，运营商当前的技术架构包括门户层、应用平台即服务（PaaS）层、行业PaaS层、数字PaaS层和基础资源层。但由于各系统平台缺乏统一规划，数据、接口等未打通，仍需在通用能力平台建设方面进行深耕。对此，运营商可通过以下措施提升技术服务能力：一是提炼共性知识和平台集约化来提升产品能力；二是提高自主研发能力，使产品适配客户需求；三是构建云产品和服务的生态体系，促进云网融合。

问题4：对5GtoB产业链上各个利益相关者如何定位？如何进行生态管理？

专家学者观点：在5GtoB生态中，参与的角色更加多元化，每个角色在生态中的定位也在不断变化着。运营商应发挥“推小车”的作用，做规则引领者、标准制定者、平台建设者，选择以5G为牵引的行业，深刻考虑行业的利益诉求，与行业企业共同搭建生态，共同使能行业。toB的价值在于新动能、新业态、新要素，运营商需在明确服务对象的前提下，应用5G的智能化进行业务流程整合和变革，促进价值链的延伸，形成持久的收益，并将投资体系逐步生态化，挖掘新的商业模式，创造新的价值，关键在于价值创造和能力构建。

钢铁企业观点：当前，钢铁企业生态合作伙伴的引入暂无抓手，亟须探索。未来，掌握钢铁运营技术（Operation Technology，OT[①]）的企业应与掌握数据技术、信息技术、通信技术的融合（Data Technology、Information Technology、Communicaiton Technology，DICT）的企业建立战略合作关系，风险共担、利益共享。钢铁企业可采用以下三种项目合作模式：一是运营商总集成；二是 SI 集成，设备供应商提供能力或平台；三是运营商商业集成，设备供应商技术集成。需要大力探索可以落地的商业模式。

工程设备制造企业观点：在集成项目中，工程设备制造企业负责场景甄选、提供和测验；某运营商负责 5G 网络的搭建和验证；某设备供应商提供设备和 5G 技术解决方案。某工程设备制造企业目前的商业模式是其自身作为总集成商，运营商被集成。运营商针对该行业未来可探索的合作模式是成立合资公司，共建平台。

运营商观点：

（1）5GtoB 呈现出崭新的生态，运营商、头部企业、头部集成商、设备供应商、互联网企业都在试图争夺生态主导权。运营商凭借在“云”“网”等方面的优势，有望成为某些行业数字化转型的推动者，在生态中扮演着举足轻重的角色。

（2）多方责任制或许可作为一种合作模式，当运营商、设备供应商、客户和合作伙伴多方到达利益平衡点时，形成可持续运行的项目。

（3）运营商目前尚未有完善的项目体系和统一可复制的收费模式。

（4）由于运营商深入行业业务领域的集成能力不具优势，因此通常采用共建、联盟、设置机构等方式进行行业生态构建。运营商在生态中的定位要看不同行业的情况，其在通用行业领域提供数字化解决方案总体架构，尽量争取总集成角色。为此，需要先解决商业模式闭环问题。同时，运营商之间应避免恶性竞争，促进行业健康发展。

问题 5：5GtoB 时代，运营商如何转型？

专家学者观点：

（1）运营商内部已有的大网建设流程、管理流程和 5GtoB 专网建设的建设时间短、交付速度快、个性化要求多等需求严重不匹配。服务流程的改变可能需要进行相应的组织结构转型，应建立能更好地服务 B 端企业的组织架构和流程。

---

① OT 在这里泛指与工厂营运相关的技术。

（2）人才严重缺乏，需要聚合双向人才，由业务人才引领，由技术人才赋能。运营商面临数字化人才引进、使用、管理等的转型挑战。

（3）央企数字化转型最大的障碍来自激励机制。数字化转型存在失败的风险，而考核指标关注短期，未考虑数字化项目回报的延迟性。

钢铁企业观点：目前，5GtoB 成功项目的经验难以标准化，可复制性差，新业务上线速度达不到客户的要求，已上线业务缺乏运维能力，这些均对运营商的 toB 运营能力提升提出了迫切要求。

工程设备制造企业观点：目前，在企业在与运营商之间的合作中，运营商 toB 业务的交付能力存在短板，toB 项目要求运营商深入理解 B 端企业的个性化需求，这需要运营商进行组织变革。建议运营商安排地市公司负责售前服务，省公司统一管理售中和售后服务，集团公司统一负责产品研发和方案设计。

运营商观点：

（1）运营商在塑造转型能力时，需要以流程优化、组织结构调整、激励机制构建为抓手。

（2）面向 5GtoB 项目，运营商缺乏规范的售前、售中、售后流程，以项目式建设为主。未来，将形成规范流程，售前以客户为中心，由客户经理对接需求；针对售中，成立交付中心，由其一揽子解决交付过程中的所有问题；售后由专门的部门验收、交付，重视后续的运维与迭代。

（3）运营商组织机构广泛，基础设施和运维体系完善，能产生成本稀释效应，但也存在各部门目标利益不一致，组织结构设计机制不能发挥人才优势等问题。

（4）在激励机制方面，运营商需要以企业长远发展为目标，重新设计合理的绩效考核模式。也希望在国家层面，考虑 toB 商业模式的新特点，出台相应的扶持政策，建立良好的企业激励机制，推动 5G 建设。

1.3　5GtoB 时代电信运营面临的挑战

上面的调研显示：运营企业在 5GtoB 的发展中，虽然有频谱资源和网络优势，但面临着极大的挑战。

在以信息化为主要标志的第三次技术革命中，通信技术（Communication Technology，CT）是最早涌现的代表性通用技术，其历史甚至可以追溯到第二次技术革命（以电气化为标志）初期：人们经常把电灯作为人类使用电力的早期典型，但很少有人注意到电话的发明（贝尔，1876 年）甚至早于电灯的发明（爱迪生，1879 年）。在漫长的工业化进程中，通信相当于价值链中人际交流的辅助活动链条，人类对自然改造和加工的主要活动链条由机械化和电气化推动。20 世纪中叶，服务经济崛起，人力资本成为基本要素，服务交付强调人与人之间的互动，其推动力源自信息，正如美国著名思想家丹尼尔·贝尔在 20 世纪 70 年代提出“后工业社会”概念时对信息时代的预言：“如果说工具技术是人类体力的延伸，那么通信技术作为感受和知识的延伸极大地拓展了人类意识范围。”[1]

在信息时代初期，网络成为基于 CT 构建的关键基础设施，在大规模网络基础设施的加持下，以美国电话电报公司（AT&T）为代表的运营商逐渐进入舞台中央，不仅其自身成为收入和利润的“巨无霸”，还作为“链主”带动了千千万万个上下游产业链企业的发展。在规模性需求（以语音需求为主）和巨大投入能力的支持下，运营商在信息通信相关的技术创新方面也是独领风骚，AT&T 设立的贝尔实验室诞生了十余位诺贝尔奖获得者，贝尔实验室不仅在通信领域处于绝对的领先地位，在计算机科学、半导体等领域也领先于世界，发明了射电天文望远镜、晶体管、数字交换机、UNIX 操作系统、C 语言等创新技术产品。此外，贝尔实验室还发现了电子的波动性，提出了信息论等。

数据通信一直被认为是语音需求日趋饱和后电信运营行业发展的下一条增长曲线，从电信运营行业自身发展的角度看，确实如此，特别是数据通信与无线通信技术结合后形成的流量业务，在 4G 时代已经成为全球运营商收入和利润的主要来源。但是，如果跟（移动）数据通信催生的互联网与移动互联网行业对比，电信运营行业在收入和利润规模、产业链主导力、创新能力与成果、社会影响力等方面都大幅落后，如图 1-1 所示。

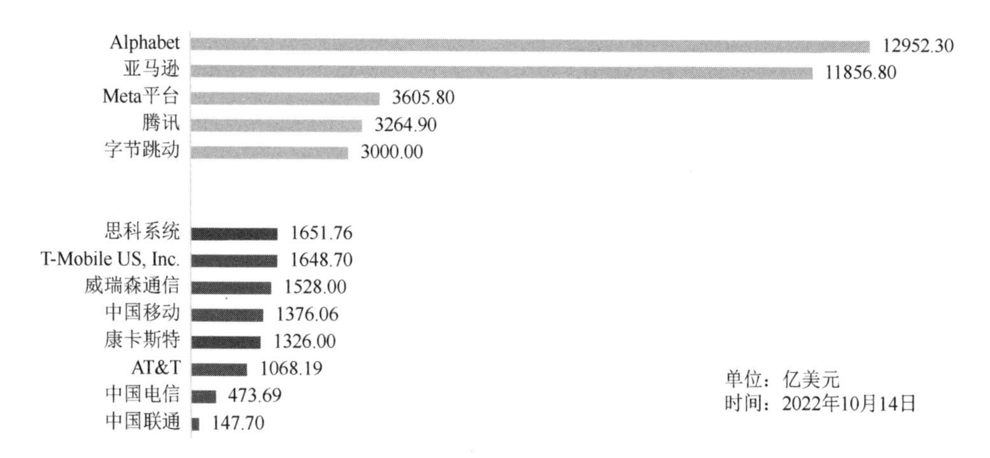

图 1-1　主要互联网公司与运营商的市值对比

但是，仔细分析，会发现电信运营之前的成功要素依然存在：CT 一直在飞速进步，需求在不断膨胀，基建方面也没有碰到太大挑战［3G 时代，Wi-Fi 与全球微波接入互操作性（World Interoperability for Microwave Access，WiMAX）掀起过涟漪，4G 时代就平息了］。

当前，在千行百业数字化转型的大潮下，toB 是电信运营的未来成为共识，回顾互联网行业的发展路径，观察电信运营被管道化的过程，展望 5G 发展前景，有如下思考：

互联网的第一次爆发式发展源于万维网（WWW，1991 年发布）与个人计算机（PC）。在固定互联网时期，互联网产业尚未形成完备的价值生态，新浪、搜狐、腾讯这样的互联网企业还要依靠增值服务提供商（Service Provider，SP）业务补充养分。互联网的第二次爆发（移动互联网）源于 App Store①与智能手机，电信运营行业为流量业务准备了新一代基础设施（3G 网络），欧美发达国家 3G 牌照的发放时间基本在 2000—2001 年，运营商为此还付出了高达百亿美元的巨额拍卖费用，新型基础设施的启动则在 2007 年（苹果公司发布第一代智能手机），谷歌于次年发布了安卓操作系统。在 WWW、App Store、智能手机操作系统这些“比特世界”的新型基础设施的研发与实施中，鲜有运营商的身影，其间，运营商尝试过“抄”WWW 的“作业”——无线应用协议（Wireless Application Protocol，WAP），但其一直被话音业务萎缩与流量刺激手段缺失困扰着。直到 4G 时代，智能手机 App 生态全面成熟，才开始收获管道化流量红利。当前，电信产业为 toB 准备了以 5G 网络为代表的新一代基础设施，相应的“比特世界”新型基础设施如何构建仍然需要探索，电信运营行业在价值主张和能力短板两个方面面临挑战。

1.3.1 价值主张挑战

价值主张挑战主要表现在：固守既有价值主张与商业模式，需求视野局限。

连接是数字经济发展的基础驱动力，电信运营行业作为广泛连接服务的提供者，一直坚持“一手交钱，一手交货”的直接交易型商业模式，其价值来源限于连接本身，只是随着技术的进步不断提升连接的数量（大连接）、强度（速率）、质量（实时、高可靠）。反观互联网行业，几乎所有互联网企业的主营业务都是免费的，价值实现与价值变现分离的商业模式设计是互联网运营中非常重要的一环。互联网业务价值更多地源于“被连接”的双方或者多方的需求：社交软件提升了

① App Store 是 iTunes Store 的一部分，是 iPhone、iPod touch、iPad 及 Mac 的服务软件，允许用户从 iTunes Store 或 Mac App Store 浏览和下载一些为 iPhone SDK 或 Mac 开发的应用程序。

人与人的沟通体验，电子商务连接对商品的供给与需求，搜索在我们和未知世界间搭起桥梁……消费互联网的蓬勃发展充分证明了以“免费”形式满足刚需的诱惑几乎无人能够抵挡，5GtoB 的产业互联网面临的情况要复杂得多，千行百业的需求高度分散，不同主体（如政府与企业）需求导向还会出现冲突，B 端价值主张的确立本质上源于对客户真实需求的洞察，体系化 toB 需求描述框架与易感场景辨识是构建新时期电信运营价值主张的关键，只有以此为基础进行差异化商业模式探索，才能为最终价值闭环的形成贡献力量。

1.3.2　能力短板挑战

能力短板挑战主要表现在柔性探索能力的缺失上。

电信运营企业自身数字化转型是基础。电信运营企业是在国内甚至国际的广袤空间中铺开产线，以复杂的流程组织起来并提供服务的巨型企业，其组织体系是典型的“前店后厂”型前后端模式（见图 1-2）：前店指的是负责市场推广、产品销售、客户服务等的市场线条，后厂指的是负责通信网规划、计划、项目管理、采购、工程建设、网络维护等的网络线条。由于基本业务的稳定性和长期性（话音、短信、流量等主要业务的生命周期均超过 10 年），电信运营的前后端均以效率优先的原则进行组织。

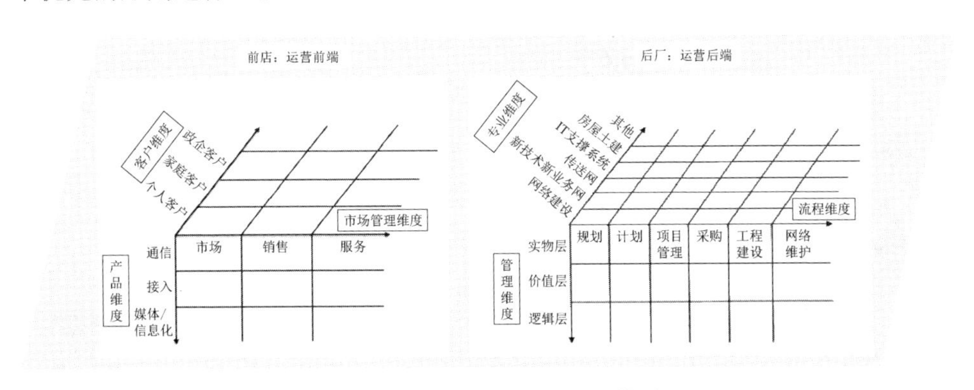

图 1-2　电信运营前后端组织模型

电信运营“前店后厂”的组织方式有利于大规模生产中运营效率的提升，这种组织方式在稳定性业务（话音、短信、流量等）及标准化服务（专线、互联网数据中心等）的属地化运营中“大显身手”。但是，这种适合标准化基本业务的组织模式难以满足 5GtoB 面向的千行百业的个性化、定制化需求，缺乏柔性探索能力。从战略管理的视角看，上述问题的根本解决之道在于运营商自身进行数字化转型，提升组织的动态能力[2]。

本章参考文献

[1] 托马斯·西贝尔. 认识数字化转型[M]. 毕崇毅，译. 北京：机械工业出版社，2021.

[2] TEECE D J. Dynamic capabilities as（workable）management systems theory[J]. Journal of Management & Organization，2018，24（3）：359-368.

第 2 章 toB 服务的本质及 5GtoB 服务的价值

随着新型 IT 的发展，客户的需求特征和企业的运营模式也在不断进化。toB 服务的本质就是以物理信息系统为基础，以新型要素投入引致的替代效应和效率提高引致的渗透效应为路径，不断促进信息系统的融合、企业资源的集成、运营机制的创新、智能制造的实现和价值创造的延展，5GtoB 服务同样符合以上规律。探索如何挖掘 5GtoB 服务的价值，梳理实现 5GtoB 服务价值的障碍，提出实现 5GtoB 服务价值的路径，以上是本章的主要内容。

2.1 toB 服务的本质

随着智能制造、工业 4.0 和产业互联网的发展，对基于物理信息系统的 toB 服务的本质的研究成为一个重要的现实问题。如果能够更好地理解 toB 服务的效率机制和实现层次，将会更好地发挥物理信息系统对社会经济的促进作用。

2.1.1 toB 服务的需求基础

新一轮的科技革命以来，各类产业的格局都发生了巨大的变化，全球制造业也呈现出新的发展趋势和动向。

1. 智能制造和工业 4.0 是 toB 服务的产业基础

1990 年，日本提出了名为“智能制造系统（IMS）”的战略计划，并推动了国际上的广泛合作[1]，美国和当时的欧洲共同体参加了该项计划，加拿大、澳大利亚等发达国家也参加了该项计划。此后，智能制造开始成为很多国家的发展战略。目前，一般认为智能制造就是由具备智能特征的技术设备和相关专业人员结合而成的人机一体化有机体，能够高效代替人类在制造过程中的重复劳动和部分智力活动，进而把生产自动化延伸到柔性化、数字化和集成化。

2013 年，德国在汉诺威工业博览会上提出工业 4.0 的概念，目的是提高德国工业的竞争力，使德国在新一轮科技革命中占领先机。后来，德国政府把工业 4.0 列入“德国 2020 高技术战略：理论、创新、繁荣”。工业 4.0 的目的就是利用 ICT 和网络虚拟空间建立信息物理系统（Cyber Physical System，CPS），最终把传统制造系统转型为智能化系统。

中国也提出了《工业互联网创新发展行动计划（2021—2023 年）》。以 5GtoB 为代表的工业互联网创新发展行动在新一轮信息科技发展的大趋势下，以新型基础设施发展为基础，通过融合创新，拓展应用场景，促进产业创新，构建新型商业生态，实现消费互联网向工业互联网的跃迁，推动经济社会数字化和智能化发展，完成数字经济的价值发现和价值实现。

2．企业运营模式的变化是 toB 服务的驱动因素

随着 IT 的应用，企业运营模式正在发生深刻变化，批量生产、专业分工、传统生产模式、提供产品和差异化服务正向定制化生产、一体化生产、智能制造模式、产品服务化和范围经济转变，如图 2-1 所示。

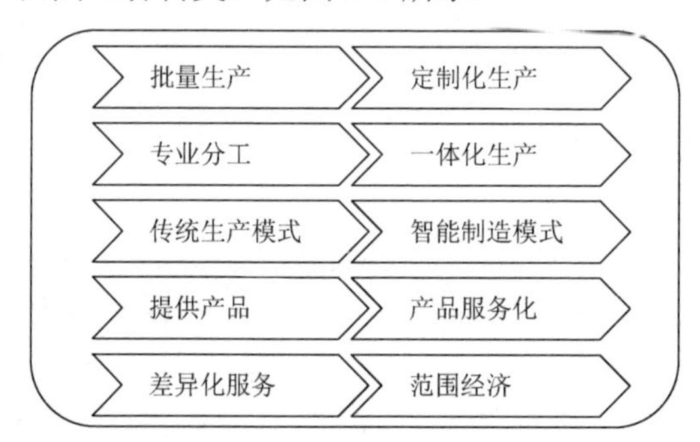

图 2-1　企业运营模式的变化

1）精准化——批量生产向定制化生产的转变

为了更好地满足市场需求，企业运营模式由批量生产向定制化生产转变。随着中国经济的快速发展和中国向着创造大国发展的转变，客户进一步提升了定制化产品的需求，促使制造业向着小众、定制化的方向转型。

2）一体化——专业分工向一体化生产的转变

为了适应供应链的变化，企业运营模式由专业分工向一体化生产转变。随着生产方式的进步，企业供应链呈现新的趋势，面对供应链的变化，制造业企业正在改变专业分工，整合上下游的产业信息，向着一体化生产发展。

3）智能化——传统生产模式向智能制造模式的转变

为了紧跟数字化步伐，企业运营模式由传统生产模式向智能制造模式转变。随着物联网（IoT）、人工智能（AI）、大数据、云计算等新兴技术的发展，很多工厂开始布局新兴技术手段，帮助制造业从传统生产模式向智能制造模式转变。

4）服务化——提供产品向产品服务化的转变

为了提升客户体验，企业运营模式由提供产品向产品服务化转变。随着人们生活水平的进一步提高，企业不再是单一提供产品的供应商，而是向着完善的服务供应商转变，工业领域也不可避免地从单一的产品提供向着一体化的产品服务转变。

5）综合化——差异化服务向范围经济的转变

为了充分发挥智能联结的潜力，企业在满足客户多样性需求的同时，不必显著增加新的额外投入。由于物理信息系统的发展，企业扩大经营范围和增加新的产品及服务主要依靠挖掘现有知识和经验，使隐性知识显性化，使碎片知识系统化。

3. 网络应用是 toB 服务的关键元素

产业领域对于 5G 网络的需求有自发的驱动力。很多企业已经开始自发探索和打造智能工厂，改善关键的运营环节，利用端到端的数据流和网络互联，有效地缩短产品研制周期，降低运营成本（OPEX）[①]、提高生产效率和产品质量。产业领域传统的通信方式在这一过程中成为一个明显的短板。

工业互联网的发展是多领域创新成果的集中体现，其中 CT 的创新成果是重要组成部分。5G 网络是未来通信网体系架构中支撑业务确定性可控需求的重要元素，5G 标准的演进也充分考虑了工业相关的多个场景对差异性服务保障、确定性带宽和时延的需求。5G 的技术优势可以在工业互联网的发展过程中发挥更大的作用，更好地促进各类产业的智能化制造、网络化协同、个性化定制、服务化延伸、数字化管理[②]等新模式新业态广泛普及。

① OPEX 是指运营商在运营活动中产生的各类当期付现成本投入，OPEX=维护费用+营销费用+人工成本。

② 2020 年 12 月 22 日，工业和信息化部发布的《工业互联网创新发展行动计划（2021—2023 年）》中提出的五种新模式新业态。

2.1.2 toB 服务的效率机制

toB 服务对社会和经济的影响是全方位的。从宏观层面来看，toB 服务通过替代效应和渗透效应实现社会生产效率的提高；从微观层面来看，toB 服务通过对分工和合作关系的改变，不断完善企业的效率机制。

1. 宏观层面

1957 年，索洛（Solow）发表了论文 *Technical Change and the Aggregate Production Function*[2]，首先采用全要素生产率进行研究。索洛以生产函数、计量方法和国民经济核算为基础，计算劳动和资本要素之外的生产率增长贡献。索洛的研究结论显示，1909—1949 年这段时期，在美国的经济增长率中，人均资本增长的贡献只占了 12.5%，技术推动的生产率提高带来了 87.5%的贡献。

1962 年，美国经济学家丹尼森（Denison）在前人研究的基础上，对索洛余值进行了更加深入的分析[3]。丹尼森把影响经济增长的因素归纳为两种，一种是生产要素投入量的增加，另一种是生产要素生产率的提高。丹尼森认为，生产要素的投入量包括劳动和资本，生产要素生产率的提高体现在资源再配置、规模经济和知识进步三个方面。

丹尼森利用美国 1929—1957 年的历史数据计算得出，在平均每年 2.9%的经济增长率中，资本和劳动的增加解释了其中的 1.575%，其余 1.325%的增长率是不能用生产要素投入量的增加来解释的，正确的解释来源于全要素生产率的提高。

尽管此后经济学家对经济增长核算进行了更多的研究，但是全要素生产率的研究框架没有实质性改变。这也为解释 toB 服务的价值提供了分析框架，即从宏观层面看，toB 服务的价值体现在提高企业的生产率，细分生产率提高的具体机制，主要包括资源再配置、规模经济和知识进步，如图 2-2 所示。

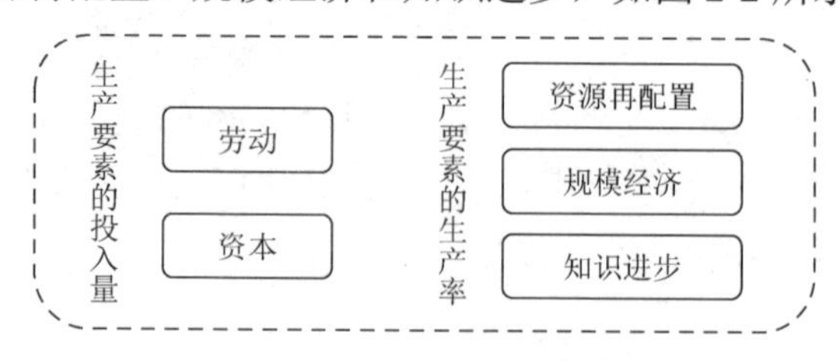

图 2-2 toB 服务的宏观价值体现

toB 服务的价值在生产要素的投入量方面的影响被定义为替代效应。信息科技的发展引致 ICT 投资的增加，ICT 投资的增加带来产出的增加，由此形成供应厂商的 ICT 资本和最终的替代效应，对经济增长贡献显著[4]。例如，从投资方面来看，随着 5G 应用的发展，我国的基站数量将比 4G 时代大幅度增加，运营商在

5G 领域网络建设的主体投资将超过 1 万亿元，相对于 4G 的投资也会增加[5]。

toB 服务的价值在生产要素的生产率方面的影响被定义为渗透效应。ICT 在信息生产、处理、存储、传输和应用等方面发挥着重要作用，进而促进社会生产过程中各类要素之间的协调与合作，消减不同信息不对称引发的市场失灵，最终带来全要素生产率的提高[6]，这是 ICT 渗透效应的具体实现过程。

2. 微观层面

分工和协作是解释农耕时代、工业时代和信息时代生产效率差异的重要基础。在产业梯度发展的各阶段背后，是分工不断细化和协作不断密切的耦合过程，如表 2-1 所示。

表 2-1 经济效率提高的重要基础

时　代	社会形态	资　源	生产力特质	经济形态
农耕时代	农业社会	物质（主要是土地等自然资源）	分散化个体	以自然经济为主的农业经济
工业时代	工业社会	物质和能量（主要是资本和动力资源）	集中化、规模化	以商品经济为主的工业经济
信息时代	信息社会	物质、能量和数据（数据资源上升为战略资源）	分布式、多元化、协同性	以网络经济为主的数字经济

但是，分工和协作经常呈现出不断解构和不断转型的过程。随着分工的不断深入，会产生规模报酬递增，促进市场范围扩大的正效应。而市场范围的扩大会使交易费用增加，带来经济组织变革，尤其是产业组织变革的压力，市场和企业的边界开始模糊，市场交易费用和企业管理成本的衡量难以测算。

toB 服务的价值体现在两个方面，如图 2-3 所示，一是观察经济组织变革的必要性，建立新的产业组织秩序，判断继续改进的可能性；二是为分工提供新型网络空间，同时降低市场交易费用和企业管理成本。

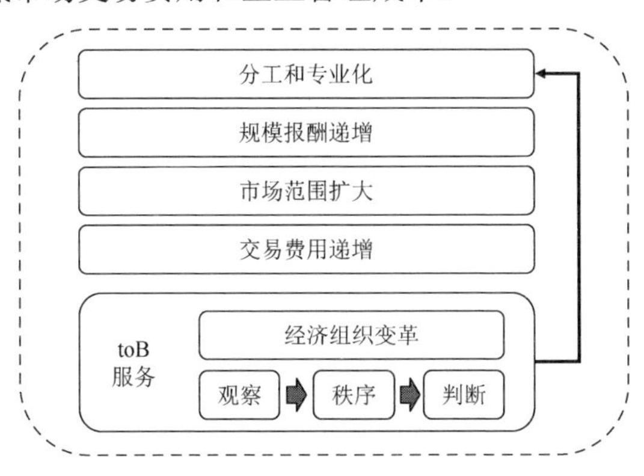

图 2-3 toB 服务建立了分工和专业化正反馈的价值体现

2.1.3 toB 服务的实现层次

toB 服务实现的现实基础是 CPS 的发展。早在 2006 年，美国国家科学基金会（National Science Foundation，NSF）就根据信息社会的发展成果，提出了 CPS 的理念[7]。一般来讲，CPS 属于继计算机和互联网之后，在全球范围内发生的第三次信息发展浪潮。CPS 以算法、交互、控制等新型 IT 的融合作为基础，实现了生产和服务体系的迭代和演进。

中国科学院院士何积丰认为，从广义的角度理解，CPS 以环境感知为条件，构建物理设备系统的内在融合和实时交互；以物理进程和计算过程的反馈循环为基础，不断扩展新型功能。CPS 是将信息世界和物理世界深度结合，创建可靠、可控、可信和可扩展的新型体系[8]。

toB 服务的实现就是将网络化、数字化系统与物理过程加以整合，这个过程包含信息系统的融合、企业资源的集成、运营机制的创新、智能制造的实现和价值创造的延展等层次。

2.2 5GtoB 服务的价值

5GtoB 的价值体现在多个层面：在企业层面，促进规模经济、范围经济和关联经济等效应的发挥；在产业层面，通过推动产业生态的发展，加强价值链和产业链的内在链接；在要素层面，为数据资产的确权创造条件，加快数据资产的价值创造过程。

2.2.1 5GtoB 在企业层面的价值

传统企业和产业也存在规模经济和范围经济等效应，随着 5G 应用场景的拓展，企业和产业的规模经济和范围经济效应将会在提高效率这一点上发挥更大潜力。另外，信息科技的技术特点将会使边际成本（MC）随产量的提高而显著降低，基于 5G 等 CT 的关联经济效应也会越发显著。

1. 规模经济效应

规模经济包括内部规模经济和外部规模经济。5GtoB 服务基于网络化的基础设施，是规模经济有效发挥的重要载体。未来，随着 5GtoB 服务逐渐演变为产业生态的底层逻辑，在其中居于主导地位的企业也将会扮演自然垄断者的角色。

1）内部规模经济

内部规模经济指企业在发生由自己内部所引起的规模变化时，收益增加。5GtoB 规模经济效应主要体现在专业化集聚上，也就是企业共用基础设施，共享集聚区内的公共资源，包括经营数据的共享和价值挖掘。相关研究显示，规模经济对制造业全要素生产率的作用效果是显著的[9]。在传统规模经济的基础上，5G 提供的综合解决方案可以促进企业内部规模经济的进化，实现刚性生产系统→柔性生产系统和大规模生产→大规模定制的演进，创造新的技术经济范式。

经济学研究的结论显示，产生规模经济的原因如下：

（1）能够利用更先进的技术和要素。

（2）企业内部分工更合理和专业化。

（3）更大规模的生产经营管理活动。

（4）与较低成本相联系的大量产出。

传统规模经济的实现主要依靠企业规模的扩大。5G 的应用促进了企业各类要素的集约化使用，在企业规模不变的条件下，实现了 5GtoB 规模经济效应，如图 2-4 所示。

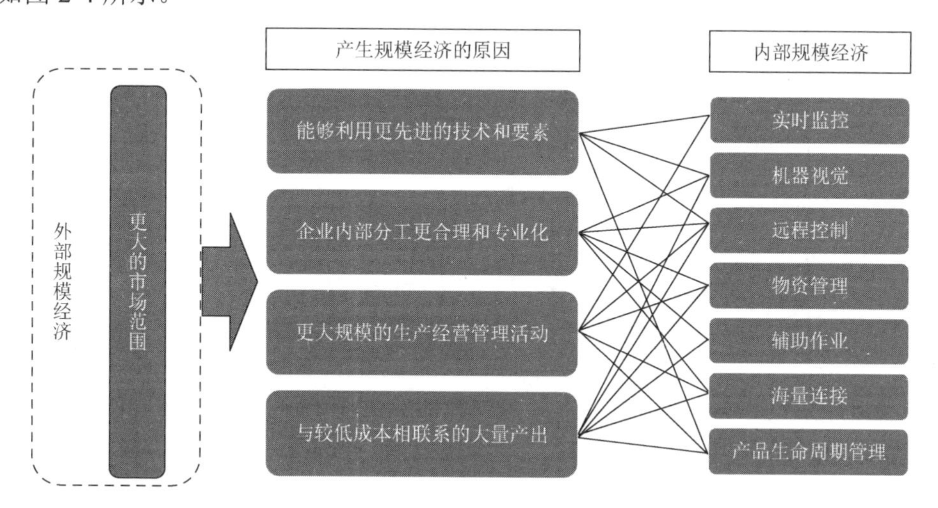

图 2-4　5GtoB 规模经济效应

2）外部规模经济

外部规模经济指整个行业（生产部门）的规模发生变化而使个别经济实体的收益增加。例如，行业规模扩大可降低行业内各企业的生产成本，使之获得相应收益。5G 可以有效降低超长距离中的信息共享和交流成本，作为虚拟空间和平台的基础技术，可以促进企业和企业之间协调、交易成本的下降，也可以提升供应链的敏捷能力[10]。此外，5G 还可以促使信息在企业和消费者之间高效、准确地双向流动，有效联结消费侧和供给侧，产生更大的外部规模经济效应。

2．范围经济效应

范围经济效应的发挥有赖于长尾需求的线性化。网络应用的优势之一就是通过提高供应链对异质需求的动态响应能力，拓展长期被忽略的长尾需求[11]，加强对长尾需求的发掘和管理，实现范围经济效应。

随着消费者个性化需求的发展，传统企业面临越来越大的挑战。例如，产品的多样性要求更高，定制化生产的程度更深，产品生命周期更短。由此带来企业研发费用和生产流程不确定性的持续增加。基于以上发展趋势，产品和服务的模块化是一种有效战略选择。相关研究显示，通过产品和服务的模块化设计提高市场竞争力还受到柔性生产和跨职能部门协作等因素的影响[12]。

以上研究结论本质上属于范围经济效应的范畴，5GtoB 服务都能在其中发挥巨大的作用，如图 2-5 所示。

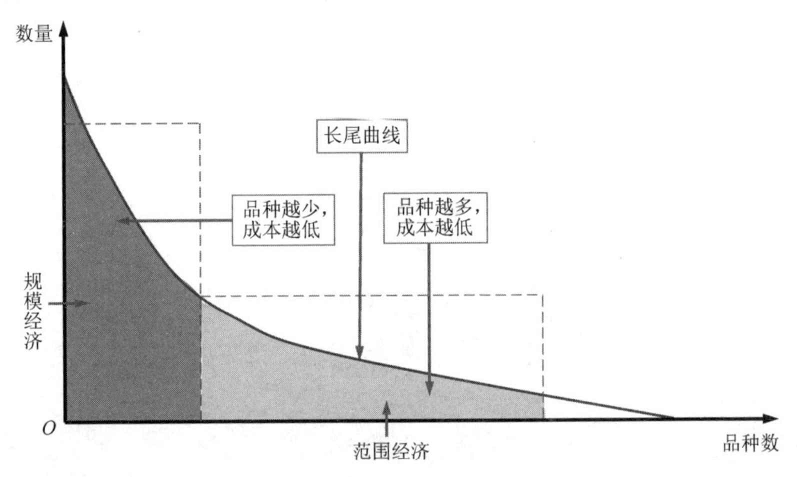

图 2-5　5GtoB 范围经济效应

3．关联经济效应

一般来讲，很多企业的生产过程都是一系列复杂工序的组合，要求设备统一兼容和工序稳定衔接。另外，企业之间的相互协作可以减少市场交易成本。以上内容都是实现关联经济的重要条件。5GtoB 服务为以上条件的优化提供了新的契机，并体现出新的特征：

（1）公平。防止机会主义，努力实现公平公正。所有合作者的价值共创与价值分配尽量对等，防止出现价值共毁现象。

（2）平等。努力使合作各方从商业关系的“商业伙计”转型为“商业伙伴”。

（3）绑定。基于总体价值的共同绑定，将单个企业的业绩与参与共同创造过程的其他参与者的业绩联系起来。

4. 自然垄断趋势

5G 可以促进内部规模经济效应和外部规模经济效应的实现，进而实现行业领域的集成，甚至演变为横跨多行业的全域应用。按照梅特卡夫定律（Metcalfe's Law），“网络价值等于网络节点数的平方，网络效益随着网络用户数的增加而呈指数增长”，网络自身发展比较容易出现自然垄断的趋势。5GtoB 的长远影响如图 2-6 所示，纵轴 C 表示成本，AC 表示平均成本；横轴 Q 表示 5G 的总体使用量，或者是 5G 的网络规模，又或者是 5G 用户数。在 5G 的使用规模达到 Q^*值之前，基于一个企业的网络的平均成本，比基于同时存在的两个企业的网络的平均成本要低，从而体现出自然垄断属性。

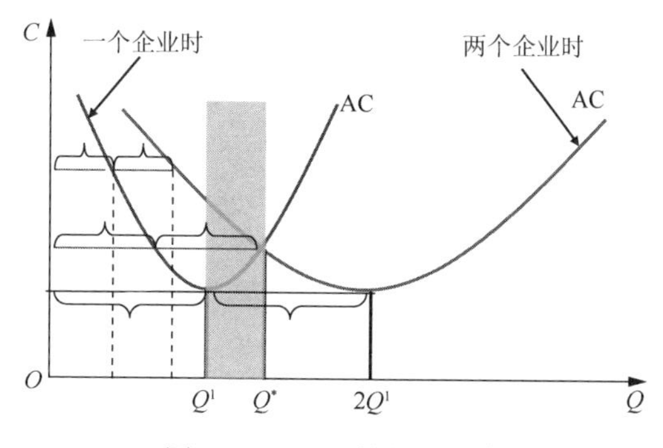

图 2-6 5GtoB 的长远影响

使用 5G 网络的企业如果充分发挥网络化设施的成本特性和网络效应，最终可能促使在现有市场范围之内，只需要一家或少数几家厂商就可以满足全部或者大部分需求。此时的 5GtoB 服务体现出两方面的经营效率：一是基于 5G 的物理信息系统平均成本的持续下降，二是使用 5G 物理信息系统的企业平均成本持续下降。

2.2.2 5GtoB 在产业层面的价值

5GtoB 服务将会影响企业的边界。按照科斯《企业的性质》等论文中的说法，企业是对市场机制的替代，是另外一种资源配置方式。企业的边界取决于市场交易成本和企业管理成本的均衡。5GtoB 服务对以上两种成本都有显著影响，进而影响到企业边界的溶解和企业的跨界经营，改变企业的市场竞争、合作关系，包括生产组织体系和劳动雇佣关系的变化，如图 2-7 所示。

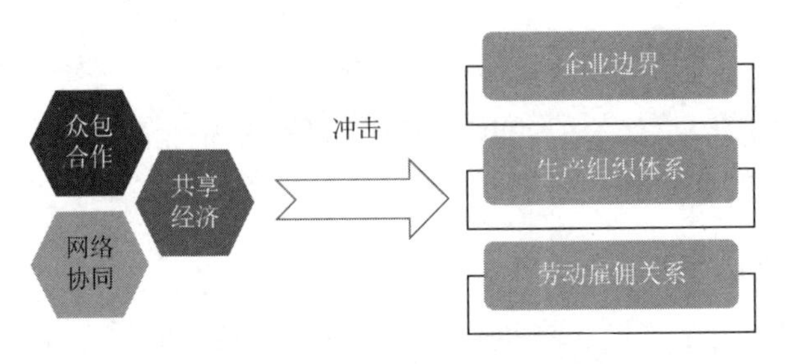

图 2-7　5GtoB 的市场结构价值判断

5GtoB 促进生产组织体系从垂直整合架构转向网络协同架构。生产组织体系的网络协同架构就是厂商运用数据智能化而追求协同效应的一种生产运作模式。目前，生产组织体系的网络协同架构已开始渗透加工制造业。例如，小米科技有限责任公司（简称小米公司）、青岛酷特智能股份有限公司（简称酷特智能）、尚品宅配、海尔集团公司等许多企业已开始运用大数据、云计算和 AI 等技术来构建网络协同架构。与此同时，企业与客户的关系也会发生变化。例如，部分客户主动参与企业新产品或新服务的测试，在一定程度上体现了企业员工的职能，改变了劳动雇佣关系。

5GtoB 可以促进产业生态的变化。产业内的不同企业可以在设备之间、厂区之间、地区之间建立网络化的互联互通体系，推动各类要素、价值链和产业链的内在链接，以数据流动加快人才、资金和物资的流动，有效优化产业生态和发展质量。

2.2.3　5GtoB 在要素层面的价值

目前，数据已经成为社会经济中的重要生产要素，但是数据要素价值的发挥还需要结合数据要素的特征，如图 2-8 所示。5GtoB 服务同样要结合数据要素的特征，在数据要素的资源配置过程中发挥决定性作用。

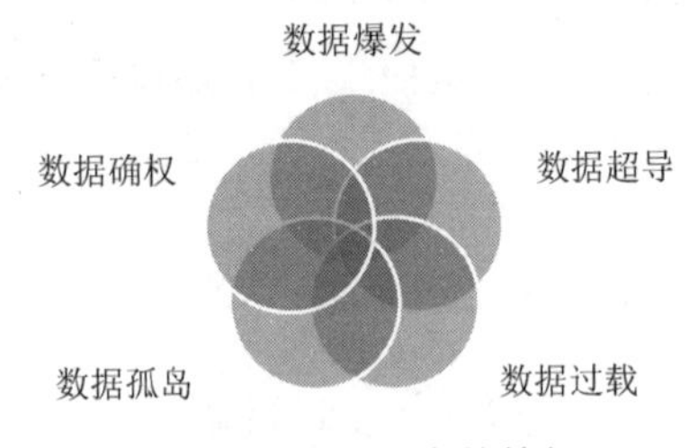

图 2-8　数据要素的特征

一般来讲，数据要素的交易是数据要素市场的需求方和提供方以产权清晰的各类数据或相关数据服务作为交易对象，按照既定的交易准则，通过商定的契约或特定的平台，自主自愿进行的交换行为。通过数据要素的市场交易，可以达成数据要素价值发现、实现和变现的目标。

目前，我国法律已经对数据要素的法律地位进行了确认，但是在数据财产权的归属上并没有明确规定。由于网络空间引发的数据失重，或者数据的超导性，数据收集者在合法收集数据要素之后，对于这些数据要素拥有什么性质和内容的权利，还存在很大的分歧。数据要素的非竞用性和非排他性特征成为数据要素确权的主要影响因素，如图 2-9 所示。

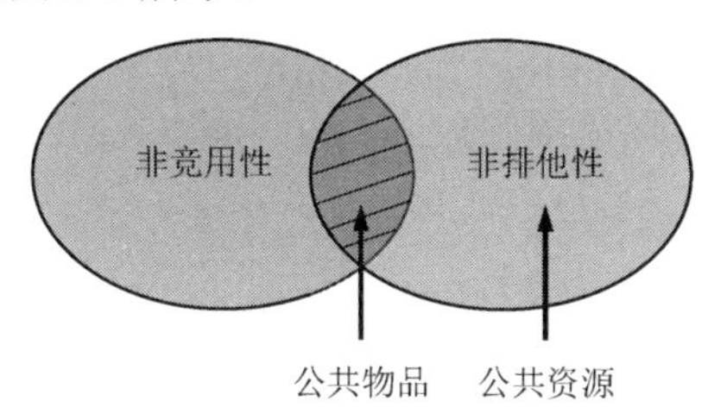

图 2-9　数据要素确权的主要影响因素

5GtoB 服务可以加强数据要素的竞用性和排他性属性，使之更接近一般商品的特点，为数据要素的市场交易和数据要素的价值实现提供基本条件，如图 2-10 所示。

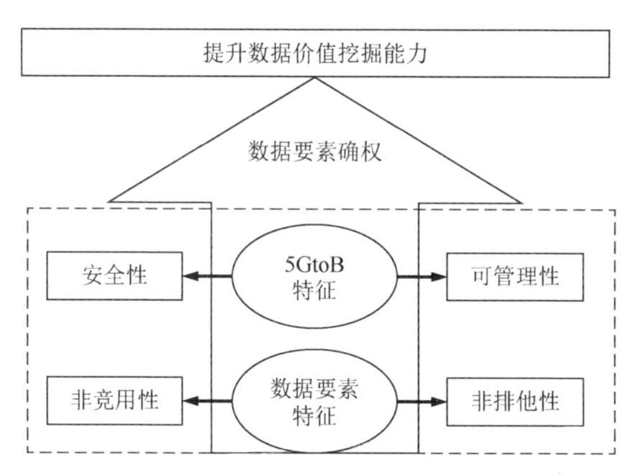

图 2-10　5GtoB 提升数据价值挖掘能力

随着工业互联网的发展，数据要素的价值将会越来越得到重视。如果能够对实体经济中的大数据进行挖掘、确权和开发，数据要素的生产力将会成为工业互联网持续发展的内生动力。

2.3　5GtoB 服务的价值实现

5GtoB 服务在发展过程中，体现出高固定成本和低边际成本的特点，再加上网络外部性等因素的影响，合成了一条不同于以往的需求曲线，呈现出临界阈值和马太效应，这些都是 5GtoB 服务发展初期必须面对的现实问题。

2.3.1　分析成本结构

在传统企业的生产函数中，产品和服务的平均成本比较容易归结和计算，但在提供 5GtoB 服务的过程中，由于网络外部性和双边市场等特点，平均成本（AC）的计算变得很困难。因为 5GtoB 服务具有较高的初期投入，所以形成了较高的固定成本，而随着所服务市场范围的扩大，边际成本（MC）快速下降，甚至趋近于零，如图 2-11 所示。

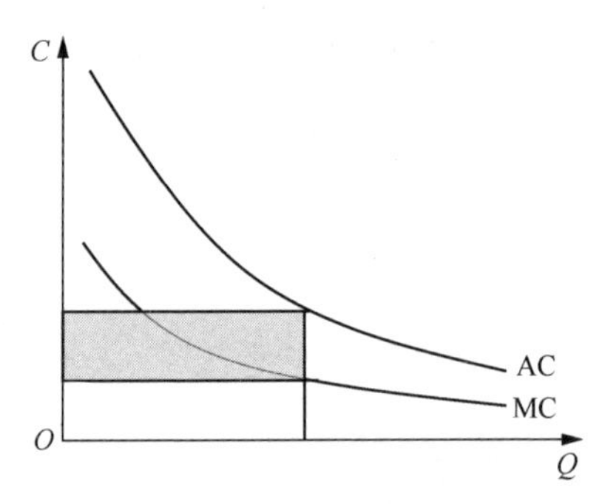

图 2-11　5GtoB 服务的成本结构

由于 5GtoB 服务成本结构的特殊性，在业务拓展的初期很容易陷入成本困境，主要源于较高固定成本如何分摊的难题。比较可行的方式是选择头部企业、大型企业或者盈利水平高的企业率先使用 5GtoB 服务，这些企业投资的动力较大，承担固定成本的能力较强。

假设企业投入资本 K 和劳动 L 两种投入物，生产单一产品，那么企业的利润函数为

$$\pi = R(K,L) - wL - rK$$

式中，R 为收益；w 为工资率；r 为资本利率。

假设企业设定的资本收益率为 s，则有

$$\pi = R(K,L) - wL - rK \leqslant (s-r)K$$

即

$$R(K,L) - wL \leqslant sK$$

引入拉格朗日乘数，可得

$$\pi = R(K,L) - wL - rK - \lambda\left[R(K,L) - wL - sK\right]$$

设一阶条件为

$$\frac{\partial R}{\partial L}=\mathrm{MR}_L$$

$$\frac{\partial R}{\partial K}=\mathrm{MR}_K$$

式中，MR_L 为劳动 L 的边际收益；MR_K 为资本 K 的边际收益。

则

$$(1-\lambda)\mathrm{MR}_L-(1-\lambda)w=0$$

$$(1-\lambda)\mathrm{MR}_K-(1-\lambda)r-\lambda(r-s)=0$$

可得

$$\mathrm{MR}_L=w$$

$$\mathrm{MR}_K=r-\frac{\lambda(s-r)}{1-\lambda}$$

有

$$\frac{\mathrm{MR}_K}{\mathrm{MR}_L}<\frac{r}{w}$$

结论：企业设定的资本收益率 s 越高，资本投入（包括 5G 应用投入）就会越大。领先企业和大型企业是 5GtoB 服务初期的重点服务对象。

2.3.2　关注临界阈值

如果把 5GtoB 服务理解为针对单个企业的信息系统或综合解决方案，相对于消费领域的网络外部性就不会显得十分突出。但是，5GtoB 服务终究是建立在网络化的基础设施之上的，因此网络外部性仍将是其重要特征之一。随着 5GtoB 服务范围的不断扩大，5GtoB 的网络外部性将逐步显现，如图 2-12 所示。

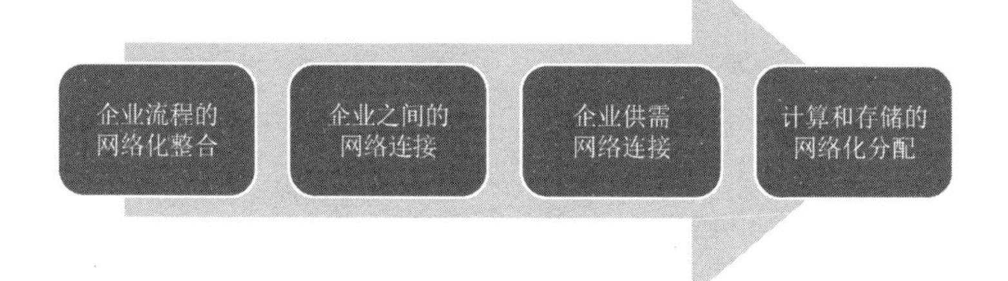

图 2-12　5GtoB 的网络外部性

基于 5GtoB 的网络外部性特点，企业对 5GtoB 服务的需求也会呈现出不同于一般服务和产品的特点。在某一时点上，网络规模为 n，企业预期 5GtoB 的网络规模为 n^e，其支付意愿函数 $p\left(n,n^e\right)$ 对应此刻的需求曲线 $D_e\left(n^e\right)$，当网络规模被实现，即 $n=n^e$ 时，市场达到均衡状态，如图 2-13 所示。

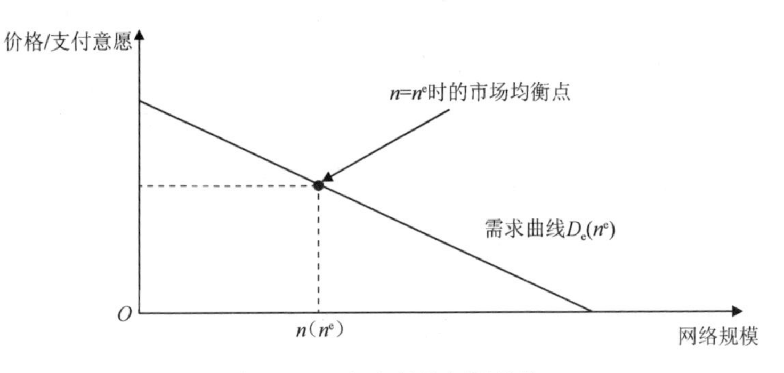

图 2-13　一般市场的短期均衡

由于网络外部性的存在，可以有两点假设：

当 5GtoB 的网络规模为零时（n=0），企业对 5G 应用的评价为零，即

$$\lim_{n\to 0} p\left(n,n^e\right)=0$$

企业对 5G 网络的支付意愿在网络达到一定规模时，呈递减的趋势。此外，将 n^e 归一化，最大为 1，最小为 0，即

$$\lim_{n\to \infty} p\left(n,n^e\right)=0$$

由以上分析可以得到 5GtoB 服务特殊的需求曲线，如图 2-14 所示。

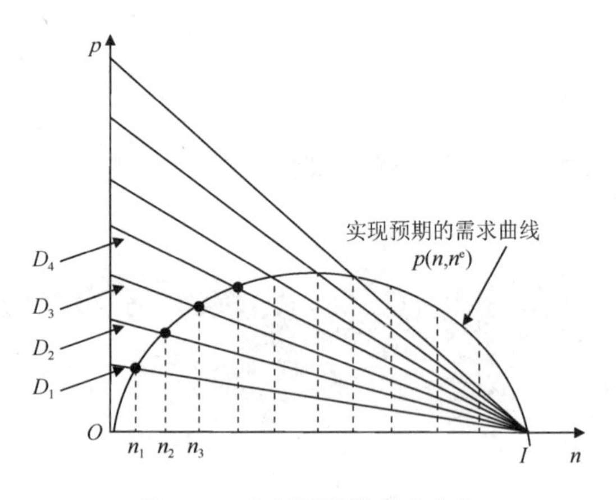

图 2-14　实现预期的需求曲线

假设运营商 5GtoB 服务的成本基本保持稳定，可以得到 5GtoB 服务的供给曲线，即一条平行于横轴的直线。结合以上需求曲线，就可以得到长期三个可能的市场均衡点，即 *A* 点的悲观预期均衡，*B* 点的小网络下的均衡，以及 *C* 点的大网络下的均衡，如图 2-15 所示。其中，n_S 为短期网络规模，n_L 为长期网络规模。

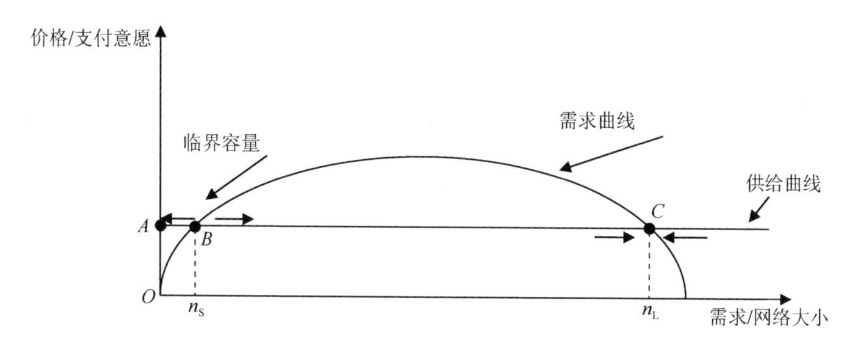

图 2-15　5GtoB 服务的不同均衡点

在多重均衡下，小网均衡点附近存在马太效应。5GtoB 服务在发展过程中存在“阈值”或“临界容量”。运营商在提供 5GtoB 服务的过程中，要着眼于长期均衡，设法达到临界容量，从而引发正反馈，最终达到大网均衡，如图 2-16 所示。

主要结论：竞争中赢者通吃，次优技术也可能取胜。

图 2-16　5GtoB 服务的反馈系统

2.4　5GtoB 服务模式

为推进 5GtoB 服务价值实现的进程，需要建立 5GtoB 服务模式，依次实现增补、 嵌入、资源再配置、多样性场景、集成、协同、生态等效率机制。不同的企业可以参考 5GtoB 服务模式中不同阶段的特点和要求，制定短期和长期策略。

2.4.1　明确 5GtoB 服务的定位

5GtoB 服务具有巨大的商业价值，有利于促进企业价值共创。同时，5GtoB 服务也是一个逐步发育的过程，以新型物理信息系统为基础，在与企业和产业运营流程融合的过程中完成价值发现和价值实现，最终演变为服务对象的内生效率机制，如图 2-17 所示。

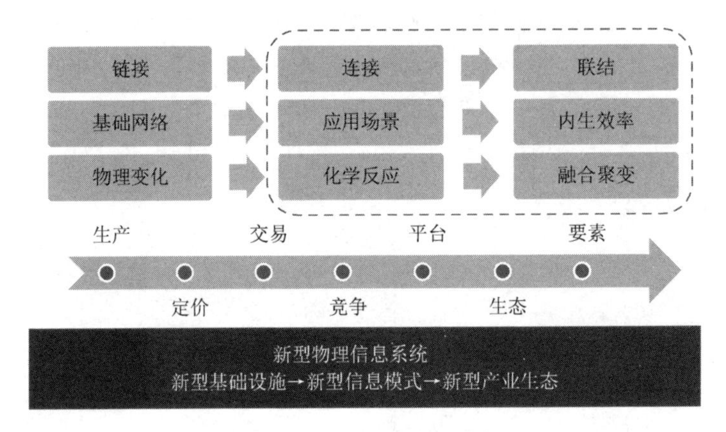

图 2-17 5GtoB 服务的定位

首先，5GtoB 服务的本质是以新型物理信息系统为基础，为企业提供综合解决方案。综合解决方案的发展路径就是定位于新型的基础设施，充分体现 5G 技术优势，发展为新型信息模式，长远目标是衍生出新型的产业生态。

其次，5GtoB 服务的价值实现表现为多个层次。在生产领域，可以有效发挥规模经济、范围经济和关联经济效应；在定价机制上，可以充分体现高固定成本和低边际成本的特点；在市场交易方面，带来竞争与合作关系的嬗变；在市场结构层面上，可以顺应企业边界、产业组织边界和要素边界的不断变化；5GtoB 服务也会以平台和生态等形式，实现产业结构的合理化和高度化。

最后，为了有效实现5GtoB服务的价值，体现新型物理信息系统的优势，5GtoB服务需要完成从链接到连接再到联结的层次深化，实现与企业和产业的有机结合。在这个过程中，5GtoB 服务将会经历从提供基础网络到适应不同的应用场景再到真正成为企业和产业内生效率的原动力的转变。服务层次与机制的迭代，也是从物理变化到化学反应，进而实现融合聚变的能量级数提高的过程。

2.4.2 理解 5GtoB 服务的阈值

5GtoB 是 5G 发展的未来，深探垂直市场和助力千行百业的数字化转型是当下及未来一段时间 5G 发展的重中之重。目前，5GtoB 服务已经开始在很多企业中实施，不少应用场景的效率已经开始显现，但在应用场景设计、商业模式创新、市场跨界推广等方面遇到较大的困难。临界阈值如何确定？5GtoB 的价值机制是什么？如何优化收入和成本曲线，进而降低临界阈值？

1. 5GtoB 服务收入的变化趋势

服务收入=需求量×价格，因此 5GtoB 服务收入的增长主要有两个驱动力量：

服务需求的变化和企业意愿支付价格的变化。

5GtoB 服务需求符合一般技术扩散规律，但 5GtoB 是一种颠覆性创新技术，其易感场景和服务体验的突破难度更高，突破之后的服务需求增长更迅速；企业对 5GtoB 服务的意愿支付价格不服从一般产品的市场规律——价格越低，需求量越大，而是受网络规模、公共产品属性、示范效应等因素的影响，随着 5GtoB 服务需求的增长和服务范围的扩大，企业愿意支付的价格水平也会越高。

1）服务需求

5GtoB 服务需求具有生命周期变化的特征。头部企业由于投资激励等原因，一般会成为新型 IT 的使用者。随着企业流程的网络化整合、企业之间的网络化连接、计算存储的网络化分配，5GtoB 服务需求逐步扩展到创新使用企业、早期使用企业等，一直涵盖至尾部企业，如图 2-18 所示。

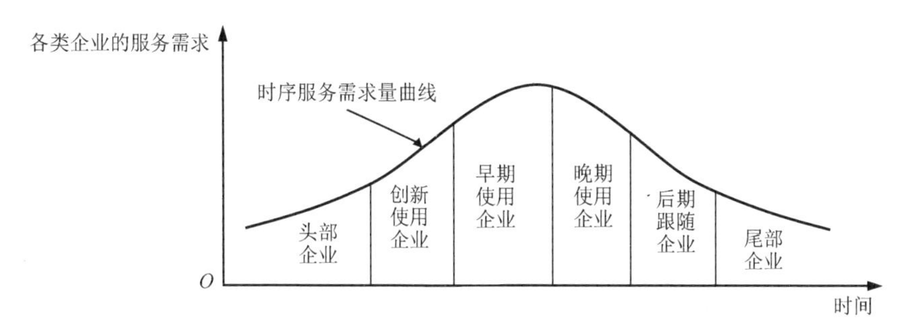

图 2-18 5GtoB 服务需求的变化

头部企业和创新使用企业率先接受 5GtoB 服务，但因为这两类企业的数量较少，为 5GtoB 服务提供方带来的需求量较低。随着 5GtoB 服务普及程度的提高，早期使用企业和晚期使用企业开始接受 5GtoB 服务，这两类企业的数量很大，为 5GtoB 服务提供方带来的需求量大大增加。到后期，还没有接受 5GtoB 服务的企业数量所剩无几，企业为 5GtoB 服务提供方带来的需求量开始下降。总体来看，5GtoB 服务提供方的需求变化呈现出先升后降的倒 U 形趋势。

2）服务价格

在某一时点上，企业预期网络规模为 n_1^e，支付意愿函数 $p\left(n,n^e\right)$ 对应此刻的需求曲线为 $D_e\left(n_1^e\right)$，企业意愿支付价格为 p_1，当预期网络规模被实现时，市场达到均衡状态。如果企业预期网络规模为 n_2^e，支付意愿函数 $p\left(n,n^e\right)$ 对应此刻的需求曲线为 $D_e\left(n_2^e\right)$，企业意愿支付价格为 p_2，当预期网络规模被实现时，市场达到均衡状态，如图 2-19 所示。

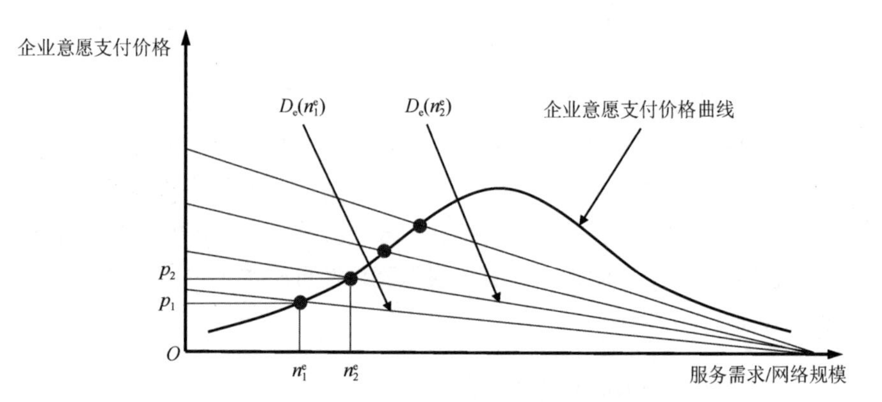

图 2-19 企业意愿支付价格曲线

市场发展初期，5GtoB 服务的价值尚未充分体现，接受 5GtoB 服务的企业数量较少，企业愿意为 5GtoB 服务支付的价格水平也比较低。随着 5GtoB 服务应用范围的不断扩大，受网络规模、公共产品属性、示范效应等因素的影响，不仅接受 5GtoB 服务的企业数量在增加，企业愿意为 5GtoB 服务支付的价格水平也在提高。到市场发展后期，5GtoB 服务已经覆盖大部分企业，剩余的企业中有一部分是对 5GtoB 服务不敏感而不愿支付高价的企业。总体来看，企业愿意为 5GtoB 服务支付的价格水平呈现出先升后降的倒 U 形趋势。

3）服务收入

服务收入=服务需求量×服务价格。服务收入时间分布曲线受服务需求曲线和企业意愿支付价格曲线的影响，服务需求曲线和企业意愿支付价格曲线叠加之后，呈现出倒 U 形变化趋势，如图 2-20（a）所示。

把不同时间的服务收入分布叠加为总收入，可以得到总收入曲线，其增长遵循 S 形扩散曲线规律，如图 2-20（b）所示。

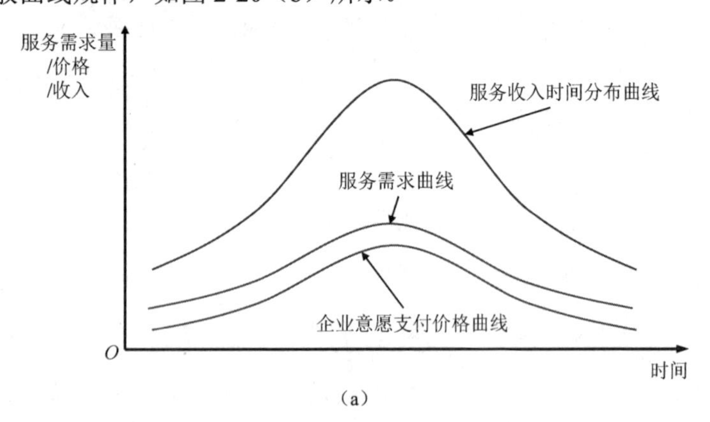

（a）

图 2-20 服务收入曲线

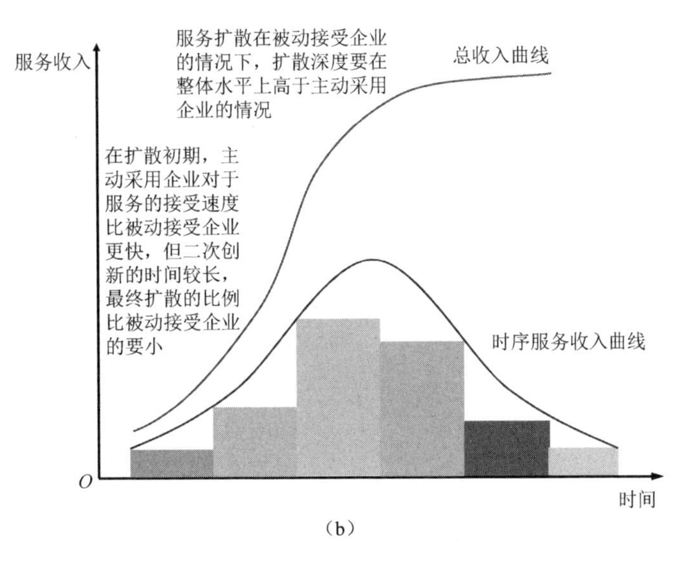

（b）

图 2-20　服务收入曲线（续）

2．5GtoB 服务成本的变化趋势

在服务引入阶段，由于较大的固定资本的投入，服务成本处于较高水平。

在服务成长阶段，随着服务需求量的增长，固定成本逐步摊薄，成本水平呈现下降趋势。

在服务成熟阶段，高价值需求已经开发完成，继续开发低附加值和尾部需求的成本加大；更高代际网络的研发投入也开始增加，成本水平开始上升。以上规律决定了 U 形时序服务成本曲线的走向，而把不同时间的时序服务成本分布叠加为总成本，可以得到总成本曲线，如图 2-21 所示。

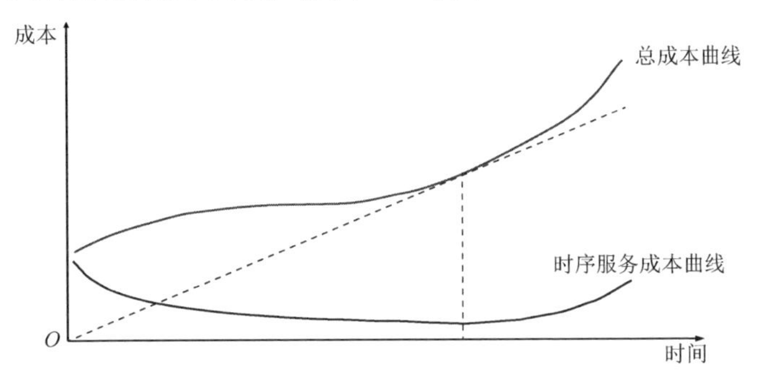

图 2-21　服务成本曲线

3．5GtoB 服务发展过程中的临界阈值

利润=收入−成本。将图 2-20（b）中的总收入曲线和图 2-21 中的总成本曲线结合起来，就可以分析 5GtoB 服务的盈利困境，如图 2-22 所示。

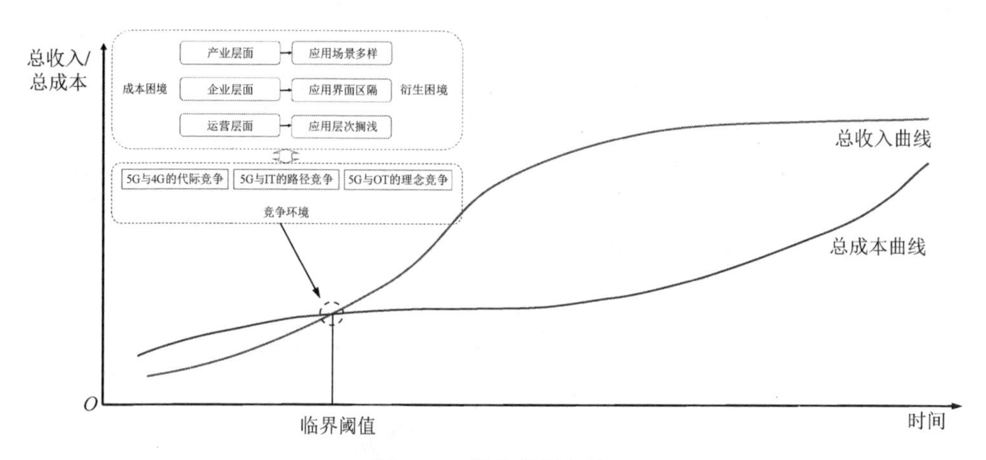

图 2-22 服务临界阈值

在 5GtoB 服务发展的初期，由于较高的固定成本有待分摊，有效需求没有被大规模激活，就会出现成本大于收入的盈利困境。随着 5GtoB 服务市场规模的不断扩大，最终获得利润，由亏转盈的节点就是 5GtoB 服务需要突破的临界阈值。

因此，以解除盈利困境为目标的商业模式探索和以解除衍生困境为目标的大规模应用探索都是亟待突破的课题。

2.4.3 突破临界阈值的 SERVICE 模型

在 5GtoB 服务的发展过程中，突破临界阈值是一个质的变化。从 5GtoB 服务提供方的角度看，突破临界阈值，就是走出收入增长缓慢和成本难以分摊的自我循环困境，进入应用范围扩大、收入持续增长和成本逐步下降的良性循环阶段。

5GtoB 服务发展的背后是商业模式探索的过程，是 5GtoB 服务功能逐步释放的过程，更是 5GtoB 服务多种效率机制渐次发挥作用的过程。基于以上分析，可以建立 SERVICE 模型，为 5GtoB 服务突破临界阈值和尽快进入良性循环提供路径选择的思路，并提供服务模式设计的图景，如图 2-23 所示。

图 2-23 SERVICE 模型

由于 5GtoB 服务发展遵循技术扩散的一般规律，更具有特殊的技术优势，在发展过程中，主要体现为七种效率机制：增补（Supplement）、嵌入（Embed）、资源再配置（Reallocation）、多样性场景（Versatile）、集成（Integration）、协同（Coordination）、生态（Ecology）。

5GtoB 服务的七种效率机制会在发展过程中依次递进，相互加强，效率机制的层次也会不断提高，呈现出动态变化的趋势，如图 2-24 所示。

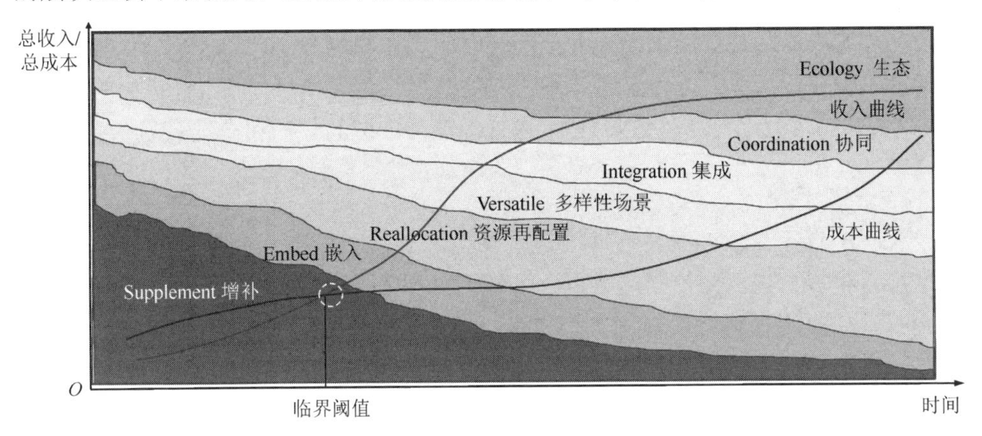

图 2-24　SERVICE 模型的动态变化

1．增补

5GtoB 服务为企业提供新型基础设施，也为企业提高经营效率提供方法和手段，从而实现增补功能。5GtoB 服务增补效率机制的主要内容包括增补要素效率、增补管理机能、增补时间效用、增补空间转圜等。

增补要素效率体现在多个方面：一是为传统生产要素提供信息化和数字化手段，提高生产设施和人员的效率；二是提高企业生产经营流程的有效衔接；三是利用 5G 技术，承担危险、单调和高度连续的工作，提高生产经营的可靠性。例如，企业在复杂的生产环境中采用 5GtoB 服务，可以消除危险，降低员工的疲劳程度，以及缓解员工重复劳动而产生的厌倦情绪等。

增补管理机能主要是指基于 5GtoB 服务，实现企业生产经营过程中要素的数字化和数字的要素化，在数字原生和数字孪生的基础上，帮助企业深度掌握运行机制，掌握更多的运行数据，以及提高运行过程的数字化、可视化等，最终实现管理机能的提高。

增补时间效用体现在三个方面：一是提高不同层级之间的信息处理效率，二是提高不同部门和环节之间的信息处理效率，三是提高历史信息积累对未来发展的信息支持效率。

增补空间转圜体现在三个方面：一是减少物理空间的约束，如远程控制；二是实现物理空间的延展，如企业与相关企业的流程链接；三是通过企业数字空间的建立和发展，实现虚拟仿真、数字映射、实验验证等在物理空间难以实现的目标。

2. 嵌入

5GtoB 服务嵌入效率机制的主要内容包括信息系统嵌入、运营流程嵌入、组织流程嵌入、管理理念嵌入。嵌入效率机制的实现要求 5GtoB 服务不再停留在工具和手段的层次，而是在深度理解企业生产经营底层逻辑的基础上，实现 IT 与企业实践的有机融合，真正转化为企业效率的内生机制，甚至成为企业流程优化的基础和标准，最终演变为企业信息化、数字化管理理念转型的契机和出发点。

3. 资源再配置

5GtoB 服务资源再配置效率机制主要是指 5GtoB 服务作为新型基础设施和物理信息系统，可以促进企业优化生产设施和人员配备，合理组织生产经营流程，提高管理和决策水平，实现同等投入条件下的更大产出，具体实现形式包括规模经济、范围经济、关联经济和知识创造等。这是 5GtoB 服务面向独立企业要实现的长期目标。

4. 多样性场景

5GtoB 服务在实现提高独立企业效率的基础上，还必须适应为多样性场景服务的目标。5GtoB 服务多样性场景效率机制的主要内容包括解决方案的稳定性、技术实施的适应性、与应用场景的兼容性、面向未来的进化性等。5GtoB 服务不同的应用场景之间差异化较大，给节约成本带来巨大挑战，解决这一问题的主要思路就是提高 5GtoB 服务适应多样性场景的能力。

5. 集成

5GtoB 服务的技术优势需要与其他 IT 集成才能真正发挥出来。5GtoB 服务集成效率机制的主要内容包括算力集成、存储集成、供应链集成、产业链集成等。

6. 协同

5GtoB 服务的协同效率是超越技术层面、发挥经营组织效率的机制，主要体现为采用 5GtoB 服务的企业的企业内协同，该企业与需求侧和供给侧企业的协同，该企业与同一产业链环节的其他企业之间的协同，产业间协同，以及发挥政府宏观协同的功能。

7. 生态

像其他网络化服务设施一样，5GtoB 服务的长远目标就是构建生态。不同的是，以往的商业模式主要构建基于一个企业或一个产业的生态，而 5GtoB 服务构建的是多个产业的生态，也是多个产业综合之后的宏观大生态。为了实现这个长远目标，5GtoB 服务提供方需要解决好建设维护、协作创新、利益共享、敏捷发展等问题。

2.4.4　短期突破策略

1. 适应应用场景的多样性

5G 具有大带宽、低时延、广连接等技术优势，但企业的现实需求差异化较大，例如连接方式的多样性和性能要求的层次性。需求特点导致 5GtoB 服务部署的复杂性大大增加。未来，需要 5GtoB 服务在关注不同应用场景各自特点的基础上，尽快找到网络一致性的规律，创造在不同应用场景快速复制的可能。

2. 打破应用界面的区隔

5G 高频技术、多天线技术、网络切片技术、边缘计算（EC）技术等将会催生大规模设备连接、机器间协同、流程闭环控制、移动机器人、运动控制、远程资产管理、工业增强现实（Augmented Reality，AR）等工业互联网新应用[13]。这些都对运营商、设备供应商、工业互联网企业提出了更高的打破行业壁垒、加强合作的要求。

3. 提高应用层次的深度

4G 的商业模式较为简单，以流量消费为主。“5G+工业互联网”则深入了产业运营的各个环节中，不能再单纯依靠流量消费获利，而是深度融合的全新产业生态、关键基础设施和信息应用模式，通过人、机、物的全面互联，实现全要素、全价值链、全产业链的融合聚变。

综上所述，尽管 5GtoB 的应用场景逐渐明确、市场发展空间巨大，但其仍然面临 5G 与 4G 的代际竞争，5G 与 IT 的路径竞争，以及 5G 与 OT 的理念竞争等挑战，也需要解决自身的应用场景多样、应用界面区隔、应用层次搁浅等问题。

2.4.5　长期发展策略

1. 实现从连接到联结的转变

5GtoB 服务要体现由智能机器、网络、工业云平台构成的“端管云”架构，有效实现机器与机器、机器与人、人与人之间的全方位的联结交互，打破智慧与机器间的界限，逐步实现工业生产的网络化、智能化、柔性化及服务化。

2. 实现从基础网络到内生效率的转变

5GtoB 服务利用数字技术推进产业生产要素、业务流程、生产方式的数字化变革，形成数字化的运营一体化、产业协作、资源配置和价值创造体系。这要求 5GtoB 服务深刻理解企业的运营体系，深度结合边缘计算、雾计算、网络切片、AI 等，把 CT、OT 和 IT 充分融合，真正嵌入企业和产业的内生效率体系中。

3. 实现从物理嵌入到融合聚变的转变

选择管理规范、产业集聚度高、创新能力强、信息化基础好、引擎带动性强的重点产业集群，打造 5GtoB 服务产业集群，形成新技术、新产品、新模式、新业态创新、活跃的产业生态。建立跨界融合聚变联动机制，依托网络化资源对接平台，优化、重塑产业集群空间布局，充分释放融合聚变的高级别能量。

本章参考文献

[1] 杨千河. 以智能制造为抓手推进产业升级[J]. 宏观经济管理，2021，37（3）：78-82，90.

[2] SOLOW R M. Technical Change and the Aggregate Production Function [J]. The Review of Economics and Statistics，1957，39（3）：312-320.

[3] DENISON E F. United States Economic Growth[J]. The Journal of Bussiness，1962，35（2）：109-121.

[4] 胡明，邵学峰. 投入产出视角下 ICT 产业对中国经济增长的动态效应分析[J]. 求索，2021，41（6）：129-137.

[5] 王晓霞，赵慧，崔羽飞，等. 5G 时代运营商 2B 商业模式研究[J]. 电信科学，2020，36（11）：149-155.

[6] 蔡跃洲，马文君. 数据要素对高质量发展影响与数据流动制约[J]. 数量经济技术经济研究，2021，38（3）：64-83.

[7] 李文斌. 工业革命 4.0 的实质及其影响研究[D]. 徐州：中国矿业大学，2019.

[8] 刘祥志，刘晓建，王知学，等. 信息物理融合系统[J]. 山东科学，2010，23（3）：56-61.

[9] 戚聿东. 自然垄断管制的理论与实践[J]. 当代财经，2001，22（12）：49-53，63-80.

[10] 谢莉娟，毛基业. 信息技术与“产品-供应链”匹配机制变革——自有品牌零售情境的案例研究[J]. 管理学报，2021，18（4）：475-484.

[11] ANDERSON C. The Long Tail：Why The Future of Business is Selling Less of More [M]. New York：Hyperion，2006.

[12] 谢卫红，王永健，蓝海林，等. 产品模块化对企业竞争优势的影响机理研究[J]. 管理学报，2014，11（4）：502-509.

[13] 邬贺铨，周济，尹浩. 5G 赋能工业互联网 开拓智造新时代[J]. 自动化博览，2021，38（6）：48-50.

第3章
5G网络演进视角的运营管理规律

电信运营行业经过几十年的沉淀，形成了从需求获取、产品设计、设施建设到服务系统运行再回到用户需求满足与获取的闭环运营能力，同时形成了相对严密的科层机制，并建立了全程全网的分布式运营系统，以满足全域连通和不间断服务的要求，这是一个复杂巨系统。每代网络技术的演进都推动了运营体系的变革、调整，5GtoB的现实转型需求给电信运营管理带来的挑战将大大超出以往的局部变革范围。本章从网络代际演进的视角出发，运用系统动力学的建模仿真方法剖析电信运营管理的复杂决策行为，总结运营管理规律，为面对5GtoB带来的运营挑战提供基础依据。

3.1 电信运营管理体系与网络代际演进

本节将从电信运营管理体系最基础的概念出发，介绍网络代际演进的发展历程，分析多代际网络“同堂”现象和低代际网络退网的影响因素、条件、步骤，并总结代际演进平滑柔性技术在网络代际演进中的作用。

3.1.1 电信运营管理体系相关概念

1. 电信、电信业务、电信产品

电信是指利用有线、无线的电磁系统或者光电系统，传送、发射或者接收语音、文字、数据、图像及其他任何形式信息的活动[1]。

---

[1]《中华人民共和国电信条例》，2000年9月25日中华人民共和国国务院令第291号公布，根据2014年7月29日《国务院关于修改部分行政法规的决定》第一次修订，根据2016年2月6日《国务院关于修改部分行政法规的决定》第二次修订。

电信业务（Telecommunication Services）是指承载于物理网络之上，利用各类硬件、软件和信息资源形成的对信息的传递、存储或处理功能（或服务）[1]。我国又将电信业务分为基础电信业务和增值电信业务两大类，基础电信业务是指提供公网基础设施、公共数据传送和基本话音通信服务的业务，增值电信业务是指利用公网基础设施提供的电信与信息服务的业务。电信业务是形成电信产品的基础。

电信产品（Telecommunication Products）是指根据用户需求及用户细分，对电信业务能力、用户服务能力等能力要素进行组合，并赋予资费后的产物。产品是面向用户销售的，即通过市场销售渠道提供给用户[1]。

2. 电信网络

电信网络是一个复杂的电信系统[2]，它是由一定数量的节点（包括终端设备和交换设备）和连接节点的传输链路有机地组合在一起，以实现两个或多个规定点间信息传递的通信体系，包括信源、变换器、信道、噪声源、反变换器及信宿六部分。完整的电信网络由硬件和软件组成，硬件主要包括终端设备、传输设备和交换设备，软件是一整套网络技术和对网络的组织管理技术。随着技术的发展，软件在电信网络中的作用越来越大，能够在不对硬件进行改变的情况下，扩展电信网络的功能。

3. 电信运营管理

电信运营是指电信业务的运营，即电信运营企业利用各类资源，将电信业务组合包装成市场所需要的电信产品，销售给用户并从中获益的过程。电信运营管理是对电信产品生产及提供服务的过程或系统进行的管理活动，其核心功能是网络能力管理、业务与产品管理、电信用户管理[1]。电信运营管理体系解构图如图 3-1 所示。

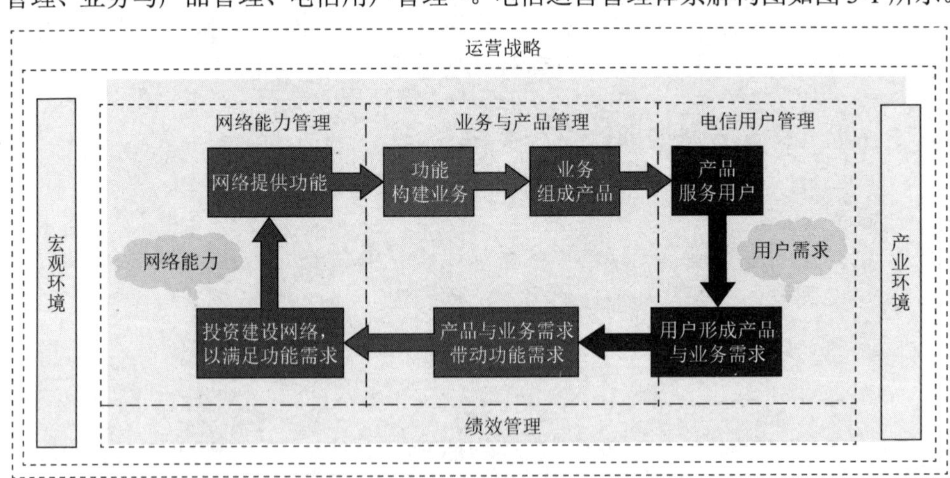

图 3-1 电信运营管理体系解构图

电信运营的本质是围绕用户的通信需求，形成可满足这种需求的能力并提供相应产品的过程，即用户决定了相应的产品与业务需求，由此产生相应的功能需求，从而带动网络建设，形成一定的网络能力，提供网络功能，构建各类业务，最终组合成产品，提供给用户，满足其通信需求。不断增长的通信需求又带动了新投资、新业务、新产品的形成。进一步分析，电信运营管理功能可分解为两大功能：一是内部核心功能，包括运营主流程中的网络能力管理、业务与产品管理、运营与用户管理，以及内部支撑流程中的 IT 应用与管理（含大数据运营管理）、绩效管理等；二是处于外围的外部支撑功能，主要包括来自设备供应商及集成商的设备制造与提供功能，系统及平台服务提供商提供的网络系统及平台开发与服务功能，信息服务及开发提供商提供的信息及其他增值服务开发与服务功能，渠道商提供的渠道营销服务功能，终端设备供应商提供的终端设备制造与服务功能，以及支付服务机构提供的支付服务功能等。电信运营管理功能解构图如图 3-2 所示。

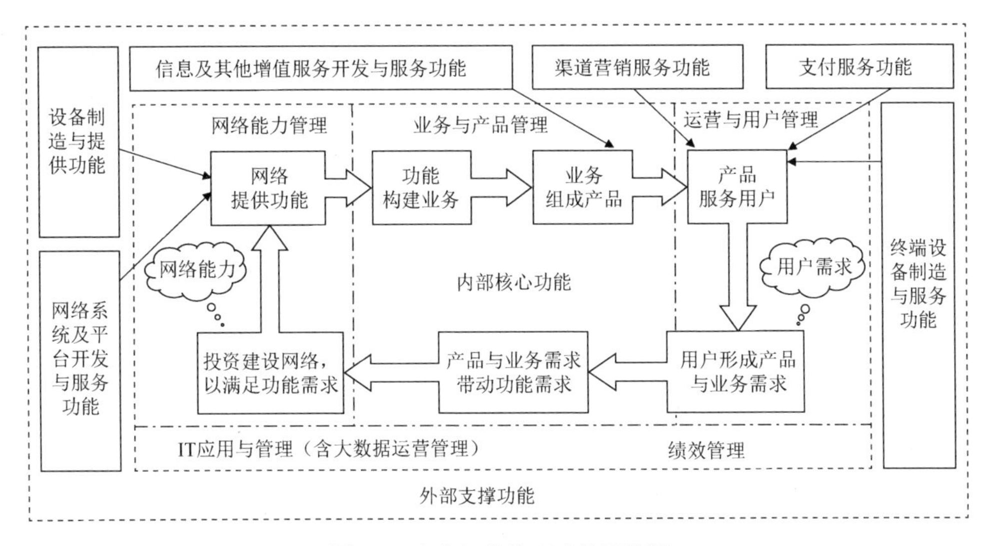

图 3-2　电信运营管理功能解构图

3.1.2　电信运营网络代际演进

1．网络代际演进

技术驱动一直是电信网络，特别是移动通信网创新进步、运营体系演进优化的重要力量，以“代际”为标志。根据产品生命周期规律，每代电信网络都会经历导入、成长、成熟、衰退 4 个阶段，如图 3-3 所示。

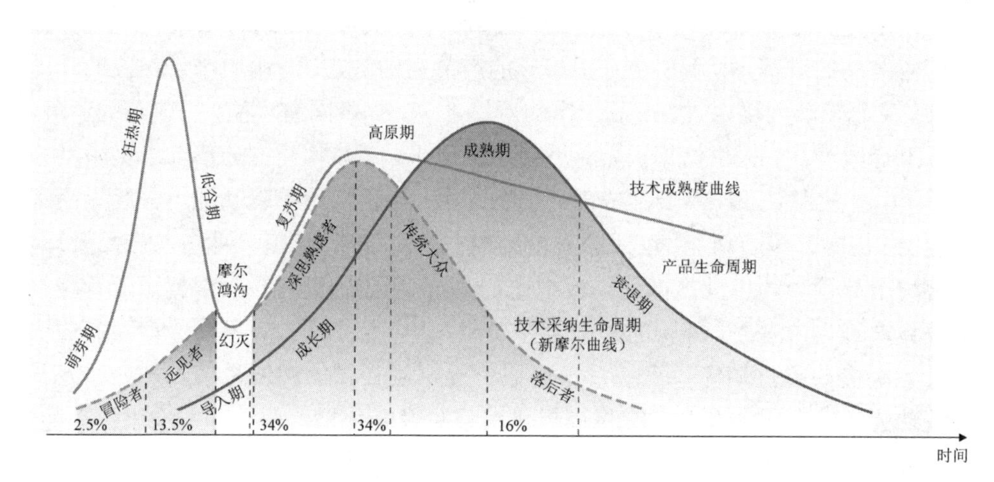

图 3-3 技术与产品生命周期曲线

在新一代通信网的导入期，大力培育新兴业务，通过多种营销手段吸引用户，形成热点区域覆盖；在成长期，新兴业务高速发展，引导低价终端普及，形成全域覆盖；发展到成熟期，业务种类极为丰富，终端类型齐全，完善全域覆盖和深度覆盖；至衰退期，停止业务发展，终端禁入，加大用户迁移，网络逐渐收缩，为退网做准备。

总体来看，多代际网络的创新周期存在 10 年律特点，即每隔 10 年左右出现新一代网络，而大规模商用的周期为 8 年左右。各代际移动通信网的研发、商用和大规模商用的起点如表 3-1 所示。多代际网络用户共存至 2025 年仍将是普遍现象，不同地区的 2G 网络比例不同，总体呈下降趋势。

表 3-1 各代际移动通信网的研发、商用和大规模商用的起点

类 别	代 际				
	1G	2G	3G	4G	5G
关键技术	频分多址（FDMA）	时分多址（TDMA）码分多址（CDMA）	TDMA CDMA	正交频分多址（OFDMA）单载波频分多址（SC-FDMA）	基于滤波的正交频分复用（F-OFDM）稀疏码多址（SCMA）
研发起点	1971 年	1982 年	1991 年	2001 年	2010 年
商用起点	1981 年 瑞典	1992 年 芬兰	2001 年 日本	2011 年 美国	2019 年 韩国
大规模商用起点	1991 年	2000 年	2006 年	2014 年	—

从全球看，当前 2G、3G 网络处于衰退期，4G 网络处于成熟期，5G 网络处于导入期。图 3-4 描述了中国 4G 网络、5G 网络的发展情况。

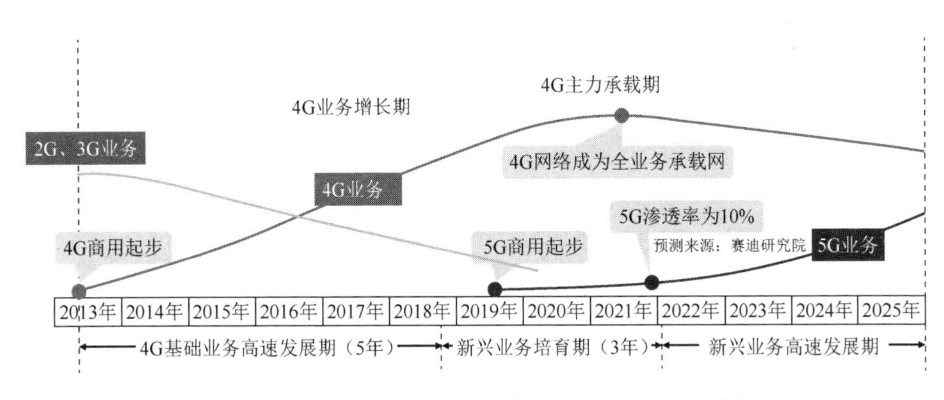

图 3-4 中国 4G 网络、5G 网络代际演进的生命周期发展

2. 多代际网络“同堂”现象

近几十年中，电信网络的代际迭代更新主要体现在移动通信网方面。新代际网络的导入初期往往需要大规模资金投入，并进行运营体系的配套调整，同时要保持原有代际网络的正常运营。目前，中国运营商既要运营、维护低代际 2G、3G 网络，保证合理、稳妥“辞旧”，又要跟上技术进步的脚步投入高代际 5G 网络“迎新”，还要保持发展当前主要的成熟的 4G 网络。

与移动通信网 10 年左右的创新周期相比，低代际网络的退网周期相对更长。1G 网络从 1981 年开始商用到退出经历了 15 年左右；2G 网络 1992 年开始商用，到 2022 年大面积退网，整个周期已经长达 30 年[3]。创新周期与退网周期的差异带来的是多代际网络的逐步叠加而不是快速迭代。这种长时间持续的多代际网络“同堂”局面给运营商的运营管理带来历史上前所未有的巨大挑战。

各代网络的迭代过程实际是一个复杂“生态结构”的演进过程，这个生态结构的底层为各代技术研发、创新应用的基础产物——标准，再向上划分为网络、业务、产品、用户等相互影响的几个层次。在从标准技术研发到商业应用再到满足用户需求的过程中，网络层是核心物理载体，并通过网络运营管理体系依次向上层推进生态发展。网络代际演进的生态结构示意图如图 3-5 所示。

标准：电信网络全程全网的特征决定了标准的重要性，每个代际的网络都是标准先行，标准是未来新代际网络与业务要素的主要输入点，阶跃式的代际概念——1G、2G、3G、4G、5G 指的是代际标准。

网络：运营商投入资金所建设的大规模实物通信网提供了通信能力，是运营商的“生产车间”。没有网络，运营商就失去了生产能力。运营商通常将网络按照专业分为无线网、CN、传输网（TN）等。

业务：业务是网络能力元素的集合，网络代际演进就是提供更丰富业务的过程，从话音业务到流量业务再到 5G 的切片业务就是通信业务不断丰富的体现。

产品：理论上的网络信息产品由业务、信息及商业要素构成，信息是“被连接”价值的载体。产品是带有价格等商业属性的业务集合，面向用户销售，套餐就是运营商提供的典型产品。

用户：用户是需求的最终表达，传统的用户主体是“人、家庭、企业（法人）”，物联网引入了新的用户主体“物”，但“物”与“物”之间的差异可能会超过“物”与“人”之间的差异。

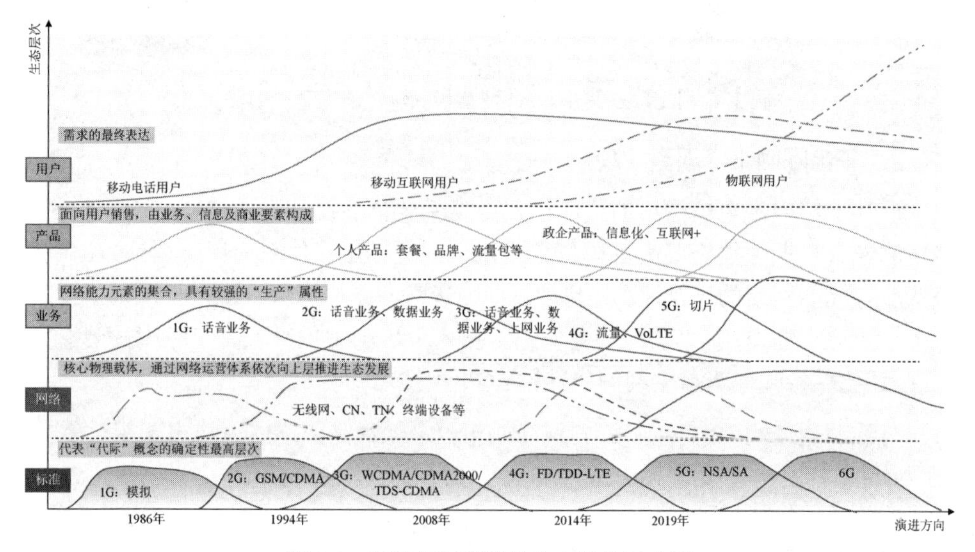

图 3-5 网络代际演进的生态结构示意图

由上面的分析可见，每代电信网络的退网与导入除了要考虑技术标准的自然寿命，还必须考虑基础设施软硬件的技术寿命，用户层的市场需求，以及产品与业务的开发、设计、发布、运营、终止（迁移）等的生命周期。多代际网络的运营管理要在提升资源效率的基础上实现平滑演进，平衡既有业务发展的需要和网络资源的支撑，以及权衡多业务产品与市场竞争，既要考虑长期网络核心能力的建设，又要考虑当前的短期绩效，以使现网“现金牛”能保障新一代网络的大规模资金投入。目前，许多运营商的网络是三代或四代“同堂”。

3.1.3 低代际网络退网的研究

1. 低代际网络退网的现有文献研究

叠加后的多代际网络将用户需求分层，分层后的需求被分配到不同代际的网络中。用户低代际手机的使用习惯、低代际移动终端的替换、资费合约的期限，以及低代际物联网的集成深度等，都是低代际网络退网的障碍。低代际网络如何退网是运营商面临的一个重要问题。

4G 网络建设伊始，中国移动通信集团湖北有限公司的兰琨就从技术角度提出了依据用户使用模型实现中国移动的终端用户在 2G 网络、3G 网络、4G 网络和无线局域网（WLAN）上合理分布的思路[4]。中国移动通信集团设计院有限公司的董健等也基于中国移动 2G 网络、3G 网络、4G 网络的不同特点，提出了中国移动 4G 网络建设及市场推广应分阶段制定策略，从 3G 网络开始逐步稳定过渡的观点[5]。中国移动通信集团设计院有限公司的郭陵通过对中国移动 2G、3G、4G 网络业务情况的分析，建立了业务分担模型[6]。中国移动通信集团甘肃有限公司的刘伟提出了建立以 2G 网络广度覆盖为基础、3G 及 4G 网络和 WLAN 侧重实现数据业务支撑的四网协同总体原则[7]。

针对中国联通网络结构极为复杂的现状，林善亮等认为，合理定制 2G 退网进程，精简其网络结构，节省 OPEX，增加网络效益，这些都变得越来越重要[8]。谭捷成认为，当前我国移动通信网处于 2G 网络、3G 网络、4G 网络并存的阶段，为优化网络结构，降低网络建设成本，实现资源的合理、高效利用，2G 清频、退网的规划已进入产业界各方的视线，关闭 2G 网络可释放频谱资源，使之用于 4G 网络甚至 5G 网络建设[9]。李进良认为，频谱是公众移动通信产业快速发展的基础，5G 频谱需要低、中、高全频段。然而，已划分的频谱缺乏低频段频谱，急需 2G 清频、退网加以重耕和 3G 频谱资源利用走向共享。2G 清频可获得黄金频谱、技术创新与成本节约等红利，是无线电应用领域必须遵循的“新陈代谢”规律，我国运营商与用户都应力促 2G 清频顺利、圆满完成，为 5G 的高速、健康发展创造良好的条件[10]。杜振华认为，我国移动通信目前处于 2G 网络、3G 网络、4G 网络共存的状态，这不仅带来了高额的网络建设和维护成本，还制约了我国信息化发展的深度和广度。因此，要加快将用户使用的网络升级到移动宽带的步伐，尽快规划 2G 退网[11]。

相关研究对于低制式网络退网的必要性认识比较一致，但是对于退网如何决策及退网带来的影响还缺乏全面而深入的分析和量化研究的支持。

2. 运营商 2G 退网的基本条件与规律分析

根据全球移动通信系统协会（Global System for Mobile communications Association，GSMA）①的研究报告，结合运营商既往腾退低代际网络的经验，可将 2G 退网的条件归纳为五个方面，如图 3-6 所示。

① GSMA 成立于 1987 年，是全球移动通信领域的行业组织，世界移动通信大会、亚洲移动通信博览会的组织者。

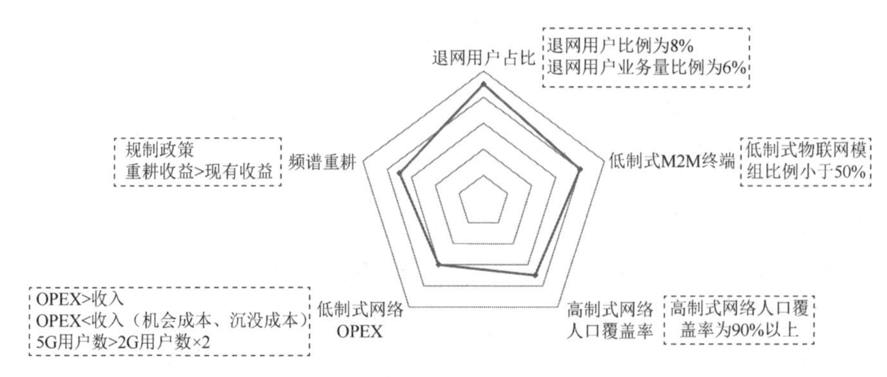

图 3-6 2G 退网的基本条件判断图

退网用户占比：退网用户占比指的是退网用户数占总用户数的比例，或者退网用户业务量占总用户业务量的比例。根据日本、韩国和澳大利亚的主要运营商宣布退网时的 2G 用户数占比，计算得到平均值为 8%；根据用户业务量数据计算，2G 用户业务量占比低于 6%可以作为退网的参考条件[3]。

高制式网络人口覆盖率：在关闭 2G 服务时，运营商的高制式网络人口覆盖率一般都达到了 90%以上。

低制式网络 OPEX：当 OPEX 大于收入，即经济效益为负时，应考虑低代际网络退网。需要指出的是，要综合考虑 2G 网络存在的隐性成本、沉没成本、机会成本。隐性成本的存在使 2G 退网的收益被低估，沉没成本的存在使 2G 退网的成本被高估。在一定程度上，5G 和 2G 的发展互为机会成本。所以，要综合考虑这些成本，可以适当放宽“OPEX 大于收入”这个退网条件，此时可以考虑把 5G 用户数达到 2G 用户数的 1/2 当作参考指标。

频谱重耕：频谱资源是稀缺资源，同时代表着政府规制的政策资源。高制式网络具有频谱效率高及成本低的优势，分析频谱重耕的效益是 2G 退网的基本条件，首先要看政府频谱规划的政策导向。

低制式 M2M 终端：即物联网终端，用户已部署了内嵌 2G 模块的终端，迁移时需要用户重新改造终端，这给用户带来不便和成本的增加。从全球数据看，蜂窝物联网模组的出货量持续增长，但不同代际模组的数量结构差异很大。2016 年，2G 模组占比高达 79%；到 2019 年，4G 模组占比从 10%增长至 31%，窄带物联网（Narrow Band Internet of Things，NB-IoT）模组占比增长至 27%，2G 网络及其他网络的模组只占 42%。2019 年，欧美主要运营商基于 2G 网络的物联网模组占比小于 50%，与其公布的近年退网计划存在相关性。2021 年第二季度全球蜂窝物联网模组的出货量首次突破 1 亿块大关，且同比增长 53%，创下了新高，仅中国移动的物联网智能连接数就达到了 9.8 亿个，超过了手机用户数，排名全球第一。

根据 Counterpoint 和 Berg Insight 的预测，2025 年，全球无线通信模组的整体出货量有望达到 11.9 亿块，其中，5G 占 14.3%，4G 占 17.6%，3G 占 5.9%，2G 占 4.6%，NB-IoT 占 32.5%。中国的 2G 退网不能以基于 2G 的物联网模组的归零为条件，在退网计划中，可以采取迁移、并购（转售）和保留 2G 薄网等形式解决遗留低制式物联网问题[3]。

3. 退网模式

企业作为运营主体，会根据市场情况做出低代际网络如何退出运营的决策。政府作为监管机构，担负着统筹频谱规划、保护消费者利益、维护社会安全和协调运营商退网行为等职责。基于政府和市场的相互协调，在实践中，我们看到低代际网络退网的四种模式：政府强制退网，如泰国；政府协调退网，如新加坡；市场协调退网，如韩国；自然退网，如中国台湾地区。

从运营商退网的节奏上看，低代际网络退网有强行退网、加速退网和自然退网三种模式。强行退网是指运营商在较短时期内强制关闭某代际（以下简称 xG）网络，包括不再提供与此相关的网络运维与通信服务，即运营商强制性在既定时间内一次性将该网络用户全部迁移。加速退网是指运营商在一定时期内逐步地关闭 xG 网络，分步逐渐停止提供与此相关的网络运维与通信服务，即运营商分阶段逐步将该网络用户彻底迁移。自然退网是运营商根据 xG 网络的实际生命周期和是否有在网用户来提供网络运维与通信服务，即对用户进行自然迁移而非采取强制手段。为了妥善部署低制式网络退网计划，避免过度震荡，运营商有必要合理制订退网步骤，包括退网决策、迁移、减频、退网和保障等运营环节，决策阶段可以分为宣传和宣布两个步骤[3]。

3.1.4 网络代际演进平滑柔性技术

1. 平滑柔性技术的产生

在 2G、3G、4G 时代，多制式网络的 OPEX 压力已经很大，进入 5G 时代后，2G 清频、退网的诉求更加强烈。GSMA 发布的 *Network Experience Evolution to 5G* 中明确指出，4G 长期演进技术（Long Term Evolution，LTE）标准与 5G 新空口（5G New Radio，5G NR）标准是 5G 时代目标网的形态。频谱重耕和共享是缓解频谱资源稀缺的关键措施，是应对未来无线电业务快速发展带来的频谱供求失衡挑战的基本保证[12]。

平滑柔性技术是指在网络由低代际向高代际的迁移过程中能够支持不同技术制式的无缝融合和平滑演进，提高集成度，降低网络复杂性，以及节省空间和成本等一系列技术的集合。目前的平滑柔性技术主要包括动态频谱共享[①]、边缘计算和云原生三项技术，以动态频谱共享技术为主，即具备横跨不同网络或系统的最优动态频谱配置和管理功能，以及智能自主接入网络和网络间切换的自适应功能，可实现高效、动态、灵活的频谱使用，以提升空口效率、系统覆盖层次和密度等，从而提升频谱综合利用效率[13]。

2. 平滑柔性技术的作用与影响

平滑柔性技术可能帮助运营商解决多网运营面临的用户差异化需求难以兼顾、网络结构复杂、OPEX 偏高、频谱供需矛盾四大难题，对网络代际演进起到很好的“无缝衔接”作用，主要体现在以下几个方面：

（1）在维持低代际网络业务收入的同时，增加高代际网络的业务收入。一方面，可以维系低代际网络的业务收入，直至用户自然退网或迁跃至高代际网络为止；另一方面，因网络容量增益带来更多用户增长和业务量消费，同时每用户平均收入（ARPU）有所提升，整体上增加了业务收入。

（2）有效降低机房、运维成本。利用平滑柔性技术可以实现设备高度集成、基带集中，提高资源效率，简化站点空间，降低机房投入、能耗和维护成本，从而有效解决 OPEX 偏高问题。最终以略微增加高代际网络的建设成本为前提，替代或更新低代际网络设备，提高建设速度，降低多代运营的总成本，并最大限度保护运营商的现网投资。

（3）多代际网络服务并存，减少用户流失。减少强制低代际网络退网可能引发的社会矛盾，满足用户的多样性需求，实现了用户保有、减少流失；低代际网络用户可通过平滑演进成为高代际网络新增用户，通过改善网络覆盖、提高网络传输速率等方式带来用户体验的提升和网络容量的增益。

（4）网络资源高效利用，业务部署更加灵活。一方面，保留了足够的、可灵活调配的网络资源，承载了 2G 的话音和物联网业务，提高了服务效率和业务灵活性；另一方面，根据业务模式及其变动规律可动态申请和释放频谱资源，提高了多网运营的整体业务承载能力，实现网络资源的互补和高效利用，业务部署更加灵活。

（5）频谱共享技术带来网络性能指标的大幅提升[14]。黄金频谱的重耕将为高代际网络带来可观的技术红利。通过频谱重耕，可以解决频谱资源需求不断提升

---

① 动态频谱共享：指在同一频段内为不同制式的技术动态灵活地分配频谱资源。这种方式可提升频谱效率、提高业务灵活性和承载能力，且有利于网络平滑演进。

与高代际网络无线资源不足的矛盾，提高高代际网络的覆盖率，缓解容量压力；利用载波聚合、动态频谱共享等技术，可以有效提升多网运营效率，尤其高代际网络的带宽、吞吐率、频谱效率、网络时延等性能指标均可获得大幅提升。

3.2　网络代际演进运营管理模型的构建

网络技术持续演进、生态结构不断调整、多代际网络“同堂”运维复杂等现实问题大大提高了运营管理的难度。网络代际演进过程中运营管理的主体与内在规律发生了哪些变化？本节将利用系统动力学方法构建网络代际演进视角的运营管理模型。

3.2.1　系统动力学方法

系统动力学（System Dynamics，SD）是系统科学理论与计算机仿真紧密结合、研究系统反馈结构与行为的一门科学，是系统科学与管理科学的重要分支；起源于 1957 年麻省理工学院（MIT）教授 Forrester 解决供应链库存管理问题的仿真模型，后逐步用于国家与区域经济可持续发展战略、企业战略与经营决策，并渗透到各行各业，被称为“战略决策实验室”[15]。系统动力学是系统科学与管理科学领域中定性与定量相结合的系统思考方法，比较适合刻画复杂的动态结构变化，特别是多因素在周期性变化中的相互影响与制约关系。

1. 系统动力学在电信网络代际演进方面的相关研究

不少学者使用系统动力学研究移动通信网代际演进或用户迁移。高锡荣等探讨了三代移动通信网的协调建设问题，分别从财务、竞争和战略三个导向出发，同时引入政策乘子因素，构建了三代网络协调建设的系统动力学模型，并对投资分配进行了仿真模拟[16]。赵送林等研究了用户从 2G 网络迁移至 3G 网络的影响因素，分析了敏感性高的控制点，为实现用户的快速迁移提供了理论指导[17]。李顺吉等基于网络规模、用户数和利润等指标，研究了 2G 网络至 3G 网络的资源配置合理性及两代的协调发展[18]。国外学者 Pagani 和 Fine 从用户动态、竞争动态和技术动态三个方面研究了影响用户采用 3G 服务的驱动力与仿真实现[19]。Casey 和 Tyli 则评估了技术统一和移动号码可携带性策略对移动话音传播和服务竞争的影响[20]。

上述研究是基于对动态、多阶反馈结构的复杂系统的研究，在多网演进领域，从多网协同角度展开的定性与定量研究，得到结论：退网将会导致资产折旧和摊销等问题，还会带来用户迁移宣传、营销、终端促销等费用的增加，导致旧制式用户满意度下降甚至流失；但是长期来看，可以降低租金、电费、维护费用和提升频谱效率，需要通过进一步研究找到最优策略；在多网运营与演进中，协同和节奏很重要，投资决策、成本管理和用户如何迁移等都受到内部运营的制约和外部环境的影响，实践中还没有较为成功的普适经验。系统动力学是研究网络代际演进中资源协同配置、用户迁移影响因素较为合适的分析与仿真方法，但还未见过将多种复杂影响因素纳入网络生命周期管理，实现从用户需求至投资决策及网络能力运营全过程的完整刻画研究。

2. 系统动力学的建模特点

系统动力学遵循“凡系统必有结构，系统结构决定系统功能”的系统科学思想，根据系统内部组成要素互为因果的反馈特点，从系统内部结构来寻找问题发生的根源，而不是用外部的干扰或随机事件来说明系统的行为性质。用因果关系图①（属于概念模型）来描述要素之间的作用关系及动态结构，在因果关系图的基础上区分要素变量的性质，用更加直观的符号进一步刻画系统运行的规律和系统中决策所遵循的规律，即流图（属于正规模型），为定量分析打基础。流图中的存量和流量是两种基本的变量：存量是积累，用于表征系统的状态，并为决策和行动提供信息基础；流量则用于反映存量的时间变化，流入量和流出量之间的差异随着时间的累积而产生存量。

系统动力学强调分析问题的历时性、整体性与相关性，适用于透析反直观的行为特性[21]。众多的事实表明，复杂的非线性、多重信息反馈系统的行为往往呈现反直观的性质。例如，复杂系统在两个长短不同的时间区间所表现出的行业主要特征可能是迥异的，一个国家的经济从 50 年的发展趋势来看处于下降阶段，但在某一短期的 3 年内观察却可能是上升的，人们的直观观察往往只见其一，很少能注意到两者并存。

因此，系统动力学实现了钱学森教授提出的综合集成方法必须解决的两个问题：将科学理论、经验知识和专家判断力相结合，建立定性认识，提出假设，并建立包括大量参数的系统结构模型；利用人机交互、调整参数等进行仿真计算，反复对比，逐次逼近，实现由感性到理性、由定性到定量的转化[22]。其建模过程便于实现建模人员、决策者和专家群体的三结合，便于综合运用各种数据、资料、经验知识，同时便于汲取其他系统、管理科学与其他科学理论的精髓。

---

① 因果关系图：可以简洁地表达出复杂系统中各变量之间的相互影响和相互作用的关系，从而确定出系统动态模型的范围。

3.2.2　电信运营动态演进影响因素的概念模型

电信运营管理是围绕投入-产出关系的管理进行的，电信运营企业通过投资建设相应的网络能力、产品与业务能力（包括营销能力）。一方面，运营商的投资产生了非付现成本（如资产形成的折旧）和付现成本（如网络运维成本、营销成本）；另一方面，网络生产的业务与产品最终销售给用户，会带来运营收入。运营收入是进入下一周期投资活动的保障。

经过多轮专家讨论建立的多代际网络运营管理系统动力学模型，将实际运营分为供给侧和需求侧，供给侧投入可支配的资源，形成网络与业务能力；需求侧面向用户销售产品，形成收入，供给侧和需求侧分别为供给子系统和需求子系统。供给侧以 2G、4G、5G 和 NB-IoT[①]为主要投入对象，需求侧则是获得用户和收入。除此之外，电信网络运营演进还受到宏观环境因素——政治（Politics）、经济（Economy）、社会（Society）和技术（Technology）的影响，四者合并可简称为 PEST，可将其定义为基础子系统。由此形成电信运营动态演进影响因素的概念模型，如图 3-7 所示。其中，基础子系统（PEST）是指一代网络生存发展的宏观基础环境因素，主要包括政治、经济、社会和技术四大方面；供给子系统（SCCS）是指一代网络生存发展的产业供给能力因素，包括标准（Standard）、支出（Cost）、能力（Capability）、策略（Strategy）四个方面；　需求子系统（USER）是指一代网络满足的需求内容，包括用户（User）、业务（Service）、体验（Experience）、收入（Revenue）四个方面。

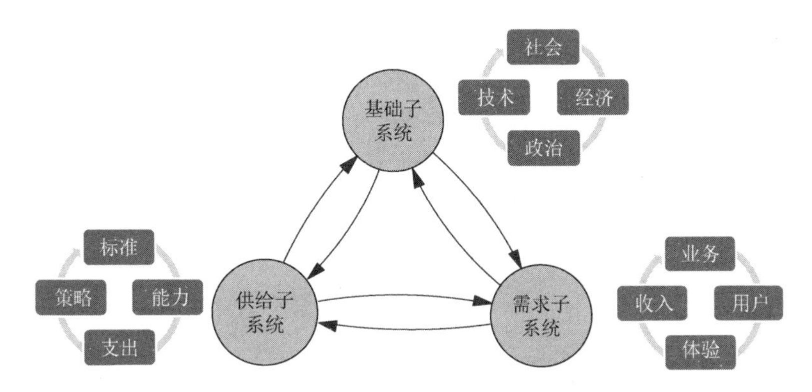

图 3-7　电信运营动态演进影响因素的概念模型

① 中国的 3G 已基本完成退网。

3.2.3　网络代际演进仿真基础模型

1．仿真设计

以某省级运营商为仿真对象，仿真周期从 2014 年至 2019 年，共六年的数据，时间间隔为五年。数据来源于各种报表数据、访谈、专业资料、专家观点、用户问卷等。

模型假设：第一，基础子系统产生的技术影响主要指技术成熟度及平滑柔性技术，产生的政策影响主要指频率使用政策和退网政策；第二，监管部门未发布对用户迁移产生明显影响的政策（如资费监管政策、号码携转政策、频谱强制收回政策等）；第三，5G 移动用户无流失，5G 物联网连接数无新增；第四，低代际网络移动用户的减少分为流失、迁移两种情况；第五，2G、4G、5G 投资动力因素的权重在仿真期内不变。

2．因果关系模型

1）第一层因果关系模型

按照要素的因果关系对电信运营过程进行解析，并将解析结果归集至相应的运营管理“语言”——在企业运营中可量化获取的变量指标上，同时确定变量之间的关系，如图 3-8 所示。

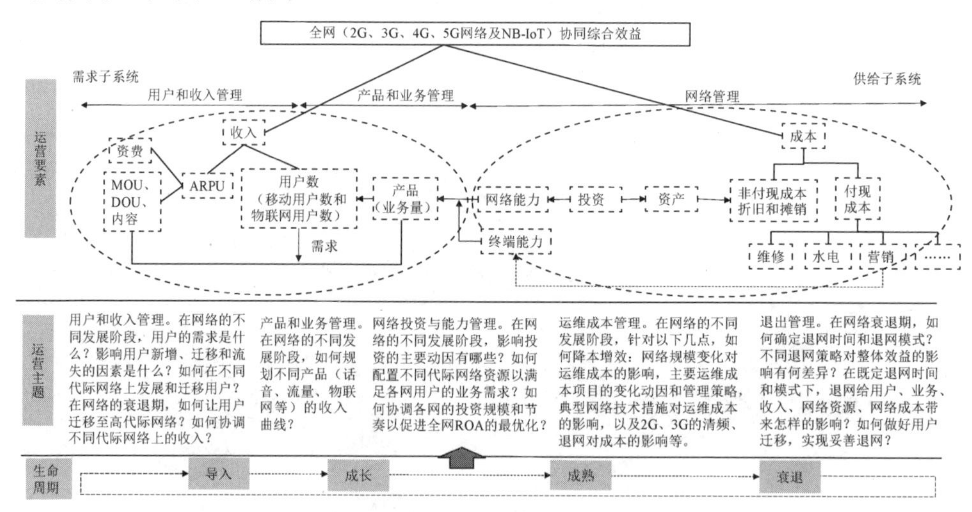

图 3-8　网络代际演进与生命周期管理的运营过程及关键要素解析①

---

① 图 3-8 中 ROA 的英文全称为 Return On Assets，意为资产收益率，也叫资产回报率，用来衡量每单位资产创造多少净利润的指标。计算公式：资产收益率=(净利润/平均资产总额)×100%。

每代际网络从导入、成长、成熟到衰退的生命周期中，运营管理核心绩效指标确定为可衡量全网效益的 ROA。投入侧（供给子系统）的运营结果在财务数据上体现为“成本”，投入的成本包括网络投资产生的非付现成本折旧与摊销，以及维修、水电、营销等消耗形成的付现成本；产出侧（需求子系统）的运营结果在财务数据上体现为“收入”，指的是为满足用户需求而形成的收入。在代际网络衰退期，投入侧与产出侧需要共同关注退出管理，做好退网规划与用户的妥善迁移。

在图 3-7 和图 3-8 的基础上，可以得到第一层因果关系模型，如图 3-9 所示。绩效综合指标为“效益”，图 3-9 中一正一负两个反馈环①构成了系统思考中“成长的上限”基模[15]：需求侧反映了从投入产生能力，能力满足需求后产生收入，带来效益增长，到进行新的投入的过程，形成正反馈环（具有自强化行为的闭合回路），促进 xG 网络持续发展；供给侧反映了从投入形成能力，能力消耗成本，成本影响效益，直到影响再投入的过程，形成负反馈环（具有自收敛行为的闭合回路），抑制 xG 网络的规模化发展。两个环在 xG 网络的不同生命周期阶段中因各要素影响作用大小的不同而发挥着不同的主导作用，推动 xG 网络的发展经历导入、成长、成熟到衰退的全生命周期。上述能力包括营销能力和网络能力，成本按性质不同分为运维成本和资产折旧，用户则根据需求差异划分为移动用户和物联网用户；同时由于多网运营，仿真中需要将这些要素根据实际情况分解到不同代际的网络上。

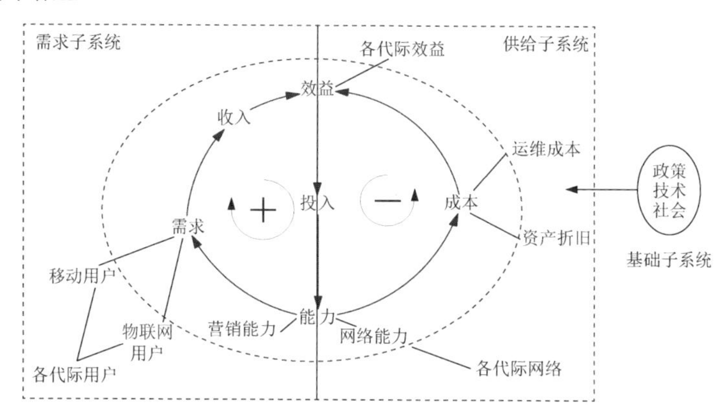

图 3-9　电信运营基本模型——第一层因果关系模型

2）第二层因果关系模型

进一步分析代际与代际之间的相互影响关系，细化需求、供给两个子系统的核

① 反馈环是由两个以上的因果链首尾相连形成的闭合回路。在因果链首尾相连形成反馈环后，将无法判别最初的原因和最终的结果。参与某个反馈环的所有要素构成了一种机制，这种机制具有独特的行为，环中任意一个要素的行为将受环中所有其他要素的制约和影响。

心因素，明确不可控环境因素，得到图 3-10 所示的第二层因果关系模型。图 3-10 中共有五个反馈关系环：需求发展与效益正反馈环、能力与业务正反馈环、总投资规模与效益负反馈环、网络资源投入与效益负反馈环和效益与退网负反馈环。这五个相互作用的反馈环可以体现 xG 网络发展过程中运营体系内部运营要素之间的动态变化关系。主要的外部影响因素可分为三个层次：来自基础子系统的环境因素，包括来自政策方面的频率政策、牌照政策等；来自运营体系高层次的管控指标，如总投资占收比，它是集团级企业控制下属运营单位每年投资规模的刚性指标；来自运营体系内其他代际网络的影响因素，如高代际网络质量越好越会强化低代际用户的迁移。

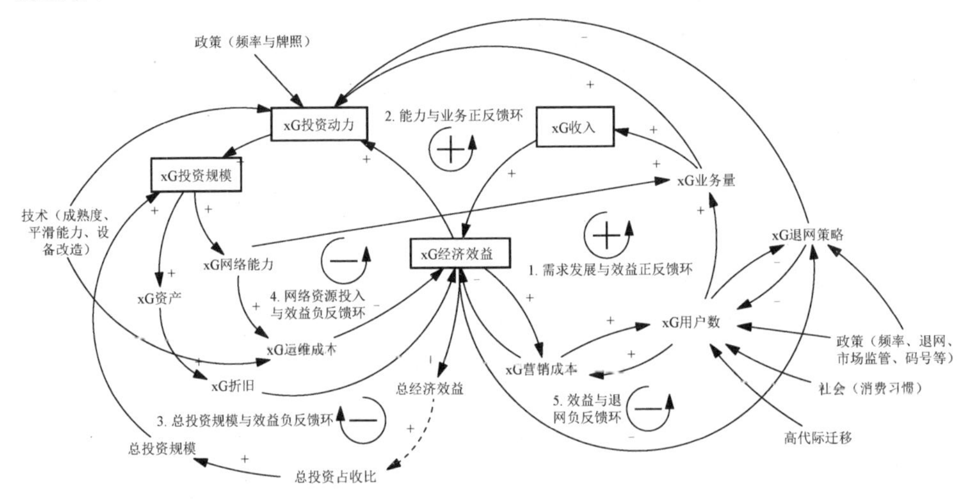

图 3-10 电信运营基本模型——第二层因果关系模型

实际仿真还需要细化到第三层、第四层因果关系模型（此处不详细描述），直至形成可以量化的变量模型，即系统流图模型。

3. 系统流图模型结构

根据上述因果关系模型的结构和影响因素的动态关系，经过多方调研、获取数据资料、分析与测算等，按照系统动力学仿真函数的规范和格式要求，逐一落实每个关键变量的原因变量与结果变量及其影响关系，并建立函数关系式，最终可得到由计算机仿真运算的流图算法模型，即电信运营基本模型的系统动力学正规模型。

模型共创建了 545 个变量。从运营分析和使用的方便性出发，将总模型分为三个子模型：子模型一为供给子系统流图模型，如图 3-11 和插页图 1 所示；子模型二为需求子系统中的移动用户子系统流图模型，如插页图 2 和图 4 所示；子模型三为需求子系统中的物联网子系统流图模型，如插页图 3 和图 5 所示。

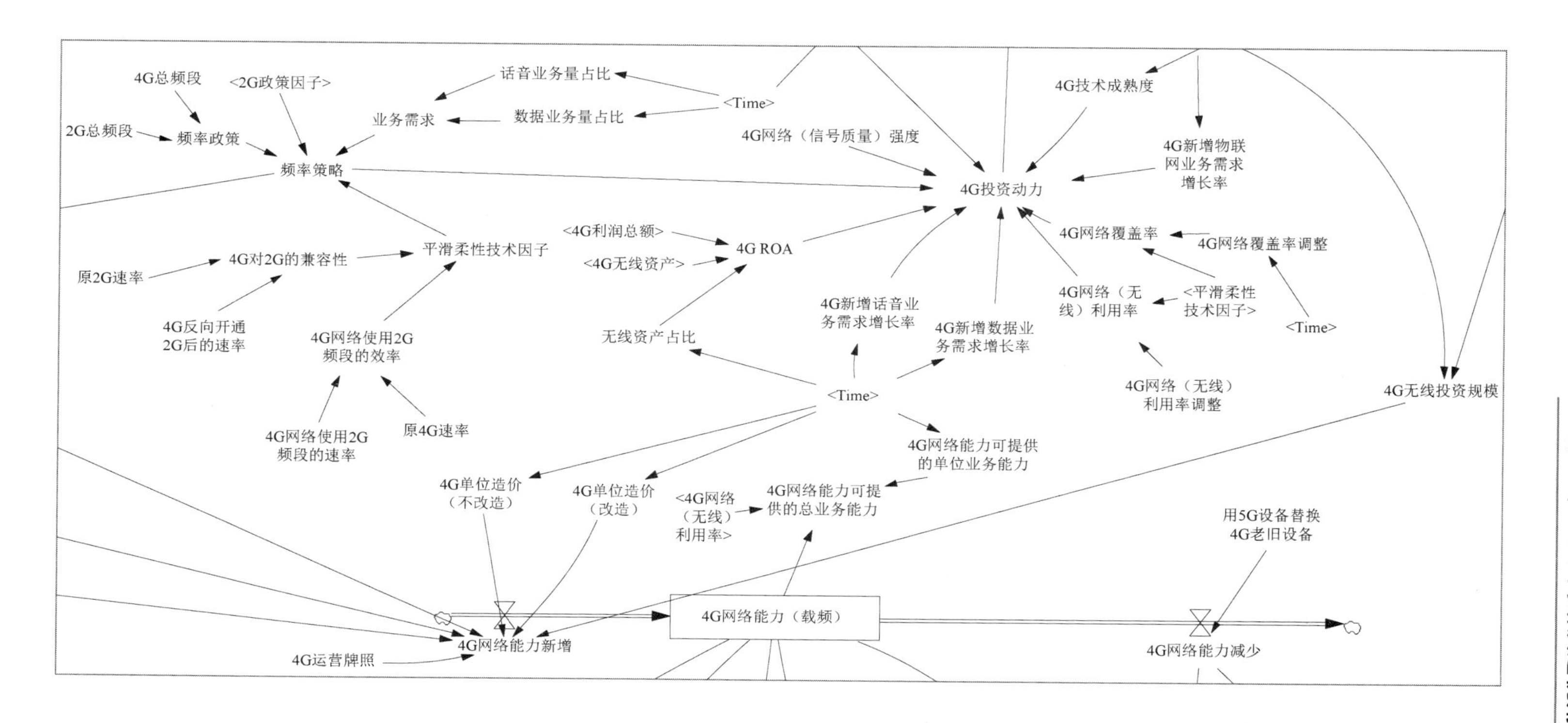

图 3-11　供给子系统中的 4G 网络投资模块流图模型结构

（1）子模型一：每代际网络都以投资、能力、资产和运维为核心变量形成四个模块。子模型一的变量较多，插页图1所示为供给子系统流图模型结构，图3-11是以4G网络投资模块为例展示的变量模型图。

将供给子系统量化的主要难点在于搞清楚投资决策的影响因素、各代网络资本性支出（CAPEX）及OPEX的结构分摊和高低代际的影响关系。为了搞清楚以上问题，主要采用了数据调研、专家访谈、案例收集和资料查阅、学习等方法。

（2）子模型二和子模型三：每代际网络都以用户数、业务量和收入为核心变量形成三个模块，物联网又分为抄表、车联网和智能穿戴三个场景，分别对这三个场景进行细化。插页图2、图3分别呈现了子模型二、子模型三的结构，而插页图4、图5均呈现了某一模块的详细流图。

将需求子系统量化的主要难点在于搞清楚退网决策的影响因素和用户迁移的影响因素。为了搞清楚退网决策的影响因素，主要采取了专家访谈、资料查阅、数据观察等方法；而移动用户迁移的影响因素是通过查阅文献，建立影响因素结构方程，针对不同代际的移动用户设计并发放问卷，再进行假设检验得到的。将物联网子系统量化的主要难点在于搞清楚各业务场景下连接数增加的影响因素及其权重的大小，为此，主要采取了专家访谈（专家判断）、资料查阅、数据观察、企业调研等方法。

3.3　网络代际演进运营管理决策实证仿真

完成复杂而艰难的建模工作后，就可以利用模型对管理者所关心的管理决策问题进行实证仿真了。本节主要进行了两个方面的实证仿真，一是多网协同运营管理实证，二是低代际网络退网管理决策实证。

3.3.1　多网协同运营管理实证

从多代电信网络生命周期运营管理的视角选取决策主题进行仿真分析，包括用户与收入管理、业务与产品管理、网络投资与能力管理、运维成本管理。

1．用户与收入管理

（1）4G套餐价格降低不会大幅刺激最后的2G移动用户迁移到4G网络。将2019年的4G套餐价格向上/向下各调整10%、20%，对移动用户迁移量的影响都不大，幅度为2%左右（见图3-12），即调整4G套餐价格对存量2G移动用户迁移的作用有限。

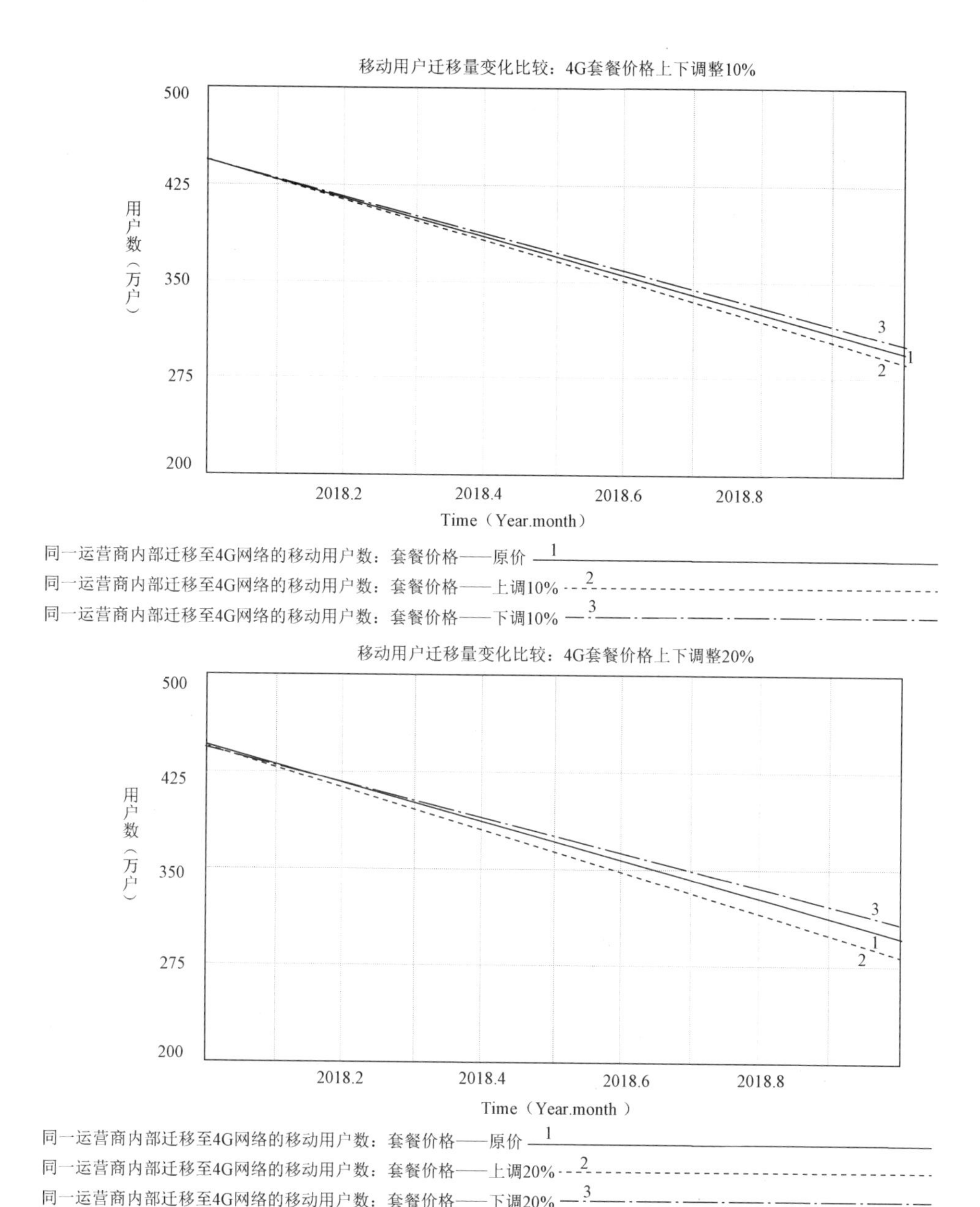

图 3-12　2G 迁移移动用户对 4G 套餐价格的敏感性分析

（2）加快 2G 移动用户向 4G 网络的迁移，对提升 2G 网络、4G 网络的总收入有明显的作用。将从 2G 网络向 4G 网络迁移的用户数向上/向下各调整 10%、20%，幅度越大，两网总收入也越大/越小。

（3）模组价格对物联网发展的影响至关重要。模组价格相较于产业生态等其他因素更加敏感，在将模组价格按一定比例调整后，前者能够带来更多的物联网总收入变化。同时，物联网收入的增加对高代际模组价格更敏感。

2．业务与产品管理

（1）业务量从低代际网络向高代际网络迁移。不论是话音业务，还是数据业务，都在不断地从 2G 网络向 4G 网络迁移，4G 网络成功承载了巨大的流量业务。

（2）话音业务收入、数据业务收入、物联网业务收入是运营商主要的产品收入。2015 年以前，以话音业务收入为主；2015—2016 年，大力建设 4G 网络并发展 4G 业务，数据业务收入超越话音业务收入成为运营商最重要的收入，成功打造了第二条产品收入曲线；第三条产品收入曲线——物联网业务收入曲线从 2016 年开始出现，但物联网业务收入很少，市场亟待开发。值得注意的问题是，2018—2019 年，仿真对象在处于衰退期的 2G 网络上部署了新的物联网用户，2G 物联网业务增长，提高了 2G 的退网难度。

3．网络投资与能力管理

（1）网络发展的周期性与投资节奏的把握。网络投资初期以实现快速覆盖，抢占市场份额，以及满足迅速增加的市场需求为目标，需要相对超前的投资，逐步过渡到成熟期，投资的原则以强调现网资源有效利用和追求网络效益为主，投资管控日渐严格。

在仿真中，将投资收入比下调后，ROA 反而明显提升，这是因为网络资源处于比较宽裕的状态，网络利用率不饱满，适当缩小投资规模所带来的能力降低并未限制业务量的自然增长，保持了收入的稳定增加。这也说明了，在仿真周期内，投资规模管理水平仍有优化空间。

（2）在不同阶段投资形成的网络可提供业务能力与市场实际业务量之间通过网络利用率达到均衡。投资形成的各代网络物理能力（载频）在运营中转换为网络可提供业务能力（兆比特流量），市场实际业务量与网络可提供业务能力之比被称为网络利用率。网络利用率是用于观察网络资源对需求的保障程度的主要指标，从另一角度看，也是反映投资效率的指标。

仿真数据显示，在 2G 网络进入衰退期以后，2G 能力降低，而相比之下，实际业务需求的减少速度更快，网络资源越发冗余；而处在成熟期的 4G 网络，投资增加，载频及相应可提供业务能力也迅速增加，实际业务需求的增长速度更快，网络利用率也在不断提升，因此在进行物理网络扩容的同时，应尽可能寻求网络资源的集约化 OT 来提升网络利用效率。

（3）投资动力对投资规模的影响。业务需求增长和网络利用率是影响投资动力的重要因素。将 2019 年 4G 数据业务需求增长率分别上调、下调后，可以看出，在多网同时运营状态下，单网络的业务需求变化不仅影响自身网络投资，还对其他网络投资造成影响；网络利用率的提升通常会引起投资需求的增加，但其影响通常表现为区间效应。例如，在 2G 网络的成熟期，无线网络利用率以 75%为警戒线；超过 75%则会影响通话质量，必须尽快投资扩容；75%以下则可接受。而 4G 网络及其业务形式更加复杂，无线网络利用率只能在一定程度上反映出网络资源的占用状况，仿真中无线网络利用率的升高对 4G 网络投资的增加只产生较小的影响。

（4）平滑柔性技术改造对网络资源代际转移及各代网络规模的影响。影响主要表现在以 Single-RAN[①]技术支持的“4G 替换 2G 老旧设备”项目的实施方面，在 4G 网络正常扩容建设过程中融合 2G 改造技术。改造后，4G 网络规模没有额外扩大，2G 载频及频率退出；新增 4G 网络能力既满足 4G 业务需求，又反向支撑 2G 业务，实现了“一网资源兼容两网业务”，有效提高了频率资源利用率，并减少了 2G 网络的运维成本。

4．运维成本管理

（1）在生命周期的不同阶段，网络规模对运维成本的影响不同，运维管理的重点也不同。4G 网络规模逐年扩大，且增加的速度加快，与之相应的运维成本也在逐步增加，但网络成本增加的速度远低于网络规模扩大的速度，单位成本下降明显，凸显出规模效益及网络节能技术的应用效果。可见，网络运维的重点由导入期的关注多代际网络“同堂”的运维管理整合优化过渡到了成长期、成熟期的节能减耗和降本增效。

（2）多种措施降低网络运维成本。网络运维成本是运营商很关键的支出内容，主要涉及租赁费（包括房屋租赁费和铁塔服务费）、代维费、电费及其他运维成本。

① 电费的节约（如 5%）对 ROA 有直接贡献（提高 0.16%）。通过对供电方式的积极调整（转供改直供）和设备、机房节能减排等多种创新技术的研发应用，可以有效降低单载频电费。

② 房屋租赁费的节约（如 10%）对 ROA 有直接贡献（提高 0.7%）。实行物业选址、机房集中化整合等措施均可以在一定程度上有效降低租赁成本。

---

① Single-RAN：单一无线电接入网，是华为发布的一体化基站建网理念和解决方案，可以有效解决运营商多制式建网难题，有效减少运营商的 CAPEX。RAN 的英文全称为 Radio Access Network，意为无线电接入网。

（3）平滑柔性技术的降本效果。在采用该技术第一年和第二年，与不改造相比，运维成本分别下降 11.43%和 16.42%，带来全网综合 ROA 上升 4.16%和 3.33%；后期设备腾退后，房屋和租赁费的减少还会更大幅度地降本。

（4）C-RAN[①]的基站集中化改造技术对网络成本的影响。依据仿真结果看，集中化改造带来了成本的下降和效益的上升，且集中化程度越高，经济效益越好：集中化程度为 8∶1 时，4G 运维成本下降 2.58%，总 ROA 上升 0.88%；集中化程度为 10∶1 时，4G 运维成本下降 2.96%，总 ROA 上升 1.01%。

3.3.2 低代际网络退网管理决策实证

根据当前主要面临退网决策的 2G 话音业务用户和物联网用户，单独建立退网决策子模型，并进行决策仿真。

1. 退网决策子模型的建立与仿真设计

对演进模型进行一定的选裁，单独形成退网决策子模型，相应地，模型中的 129 个变量的仿真周期延长至 2024 年。退网决策子模型的因果关系图如图 3-13 所示。

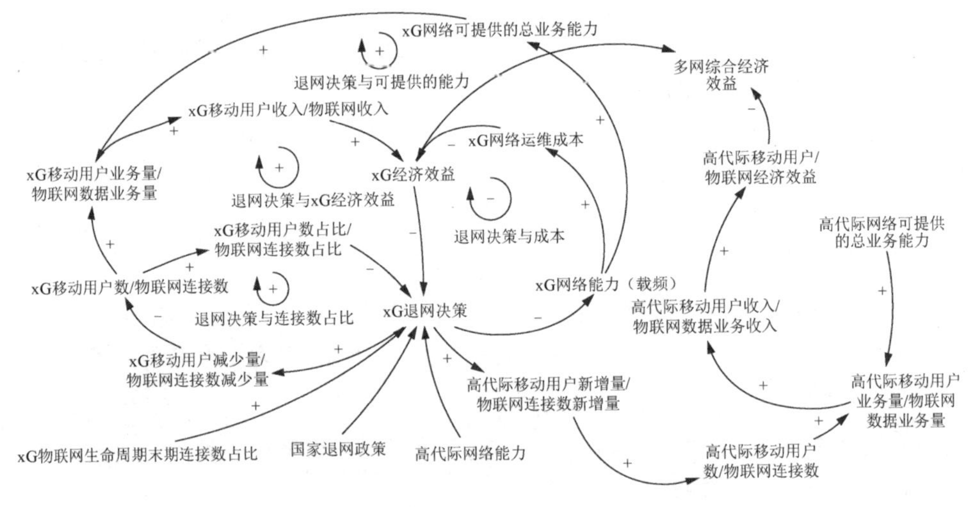

图 3-13 退网决策子模型的因果关系图

退网决策子模型中有四个反馈环路，其中有三个正反馈环，一个负反馈环，

---

① C-RAN：Centralized RAN，意为集中式无线电接入网，一般指基于分布式拉远基站，云接入网将所有或部分的基带处理资源集中，形成一个基带资源池，并对其进行统一管理与动态分配，在提升资源利用率、降低能耗的同时，通过对协作化技术的有效支持而提升网络性能。因此，“C”也包含协作（Cooperative）、云（Cloud）及低碳（Clean）的意思。

分别为退网决策与成本负反馈环、退网决策与可提供的能力正反馈环、退网决策与连接数占比正反馈环和退网决策与 xG 经济效益正反馈环。

2．两种退网模式的仿真分析

仿真选取了加速退网和自然退网两种场景。无论是自然退网，还是加速退网模式，2G 用户的迁移比例上升幅度越大，受退网决策影响的总收入上升幅度也越大，且增量显著（若将两种情况下迁移比例从 75%提高到 85%，收入均可增加 13 亿元）。

加速退网模式假设：①运营商在 3 年内（从 2019 年到 2022 年底前）完成 2G 退网，每年减少 1/3 的 2G 用户；②3 年内，每年依次停止提供运维的网络比例为 20%、40%和 40%。自然退网模式假设：①从 2019 年开始，2G 用户每年减少 20%，5 年后（2024 年底前）消退到 0；②每年停止提供运维的网络比例为 20%。其中，参照历史数据，假设减少的用户中 25%为流失用户，75%迁移至高代际网络。

分别计算两种模式下成本的节约和收入的增加，按折现率 5.5%计算，采用加速退网（2022 年为退网完成年）的等效年均效益为 84.98 亿元，采用自然退网（2024 年为退网完成年）的等效年均效益为 68.64 亿元。因此，加速退网的总体效益要优于自然退网。

3.4　5G 网络演进视角的运营管理挑战

本章前 3 节对电信运营管理体系进行了解读与解构，并运用系统动力学方法进行了多代际网络共存背景下的运营决策实证仿真，总结、印证和发现了网络代际演进的必然规律与运营管理决策重点。在此研究过程中，编者也一直在思考 5G 时代所面临的运营管理挑战，形成了部分探索性思考。

3.4.1　“奇偶律”与 5G 网络运营管理挑战

这里所说的“奇偶律”是指奇数代网络带来破坏性创新和偶数代网络带来继承性创新。奇数代网络演进通常是标准、技术和业务的全面变革，带来破坏性创新[23]；偶数代网络演进更偏向于市场和应用的规模性创新与成长，带来继承性创新。奇数代网络带来破坏性创新，但“有效”需求不足是产业规模发展受阻的主要原因：生成一代网络标准的前提是特定需求场景假设，奇数代网络是全新需求场景提出来的（如 1G 网络的移动语音、3G 网络的流量、5G 网络的大连接等）。偶数代是对既有需求场景投入产出的效能提升；奇数代培育的需求和供应链（能力）在偶数代实现了大规模生产和消费，需求的“有效性”在偶数代得到了充分的呈现。奇数代被打上了不太成功的标签，其成因在 3G 后愈加趋于复杂，从 3G 开始，决定需求“有效性”的业务主导者第一次来自运营商既有生态外部，如以苹果公司为代表的智能机与 App Store 商业模式，“流量”的需求“有效性”是靠它实现的。同样，人们现在无从得知 5G“大连接”“实时、高可靠”的需求“有效性”如何实现，也许 AI 这样的水平技术或者自动驾驶等垂直 OT 是候选。5G 时代做好需求、技术、市场和生态的培育将是 6G 应用有效性、价值爆发的重要前提。

3.4.2 不同代际网络移动用户的特征与 5G 网络的运营管理挑战

在生命周期的不同阶段，网络上移动用户的特征及迁移影响因素不同。

在衰退期低代际网络上的移动用户①：以 2G 存量移动用户为代表，年龄偏大，对新技术、新业务的学习适应性较差，学习使用智能手机需要付出的时间和精力会对移动用户的迁移意愿产生较强的负面影响。在迁移推广时，要侧重减少移动用户对 4G 网络/终端的陌生感，并着重于推广简单、常用的核心功能。4G 终端和套餐的价格不是阻碍 2G 移动用户迁移至 4G 网络的关键因素，无须针对目前还在网的 2G 移动用户进行大幅度的终端/套餐促销。

在成熟期网络上的移动用户②：以已经迁移至 4G 网络的移动用户为代表，是当前最主要的移动用户群体，年龄跨度大，兴趣多样且对手机有依赖。推广时，应侧重移动用户对高代际手机/业务的易用性、有用性感知，同时配合套餐价格、终端促销等营销手段。

在导入期网络上的移动用户③：以 5G 移动用户为代表，相对年轻，对新技术、新业务敏感且接受度高，对手机严重依赖。营销时，需更加重视移动用户对新网络/新终端的有用性与娱乐性感知，同时对新业务/新终端开展促销活动。运营商可以采取加强对已迁移移动用户的宣传活动来加强其对周边人们的影响，从而提升他们的迁移意愿。

终端对移动用户进入一个新的网络，或者从衰退期网络退出，都有比较大的影响，但终端在很大程度上不是运营商可以控制的，需要进一步研究 5G 终端产业链对 5G 网络运营的影响。

---

① 问卷调研：2020 年 4—9 月，收集 2G 移动用户问卷 166 份。

② 问卷调研：2020 年 4—9 月，收集从 2G 网络向 4G 网络迁移的移动用户问卷 223 份。

③ 问卷调研：2020 年 4—9 月，收集从其他代际网络向 5G 网络迁移的移动用户问卷 77 份。

3.4.3　物联网用户与 5G 网络运营管理挑战

本章模型研究的仿真期内产业物联网还处于导入期，2G 网络的连接数还比较大。物联网用户在对不同代际的网络进行选择时，更关注网络技术与应用场景的匹配。2G 网络覆盖范围广、模组价格低、使用简单，主要应用在抄表、共享单车、儿童手表、电子付款机（Point Of Sale，POS）、定位器等低流量、大连接应用场景中；NB-IoT 带宽窄、模组价格低，主要集中在智慧抄表的大连接、低功耗应用场景，不支持移动、语音功能；4G、5G 网络传输速率高、支持无线即时通信、兼容性高等，主要应用在车联网、电子广告牌、工业路由、网关、智慧医疗灯光和视频监控等高流量、低时延应用场景中。物联网相关的绩效考核目标促使运营商在 2017 年以后发展了大量 2G 物联网用户，这些物联网终端与物联网用户企业的生产密切相关，二者之间涉及物联网用户的生产、安全甚至生命，不能随意断开，成为 2G 网络退出的主要困难之一。

5G 时代势必会有大量 toB 的产业物联网用户，涉及物联网用户的迁移与发展需要找准切入点并提升多方协同能力。要从物联网用户特征及低代际网络向高代际网络迁移影响因素出发，找准业务发展切入点。推动物联网行业发展的关键影响因素有四个：政策支持、网络覆盖、产业生态和模组价格。物联网业务发展前期刚需不足，政策引导的影响非常大；物联网业务若与企业生产深度融合，对网络覆盖、服务质量（Quality of Service，QoS）的要求会更高；物联网业务需要在产业链搭建丰富的产业生态中才能开发出大量的应用；现阶段抄表、车联网等终端对模组价格更为敏感。

3.4.4　toC 叠加 toB 的运营管理体系再造挑战

5G 业务的资源配置管理决策模式与以往的代际模式大不相同，必将带来运营管理体系与能力构建方面的较大变革挑战。

5GtoB 发展垂直应用已形成共识，但现有电信运营投资管理体系依托于“规划—建设—运维—优化—营销”的主线形成的组织架构、职能分工、核心业务流程因其成本低、效率高，更适用于大众市场；5GtoB 应用场景的投资决策与运营管理则需要在规模与定制之间、质量与效率之间进行综合平衡，用户对产品在需求响应与交付服务方面的时效、质量、集成能力要求会更高，且有较多个性化成分，因此影响因素更为复杂。

毋庸置疑，发展 5GtoB 业务给需求预测、投资决策模式、建设与运维优化、产品交付和营销服务等运营管理整个体系都带来了运营业不得不直面的全新挑战，从找到对的需求到形成合适的业务与产品能力并交付用户，都对各种运营资源和能力的组织与建设、生态关系的新建或重构等提出新的研究课题。

本章参考文献

[1] 舒华英. 电信运营管理[M]. 北京：北京邮电大学出版社，2008.

[2] 张静，梁雄健. 电信组织管理[M]. 北京：人民邮电出版社，2010.

[3] 谢智勇，王海鑫. 移动运营商多代际网络演进策略[J]. 科技和产业，2022，22（1）：93-96.

[4] 兰琨. 关于四网协同发展策略问题的思考[J]. 邮电设计技术，2013（1）：63-67.

[5] 董健，仝玉选，张博. TD-LTE 网络规划重点关注因素分析与策略探讨[J]. 电信技术，2012（10）：91-94.

[6] 郭陵. 无线网络协同发展策略分析[J]. 电信工程技术与标准化，2012，25（7）：86-90.

[7] 刘伟. 四网协同发展研究[J]. 广东通信技术，2012，32（9）：3.

[8] 林善亮，唐国成，冯桂敏. 中国联通精简网络结构趋势的探讨[J]. 电信技术，2019（8）：106-108.

[9] 谭捷成. GSM 网清退策略及关键问题研究[J]. 移动通信，2017，41（9）：40-44.

[10] 李进良. 为了 5G 频谱规划应对 2G 清频 3G 共享[J]. 移动通信，2019，43（2）：9-14.

[11] 杜振华. 2G 清频退市问题研究[J]. 移动通信，2017，41（11）：16-20.

[12] 周钰哲. 动态频谱共享简述[J]. 移动通信，2017，41（3）：14-17.

[13] 徐菲，张晶. 加快升级演进，解决我国移动通信“四世同堂”问题[J]. 信息通信技术与政策，2019（8）：1-5.

[14] 田家强，陈勇，张建照. 动态频谱管理技术发展研究[J]. 通信技术，2017（4）：585-592.

[15] 钟永光，贾晓菁，钱颖，等. 系统动力学[M]. 2 版. 北京：科学出版社，2013.

[16] 高锡荣，张红超. 三代移动通信网络协调建设的系统动力学分析[J]. 重庆邮电大学学报（社会科学版），2015（5）：94-100.

[17] 赵送林，黄逸珺，陈婷，等. 2G 用户向 3G 迁移的策略分析[J]. 北京邮电大学学报（社会科学版），2010（3）：69-76.

[18] 李顺吉，刘冠甲. 中国移动 3G 与 2G 协调发展的系统动力学分析[J]. 中山大学研究生学刊（社会科学版），2007（1）：76-94.

[19] PAGANI M，FINE C H. Value network dynamics in 3G–4G wireless communications：A systems thinking approach to strategic value assessment[J]. Journal of Business Research，2008，61（11）：1102-1112.

[20] CASEY T R，TYLI J. Mobile voice diffusion and service competition：A system dynamic analysis of regulatory policy[J]. Telecommunications Policy，2012，36（3）：162-174.

[21] 王其藩. 系统动力学[M]. 上海：上海财经大学出版社，2009.

[22] 贾仁安，丁荣华. 系统动力学——反馈动态性复杂分析[M]. 北京：高等教育出版社，2002.

[23] 侯子超. 移动互联网产业演进及投资价值分析[D]. 上海：上海交通大学，2015.

第 4 章

5GtoB 动态能力框架

对运营商而言，直接面向个人客户（to Customer，toC）销售产品或者服务和直接面向家庭客户（to Home，toH）销售产品或者服务都属于“现金牛”业务，该业务的市场已成熟，且其在整个市场上的占有率高。现有业务，如话音、流量、宽带、基础云服务等都属于易大规模复制的标准化产品，具有规模经济和高边际利润的优势，是运营商的收入、利润和现金流的主要来源。同时，运营商在网络建设和运营方面具有巨大优势，但当面对涉及千行百业的组织客户市场时，运营商的 ICT 能力需要与行业客户的 OT 能力进行更多的适配，这通常要求运营商同时具备对 ICT 能力和对不同行业 OT 系统的准确认知。与此同时，不同行业间的需求差异极大，单一的 ICT 难以“包打天下”，运营商需要针对不同的行业应用场景探索对 ICT 的优化，解决 ICT 与行业 OT 的融合壁垒问题。运营商对各个行业的智慧中台、应用平台的构建缺乏经验，“从 0 到 1”学习成本高；对于“从 1 到 *n*”，正在探索如何打造可复制、标准化的 toB 产品。能力构建是运营商转型的关键，是一个艰难的“爬坡”过程。本章将致力于构建电信运营转型能力框架。

4.1 理论基础——动态能力

1984 年，沃纳菲尔特（Wernerfelt）提出了资源基础观，认为企业是一系列资源的集合，采用管理手段对现有资源进行优化有助于企业实现价值最大化[1]。随后，Barney 于 1991 年提出了稀缺性、价值性、不可替代性和不可完全模仿性是重要的企业资源特征，有助于企业形成竞争优势，这为资源基础观的理论模型构建奠定了基础[2]。

资源基础观为企业理论研究打开了新的视角，对企业“黑箱”问题的探索有着开创性贡献。但随着研究的不断深入，学者们意识到，只有使企业资源创造出价值，才能为企业建立竞争优势提供动力。对此，1997 年，梯斯（Teece）等首次明确提出动态能力的概念，以此作为企业资源观的拓展[3]。

事实上，资源基础观是从静态研究的视角对企业竞争优势来源进行归因，而动态能力理论正式突破了资源基础观的静态分析缺陷，为企业竞争优势的归因提供了新的视角。“动态”强调变革与更新，“能力”强调整合与转型，动态能力有助于企业在复杂多变的市场环境中实现战略更新，迅速进行资源整合和配置，以获得可持续竞争优势。目前，动态能力理论已经成为战略管理文献中十分活跃的研究主题，学者们不断拓宽对动态能力的研究，注重与战略管理、组织学习、知识管理等其他领域的融合，同时结合时代背景，以动态能力理论为基础，研究企业管理中的众多“黑箱”问题，为企业发展提供方向。

从 1997 年 Teece 提出动态能力概念至今，动态能力这一主题得到了学者们的广泛关注与大量研究，其概念内涵也在不断丰富。在后续的众多研究成果中，关于动态能力的定义，有进一步拓展[3]。Teece 于 1997 年最早明确提出动态能力的概念，认为动态能力是企业整合、构建和重组内外部能力以适应快速变化的环境的能力[4]。Eisenhardt 和 Martin 于 2000 年从流程视角将动态能力定义为企业整合、转型、获取和释放资源的公司组织流程[5]。Winter 于 2003 年基于高阶视角将动态能力界定为用来拓展、修改、创造常规能力（低阶能力）的高阶能力[6]。这三种视角虽然各有侧重，但均对动态能力的本质特征做出了一定揭示，其他学者对动态能力的定义也主要围绕“能力”“流程”“高阶”这三大焦点展开。动态能力的代表学者及其对动态能力的定义、划分维度如表 4-1 所示。

表 4-1 动态能力的代表学者及其对动态能力的定义、划分维度

视角	学者	年份	定义	划分维度
能力论	Teece 等[3]	1997	动态能力是企业整合、构建和重组内外部能力以适应快速变化的环境的能力	协调能力、学习能力、转型能力
	Teece 等[7,8]	2000,2007	动态能力是企业感知环境并通过整合企业现有资源从而抓住机会的能力	感知能力、捕获能力、转型能力
	Zollo 和 Winter[9]	2022	动态能力是一种稳定的、集体学习的行为模式，企业可以借此系统地产生和改变运营惯例，从而追求绩效的提高	动态能力是隐性经验积累、显性知识表达和编码活动共同演化的结果
	Wang 和 Ahmed[10]	2007	动态能力是企业为了在快速变化的环境中赢得持续竞争的优势，必须具有不断地整合、转型、更新和再造自身资源与能力的行为倾向	适应能力、吸收能力、创新能力

续表

视角	学者	年份	定义	划分维度
能力论	焦豪[11]	2010	动态能力是企业通过扫描环境发现机会，并据此整合、构建和转型内外部资源，以修正运营操作能力，从而适应动态、复杂、快速变化的环境的能力	机会识别、整合转型、技术柔性、组织柔性
	Teece[12]	2018	动态能力体现在能力、资源和战略三个维度上，它们共同决定了单个企业相对于竞争对手的竞争优势程度	能力、资源和战略
流程论	Eisenhardt 和 Martin[5]	2000	动态能力是由一些具体的战略流程组成的，如产品开发流程、战略决策制定流程和联盟等	创造、整合、转型、释放资源的能力
	Zott[13]	2003	动态能力是一系列指导企业资源建构并内化到运营惯例中的日常组织程序	动态能力是一种日常组织程序
高阶论	Winter 等[6,14]	2003,2011	动态能力通过扩展、修改或创造普通能力，帮助企业进行变革	动态能力可以部分对冲现有能力的过时，并产生相对可持续的优势
	曹红军等[15]	2009	动态能力是管理其他能力的一种能力，强调企业要把握竞争环境变化的趋势，通过整合、利用资源来更新竞争能力，以实现与外部环境的匹配	信息利用、资源获取、内部整合、外部协调、资源释放能力

当前，有关动态能力的研究以 Teece 的观点为主流，在不同时期，其理论的侧重点有所不同。1997 年，Teece 将协调能力、学习能力和转型能力作为动态能力的核心要素，他提出将这三者组合在一起可以被认为是“资源编排”的过程。到了 2007 年，Teece 从环境感知的视角将动态能力重新划分为感知能力、捕获能力和转型能力，并将三者视为在快速变化的环境中企业竞争优势的基础[8]。2009 年，Teece 提出动态能力不仅包括企业感知环境并通过整合现有资源从而抓住机会的能力，还包括通过组合资源重新塑造所处生态环境从而创造全新商业机会的能力。该观点在拓展动态能力内容的同时，突出了企业主动性的特征，即企业可以主动地重新塑造自己所处的环境，而不是被动地适应所处的环境[16]。此后，Teece 分别于 2010 年和 2018 年引入商业模式和战略概念，并提出了“战略—商业模式—动态能力”三角框架，认为商业模式通过对组织设计的影响，影响着组织的动态能力，并限制了特定战略的可行性[17,18]。2018 年，Teece 结合系统论，构建了包括企业资源、战略和外部企业、机构的能力框架，其将资源和战略也认定为动态能力的一部分[12]。能力、资源和战略共同构成了一个由相互依

存的要素组成的系统，这些要素共同决定了企业的竞争力。该理论进一步拓宽了动态能力的研究方向，对企业的长期发展具有一定的指导意义。

4.2 电信运营 5GtoB 动态能力架构

动态能力有助于组织有效感知、捕获、转型外部数字技术[19]。在数字化转型的背景下，动态能力可以通过大数据管理进行变革，为组织创造业务价值[20]。动态能力作为一种高层次的组织能力，孕育了技术创新的必要环境，实现了创新资产的有效整合，帮助企业在面临海量数据时管理、处理并整理信息，以进行经营决策。

数字技术促进组织动态能力的提升。Warner 和 Wager 于 2019 年强调，在内外权变因素的触发下，数字技术会对动态能力的三个方面产生影响，并且这是一个动态持续的战略更新的过程[21]。Warner 从数字感知能力、数字捕获能力、数字转型能力三个方面构建数据驱动的动态能力模型，强调通过数字侦查、数字场景搭建、数字思维形成提升数字感知能力，通过快速建模成型、匹配现有商业模式、提升战略敏捷性提升数字捕获能力，通过构建创新生态、内部组织架构再设计等提高数字转型能力。Chirumalla 于 2021 年以流程型企业为对象，研究了数字技术推动企业的能力由普通能力提升为数据驱动动态能力的转变[22]。Annarelli 于 2021 年从数字化能力出发，提炼了代表动态能力特征的数字化能力[23]。把握 AI、大数据、云技术等数字技术背景下组织学习模式的变化，发展动态能力是企业应对快速变化的环境、构建竞争优势、战胜竞争对手的重要手段。

数字经济时代已经到来，“泛 5G”技术正在兴起，企业如何涵盖技术、人才、资金、数据等发展要素，实现各利益相关者间的协同效应，利用内部跨职能团队进行快速决策，有效感知和利用数字技术，抓住机会以应对威胁，进而实现转型发展，是企业必须面对的关键问题。动态能力为技术范式转变时期的企业如何在数字经济中整合数字化技术和业务流程以进行组织转型，实现增强客户体验、简化运营或创建新的商业模式等重大业务改进活动提供了思路[24]。

根据 Teece 的系列研究，企业可以从感知、捕获、转型三个方面出发提升其动态能力，推动其数字化转型的进展。建立感知能力、捕获能力和转型能力可以使企业精心设计未来战略，设计、创建和完善可供防御的商业模式，指导组织转型，获得持久的竞争优势[12]。基于本书第 2 章 toB 的价值机制，在价值发现、实现的过程中，参考 Teece 和 Warner 的观点，提出动态能力架构，如图 4-1 所示。以下分别从感知能力（客户需求识别与易感场景识别能力）、捕获能力（技术服务与生态整合能力）、转型能力（流程优化与组织结构调整能力）三个方面进行具体阐述。

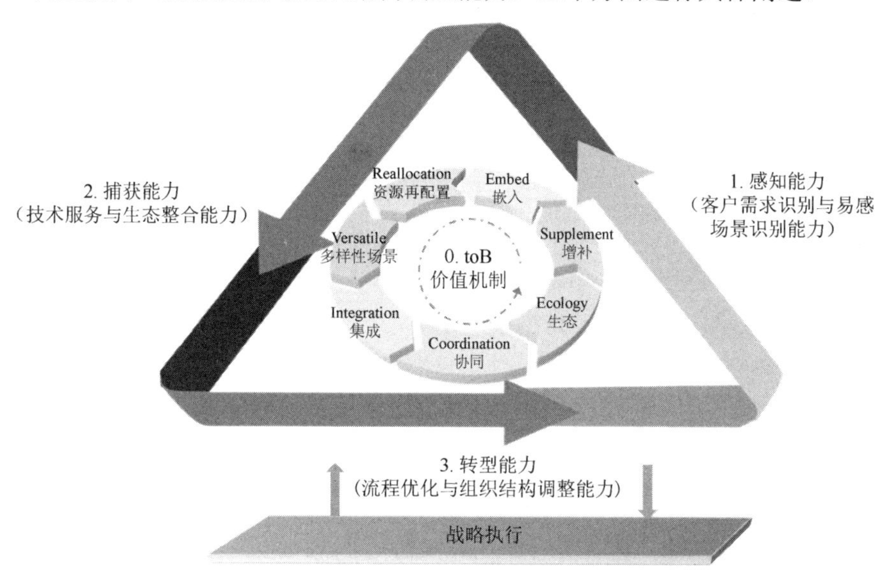

图 4-1　电信运营 5GtoB 动态能力架构

4.2.1　动态能力之感知能力

感知能力有助于企业预测快节奏环境中的最新数字化趋势，并不断完善自身数字转型战略[21]。感知能力强调“识别、开发和评估与客户需求相关的技术机会”[17]。感知能力强的企业重视对市场环境变化的洞察和识别，从多元视角主动搜寻有益的信息，了解客户需求和易感场景等相关信息，探索市场的新机遇，并及时应对威胁和挑战[25]。

目前，运营商的 5GtoB 需求挖掘主要依靠政企客户经理及既有 B 端客户关系获得，运营商客户经理主要接触 B 端客户 IT 部门，服务主要采用项目制模式，缺少更高层次的客户需求挖掘能力和易感场景识别能力，也欠缺对未来发展趋势的预测能力和洞察能力。运营商缺乏站在 B 端客户战略的角度，一起与客户进行全局架构设计的能力，顶层设计能力严重不足，由此导致场景方案和产品设计的全量性、全局性不足，站位不高就很难挖掘出 B 端客户的真正价值。因此，为了提升感知能力，运营商需要更准确地理解 B 端客户需求，分析、识别易感场景，找准发力点，为企业的竞争优势打下良好的基础，具体包括以下两部分。

1. B 端客户需求识别

5GtoB 为千行百业赋能，运营商需要深入研究 B 端客户，全面提升感知 B 端客户需求的能力。需求识别从 B 端客户的体验（组织体验）出发，挖掘 B 端客户需求的本源，深入理解客户需求，进而提供与之契合的产品和服务，以解决客户痛点，提升客户体验，使 5G 在助力企业数字化转型过程中创造更大价值。

本书第 5 章在对运营商 5GtoB 需求识别现状进行分析的基础上，提出了包含组织的员工体验、组织的生态体验、组织的客户体验和组织的效能体验的组织客户体验模型，通过观察 137 个案例，在组织客户体验模型框架下进行需求分析，进而对 5GtoB 进行前瞻性需求洞察。

2. 5GtoB 场景识别及易感性评估

5G 的提出在很大程度上是为了满足人与机器、机器与机器之间的通信和连接。5G 的发展在很大程度上取决于我们对 toB 场景的识别与需求满足情况。目前为止，具有突破性的、可以称得上“杀手级”业务的场景还未大规模出现。因此，有必要不断挖掘 5GtoB 的易感场景，并提炼、总结出易感场景的评估方法。

本书第 6 章首先介绍了场景和易感的本质，认为 5G 的提供方和客户需要在一定程度上有一定的匹配关系才能实现价值共创，通过观察不同行业的大量案例，列出了易感场景的识别方法和识别指标集，最终通过客户、5G 产品与服务提供方和新技术应用的环境三个因素进一步提炼出可识别匹配关系的易感评估指标体系及方法。

4.2.2 动态能力之捕获能力

捕获能力强调“调集资源以应对需求和机遇，并从中获取价值”，有助于企业在颠覆性数字化环境中快速提升应对意外机会和威胁的战略敏捷性[21]。5G、云原生等数字化技术为企业识别和挖掘新的机会提供了强大的搜寻能力和捕获能力，企业可以根据更加精确和迅速的数据分析识别新产品的开发方向[26]。创新的商业模式和合适的生态定位都有助于加强企业与环境的动态匹配[12]，使其在新的条件下更快做出反应，在一定程度上提升了企业的捕获能力。

目前，运营商主要面向企业提供网络服务（弹性公网①、负载均衡、专网）、云服务器、云存储等基础设施即服务（Infrastructure as a Service，IaaS）层的云基础设施服务，原因是运营商在个人市场、家庭市场的网络运营能力非常强，但是在平台即服务（Platform as a Service，PaaS）层、软件即服务（Software as a Service，SaaS）层的研发能力有限，缺乏构建 5G 场景化产品和提供解决方案的能力。几大运营商都在试图用成立专业化研发机构或者专业化运营公司的方式进行探索，但

① 公网的全称为公用网络。

是，这些集中化的专业化机构如何为属地化运营公司提供产品和能力支撑是运营商面临的一大挑战。

在 toB 的竞争生态中，除了运营商，还有设备供应商、互联网企业及具有数字化能力的 B 端企业。设备供应商有技术研发与设备供应链优势，互联网企业有平台研发和运营优势，B 端企业有行业经验优势，而运营商具备基于属地化运营的成熟运维体系、低运维成本等优势。5G 及其相关技术的发展使产业链处于不断地丰富、调整和演化之中，5GtoB 产业生态系统中各主要角色的能力、定位尚未成形，商业闭环案例不多，探索成功商业模式还需时日。

因此，为了提升捕获能力，运营商需要提升 5GtoB 技术服务能力和 5GtoB 生态整合能力。

1. 5GtoB 技术服务能力

5GtoB 技术服务能力在很大程度上决定了 5G 的未来。在 5GtoB 服务应用中，运营商要在网络提供者、服务赋能者和服务创造者中做好自己的角色定位，运营商对行业的渗入越深，行业对其技术服务能力的要求就越高。本书第 7 章在对 5G 确定性网络（5G Deterministic Networking，5GDN）与工业互联网平台技术生态和技术影响进行分析的基础上，参考运营商与互联网厂商两大领域的 5G 专网与技术服务方案，给出了 5GtoB 服务能力总体架构。

2. 5GtoB 生态整合能力

5GtoB 服务要求运营商与垂直行业深度融合，运营商需要与垂直行业中的各方合作，5GtoB 生态整合能力变得尤为重要。如何分析各个参与方的能力、诉求，找准自己在垂直行业数字化转型中的生态定位，有效整合各参与方的资源，是运营商 5GtoB 服务捕获能力的关键。本书第 8 章基于 5GtoB 服务生态系统模型，分析典型类别企业的数字化转型路径，构建 5GtoB 生态模式，归纳总结运营商 5GtoB 的生态整合策略。

4.2.3　动态能力之转型能力

转型能力是指企业持续更新的能力，强调“资源被重新配置，以战略性地抓住机会并应对威胁”。转型能力是重新构建能力的能力，组织可以通过将 IT 与组织结构和业务流程的改进相结合来进一步提升动态能力，从而在市场上实现差异化，为组织创造价值[24]。组织结构、组织资源、组织学习及业务流程等都会对企业的转型能力产生一定的影响[5,27,28]。

当前，运营商的集团、省、地市、区县纵向组织结构很好地匹配了 C 端市场、家庭市场的运营。但是，在面向组织客户市场时，这种组织结构不能适配个性化的 B 端交付与运维管理需求。如何将优势业务资源和专业能力聚合成一个整体，加强其横向整合产品创新能力，打造纵、横结合的组织结构，是运营商在 toB 服务时的又一难题。toB 产品多为定制化产品，面对千行百业各不相同的个性化需求，售前需要有具备整体方案沟通能力的客户经理，售中需要有同时具备技术和业务专业知识的双向人才，售后需要优化已有的运营服务体系。从 toC 到 toB，对运营商的组织、流程及人员配置都提出了挑战。

5GtoB 是对企业数字化转型的赋能，在这个过程中，运营商普遍缺乏既懂以 5G 为代表的数字化手段，又能够深入了解 B 端企业业务的复合型人才。运营商及其合作伙伴对企业的真实刚需缺乏理解，认识不到场景改变过程中可能存在的痛点在哪里。在对需要长线经营的 toB 业务进行激励时，运营商的激励机制与互联网企业相比，缺乏一定的灵活性。考虑如何有效激发员工活力，留住优秀人才，推动员工个人价值和企业价值同频共振、同向聚合，是国企运营商不得不面对的问题。

在数字化转型中，电信运营行业的定位具有二重性特点：一方面，作为千行百业之一，电信运营行业自身同样面临数字化转型挑战与机遇，这也是当前电信运营转型的关键，可以称之为电信运营行业的“对内数字化转型”；另一方面，作为数字化转型关键基础设施的运营者，运营商为千行百业的转型、发展提供数字化服务，这可以称为电信运营行业的“对外数字化转型”。上述二重性特点给电信运营转型带来了价值溢出的可能性，即电信运营行业对数字化手段的充分利用（对内数字化转型）增强了其对千行百业的转型、发展提供数字化服务（对外数字化转型）的能力，进而形成行业数字化转型的重要驱动力。这种“对外数字化转型”在某些领域有机会形成规模性溢出价值，在当前的电信运营转型实践中已初见端倪，本书重点关注了亟待彰显价值的服务营销转型、网络运营转型、网络资源配置转型与能源管理转型四个方面，详见本书第 9～12 章。

1. 服务营销转型与消费互联网演进

互联网对实体经济的实质性影响首先发生在营销服务领域：电子商务对零售行业的改造和 O2O 对本地生活服务行业的改造带来了消费互联网的蓬勃发展。数字技术在营销服务领域的广泛应用使得以营销管理的数字化转型带动运营管理、财务管理等其他核心职能领域的整体数字化转型成为可能（营销管理、运营管理与财务管理是企业管理的三大核心职能领域[29]）。我国消费互联网高度发达：2022 年，我国社会商品零售总额为 439 733 亿元，其中电子商务零售额占 31.34%，为 137 853 亿元。我国产业互联网发展基础相对薄弱，尤为需要探索一条以营销服务转型促进企业整体数字化转型的可行路径。

从营销数字化转型现状看，以电子商务和 O2O 为代表的零售与本地生活服务数字化转型逐渐占据各类生活场景，但开始碰到发展瓶颈。虽然电子商务所占零售比例、O2O 所占本地生活服务比例不断提升，但已看到“天花板”；在存量经营中，供需撮合型平台（电子商务与 O2O）的价值拓展空间有限。各类“大 B”营销转型困难，金融、通信、交通、能源等服务性行业普遍受困于“刚需低频”，消费品制造业面临“有用户，无客户”的窘境。从传统互联网的“注意力经济”到以客户为中心的“意愿经济”[30]的转变成为趋势，以权益运营为代表的电信运营营销转型实践在“大 B”营销服务场景整合方面为消费互联网的演进提供了可行路径。本书第 9 章基于客户体验的理论与模型工具，以运营商具体服务营销转型实践为例，分析了不同类型的客户体验需求，并建立了体验导向的运营管理体系。

2. 网络运营转型与算力网络发展

云网融合是网络转型的方向，网络云化后，IT 型通用硬件与 CT 型平台软件分离，网络设备由以软硬一体为主转变为以软件为核心、硬件通用共享，业务灵活响应与敏捷部署要求提高；同时，安全风险加大，集中化部署对可靠性的要求更高，虚拟化导致安全边界模糊，开源软件引入更多漏洞风险。这些导致网络运营内容与要求发生质的变化，客户对业务敏捷交付的要求更高，单纯的“大带宽、低时延”已经不能满足 B 端客户“多系统、多场景、多业务”的上云要求，云网基础设施的安全性也受到极大挑战。

面对上述挑战，以云原生为代表的新型云技术产品体系在网络运营中迅速得到应用，伴随着数字经济的快速发展，新一代 IT 间相互融合，“5G+云+AI”成为数字经济持续发展的助推器。与云-边-端这一计算形态泛在分布的发展趋势相一致，网络与计算将会更加紧密地融合在一起，算力网络（简称算网）应运而生，并将成为全社会数字化转型的基础设施。本书第 10 章归纳总结了国内外运营商在 5G、云原生及云网融合方面的应用实践，探讨了从云网融合至算网一体的网络运营转型的方向、价值和挑战。

3. 网络资源配置转型与新基建发展

通信网是重要的新型基础设施，因此我们对通信网建设中的资源配置有更高的要求。本书第 11 章从新基建对资源配置的转型要求出发，分析了产品导向的规划计划体系、生态化的供应链管理体系和集成化的工程建设体系的现状、挑战与转型方向，以期在高效实现运营商网络资源配置转型的同时，为新基建项目的全生命周期管理提供可行路径。

4. 能源管理转型与 ICT 减排

2020 年 9 月，我国明确提出 2030 年“碳达峰”和 2060 年“碳中和”目标。

ICT 可以帮助千行百业实现低碳减排目标，但是随着 ICT 的大规模扩展与深度应用，运营商的电力消耗量及电费成本急剧增加，电信运营能源管理体系迫切需要转型。本书第 12 章站在“双碳”目标视角，论述了 ICT 在低碳减排中的使能作用，提出了通信能源发展的“能源底座”理念，从三个维度建立了一套能源管理转型的“能耗孪生”运营管理体系，并结合新型电力系统的发展趋势及用电侧储能模式的最新实践，形成了电信运营“能耗孪生”运营管理价值输出的可行路径。

本章参考文献

[1] WERNERFELT B. A Resource-based View of the Firm[J]. Strategic Management Journal，1984，5（2）：171-180.

[2] BARNEY J. Firm Resources and Sustained Competitive Advantage[J]. Journal of Management，1991，17（1）：99-120.

[3] 李平，杨政银，汪潇. 新时代呼唤管理理论创新——大卫·梯斯与动态能力理论[J]. 清华管理评论，2017（12）：58-67.

[4] TEECE D J，PISANO G，SHUEN A. Dynamic Capabilities and Strategic Management[J]. Strategic Management Journal，1997，18（7）：509-533.

[5] EISENHARDT K M，MARTIN J A. Dynamic Capabilities：What Are They？[J]. Strategic Management Journal，2000，21（10-11）：1105-1121.

[6] WINTER S G. Understanding dynamic capabilities[J]. Strategic Management Journal，2003，24（10）：991-995.

[7] TEECE D J. Managing Intellectual Capital：Organizational，Strategic，and Policy Dimensions[M]. New York：Oxford University Press，2000.

[8] TEECE D J. Explicating Dynamic Capabilities：The Nature and Microfoundations of（sustainable）Enterprise Performance[J]. Strategic Management Journal，2007，28（13）：1319-1350.

[9] ZOLLO M，WINTER S G. Deliberate Learning and the Evolution of Dynamic Capabilities[J]. Organization Science，2002，13（3）：339-351.

[10] WANG C L，AHMED P K. Dynamic capabilities：A review and research agenda[J]. International Journal of Management Reviews，2007，9（1）：31-51.

[11] 焦豪. 企业动态能力绩效机制及其多层次影响要素的实证研究[D]. 上海：复旦大学，2010.

[12] TEECE D J. Dynamic capabilities as（workable）management systems theory[J]. Journal of Management & Organization，2018，24（3）：359-368.

[13] ZOTT C. Dynamic Capabilities and the Emergence of Intraindustry Differential Firm Performance：Insights From a Simulation Study[J]. Strategic Management Journal，2003，24（2）：97-125.

[14] HELFAT C E，WINTER S G. Untangling dynamic and operational capabilities：Strategy for the（N）ever-changing world[J]. Strategic Management Journal，2011，32（11）：1243-1250.

[15] 曹红军，赵剑波，王以华. 动态能力的维度：基于中国企业的实证研究[J]. 科学学研究，2009，27（1）：36-44.

[16] TEECE D J. Dynamic Capabilities and Strategic Management：Organizing for Innovation and Growth[M]. New York：Oxford University Press，2009.

[17] TEECE D J. Business Models，Business Strategy and Innovation[J]. Long Range Planning，2010，43（2-3）：172-194.

[18] TEECE D J. Business models and dynamic capabilities[J]. Long Range Planning，2018，51（1）：40-49.

[19] SOLUK J，MIROSHNYCHENKO I，KAMMERLANDER N，et al. Family Influence and Digital Business Model Innovation：The Enabling Role of Dynamic Capabilities[J]. Entrepreneurship Theory and Practice，2021，45（4）：867-905.

[20] RIALTI R，MARZI G，CIAPPEI C，et al. Big Data and Dynamic Capabilities：A Bibliometric Analysis and Systematic Literature Review[J]. Management Decision，2019，57（8）：2052-2068.

[21] WARNER K S R，WAGER M. Building dynamic capabilities for digital transformation：An ongoing process of strategic renewal[J]. Long Range Planning，2019，52（3）：326-349.

[22] CHIRUMALLA K. Building digitally-enabled process innovation in the process industries：A dynamic capabilities approach[J]. Technovation，2021，105：102256.

[23] ANNARELLI A，BATTISTELLA C，NONINO F，et al. Literature review on digitalization capabilities：Co-citation analysis of antecedents，conceptualization and consequences[J]. Technological Forecasting and Social Change，2021，166（3）：120635.

[24] 焦豪，杨季枫，应瑛. 动态能力研究述评及开展中国情境化研究的建议[J]. 管理世界，2021，37（5）：191-210，14，22-24.

[25] 邱玉霞，袁方玉，石海瑞. 模式创新与动态能力联动：互联网平台企业竞争优势形成机理[J]. 经济问题，2021（10）：68-76，94.

[26] 郭海，杨主恩. 从数字技术到数字创业：内涵、特征与内在联系[J]. 外国经济与管理，2021，43（9）：3-23.

[27] MAKADOK R. Toward a synthesis of the resource-based and dynamic-capability views of rent creation[J]. Strategic Management Journal，2001，22（5）：387-401.

[28] SIRMON D G，HITT M A. Contingencies within Dynamic Managerial Capabilities：Interdependent Effects of Resource Investment and Deployment on Firm Performance[J]. Strategic Management Journal，2009，30（13）：1375-1394.

[29] 吴奇志，赵璋. 运营管理[M]. 2 版. 北京：中国人民大学出版社，2021.

[30] 多克 • 希尔斯. 意愿经济[M]. 李小玉，高美，译. 北京：电子工业出版社，2016.

第 5 章

B 端客户需求识别能力

本章在对大量学术文献和研究报告进行分析、研究的基础上，建立了由员工体验、生态系统体验、客户体验和效能体验有机结合的组织客户体验模型，并基于 5GtoB 137 个应用案例，从行业特征、模型要素和 5G 技术等维度出发输出分层分类的体验需求观察结论，基于行业应用现状、体验需求层次递进规律和 SERVICE 模型递进规律，进一步对 B 端客户需求进行前瞻性洞察。

5.1 运营商 5GtoB 需求识别现状

我国的运营商多年以来在开拓政企客户市场中积累了丰富的经验，建立了适应我国市场的政企客户需求管理机制，从集团公司、省公司到市县公司，按照客户价值配备客户经理团队，形成了强大的渠道优势，覆盖了所有大中型政府企业客户。项目组在对三大运营商各级管理层进行深度访谈的基础上，分析现有需求管理方法和流程，发现目前运营商的 5GtoB 需求管理具有以下两个特点：

一是 5GtoB 需求识别敏感度高。运营商客户经理与 B 端客户之间建立了定期访问机制，能够及时获取 B 端客户经营战略、生产运营中的动态变化信息，从而敏锐发现潜在的 5G 需求。

二是 5GtoB 需求识别匹配度高。基于运营商对 B 端客户“毛细血管”式的渗透，运营商对于 B 端客户的 5G 需求的目的、方案及投资等理解深刻、把握准确。

同时，这种“贴身渗透”式的 5GtoB 需求识别机制存在以下不足：

首先，目前的 5GtoB 需求识别是离散的，缺乏完备的 B 端客户需求框架体系，依靠零散的客户动态捕获，表现为多个孤立的客户需求，以项目制模式来满足。

其次，目前的 5GtoB 需求识别是短期的，无法形成长期引领客户 5G 需求方向的需求规划。“贴身渗透”获取的是 B 端客户即时需求，具体到不同 B 端客户特征下的 5G 长远需求，客户无法洞察，客户经理也无法随之捕获。

再次，目前的 5GtoB 需求识别是脆弱的，严重依赖于 B 端客户自身的现实需求，极易受到其战略选择、经营环境、投资能力等的影响，不能产生稳定的 5G 需求，从而导致运营商在服务提供阶段面临不可预知的风险。

最后，目前的 5GtoB 需求识别是以 5G 产品为中心，客户提出需求，运营商设计产品满足客户，有悖于“以客户为中心”的经营理念。

综上所述，为克服离散的、短期的、脆弱的、“以产品为中心”的 5GtoB 需求识别机制的弊端，建立完备的、长期的、稳定的、“以客户为中心”的 5GtoB 需求识别机制，必须深入研究 B 端客户的本质特征。本研究将 B 端客户定位于涵盖企业、政府及社会公共部门的“组织”，建立组织客户体验模型，以组织客户体验作为 B 端客户需求的底层逻辑，探索其完备的需求体系，为具备科学、有效的需求识别能力，研究有效的应用场景识别方法提供依据。

5.2 组织客户体验模型

B 端客户也被称为政府客户、企业客户等。本章结合学术文献、研究报告及案例分析，将企业客户、政府客户和其他组织（如事业单位和非政府组织等）统称为“组织客户”，并建立组织客户体验模型，将其作为 5GtoB 客户需求研究的基础。

5.2.1 客户体验与需求识别

“体验”这一经济学术语最早由美国著名未来学家 Toffler 于 1970 年[1]提出，他认为“几千年人类经济发展的历史表现为三个阶段，即产品经济时代、服务经济时代和体验经济时代”。从 20 世纪末开始，世界经济开始朝着“体验经济”发展，经济管理领域关于“体验”和“体验经济”的讨论再次成为热点，“我们正在进入一个经济的新纪元：体验经济已经逐渐成为继服务经济之后的又一个经济发展阶段”[2]。从星巴克的“第三地点”体验、微软的“Windows XP”视窗体验到惠普的“全面客户服务”体验，实践界也在用实际行动诠释着体验经济的活力与生机。

乔布斯认为，需要从客户体验中寻找客户需求并设计产品，而不是将制造出的产品卖给客户。根据 SuperOffice 网站上的研究，客户和组织在整个业务关系中的交互行为定义了客户体验（Customer eXperience，CX），整个概念的关键在于让客户回归。体验是企业创造需求的起点，也是需求完成好坏的最终体现，形成"体验—需求—体验"的闭环管理。例如，用户高兴于能够足不出户看到世界各地的事物，可以从这一体验中挖掘出网络这一需求，而提供 3G 网络能够让用户上网，但是速率极低，提供 5G 能够让用户快速、安全地上网，相对来说，3G 网络满足了需求的不好体验，5G 网络满足了需求的极好体验。当人们以他们期望的方式获得所需要的东西时，他们会对企业的产品或服务感到高兴。所以，设计需求的前提是要充分理解体验。

体验分为用户体验和客户体验。

（1）用户体验强调使用行为，使用产品/服务的过程中获得的感受更多的是描述产品/服务体验。它被认为是产品和服务设计过程的关键。为了实现产品创新，大多数企业都高度关注对用户需求的深入理解，因此在用户体验领域投入了大量资源[3]。

（2）客户体验强调合作关系，更多的是描述客户和企业之间的触点体验。体验经济时代，需要重新审视客户需求。以客户体验提升为终极目标，企业通过换位思考来获取客户触点和了解客户期望，以此定位的客户需求是基于客户自基因的、本源的需求，因此具有完备性、稳定性、可长期引领性，同时契合"以客户为中心"的管理理念。

不同于互联网行业，对运营商等服务行业来说，使用更多的是客户体验。在学术界，客户体验主要是指 C 端客户体验，定位于心理层面的感知、感受和感觉。比照客户体验的客户目标属性和基因属性，探索性地研究 B 端客户作为一个组织的组织体验模型，可以发现组织体验是一个更加多元化的模型。

5.2.2 组织客户体验模型构建

组织客户体验模型是组织客户全方位、内在与外在并存的整体性体验模型。国际商业机器公司（IBM）的《中国智慧企业转型升级蓝图》报告将智慧企业的转型定位于兼顾组织的员工体验、组织的客户体验、组织的生态系统体验与组织的企业体验。Jacobs 等于 2016 年[4]提出"员工满意度较高的公司更有可能与贸易伙伴建立密切和互动的关系"。Moore 于 1993 年[5]提出"以组织和个人相互作用为基础的经济联合体即为商业生态系统"。张千帆等于 2018 年[6]研究得出，产品创新度可以显著地调节异业合作与客户口碑传播意向之间的关系。姜尚荣等于 2020 年[7]提出"根据企业生态系统所处位置的不同，可以增强或削弱公司在技术领先方面的竞争优势”。而 Gagné 于 2018 年[8]提出“组织效能是链接组织目标和组织行为的关键”。Schneider 等于 2017 年[9]提出“更高的员工参与度可以为组织带来竞争优势”。Mishra 等于 2020 年[10]提出“B2B 市场中明确的客户价值主张对企业绩效产生积极影响”（其中，B2B 即 Business to Business，意为企业对企业）。

综上所述，最终确定组织客户体验模型以需求挖掘为导向，由组织的员工体验、组织的客户体验、组织的生态系统体验与组织的效能体验这四部分组成，具体模型如图 5-1 所示。

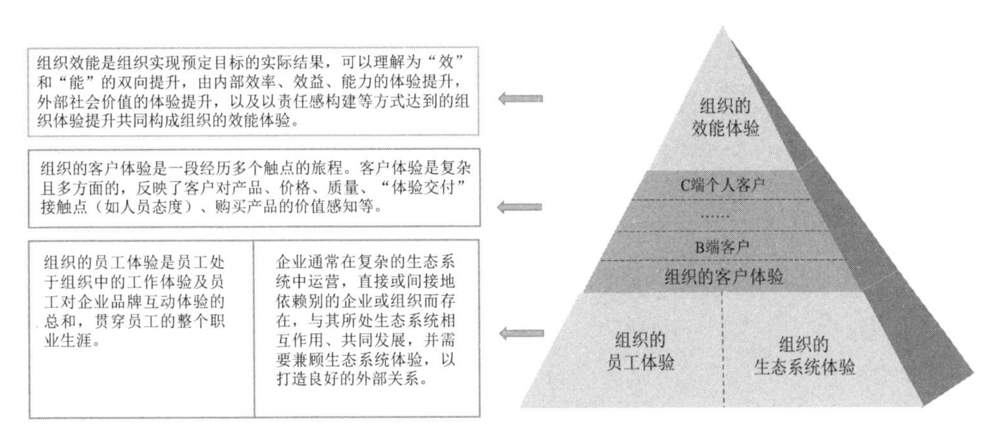

图 5-1　组织客户体验模型

1. 组织的员工体验

1）员工体验的概念

员工体验是员工与企业在物理办公场所、数字化技术和组织层面的互动的集合，贯穿员工的整个职业生涯。

雅各布 • 摩根（Jacob Morgan）在《员工体验优势》一书中提出“在金钱不再是员工的主要激励因素的世界里，专注于员工体验是组织可以创造的最有前途的竞争优势”。

评价一个企业会从多方面来考量。从员工角度看，之所以注重评价要素，是源于内在的需求。体验感好坏的评价更多的是员工基于自身感受做出来的。员工体验是业务绩效的基础，维持良好的客户体验，改进产品及建立强大而有信誉的品牌都需要员工的支持。员工体验（积极和消极）将影响他们的工作努力程度、协作程度及他们是否能提高运营绩效。良好的员工体验可以对组织产生巨大影响。

Son 等[11]的研究结果表明，良好的工作环境和与服务相关的培训可以提升员工体验，从而提高客户满意度。Culture Amp 平台在对 250 多家全球组织分析后发现，与没有员工体验基准的公司相比，在员工体验基准上得分高的公司的平均利润高出 4 倍，平均收入高出 2 倍，这表明，对员工体验的投资确实是值得的。麦肯锡全球研究所（McKinsey Global Institute）的一份报告强调了“千禧一代”不断变化的需求。他们在职业生涯中更关注工作的意义、灵活性、自主性，以及人际关系和职业培训。

2）组织的员工体验模型

雅各布·摩根提出，每位员工的体验，无论组织的规模或范围如何，都由三个基本环境——文化、技术和自然环境组成。曾静等于 2006 年[12]指出，员工体验通常是无形的，由个人发展、心理收入、生活质量三大块决定。贾昌荣于 2021 年[13]提出，对员工体验产生实质性影响的关键项目有五个：文化体验、环境体验、关系体验、业务体验与科技体验。刘昕于 2005 年[14]基于案例研究提出，员工在组织中工作时需要获得的不仅是经济报酬，还有工作体验。工作体验是全面报酬体系中的重要组成部分，它通常包括认可和赏识、工作和生活的平衡、个人发展、组织文化、工作环境五方面的因素。Chanda 等于 2020 年[15]提出，将员工的兴趣融入商业决策中，注重公平的政策，帮助员工平衡个人的专业帮助，改善员工的工作、生活并使二者平衡，可以提高员工的工作满意度。Gheidar 等于 2020 年[16]对数字化员工体验（Digital Employee Experience，DEX）进行了概念化，提出了 DEX 是员工对数字工作场所的全面和整体看法的结果。Shenoy 等于 2018 年[17]探讨了文化环境因素对创造员工体验的影响，研究结果表明，组织氛围、内部政策和领导力在创造员工参与度方面和文化环境建设方面有着重要的意义。

李燕萍等于 2012 年[18]运用扎根理论和马斯洛需要层次论构建了中国情景下的新生代员工工作价值观的结构，包括自我情感、物质环境、人际关系和革新特征。李永周等于 2016 年[19]基于对认知心理学、马斯洛需要层次论的实证研究，发现积极的沟通氛围、组织认同有利于新生代员工的体验。毛付慧等于 2022 年[20]提出，企业要想留住员工，就要根据马斯洛需要层次论制定激励政策，激发员工的潜力，达成实现价值最大化的目标。

专注于员工发展和个人成长的咨询辅助平台 BetterUp 指出，员工体验需要以下内容作为辅助：帮助员工学习、成长和充分发挥潜力的环境；多元化的员工队伍，包容的领导者；提高技能和学习新事物（包括如何发展成专业人士）；在员工职业和整体职业目标中找到目标和意义；员工有深深的归属感、联系感和目的感，感到被重视和关心。

结合上述文献研究，得出组织的员工体验模型，如图 5-2 所示。员工体验层次包含物理环境、技术环境、企业文化、价值实现四个维度。

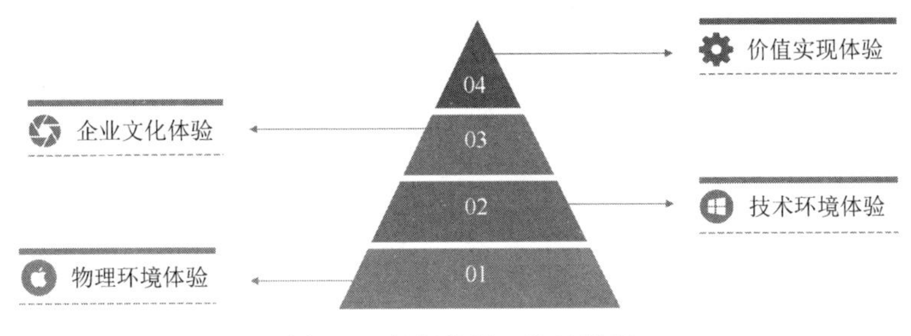

图 5-2　组织的员工体验模型

物理环境：指员工可以看到、听到、闻到、触摸或品尝到的一切，会影响员工的注意力，并直接影响员工的健康、绩效和生产率，其中劳动力和安全因素很重要。

技术环境：包括移动设备、网络环境、自动化办公及协作软件、工作流程及人力资源管理系统、员工反馈体系、员工管理及敬业度分析工具等支持体系。

企业文化：包括公平、包容、多样性的企业价值观，清晰、透明的工作目标与持续的辅导支持，以及以员工为中心的思维方式等。

价值实现：员工自我发现、工作充实和个人提升，在组织内部实现自我学习与成长，以及组织对员工价值诉求的积极洞察、持续的辅导支持等。

2. 组织的生态系统体验

1）生态系统体验的概念

IBM 商业价值研究院的一项研究表明，52%的受访企业认为，重塑消费者体验面临的最大问题是还没顾及合作伙伴的体验和员工体验。在 5G 赋能企业应用中，领先企业会更加谨慎地考虑如何通过生态系统表达自己的品牌愿景，很多领先智慧企业用居于利润之上的企业宗旨和意图，将客户、员工、生态系统联系到一起，建立了深度信任，培养了合作渴望，提升了生态系统合作伙伴的信任度。

组织通常在复杂生态系统中运营，需要和形形色色的外部组织打交道，组织与组织生态环境相互作用、相互影响，因此组织需要关注的不只是内部员工体验，还要兼顾有助于实现理想客户体验的外部关系。外部团队在企业实现客户体验方面发挥着重要作用，比如合作开发新产品、新业务模式或新平台。在智慧企业中，客户、员工和合作伙伴在其购买行为、日常工作、生态协作中形成一致的价值观，进而形成统一的企业体验，最终实现企业的使命和愿景。企业的价值链从企业内部逐渐延伸至整个企业生态系统，数据在组织外部不断扩散并最终延伸至各行各业，通常依托共享业务平台开展运营的合作伙伴生态系统能够从数据中创造新的价值。无论是企业高管、员工，还是生态系统合作伙伴，都必须得到适当的技术、工具、数据洞察和流程的支持，卓越的客户体验需要卓越的企业体验来造就。因此，智慧企业的转型不仅要兼顾员工体验、客户体验，还要兼顾生态系统体验。组织的生态系统体验涵盖了组织生态系统在不同生命周期阶段中组织及合作伙伴的体验需求。

2）组织的生态系统体验模型

Moore 于 1999 年[5]最先提出商业生态系统的概念，并提出每个商业生态系统的发展都存在四个不同的阶段：出生、扩张、领导及自我更新或死亡。Benitez 等于 2020 年[21]提出，在工业 4.0 背景下，由中小企业组成的生态系统的生命周期同样具备出生、扩张、领导及自我更新或灭亡这几个阶段。随着生命阶段的发展，生态系统的使命逐渐发生变化，从获取创新基金转向行业 4.0 解决方案协同创建，然后转向智能业务解决方案协同创建。在生态系统的出生阶段，生态系统的使命是通过获得研发资金、咨询、培训和其他共享利益等资源来追求竞争优势。参与企业的初始回报仅为降低获取创新资源的成本，各企业设想交换价值的主要机会是提升技术能力和获得更多的市场机会。在生态系统的扩张阶段，生态系统从基于信息和知识交流的价值创造转向基于企业间互动的价值共创，拓展技术能力，企业间通过创新协同、供应链协同等各方面的协同合作实现价值共创。在生态系统的领导阶段，领先的企业需要通过塑造关键客户、供应商的未来方向和投资来扩大控制权，以满足生态领导需求。

基于以上文献，提出组织的生态系统体验模型，如图 5-3 所示。组织的生态系统体验包含三个阶段：出生阶段、扩张阶段、领导阶段。

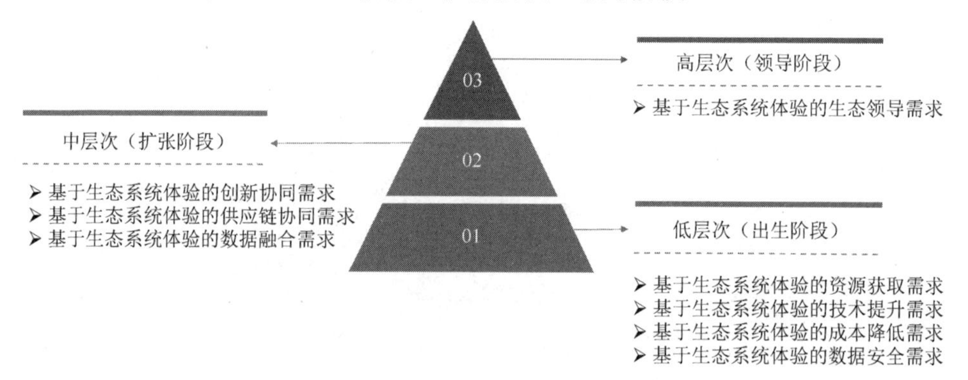

图 5-3 组织的生态系统体验模型

当企业间初步达成合作，生态系统刚刚形成时，生态系统处于出生阶段，企业间的初步合作以满足资源获取需求、技术提升需求、成本降低需求、数据安全需求，这个阶段的企业以满足自身需求为主。当企业生态系统发展到扩张阶段时，企业间转向价值协同创造，生态系统内部存在创新协同需求、供应链协同需求、数据融合需求。当生态系统内的企业转向以业务为导向时，生态系统进入领导阶段，此时企业存在生态领导需求，领导阶段的生态系统内部建设转向共建新行业业务能力。

3. 组织的客户体验

1）客户体验的概念

国内外学者的相关研究成果对客户体验的定义主要从三个角度进行界定，即心理学角度、经济学角度和管理学角度[22]。

（1）心理学角度。美国心理学家Csikszentmihalyi[23]提出的流体验（Flow）正在得到越来越多的关注，“通常情况下流体验可以提供全身心的关注、亲自掌控、愉悦、价值、自发性等各方面的感知”。陈英毅等于2003年[24]提出：“体验就是当一个人达到心理情绪或精神的某一特定水平时，意识中所产生的美好感觉和感受。”陈建勋于2005年[25]提出：“顾客体验是一种包含积极体验和消极体验的综合感受。”王龙等于2007年[26]提出：“体验是一种以个体化方式获得的，并在满足过程中不断被深化的一种精神需求，强调个人价值的现实感知。”

（2）经济学角度。Toffler于1970年[1]最早提出“体验”这一经济学术语，认为“体验是商品和服务心理化的可交换物”。Pine等于1998年[2]将体验定义为“企业有意识地提供的使消费者以个性化的方式参与其中的事件，是一种独特的经济提供物，同时根据价格定位和竞争地位，提出了经济价值递进的四个阶段，即提取产品、制造商品、提交服务、展示体验，并进一步指出企业要想获得持续的竞争优势，就必须向顾客展示具有吸引力的、令人信服的体验产品和独特的体验环境”。

（3）管理学角度。朱世平于2003年[27]提出：“顾客体验是为满足消费者内在体验需要而发生在消费者和公司间的一种互动行为过程。”郭红丽于2006年[28]将体验定义为“客户与企业在交互过程中，企业对企业客户心理所产生的冲击和影响”。温韬于2007年[29]提出：“顾客体验是指在企业提供的消费情景下，顾客在与企业的产品、服务、其他事物等发生互动关系的过程中所产生的感知和情感的反应。”

2）组织的客户体验模型

McKain于2002年[30]提出了提高客户体验的七个方面，即可沟通性、亲和力、可信力、定制能力、可升级性和可放弃性、娱乐性、引人注目。

Lasalle等于2003年[31]提出：“客户在进行消费决策时着重考虑生理、情感、智力和精神四个层次的价值体验。”随着商品经济、服务经济的日益成熟，消费者的消费行为习惯、需求层次结构和生活方式都在发生巨大的变化，客户的需求已经不再满足于单纯的商品使用价值和功能利益，而是演变为对商品购买和消费过程背后所蕴含的身心愉悦、社会认同与自我实现等更高层次价值的追求。

郭红丽等在 2010 年[32]出版的《客户体验管理——体验经济时代客户管理的新规则》中将客户体验内容分成了十大主题，即信任、便利、承诺、尊重、自主、选择、知识、认知、有益、身份。

基于以上文献并识别客户体验的需求，对特定市场状况和消费情境下客户由心理、生理变化表现出来的特殊需求进行深层分析和理论总结，从若干维度提炼并生成客户体验主题，提出组织的客户体验模型，如图 5-4 所示。

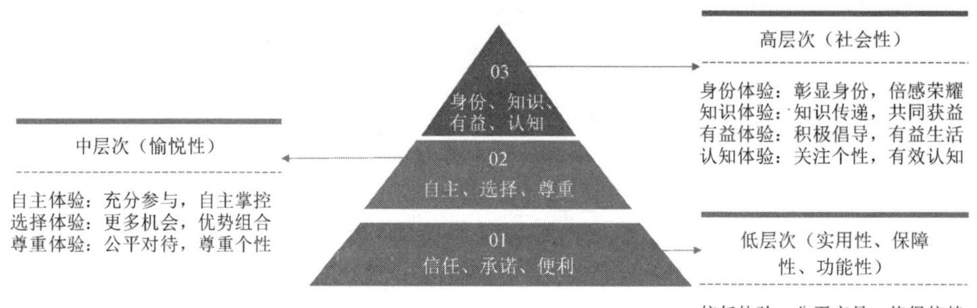

图 5-4 组织的客户体验模型

低层次体验的主题为实用性、保障性、功能性，包括信任体验（公平交易，值得信赖）、承诺体验（遵守诺言，兑现诺言）、便利体验（简化流程，时空便利）。

中层次体验的主题为愉悦性，包括自主体验（充分参与，自主掌控）、选择体验（更多机会，优势组合）、尊重体验（公平对待，尊重个性）。

高层次体验的主题为社会性，包括身份体验（彰显身份，倍感荣耀）、知识体验（知识传递，共同获益）、有益体验（积极倡导，有益生活）、认知体验（关注个性，有效认知）。

4. 组织的效能体验

1）效能体验的概念

对任何一个组织来说，效能是组织发展的核心目标，也是为了更好地服务客户与服务自身的必要基础。因此，组织对效能体验的追求来源于外在社会和行业发展环境的推动作用，也存在内生的组织发展和技术进步的需求必要性。

（1）社会及行业发展需求。

在全球经济受新冠病毒感染疫情（简称新冠疫情）影响大幅萎缩之际，我国经济在全球经济低迷中逆势增长。商务部 2021 年发布的数据显示，当时我国是全球最大货物贸易国，同时是全球最大外资流入国，对全球经济增长的年均贡献率接近 30%，是拉动世界经济复苏和增长的重要引擎。

在此背景下，我国政府为持续推进新冠后疫情时代下经济的稳中求进，面向各行各业发布了相关经济扶持政策与计划。2020 年 7 月，我国政府发布的《中华人民共和国国民经济和社会发展第十四个五年规划和 2035 年远景目标纲要》中指出，要加快数字化发展，建设数字中国。2021 年 7 月，工业和信息化部等部门联合发布了《5G 应用“扬帆”行动计划（2021—2023 年）》，表明了 5G 融合应用在当下时代决策方面的重要地位。作为现代经济社会的主要增长点，5G 已然成为助推行业高速发展的重要引擎，也是赋能行业发展的重要催化剂。要不断推动 5G 高精尖技术与各行各业的协同化发展，促进形成“需求牵引供给，供给创造需求”的高水平发展模式，推动新形势下中国发展的生产方式与社会治理方式转型升级，不断孵化经济社会发展动力。

一系列政策与计划的施行为新形势与新背景下组织的发展按下加速键，组织效能体验的稳定与提升成为新时期市场经济的重要发展方向。在市场经济的背景下，各行各业呈现百花齐放、良性竞争稳中向好的发展态势。在行业的竞争背景下，组织需要不断谋求新的发展方向，持续优化组织效能体验，才能够在供需不匹配的市场中保持充足的生命力。

（2）组织发展与技术进步需求。

参考马斯洛需要层次论，体验可以被看作组织的高层次追求，是组织的重心，而作为“效”和“能”的双向提升，效能更是组织发展的核心目标与组织存在最基础的要素。综上所述，在时代的更新迭代中，基于组织自身的发展需求，对组织效能体验的追求也是必需的。

在 5G 信息社会的当下，组织主要通过技术的进步与发展实现核心目标。5G 是数字基础设施的关键基石，其发展带动了中国数字经济的快速增长。中国信息通信研究院于 2021 年发布了《中国数字经济发展白皮书》，其数据显示，数字经济占中国国内生产总值（GDP）的比例逐年提升，在国民经济中的地位进一步凸显。从 2005 到 2020 年，我国数字经济占 GDP 的比例从 14.2%提升到了 38.6%。

《中国 5G 发展和经济社会影响白皮书》中指出，2021 年，中国 5G 商用取得重要进展，对经济社会的影响进一步扩大，预计 2021 年 5G 将直接带动经济总产出 1.3 万亿元，直接带动经济增加值约 3000 亿元，间接带动总产出约 3.38 万亿元，间接带动经济增加值约 1.23 万亿元，与 2020 年相比，增幅均高于 30%。

截至 2021 年底，中国 5G 终端连接数占全球 80%以上的份额，约 4.45 亿个。据中央网信办统计，当时中国的 5G 用户数达到了 3.55 亿户；预计到 2025 年，中国的 5G 连接总数将达到 8.65 亿个，占全球 5G 连接总数的 40%，中国的 5G 普及率将超过 50%。

随着时代与技术的发展，5G 逐步由工业化走向商业化，走向大众的日常生活。

在此背景下，如何更好地挖掘5G商业化的前景成为技术发展的重中之重。5GtoB从垂直化走向行业化的拓展是其能否成功的关键因素。目前，5G技术已经快速融入了千行百业，无论数量方面，还是创新性方面，均处于全球第一梯队，工业互联网、智慧园区、智慧城市、信息消费、智慧医疗领域的项目数量位居前列。电信运营企业、设备厂商与行业企业开展联合创新，提高5G应用服务能力，设计场景化解决方案，嵌入行业生产流程，赋能千行百业数智化转型。截至2021年底，国民经济20个门类里有15个、97个大类里有39个行业均已应用5G。制造、能源、采矿等多个先导行业打造应用标杆，实现5G应用商用落地，部分场景应用（如智能制造、机器视觉、无人巡检等）已开始批量复制。

一系列新技术的出现与应用提升了组织的内在原生能力，进而在技术的不同层次与不同方面上提升组织效能体验。

2）组织的效能体验模型

（1）基于文献构建组织的效能体验模型。

企业组织效能的问题始终是学术界研究和争议的话题，国内外学者对组织效能的定义多样。关于组织效能的定义与评价标准最早由Seashore[33]拟定，他从组织效能的概念出发，推出了一套标准化的评价体系，并主张其是企业成功的标志性与全面性的指标。

自组织效能的概念出现以来，各类研究层出不穷，可见组织效能在组织战略管理中存在不可替代的重要性。从理论角度看，组织效能的概念处于战略管理的中心。Ginsberg等[34]从实证角度指出，大多数战略研究采用企业效能的结构来检验各种战略内容和过程问题。在管理中，Nash[35]认为，效能的提升对组织管理目标的达成起到了重要的作用。越来越多的关于企业转型与数字化现代化的研究[36,37]体现出研究者对组织效能的兴趣。

组织的目标是组织的终极追求，因此对组织效能的追求也是组织目标的一部分。同时，组织目标的建立帮助组织更明确发展方向，进而提升组织效能。Wood等[38]从组织目标的研究视角阐述，组织效能的建立本身就意味着组织发展和运行的方针、决策与目标的明确，基于这样的背景，效能就是组织或企业精准地拟定方针并有效地落实、实现的能力。

Steers[39]从组织内部过程的视角指出，在组织或企业的运行、发展过程中，存在多种因素的影响与共同作用。其中，由组织内成员构建的相对稳定且舒适的工作与人际关系是组织发展的“润滑剂”，也是原动力。因此，他们将组织效能理解并定义为使组织内部成员平稳工作产出的能力（组织文化、组织结构等因素）对组织效能产生影响。Yuchtman等[40,41]从自组织外部获得资源的视角指出，组织的竞争优势在于资源的获取和使用能力，所以他们将组织效能定义为获取和使用资源的能力。Pickle 等[42]从利益相关者的视角指出，组织是多种关系的集合体，组织运行的目的是获取一定的利益，而在利益产生和分配的过程中，不同的利益主体的诉求不尽相同。研究者认为，满足需求就是组织效能的表现，所以他们将组织效能定义为组织对利益相关者的偏好的满足程度。在前四种单视角的研究中，研究者们发现了研究的片面性。Venkatraman 等[43]从综合的视角指出，组织效能是多维的目标集合体，它是系统资源组织内部过程及人际关系的综合体，应该对组织运行及管理的多过程进行研究，组织效能包含两方面内容：其一是组织质量，包含内部质量与产出质量，进一步细化则可将其理解为员工幸福度、客户满意度、产品质量等；其二是向社会提供并宣扬组织价值，如积极配合国家的环保政策、人口政策等。

综上所述，随着时代的变化与研究方向的不同，组织效能的定义也随之改变。它的本质是研究者创造出来的与组织目标贴合的多维概念集合体，并不存在一套大众共同认定的标准评价体系。但在所有的研究中，尽管组织目标的定义者与视角存在差异，但是组织效能都是与组织目标紧密地联系在一起的，它的本质围绕着组织目标的实现展开，一方面是实现能力，另一方面是实现程度。因此，应该在前人的研究基础上，将组织效能结合现有的研究问题实际，选定合理的研究视角，发掘组织效能与组织目标的关联，进而构建组织效能模型。

（2）组织的效能体验模型的层次。

基于 5G 时代的背景进行研究，组织效能是指组织实现其目标的层次和结果，可以理解为“效”和“能”的双向提升。本研究将组织的效能体验模型理解为效益、效率、能力和社会价值的提升，以及从企业内在环境的创造到外在社会责任的构建，如图 5-5 所示。

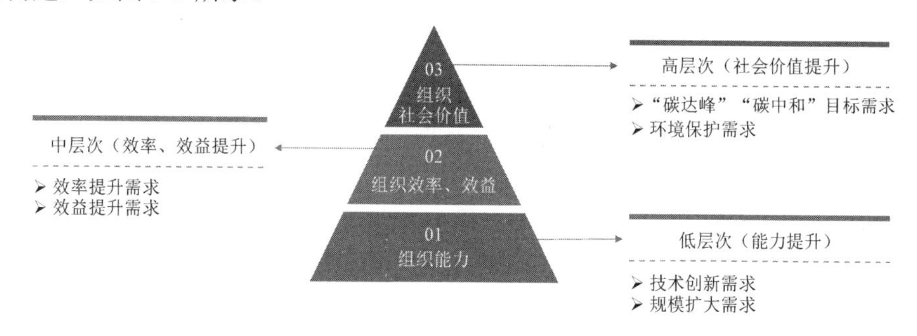

图 5-5　组织的效能体验模型

从内在角度看，组织通过实行各项有效的策略来实现技术创新和规模扩大，进一步实现内在能力的提升。能力是指组织所拥有的资本、人才等要素。基于 IT 的应用和生产规模的扩大，加速硬件和软件等方面的升级，催生新业态和新产业，促进企业转型，加速各环节数据在产业链中的流通与传递，从而实现高度智能化、自动化。

在组织由内向外发展的过程中，组织通过数字化转型、软件定义、平台支撑、服务增值、智能主导等方面加速其由专注内在的自有产研能力提升的传统模式逐渐进化为社会性的、由公众用户深入参与的互联互通模式，进而从中挖掘企业新的增长点，从而实现效益与效率的双向提升。

基于马斯洛需要层次论，从外在角度看，企业的长期目标是企业可持续发展和建立更具社会责任感的企业形象。在此背景下，组织效能强调组织社会价值的提升，以组织社会责任感的提升为主导，着重发展长远利益，促进可持续发展，与上下游伙伴协同履行企业社会责任，共创和谐社会。

5.3 5GtoB 需求识别

体验与需求之间存在一定的回路关系，通过满足客户需求来提升客户体验，良好的客户体验也是需求满足的核心。从某种程度上讲，体验本身也被客户纳入为需求的一部分，随着数字化时代的到来，越来越多的组织总体业务格局的重心正从“以产品为中心”向“以体验为中心”转变。

基于 5.2 节中组织客户体验模型，本节搜集了截止到 2021 年底的 5GtoB 应用案例 137 个。从应用行业、体验要素和 5G 技术三个维度深入剖析 5GtoB 客户的本源需求及行业共性。

5.3.1 基于组织的员工体验模型的需求观察

1. 基于行业维度的需求观察

基于国内外的市场研究，部分行业已经出现 5G 相关应用。通过搜集、整理，得到员工体验相关应用案例 103 例，结合 GB/T 4754—2017《国民经济行业分类》和《5G 应用“扬帆”行动计划（2021—2023 年）》的相关内容，将 103 个案例划分为农、林、牧、渔业，采矿业，电力、热力、燃气及水生产和供应业，制造业，公共管理、社会保障和社会组织，交通运输、仓储和邮政业，金融业，水利、环境和公共设施管理业，卫生和社会工作，文化、体育和娱乐业，以及租赁和商务服务业这 11 大行业。

在农业、林业、畜牧业、渔业领域，员工主要有技术提升需求，5G 网络、5G 智慧农业物联网管理平台能够解放劳动力并提高员工的工作效率；员工的物理环境体验需求主要体现在渔业，5G 网络助力水下监测，满足员工的安全需求。

在采矿业领域，员工体验相关应用案例主要依托 5G 技术和 5G 智慧平台，5G

远程操控改善矿工的恶劣工作环境，5G+AI 巡检、5G 实时监测与定位助力安全预警，极大地提升了员工的物理环境体验。5G 网络提升了移动作业的支持能力，5G 技术实现了对掘进机、挖煤机等综采设备的实时远程操控，提升了员工的生产效率，降低了员工的施工难度。5G 数字化转型促使员工向知识型人才转变，矿工通过教育培训实现高收入、高素质的目标。

在电力、热力、燃气及水生产和供应业领域，5G 技术赋能核电厂，助力员工生产安全，基于 5G 在线监测、诊断故障区段，降低员工潜在的安全风险。5G 的网络特性有助于提升员工的数据分析效率；5G+AR 实现了专家知识共享，提升了员工装配效率；5G 巡检监控提升了员工巡检效率等，从而极大地提升了员工的技术环境体验。

在制造业领域，员工体验 5G 应用案例在第二产业中是最多的，包括钢铁业、铝业等重工业。基于 5G 网络的远程操控提高了员工生产的安全性，5G 平台监控实时告警事故溯源进一步满足了员工的安全需求。5G+AI 质检、机器人巡检等提升了员工的生产检测效率，并保障了员工的操作精准度。

在第二产业中，员工体验 5G 应用案例主要满足了恶劣工作环境中员工的安全需求，同时改善了员工工作的技术环境，使员工工作更加高效化、精准化。基于 5G 的远程操控、质检巡检是此产业主要的 5G 应用，企业设备完成自动化改造，并具备了 5G 网络接入能力，但各企业之间的实际工作流程不同，可复制性较低。

在交通运输业、仓储业和邮政业领域，员工体验 5G 相关案例的应用集中在港口物流方向，通过应用 5G 远程操控、5G 集卡无人驾驶、5G+AI 技术手段降低员工安全隐患，实现员工工作效率的提升，极大地改善了操作人员的员工体验。

员工体验 5G 相关应用案例在金融业，文化、体育和娱乐业，卫生和社会工作，以及公共管理、社会保障和社会组织领域也有涉及，运用 5G、大数据、云计算、云平台等技术解决部分员工安全隐患，改善员工工作的技术环境，使员工工作精准化。

2. 基于体验模型的需求观察

1）基于员工物理环境体验的需求观察

员工的安全需求主要存在于第二产业，包括各种采矿业，制造业的石油加工、原料加工，金属冶炼业，汽车等设备制造业，以及电力、燃气生产业等。安全生产是采矿业和钢铁业的红线，这类企业也是率先进行 5G 转型并使用无人化、5G+AI 等技术改善员工的工作环境的。

案例一：山西华阳集团新元煤矿 5G+智能矿山

痛点需求：井下生产环境存在高瓦斯、高煤尘、水害等情况，在传统的煤炭生产方式下，矿难等安全问题频发，员工井下工作时间长、劳动强度高。

2021年3月25日，山西华阳集团新元煤矿进风巷掘进工作面发生较大煤与瓦斯突出事故，当班出勤12人，其中，8人安全升井，4人被困。

针对井下煤矿防爆的要求，2020年4月，山西华阳集团新元煤矿联合行业合作伙伴，研究打造了全球首个5G矿用基站，研究布设了5G传输控制链路，实现了对掘进机的远程控制。

5G价值：下井人员可减少20人/班次，从而减少井下作业人员，降低人员的劳动强度，降低事故发生率，遏制重特大事故的发生。

案例二：湖南华菱湘潭钢铁集团有限公司（简称湘钢）5G智慧工厂

痛点需求：钢铁厂的高温、高危环境使年轻人不愿意进入钢铁厂工作。钢铁生产流程涉及很多岗位，环境恶劣（高温、危险等）、工作强度高。

2017年1月—2019年5月，湘钢及其下属全资、控股子公司受到的主要行政处罚共计7项，其中安全处罚3项。

2020年6月，湘钢项目首先在5米宽厚板厂区范围室外、室内转炉主控楼、炼钢废钢跨和渣跨区域实现5G全覆盖。该项目通过摄像头高清视频的传输和可编程控制器（PLC）之间控制信号的数据传输，优先开展了几种应用场景的验证，如远程/无人天车的操控。5G天车远程操控解决了工业Wi-Fi覆盖及容量不足、抗干扰能力差、光纤铺设困难、成本高、维护复杂等问题。

5G价值：5G极大地改善了员工的工作环境，显著地提升了人工劳效，实现人均处理吨钢25%的提升。

案例三：宝钢湛江钢铁有限公司5G高质量工业专网

痛点需求：钢铁复杂的生产过程伴随着高温、高压、高粉尘、易燃易爆等综合高危场景。大型钢铁厂区有大量的日常户外作业和巡检维修，大部分作业为移动性作业，且作业环境大多为高温、高危、高空等场景，给施工作业人员的安全生产带来极大威胁。

2020年3月8日，宝山基地四号高炉3号热风炉3098号波纹管开裂导致高温热空气窜出。传统4G网络的带宽不足以支撑高清实时监控，因此仅可进行事故后原因回溯。

2020年，宝钢湛江钢铁有限公司项目针对全厂152个一级高危作业点实行了5G全程在线监控，实现了平台化实时监测，后续进一步通过集成AI进行行为检测，判断施工人员行为，当施工人员出现违规动作时，将对后台与施工人员本身发出预警。

5G价值：将安全事故预警准确率提升30%，有效预防安全事故的发生。

案例四：宁波舟山港 5G 智慧港口

痛点需求：理货码头工作环境恶劣，司机疲劳驾驶，员工存在安全风险。

2019 年 3 月 31 日，宁波舟山港三期码头发生重大安全事故，吊机突然倒塌，集装箱散落一地。

（1）2020 年，宁波舟山智慧港口实现 5G 智能理货，在岸桥上安装了多个通过 5G 回传的高清摄像头，智能理货系统可以对摄像头拍到的视频进行自动智能识别。

5G 价值：由工作环境恶劣的码头现场到舒适办公室的远程理货，工作环境改善，保障了员工安全。

（2）港口 5G 无人集卡自动物流，全程自动物流，有效替代了人力，降低了成本。

5G 价值：5G 无人集卡解决了司机短缺、疲劳驾驶问题，提升了运营效率，降低了安全风险。

2）基于员工技术环境体验的需求观察

员工对技术环境的需求主要存在于第二产业和第三产业，第二产业中员工安全需求的满足需要技术环境的提升，第三产业中的运输业（港口）、邮政业、软件和 IT 服务业等对技术环境提升的需求更为迫切。数字化转型成为行业趋势，5G 使员工工作起来更加便捷、高效。

案例一：庞庞塔煤矿 5G+智能矿山

痛点需求：井下环境复杂，以光纤为主体的工业环网存在易损坏、难维护的问题，工人工作效率低，现有的井下网络严重制约着矿山智能化的发展。

2020 年 10 月，庞庞塔煤矿依托 5G 和无线电接入网 IP 化（Internet Protocol Radio Access Network，IPRAN）等新技术，构建了高可靠的承载网络，降低了井下通信时延，提高了传输带宽，增强了对移动作业的支持能力，有助于及时掌握工作现场的生产动态，使危险因素变得可知，使员工的操作过程变得可控。

5G 价值：员工的工作方式由“2+1”（2 班工作，1 班检修）变成“2+0”（2 班工作，弱化检修），皮带故障由原来需要 4～5 个小时进行定位升级到直接定位。

案例二：江苏精研科技股份有限公司 5G+AI 质检车间

痛点需求：工业质检领域一直面临工作人员质检效率低、检测质量不稳定、人工成本高和用工难度高等痛点。

2020 年，江苏精研科技股份有限公司质检车间 5G+AI 质检端到端方案深度融合 5G+AI 新技术，将 5G 的大带宽、低时延特性充分发挥，实现了 AI 质检机算力上云，大大节省了单机成本。

5G 价值：在 5G+AI 质检系统一期项目落地运行后，质检工作效率有了近 30 倍的提升。

案例三：美的集团微清事业部 5G+智能制造

痛点需求：美的集团微清事业部制造园区占地 50 万平方米，巡检员工工作量大；制造车间的生产设备和物流设备众多，需要定期安排巡检人员到各个制造车间现场巡检和维护，解决生产线和物流线的各类问题，问题的解决效率较低。

（1）2020 年 1 月，美的集团使用集成 5G 的巡检机器人实现了移动部署，利用巡检机器人代替工人对产线的运行情况进行巡检，节省了人力，同时可以保证 7×24 小时全天候巡检，提升了车间问题的解决效率。

（2）美的集团微清事业部的生产设备需定期点检，基于 5G 的 AR 辅助点检实现了流程化和数字化，通过智能眼镜的第一视角拍摄，具备近眼内容显示、智能扫码等功能，现场工作人员可以解放双手来进行更灵活、更复杂的作业。

5G 价值：5G 项目实现了全流程标准化和数字化管理，确保车间的隐患和缺陷能够早发现、早预防、早处理，极大地提升了工人的工作效率。

3）基于员工企业文化体验的需求观察

大多数企业还未重视员工体验更深层次企业文化的需要，但随着员工环境需求的满足，企业文化将成为下一步的关注重点，目前已有与员工相关 5G 平台的测试，可以进一步挖掘员工的需求。

案例一：5G+AI 驱动企业文化新征程

痛点需求：文化本身往往难以定义、执行与改进，同时在不断发展。企业可能很难单凭年度调查就确保各位员工对企业文化的认同。通过部署 5G+AI 劳动力智能工具，领导者可以准确判断企业文化普及中值得肯定的部分、仍有欠缺的部分，并随着时间的推移掌握文化动态的变化情况。

RSquared AI 是一个云平台，可对员工敬业度及其他人力资本指标做出实时分析。RSquared 开发出的“文化 MRI”（Culture Magnetic Resonance Imaging，文化磁共振成像）能够将员工体验整理为实时生动的图景，其通过数十种复杂算法分析无数员工的数字通信（如收发电子邮件与聊天）内容，借此发现不同员工在协作、沟通、包容性、敬业度及其他关键文化指标之间的细微差异。另外，这种工具还能及时发现文化与沟通层面的障碍，帮助领导者抢在问题发生之前加以排除。

5G 价值：5G+AI 帮助领导者在全新推广的远程工作环境中探索出路，引导员工关注新的办公文化。

案例二：5G 个性化员工体验

痛点需求：允许员工选择适合其独特需求的软件、流程和设备，培养个性化员工体验和高绩效文化。

2021 年，智睿咨询（DDI）投资了一家数据驱动的技术公司 Rhabit，该公司通过即时反馈软件，让员工对领导的表现做出评价，以帮助企业提升员工体验，推动高绩效文化的发展。

借助 5G 和 AI，员工从招聘到入职的整个生命周期都可以实现个性化。新人上班第一天，便可通过由 AI 提供支持的定制 App 获得组织文化、部门最佳实践和公司信息。此外，通过情绪分析，5G 和 AI 可以帮助确定员工何时感到压力或疲惫，并需要一点休息时间，可以更好地理解员工的工作模式、心态和最有利的工作氛围。

5G 价值：5G+AI 实现了"个性化和人性化"的员工体验，有助于提升员工的敬业度，并使员工工作更积极且富有成效。

4）基于员工价值实现体验的需求观察

5G 应用数字化转型导致员工能力价值的提升，员工教育培训必不可少。新冠疫情期间，远程办公成为热点，5G 网络切片更加成熟，是未来远程办公更实惠的连接选项。远程办公在 5G 技术上存在巨大潜力，5G+AR/VR 培训可能成为未来企业教育培训的热点。

案例：庞庞塔煤矿 5G+智能矿山

痛点需求：现代制造业对产品的要求很高，年轻人不愿意重复枯燥性工作。

2020 年 10 月，庞庞塔煤矿采用 5G 基站对重点应用场景进行覆盖，实现了综采工作面多数据源信息回传、掘进面高清视频回传等应用，矿工等员工的工作方式发生了变化。

5G 价值：从民生角度看，5G 助力远程智能操作，矿工逐渐成为高学历、高素质、高收入一族；5G 助力的远程集中智能控制技术使矿工得以远离危险工作环境，使家人和社会都安心，同时推动了社会生产力的发展，解决了相关方面技术人才的就业问题。

3．基于 5G 技术的需求观察

5GtoB 首先解决人的问题，其中最先解决 B 端的员工问题，路径由外到内，从物质到精神。对于存在重大安全隐患的行业企业，员工安全是第一位的；第三产业行业的员工不存在安全环境问题，技能、技术的提升是重点。

员工体验的 5G 应用，关于员工的安全需求和技术环境需求居于前列，关于企业文化的应用很少。大多数 5G 应用案例主要依托 5G 网络传输的特性，融合云计算、大数据、AI、边缘计算、区块链等技术，利用“视频监控、AR 眼镜、视觉检测设备、传感器等数据采集设备，无人车、无人机、AGV、工业机器人和 PLC 等工业设备”[44]，实现环境监控与巡检、物料供应管理、产品检测、生产监控与设备管理等应用，并实现对员工的智能运营管理。

5.3.2 基于组织的生态系统体验模型的需求观察

1. 基于行业维度的需求观察

现阶段，第一产业（农、林、牧、渔业）的 5G 应用案例较少，5G 应用案例重点集中在第二、第三产业，各体验需求在不同行业的侧重点也不同。在第二产业中，制造业的 5G 应用案例最多，其次为采矿业。在第三产业中，交通运输、仓储和邮政业的 5G 应用案例最多，其次为公共管理、社会保障和社会组织领域，如智慧政务、智慧法院中的 5G 应用。组织的生态系统体验需求在第一产业、第二产业、第三产业中均有体现，重点集中在第二、第三产业中。

在农业、林业、畜牧业、渔业领域，现阶段 5G 的应用满足了组织的生态系统体验中的技术提升需求、成本降低需求、创新协同需求。结合先进技术，如图像识别、卫星遥感、大数据等技术，搭建农业云平台综合管理信息系统，驱动各类无人驾驶农机装备实现自动化作业，进行实时监控，满足组织的技术提升需求，从而提升农业机械化、数字化水平，通过提高生产率、降低人力成本或提高播种（畜牧）效率的方式来满足组织的技术提升需求和成本降低需求。

在采矿业领域，现阶段 5G 的应用满足了组织的生态系统体验中的技术提升需求、成本降低需求、数据安全需求、创新协同需求。相关应用案例依托 5G 网络特性和 5G 智慧平台，推进基于 5G 的远程操控、AI 巡检、机器视觉、平台监测等技术的应用，利用 5G 大带宽的传输特性，实现工业视频、图像数据实时回传，满足数据传输的需求，部署 5G MEC（Mobile Edge Computing，移动边缘计算）网络，满足数据安全需求。

在制造业领域，现阶段 5G 的应用满足了组织的生态系统体验中的技术提升需求、成本降低需求、数据安全需求、创新协同需求。在钢厂、铝厂中，基于 5G 大带宽、低时延的特点，应用 5G+无人天车、5G+高清视频监控、5G+多元工业数据采集等技术，满足技术提升需求，搭建 5G MEC 网络，保证数据不出园区，满足数据安全需求。

在电力、热力、燃气及水生产和供应业领域，现阶段 5G 的应用满足了组织的生态系统体验中的技术提升需求、成本降低需求、数据安全需求、创新协同需求。利用5G的特性可以满足不同场景下的技术提升需求，推动行业发展，实现协同创新。依托5G确定性时延、授时精度、安全保障等关键技术，满足重点场景的技术提升需求。在智慧电力领域，搭建融合5G的电力通信管理支撑系统和边缘计算平台；在智能油气领域，开展适应油田油井复杂环境的5G特种终端设备的研发，推进多协议智能数据采集5G网关、监控产品的研制，实现与油气领域通信接口的有效衔接[45]。

在交通运输、仓储和邮政业领域，现阶段5G的应用满足了组织的生态系统体验中的技术提升需求、创新协同需求。依托5G MEC网络部署智能车速策略，实现安全、精准停靠和超视距防碰撞功能，满足技术提升需求；应用5G技术为港口提供包括远程高清监控、货船AI分析、高精度定位、智能网联驾驶等场景化应用的整体解决方案，降低了人力成本，提升了运输或管理效率。

在金融业领域，现阶段5G的应用满足了组织的生态系统体验中的数据安全需求、技术提升需求。案例应用方向主要是虚拟银行和智慧网点，应用5G网络，结合物联网、云计算、生物识别等技术，实现多方面技术的提升，并保障了金融数据的安全。

在水利、环境和公共设施管理业领域，现阶段5G的应用满足了组织的生态系统体验中的技术提升需求、创新协同需求。相关应用案例将重心放在环保方向上，主要为推进5G、边缘计算等新技术在水利管理业的应用，提高水利要素的感知水平，从而实现更高效的环保检测和管理功能，并提升环境保护的效率。

在卫生和社会工作领域，现阶段5G的应用满足了组织的生态系统体验中的技术提升需求、创新协同需求。以5G MEC和切片技术为底座，满足医疗业务数据不外出、高带宽、低时延、灵活接入等需求，提升数据资源的利用率。将5G技术应用于医疗抢救车、智慧病房、远程会诊、院前抢救中，满足技术提升需求。

在文化、体育和娱乐业领域，现阶段5G的应用满足了组织的生态系统体验中的技术提升需求、创新协同需求。应用5G网络，基于5G大带宽、低时延、广连接的特性，实现超高清视频的采集、传输、制作和播出，开发适配5G网络的AR/VR沉浸式内容及三维重建等关键技术，从而满足技术提升需求。

2. 基于体验模型的需求观察

截止到2021年底，中国组织客户应用5G主要专注于满足低层次的自身需求，组织客户应用5G多是为了满足组织内部的技术提升需求、成本降低需求、数据安全需求。B端客户进行生态系统体验是为了追求高度的数据信任，目前5GtoB案例应用需求主要是保障企业专有数据安全。

1）生态系统出生阶段的需求在第一产业、第二产业、第三产业中均已出现

资源获取需求存在于第三产业的批发和零售业，如应用 5G 以获取客流资源，而在其他行业中，资源获取需求还未发掘。技术提升需求在第一产业、第二产业、第三产业中均已出现。数据安全需求是采矿业、制造业、医疗业领域的主要需求，例如工厂搭建 5G MEC 网络以保证工厂数据不出园区，医院采用 5G MEC 技术建网以防医疗数据泄露。

案例一：山西华阳集团新元煤矿 5G+智慧矿山

痛点需求：由于受到井下传统工业环网带宽的限制，传统井下监控只能将少量视频上传，而综采面采煤机、电液压支架等设备时刻处于运行状态，视频监控无法满足生产需求。

5G 应用：2019 年 9 月 5 日，山西华阳集团新元煤矿与中国移动、华为成立了 5G 通信煤炭产业应用创新联盟，针对井下煤矿防爆要求，打造了全球首个 5G 矿用基站。基于井下煤矿海量视频回传需求，华为创造性地研发了下行链路（DL）与上行链路（UL）的 1∶3 配比，实现了千兆上行功能，满足了视频回传需求。此外，山西华阳集团新元煤矿联合行业伙伴快速推出了基于 5G 网络的手机终端、井下 4K 摄像头、边缘网关、传感器等设备，对设备运行状态的实时监控使设备故障率降低了 15%，节省了 200 万元/年。

案例二：孤东采油厂 5G+智慧油田

痛点需求：当前网络不足以支撑孤东采油厂的信息化进一步发展，孤东采油厂存在 4G 上行传输带宽小、综合维护成本高等问题。

5G 应用：2019 年 11 月，中国联通有限公司东营分公司联合华为、孤东采油厂提出了 5G MEC 专网解决方案，为孤东采油厂解决传统无线网桥、光纤、4G 等手段在油井监控画面回传、生产控制数据传输方面存在的多种技术问题，通过 5G 混合专网的搭建，降低了网络维护成本。基于 5G 低时延、高可靠的特点，抽油机启停控制更加及时，管线阀门开度控制更加精细化，最终实现了管理效率的提升，在选取的不同油藏特征的油井中创效 16%，平均提液日单耗下降 2.23 千瓦时/米^3，截止到 2021 年 5 月，累计节约电费 15.4 万元[46]。

案例三：美的集团微清事业部 5G+智能制造

痛点需求：现有 Wi-Fi 或 4G 网络不具备移动场景下的超大带宽和低时延能力，无法解决美的集团微清事业部的诸多业务难题。例如，AGV Wi-Fi 干扰严重影响物流效率，成品仓 Wi-Fi 漫游闪断影响调度信息同步，Wi-Fi 连接的扫码枪使用范围有限，Wi-Fi 经常被干扰导致数据传输失败。

5G 应用：2020 年 6 月起，项目针对美的集团微清事业部制造园区内智慧仓管/物流、云化 PLC、园区安全监控、生产巡检机器人、机器视觉 AI、产线设备 AR 辅助、扫码枪管理、生产制造执行系统（Manufacturing Execution System，MES）看板、生产数据采集管理等业务场景进行深入研究，并根据场景需要进行 5G 网络覆盖，开展以上新应用场景的 5G 工业运用。通过云化 PLC，得到无线自动化产线，解决布线成本高、运维困难、工业控制协同问题。通过 5G 赋能，完成数据采集、建模、数据反馈等业务，大大提升了生产效率。5G 的应用使得美的集团微清事业部降低了产线自检成本，综合可运维效率提升了 17%。

案例四：宝钢湛江钢铁有限公司 5G 工业专网

痛点需求：宝钢湛江钢铁有限公司工厂内部的核心信息对企业至关重要，不可泄露，需要保密，以防遭到网络攻击而造成信息泄露。

5G 应用：根据智能制造业务场景及行业流程的网络需求，宝钢湛江钢铁有限公司建成服务于钢厂的 5G 行业虚拟专网，5GC 的业务分流功能可以支持用户数据流向控制，实现公众用户和工业用户的数据流分离，保障工厂数据不出园区。例如，当员工用户开展公众业务时，可通过 5GC 接入互联网，实现信息交互；当工业用户开展工厂业务时，数据经过 5GC 接入宝钢湛江钢铁有限公司内网的应用服务器，完成远程天车控制等工业业务。有效避免了由网络攻击造成的工厂信息泄露。基于此解决方案，宝钢湛江钢铁有限公司实现了厂区生产管理的多类应用场景，钢铁生产的智能化水平大幅提升。

2）生态系统扩张阶段的需求在第一产业、第二产业、第三产业中均已出现

工业互联网的共性技术还未提炼，技术体系也有待完善，行业知识碎片化严重，联盟、供应商、第三方等产业链上下游资源还未形成有效的对接，体系化的生态体系还未搭建，全产业链、全价值链协同发展的态势还未形成。在此背景下，生态系统内部的各个企业具有创新协同、供应链协同以满足优势互补的需求。

案例一：蚂蚁科技集团股份有限公司（以下称蚂蚁金服）“双链通”

痛点需求：供应链上的企业融资十分困难，且账期长，有时甚至长达 3 个月，对企业运转产生着重大影响。

5G 应用：2019 年 1 月 4 日，蚂蚁金服发布“双链通”，“双链通”是蚂蚁金服与其合作机构（包括贷款机构和企业方）共同组建的一条联盟链，依托 5G 网络搭建而成。“双链通”以供应链上企业之间的应收账款为数字化切入口，将应收账款包括确认、流转、融资、清分在内的全生命周期上链，将资产的流转和确权转化为以链上数据为准。帮助产业链的最末端供应商——一个不到 10 人的汽配零件小厂，通过基于供应链的信用流转拿到了“甲方的甲方的甲方”的付款承诺，相对

于原来3个月到付的账期，只用1秒钟就获得了2万元融资。

案例二：北京信任度科技有限公司新能源资产管理平台

痛点需求：光伏设备资产在交易中存在资产相关数据追溯难、认证难、授权难、分拆难的问题，并且资产、财务、生产数据的真实性不易核查。

5G应用：北京信任度科技有限公司运用区块链+IoT+5G技术，建立了新能源资产管理平台，通过与北京互联网法院、检测中心等多家公信机构协作，完成了对光伏资产的全生命周期上链。这个方案解决了光伏设备分布在野外带来的种种问题，使资产、财务数据、生产数据真实性的核查变得简单。

3）高层次需求中的生态领导需求存在于智能公用事业及行业头部企业中

案例：美的集团微清事业部助力全产业链结构升级

痛点需求：行业生态伙伴间需要共同创建新业务能力，美的集团作为制造业的龙头企业，需要率先打造业界领先的智能工厂，打造行业标杆，为全行业赋能，助力整个行业的数智化转型。

5G应用：美的集团微清事业部基于工业互联网+5G+AI技术在智慧物流、安全生产等方面的应用实践，提出了5G工业制造应用场景方案，在供应链安全和国内、国际双循环背景下，美的集团微清事业部顺利推动了与智能家居事业群、机电事业群等相关业务提供方的全价值链协同，带动上下游企业和合作伙伴探索制造过程的全程可视化和数据驱动，并通过广东省工业制造创新中心，支撑中小企业跨境融创平台，助力全产业链结构升级。

5.3.3 基于组织的客户体验模型的需求观察

1. 基于行业维度的需求观察

在交通运输、仓储和邮政业领域，5G应用案例如表5-1所示。5G在车联网、机场、物流上的应用大多缩短了时空距离，减少了业务流程。无人驾驶、无人机配送等应用满足和提升了组织客户的便利体验。

在金融业领域，如表5-1所示，5G应用方向是虚拟银行和智慧网点。相关应用缩短了时空距离，减少了业务流程，并且会使组织的忠诚客户得到更好的服务，因此满足和提升了组织客户的身份体验和便利体验。

在卫生和社会工作领域，5G应用案例如表5-1所示。5G技术在智慧医用机器人、急救车、医疗接入网关及智能医疗设备等产品的研发方面的应用使得病人对远程医疗等更为信任，同时缩短了时空距离，便于对患者进行救治，并且保护了患者的医疗隐私，因此满足和提升了组织客户的信任体验和便利体验。

表 5-1　交通运输、仓储和邮政业，金融业，以及卫生和社会工作领域的 5G 应用案例

产业	行业类别	5G 应用领域	5G 应用案例
第三产业	交通运输、仓储和邮政业		
		5G+智慧机场	
			北京大兴 5G 智慧机场
			沈阳法库 5G 智慧机场
		5G+智慧物流	
			林安物流 5G 智慧物流
			苏宁物流 5G 无人配送车
			韵达快递 5G 无人机配送
		5G+车联网	
			广深港高速铁路 5G 智慧车站
			厦门公交 5G BRT 智能网联车路协同系统
			上海汽车集团股份有限公司（简称上汽集团）C-V2X 智能出行
			宇通客车股份有限公司 5G 无人驾驶公交线路
	金融业		
		5G+智慧银行	
			杭州鸟瞰智能科技股份有限公司 5G 虚拟银行
			中国建设银行 5G 智慧网点
			浦发银行 5G 智慧网点
			中国邮政储蓄银行 5G 智慧网点
	卫生和社会工作		
		5G+智慧医疗	
			深圳市福田区医联体 5G MEC 智慧医疗
			新昌县人民医院 5G MEC 切片专网
			浙江大学医学院附属第二医院（简称浙大二院）5G 救护车远程诊断
			郑州大学第一附属医院 5G 远程诊断
			上海交通大学医学院附属瑞金医院 5G 技术提升康复治疗效率
			中科领军（北京）口腔医院 5G 高智能种植牙

在公共管理、社会保障和社会组织领域，5G 应用案例如表 5-2 所示。智慧安防主要满足和提升组织客户的信任体验；智慧政务主要缩短时空距离，简化办事流程，满足和提升组织客户的便利体验。

在住宿和餐饮业领域，如表 5-2 所示，5G 应用方向是智慧餐饮和智慧酒店，二者可以使组织客户获得更为多样性的服务，使客户能参与进来，并且使组织的忠诚客户得到更好的服务，因此满足和提升了组织客户的身份体验、便利体验和选择体验。

在文化、体育和娱乐业领域，如表 5-2 所示，5G 技术主要为客户提供更为多

样性的体验方式或者更好的体验，同时缩短时空距离，因此满足和提升了组织客户的自主体验、便利体验和选择体验。

在教育领域，5G 应用案例如表 5-2 所示。5G 技术在支持远程课堂、辅助教学分析、VR 互动教学等场景中的应用使得组织客户能够沉浸其中，并且通过多样性的方式获取知识，同时缩短时空距离，因此满足和提升了组织客户的自主体验、便利体验和知识体验。

表 5-2 公共管理、社会保障和社会组织，住宿和餐饮业，文化、体育和娱乐业，以及教育领域的 5G 应用案例

产业	行业类别	5G 应用领域	5G 应用案例
第三产业	公共管理、社会保障和社会组织		
		5G+智慧城市	
			博鳌亚洲论坛 5G+AR 智慧安防
			雄安新区 5G 智慧安防
			广州市南沙区 5G 电子政务中心
			广州市中级人民法院 5G 智慧法院
	住宿和餐饮业		
		5G+智慧酒店	
			深圳华侨城洲际大酒店 5G 智慧酒店建设
		5G+智慧餐饮	
			杭州嘉培科技有限公司智慧餐厅
	文化、体育和娱乐业		
		5G+文化旅游	
			嵩山少林风景区智慧景点
			湖南博物院智慧博物馆
			三清山风景名胜区 4G+VR 全球直播
		5G+融合媒体	
			第二届全国青年运动会赛事直播
			中央广播电视总台 5G+8K 制播
		5G+信息消费	
			中国电信 5G MEC 智慧商业数字孪生平台
			成都大悦城 5G+云 VR 商业综合体
			合肥华润万象城 5G 智慧商业综合体
			咪咕文化科技有限公司“5G 快游戏”
	教育		
		5G+智慧教育	
			北海市海城区第八小学 5G+VR 智慧教室

目前，5G 客户体验相关应用案例覆盖第二产业和第三产业，但主要集中在第三产业。第二产业的相关应用案例主要集中在与个人定制相关的智能制造方面，5G 技术主要用于满足组织客户的个性化需求，用于满足和提升组织客户的认知体验。第三产业相关应用案例的覆盖面更广，主要集中在交通运输、仓储和邮政业，金融业，卫生和社会工作，公共管理、社会保障和社会组织，住宿和餐饮业，文化、体育和娱乐业，以及教育领域等。在第三产业，5G 关于满足和提升组织客户的便利体验的应用最多，并且大多数案例都是源于 5G 网络高速率、低时延的特性。

2. 基于体验模型的需求观察

1）基于体验模型的低层次需求观察

（1）信任体验：公平交易，值得信赖。

案例：深圳市福田区医联体 5G MEC 智慧医疗

痛点需求：医疗领域存在数据泄露致使患者隐私被非法买卖的痛点，根据 IBM Security 的《2020 年数据泄露成本报告》，2020 年全球医疗数据泄露成本达 713 万美元。医疗数据泄露可能会给患者带来身心困扰和财产损失，导致医患信任问题严重。

5G 应用：2019 年以来，深圳市福田区卫生健康局、中国移动及华为等开展 5G+智慧医疗合作，完成了 5G 远程急救、5G 远程会诊、5G 移动诊疗、5G 社区健康服务中心急救指导、5G 智慧病房等应用。借助 5G 切片、MEC 等新技术可以提供网络的安全隔离，遵循第三代合作伙伴计划（3rd Generation Partnership Project，3GPP）的安全标准，执行严格的入网认证，医疗数据不外出，从而保护患者的隐私安全，满足和提升客户的信任体验。

（2）便利体验：简化流程，时空便利。

案例一：韵达快递 5G 无人机配送

痛点需求：偏远地区因为空间或者天气等的限制，商品无法及时配送。

5G 应用：物流业将 5G 和无人机配送相结合，克服地理条件和天气的影响，2020 年 8 月，韵达快递 5G 无人机 X470 从网点起飞，将一份茶叶送到了桐庐县张家坞村张大爷手中，为偏远地区的客户提供了便利。

案例二：5G+智慧机场

痛点需求：服务流程繁杂，客户希望简化服务流程。

5G 应用：2019 年 9 月，东方航空在大兴机场以 5G+人脸识别技术为基础，结合 AR、AI 等技术，打造了一脸通行、行李追踪、AR 眼镜识别等 5G 智慧出行服务。一脸通行即旅客从值机、入贵宾室到登机全过程均可刷脸通行，无须出示身份证或者登机牌等证件，为旅客带来“路路通”的体验[47]。

2）基于体验模型的中层次需求观察

（1）自主体验：充分参与，自主掌控。

案例：合肥华润万象城 5G 智慧商业综合体

痛点需求：客户在消费服务过程中存在无法自主参与、无法掌控、无法接受弹性服务的痛点。

5G 应用：2020 年 6 月，在中国移动通信集团安徽有限公司合肥分公司与合肥华润万象城共建的 5G 智慧商业综合体中，3D 云试衣镜在 5G 网络下将 VR 高清摄像头捕获的视频实时回传至云端渲染，再同步交互到终端屏幕上，实现了虚拟试衣。顾客站在镜头前经过扫描，十几秒后，屏幕上就会显示出顾客模型，并智能匹配合适的穿衣搭配，顾客只需点击屏幕上的服装类型，就可以看到自己穿上套装的整体感觉，还可以变换合适的发型。3D 云试衣镜的客户自主性高、参与度高，满足和提升了客户的自主体验。

（2）选择体验：更多机会，优势组合。

案例：5G+湖南博物院智慧文化旅游

痛点需求：客户在消费服务过程中存在产品、服务或渠道单一的痛点，他们渴望多样性的选择，包括产品多样性、产品组合多样性和渠道多样性等。

5G 应用：2019 年 5 月，中国移动通信集团有限公司湖南分公司、华为和湖南博物院合作，通过 5G 网络，结合云计算、AR/VR、全息、超高清视频等技术，打造了新型智慧博物馆，以更广泛的渠道和多样性的体验方式为广大人民提供文化服务，同时实现对馆内文物和设施的智慧化管理。

3）基于体验模型的高层次需求观察

（1）身份体验：彰显身份，倍感荣耀。

案例：深圳市明源云客电子商务有限公司 5G 掌上售楼

痛点需求：客户从服务中无法获取自我认同感，希望企业能对客户的忠诚做出回应。

5G 应用：深圳市明源云客电子商务有限公司 5G 掌上售楼处进行了升级，开启贵宾（Very Important Person，VIP）尊享的一对一 5G+VR 带看服务，便于楼盘置业顾问远程一对一进行 VR 同屏带看。720 度实景看房，实时语音互动，使客户如同身临其境，满足和提升了客户的身份体验。

（2）知识体验：知识传递，共同获益。

案例：5G+嵩山少林风景区

痛点需求：客户在消费过程中存在无法获取知识、无法增长见识的痛点。

5G 应用：2019 年 5 月，中国移动、华为和嵩山少林风景区合作，在嵩山少林风景区以 5G+云作为架构，增加智能机器人景点介绍等应用，使游客在游玩的过程中，还能了解嵩山少林风景区的相关知识。

（3）认知体验：关注个性，有效认知。

案例：中科领军（北京）口腔医院 5G 高智能种植牙

痛点需求：客户无法被有效识别并了解自身的爱好及需求，客户希望能获取量身定做的体验、产品和服务。如精准的牙齿整形等需要个人定制。

5G 应用：2019 年，中科领军（北京）口腔医院使用 5G 高智能种植牙技术，在种牙过程中，利用 AI 种植设备进行三维扫描、定位，精确计算出患者的牙骨软组织情况，实时重建口腔三维模型，根据牙槽骨的厚薄、长短、密度的不同，采取不同的种植体和植入方式，实现当天种牙当天用，达到快速、舒适、精准、安全种牙的效果，满足和提升了客户的认知体验。

3．基于 5G 技术的需求观察

5GtoB 可以解决时空便利问题，从而简化流程、缩短时空距离。5GtoB 在这方面涉及的行业较广，包括公共管理、社会保障和社会组织，文化、体育和娱乐业，教育，卫生和社会工作，租赁和商务服务业，住宿和餐饮业，金融业，以及交通运输、仓储和邮政业等。典型案例包括：广州南沙政务服务中心启动 5G 网络+应用试点，提升为群众办事的效率；中国移动通信集团河南有限公司、华为和郑州大学第一附属医院合作，通过 5G 网络，实现了医院与急救车内的音视频交互，辅助医院实时对急救现场进行远程救治指导[48]；中国电信股份有限公司四川分公司与华为联合打造了商业综合体 5G+云 VR 店铺，在该店铺中，全景布局和商品陈列得到完美还原；中国移动与中国建设银行联合建设的清华园 5G+智慧银行在北京投入使用，试点服务效率提升了 72%；中国东方航空集团有限公司在北京大兴国际机场以 5G+人脸识别技术为基础，结合 AR、AI 等技术，打造了一脸通行、行李追踪、AR 眼镜识别等 5G 智慧出行服务。

5GtoB 可以用于解决公民人身安全问题。5GtoB 在这方面涉及的行业较广，包括公共管理、社会保障和社会组织，金融业，文化、体育和娱乐业，教育，卫生，租赁和商务服务业，以及住宿和餐饮业等。典型案例包括：雄安新区“5G 水陆空三维一体智能联防”方案；上海市老城区 5G 智慧安防，可以及时对监控区域采取相应的管理措施；2020 年东京奥运会，利用 5G 网络构建安全监控系统；浙江省 5G 智慧消防系统，利用 5G 网络视频回传完成灾情协同侦察、智能消防分析、平台实战指挥、实时远程控制、一键装备清点；诺基亚贝尔 5G AR 安防智能警用头盔，使安防保障与区域管控的效率和准确性得到提升；广州市中级人民法院推动 5G 技术与安防工作的融合，实现 VR 智能安保；嵩山少林风景区以 5G+云作为架构，开发景点高清安防应用；SOHO 中国有限公司启动 5G 网络部署与智慧楼宇建设，基于 5G 网络，实现安防监控；中国建设银行 5G+智慧银行，利用 5G 网络实现智慧安防监控的场景应用；广深港高速铁路 5G 智慧车站，利用 5G 网络实现智能安防应用场景。

5.3.4 基于组织的效能体验模型的需求观察

1. 基于行业维度的需求观察

基于我国当前经济市场的发展趋势，5G 应用是目前组织的效能体验提升的主要方式。

目前，组织的效能体验相关应用案例覆盖了第一产业、第二产业、第三产业，但主要集中在第二产业和第三产业。第二产业相关应用案例主要集中在制造业、采矿业与电力业领域，案例主要满足了低层次与中层次的需求，即技术创新需求、效率提升需求与效益提升需求，极少部分通过降低能耗、优化资源配置等方式满足了高层次的“碳达峰”“碳中和”目标需求。第三产业相关应用案例的覆盖面更广，5G 应用更全面，第三产业与公众的关系也更紧密。

各行各业利用 5G 相关技术及应用模式来达到数字化转型的目的，组织的效能体验提升的方式多种多样，但主要集中于垂直行业领域与社会民生领域。

低层次的技术创新需求主要集中在第一产业与第二产业，满足中层次的效率提升需求与效益提升需求的方式多种多样，在第一产业和第二产业的应用案例中，效率提升与效益提升经常是并生存在的，即在效率提升的同时伴随着效益提升，高层次的环境保护需求与“碳达峰”“碳中和”目标需求主要集中在公共事业领域与工业领域。

在农业、林业、畜牧业、渔业领域，5G 技术应用旨在提升农业机械化、数字化水平，在组织的效能体验上的提升主要通过提高生产率、降低人力成本或提升播种（畜牧）效率的方式来满足技术创新需求、效率提升需求和效益提升需求。

在采矿业领域，5G 相关应用致力于适应矿山、矿区复杂环境的 5G 特种终端设备的研发，开发智能化管理平台与 5G 网络系统，通过 AR/VR、远程操控设备、AGV 等智能软硬件的运用，推进 5G 在计算机视觉与工业方向的深度交叉融合，以满足技术提升需求、效率提升需求和效益提升需求。

在电力、热力、燃气及水生产和供应业领域，案例应用主要集中在智慧电力和智能油气上，依托 5G 确定性时延、授时精度、安全保障等关键技术，满足重点场景的技术创新需求、效率提升需求与效益提升需求，助力构建电力物联网，开发适应油田油井复杂环境的 5G 设备与技术。

在制造业领域，5G 的应用覆盖更多更广，主要通过工业互联网平台、智能制造系统的构建、各流程数据的整合来满足技术创新需求、效率提升需求与效益提升需求，通过降低能耗、优化资源配置等方式满足低层次和中层次的全部需求、高层次的“碳达峰”“碳中和”目标需求，达到组织 5G 转型与价值提升的目的。

在公共管理、社会保障和社会组织领域，案例主要集中在智慧城市的构建上，利用数据协同、平台建设、5G 物联网等技术手段在城市安防、智慧楼宇、基建及政务方向上开展相关应用，提升政府执行效能、民生服务能力与社会治理水平，建设数字政府、数字城市，全面提升城市建设水平和运行效率，满足中层次的效率提升需求。

在租赁和商务服务业领域，案例集中在智慧园区的构建上，利用 5G 技术加速基于 5G 的物联网数据的接入，加快数字化改造，提供全方位数字化园区管理服务，提升园区管理效率。

在交通运输、仓储和邮政业领域，在港口与物流上的应用案例大多降低了人力成本，提升了运输或管理效率。在车联网方面，案例的主要应用方向为无人驾驶及车联网测试评估体系，旨在提炼可规模化推广的典型应用场景，加速应用的落地。

在金融业领域，案例的应用方向主要为虚拟银行和智慧网点，提升了服务效率，降低了人力成本，满足了效率提升需求和效益提升需求。

在文化、体育和娱乐业领域，应用案例较少。相关应用案例将重心放在超高清视频编解码，适配 5G 网络的 AR/VR 沉浸式内容的开发，以及三维重建等关键技术的研发上，在提升客户体验的同时，降低了 OPEX，满足了效益提升需求。

在卫生和社会工作领域，5G 技术主要应用于从救护流程到辅助设备的全链路产品。从医疗急救车到网关接入，从智慧医用机器人到相关医疗监测与决策设备等产品的研发，都可提升服务管理效率，达成远程会诊、提前救援等方面的目的，主要满足技术创新需求、效率提升需求。

在水利、环境和公共设施管理业领域，相关应用案例将重心放在环保方向上，应用 5G、物联网、遥感、边缘计算等新技术，推进 5G 技术与水利管理业的深度融合，提高水利要素的感知水平，以便实现环保检测和管理，提升环境保护的效率。

2. 基于体验模型的需求观察

1）基于体验模型的低层次需求观察

案例：中国电子信息产业集团有限公司下属液晶面板企业基于5G+工业互联网建设质量追溯系统

痛点需求：随着业务的成长和生产技术的升级，液晶面板企业的产品质量问题越来越多，处理异常品逐渐频繁，原有产品追溯查询及处理流程已经不能适应当前客户的需求。

5G应用：液晶面板企业基于生产全链路的数据，结合对液晶面板业务的理解，建立了液晶生产质检与分析模型，通过对全链路数据的采集与分析来实现质检与合理预研，支撑相关应用解决生产质量追溯问题。第一，质量异常反应时间由1～7天缩短为1～4小时；第二，统一了质量异常处理接口，所有与质量相关的异常在质量追溯应用上都由人来操作；第三，降低了产品质量的异常率，减少了损失，提升了产品质量及企业效益；第四，实现了快速定位异常品的分布，通过追回或降级处理等措施，减少了客户的损失，提升了企业信誉。

2）基于体验模型的中层次需求观察

案例一：中联重科股份有限公司（简称中联重科）构建企业智能分析决策与智能运维服务体系

痛点需求：随着市场竞争的日益激烈，为实现高效决策，需要实时汇总与可视化展现各项业务数据，也需要一个有效抽取、分析数据的工具来充分挖掘、利用复杂IT系统中堆积的各类数据。

5G应用：中联重科构建了基于SAP HANA高性能数据仓库的决策支持系统，利用工业网络技术促进企业管理模式的创新，并促进面向客户的业务流程和经营模式的变革。利用此决策支持系统搭建了平台核心架构，组建了高性能计算系统，实现了多源数据的打通、集成，开发了智能化管理应用；在智能服务体系的构建方面，建设了智能服务平台，完成了主动预警提示、客户自诊断自服务、现场智能诊断和远程专家会诊4层服务体系的构建，实现了面向生产企业、配套销售服务商、产品使用者的全方位客户覆盖及应用。利用5G应用，中联重科实现了实时、精准的企业决策支持和智能化管理，加速了从传统的生产制造业向高端智能制造服务业的转型升级。中联重科通过实施远程运维服务新模式应用项目，农机运维成本降低了20%，生产效率提升了20%，单位产值能耗降低了10%，农机板块的服务能力得到了显著提升。

案例二：5G 智能电网在南方电网的应用

痛点需求：提升电网自动化与巡检的效率，节省建设成本，同时为运营商增加行业收入，建立良好的行业生态，并持续孵化商用产品和商业模式。

5G 应用：在输电领域，5G 技术可以实现数据及时、高速回传，对回传的数据利用边缘云 AI 进行判断，能够大幅度提升问题判断的准确性和运维效率。在变电领域，5G 技术能够提升其工作效率和实现设备运维状态的准确判断。在配电领域，面对智能电网的发展，需要达到海量连接、安全高效、向末梢延伸的目的，配网环节面临的挑战最突出，采用 5G 技术（10 毫秒时延和 1 微秒精准授时等）就可以极小地控制故障范围，并且快速恢复对客户的供电，大大提高了客户的供电可靠性，降低了建网成本。在用电领域，南方电网有超过 9000 万户的客户需要抄表。南方电网今后的发展需要分布式能源接入具有互动能力，这是 4G 实现不了的，而 5G 就可以实现，5G 为客户创造价值打开了一扇门。智能 5G 技术的运用打造了便捷、智能的数字虚拟专网服务。在不同的场景中，利用 5G 的高精度授时和低时延特性，降低了 50%的建设成本，提升了 80%的工作效率，同时 5G 切片与加密技术的运用保障了业务的安全性与数据隔离效果。

案例三：富士康科技集团（简称富士康）搭建工业互联网平台 Beacon

痛点需求：仅依靠传统数据统计与拟合方法难以满足海量数据的深度挖掘和决策支持的需求。随着技术的不断进步和设备的更新迭代，设备型号参数参差不齐、数据参数不统一成为精准采集数据的难点；大量重复、烦琐的人力工作已经逐渐由机器人代替，但同时产生了大量重复、烦琐的场景问题，需要新的 AI 代替人力处理一些工作；在 5G 时代，需要进一步优化供应链、资源配置、能源管理，从而提升周转率，提升沟通效率，以及使订单交付过程宏观可视化。

5G 应用：富士康工业互联网平台 Beacon 是集成了大数据、AI、物联网、自动化技术，结合了海量影像大数据的应用，构建而成的覆盖全数据服务、企业生产层级、客户角色的平台体系。Beacon 依托多源传感设备等软硬件，结合数据 topic 协议，在海量数据的支撑下实现了数据协议的灵活转换，以及全链路生产数据的采集、处理、分析与使用。Beacon 通过软硬件的紧耦合，打通了不同角色的“信息孤岛”，形成了一体化的产业链解决方案，进而实现了智能化工厂的快速部署。富士康制造部门推行和实践 Beacon，在能耗降低 20%的基础上，生产效率提升了 30%，成本降低了 21%，良品率提升了 15%，生产及运转周期也相应大幅度缩短。

3）基于体验模型的高层次需求观察

案例一：海尔中央空调工业互联网云服务平台

痛点需求：在大规模个性化定制、国家倡导节能减排和智能制造的战略背景下，海尔中央空调需要建设一个以满足客户需求为中心的研发、制造、物流、服务全产业的智能生态系统。

5G 应用：海尔集团公司搭建了智能互联平台，其中央空调公司在行业内率先应用云服务平台，通过海量数据的采集、分析与使用，实现了对多项目下中央空调相关客户的统一的智能售后服务管理，为客户提供节能增效的体验，为社会营造低碳环保的组织价值。海尔中央空调应用该平台后每年可减少 6200 吨标准煤能耗。

案例二：北京东方国信科技股份有限公司（简称东方国信）实现钢铁行业生产优化

痛点需求：炼铁主反应器高炉具有体积巨大、耐高温、耐高压、密闭、连续生产的“黑箱”特性，问题集中在气、固、液多相流及复杂物理、化学反应的数字化解析难度壁垒上。目前，炼铁生产过程中的判断和操作仍以主观经验为主，“白头发”和盲人摸象式操作在整个炼钢行业中仍普遍存在，所以迫切需要利用 5G 及相关数字仿真技术来实现高炉生产可视化，建立基于建筑信息模型+地理信息系统（Building Information Model+Geographic Information System，BIM+GIS）的炼铁数字化工厂。

5G 应用：在主反应器高炉的生产过程中，对气流的控制是影响其冶炼产出的重要因素。炼铁数字化平台通过炉体煤气流分布模拟仿真，实时显示当前高炉“黑箱”的布料情况，实现高炉内部真实冶炼状态的可视化，实时读取高炉布料状态，自动调用布料仿真数学模型，有效帮助操作人员对高炉采用更加合理、及时的操作，促使煤气流的分布实现高炉“黑箱”上部和下部调剂的可视化。炼铁数字化平台通过高炉数字仿真，实现对高炉生产的虚拟-现实映射及智能监控。利用高炉上部调剂量化、可视化可以提高高炉上部调剂水平，稳定高炉操作，减少由上部调剂不合理或滞后导致的炉况异常损失，单座高炉成本每年下降 2400 万元，实现高效化、高质量的煤炭利用。

案例三：中兴通讯股份有限公司（简称中兴通讯）智慧治水业务在千岛湖畔下姜村成功实践

痛点需求：随着社会的发展，环保成为社会的热议话题，国家政策频出，重大举措不断。在 5G 技术不断发展的背景下，我国的智慧环保工作刚刚起步，市场对于智慧环保的需求空间较大。

5G 应用：2019 年 4 月，千岛湖开展智慧治水工作，利用现代化通信和技术，基于 5G 网络的相关属性优势，实现了视觉方向的监控管理。同时，通过云平台的构建，实现了数据的分析与预研，进而达到了科学治理、数据治理的目的。

3. 基于 5G 技术的需求观察

综上所述，当前 5G 模式提升组织客户效能体验的主要途径为提升 B 端的工作效率。

提升 B 端工作效率的方式之一为以辅助人的工作或提升人力工作效率为目的，赋能人力。应用 5G 赋能人力的案例主要集中在采矿业，其次为交通运输、仓储和邮政业，以及制造业。应用 5G 远程操控、VR/AR、超高清视频等技术实现对人力的赋能。

例如，庞庞塔煤矿基于 5G AR/VR 技术，通过网络实现一线人员和后台专家的远程连线，提升远程设备检修的能力及效率，并发挥 5G 网络低时延的特点，为变电站、水泵房、瓦斯抽放场所等的远程操控、无人值守提供技术基础，提升工作效率；在博鳌亚洲论坛上，警察佩戴 AR 安防智能警用头盔，基于 5G 技术，为论坛的现场执法提供数字化保障，也使安防管控保障的人效与安全性大幅提升。

提升 B 端工作效率的方式之二为以提升机器的工作效率或“以机替人”为目的，赋能机器。应用 5G 赋能机器的案例主要集中在第二产业的制造业，其次为第三产业，通过构建 5G 工业互联网平台、智能系统等方式实现对机器的赋能。

例如，湘钢、中国移动通信集团有限公司湖南分公司、华为“拥抱 5G 时代，共建智慧工厂”，利用 5G+深度学习+计算机机器视觉技术实现了对微米级的转钢表面目标的检测，而对于生产全流程的监控也保证了所有数据“血缘图谱”的建立，从而使产品质检的效率和准确率得到了大幅提升；采用 AI 转钢自动识别应用，能够通过 5G+AI 摄像头自动识别转钢的方向，自动控制系统根据视觉识别输入控制钢坯转动，从而提升钢铁的轧制效率。

又如，中兴通讯长沙智慧工厂在应用 5G MEC 高清工业相机和 5G MEC 机器视觉系统后，单次检测时间为 0.5 秒左右，检测准确率达到了 95%，可有效代替人工目检，解决传统质检方案效率低、易漏检、易错检等问题，降低工业生产/检测成本。

5.4 5GtoB 需求洞察

基于 5.3 节详尽的案例分析和 5GtoB 需求观察，从行业应用机会、体验层次递进及 5G 技术演进等角度，可以分析未来的 5GtoB 需求和进行洞察预测。

1. 5GtoB 员工体验需求洞察

从 5.3.1 节员工体验需求观察案例中分析发现，部分行业的员工体验仍存在空白，需求洞察可以进一步探索员工体验问题未解决的行业。生命安全作为员工体验首先需要解决的问题，绝大多数行业使用 5G 网络和技术来满足员工的安全需求，而在未来，燃气生产和供应业、废弃资源综合利用业、水利管理业可以借助 5G 远程技术杜绝员工工作安全隐患。

建筑业、纺织业、纸制品业等行业员工的工作环境较为恶劣，可以利用 5G 技术来改善员工工作的物理环境。由于纺织业劳动密集程度高，5G 技术会帮助该行业员工解放双手，以进行更灵活、更复杂的作业。

随着新技术的发展，人才技能需要升级，人才培养需要转型。企业在建立 5G 员工平台和利用数字化变革提升员工专业能力的同时，会使员工拥有更大的价值和更多的机会。

2. 5GtoB 生态系统体验需求洞察

在现有案例中，生态系统体验多数仍停留在出生阶段，部分进入扩张阶段，部分行业的生态系统体验存在空白，需求洞察可以进一步探索生态系统体验问题未解决的行业。现阶段，组织客户应用 5G 多是为了满足组织内部的技术提升需求、成本降低需求、数据安全需求，其中数据安全需求在一些行业仍存在空白。金融机构在信息、数据等方面的对外合作领域扩展存在安全风险点，基于金融机构本身的特点，未来金融机构将应用 5G 切片技术保障金融数据安全；法院等国家机构涉及政务数据，存在数据安全需求；电力企业依赖于对数据的传输和使用，有大量的业务往来、客户隐私等重要敏感数据，甚至可能影响能源供应，导致社会恐慌，威胁国家安全。对于金融业、政务、电力业这类涉及客户隐私信息的行业，下一步将应用 5G 保障数据安全，满足数据安全需求。

3. 5GtoB 客户体验需求洞察

在满足和提升组织客户的选择体验方面，5G+AR/VR+生物识别可变革支付模式，未来或涌现脑电波支付、微表情支付、声纹支付等形式多样的新颖业态[49]。

在满足和提升组织客户的便利体验时，可探索以下几个方面：5G+全息投影，远程虚拟银行，通过全息影像实现面对面交流和进行业务办理，客户在全息银行中创建、查看、处理、分享虚拟的 3D 全息金融数据并完成金融交易；助推传统银行向开放银行转型，拓展金融场景生态圈。在 5G 赋能背景下，银行通过开放应用程序编程接口（Application Programming Interface，API），可以使各类金融产品、服务乃至数据信息向企业客户、电商、科技公司等全面开放，将银行服务广泛植入客户端、机构端和政府端，无感融入所有人的生产生活场景，为客户提供无处不在、无微不至的综合服务解决方案[49]。

在满足和提升组织客户的认知体验时，可探索以下几个方面：因为家用电器、家装建材、科技、户外运动、家居日常五大行业占据从消费者到生产者（Customer to Manufacturer，C2M）定制商品销售的半壁江山，未来可以开发客户对其他行业（如医药保健、智能数码、玩具乐器、汽车用品等）的 C2M 定制商品的需求；涉及生命健康、高端消费类产品或领域，客户显性需求及隐性需求的个性化程度较高，真正实现个性化设计并降低生产成本尤为重要。

在大规模个性化方面，充分利用 5G、数字孪生、VR、大数据等技术实现物理世界和虚拟世界的互联、产品和服务的虚实映射等，建设全流程、全方位、社群化的网络交互平台。面对个人市场的高度个性化客户需求，优化开放式体系结构产品平台设计，基于社群化设计与制造资源优化配置，有效且高效地实现大规模生产的高质量与低成本[50]。

4．5GtoB 效能体验需求洞察

在现有案例中，各行业的组织效能体验仍存在空白，基于文献调研与案例分析，组织效能体验的发展方向与高精尖技术的应用紧密结合，即通信数字技术。随着通信数字技术的发展，部分产业的效能将从赋能人力逐渐向赋能机器转变，如图 5-6 所示。在另外一部分产业中，赋能机器占比增多，或是机器赋能的重心由基础软件应用、通信与平台构建、基础设施应用逐渐转变为在关键节点上的优化突破。

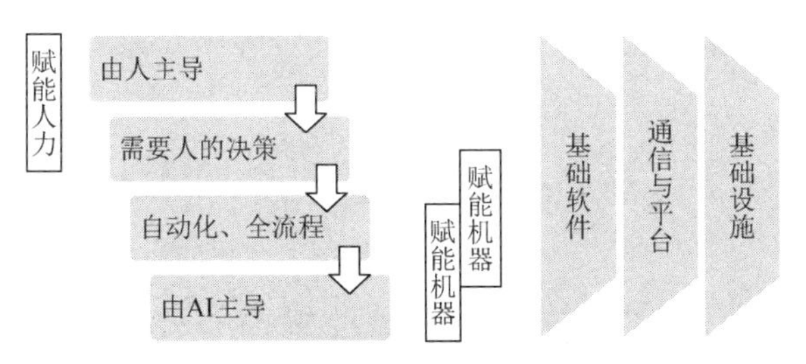

图 5-6　效能赋能人力→赋能机器

基于通信数字技术的发展，不同行业的不同组织所处的产业发展阶段不同，因此面临的组织效能提升需求与目标不同，下面基于不同的产业发展阶段对组织进行组织效能体验方面的需求洞察。

1）商用落地阶段（基础应用期）

对处于 5G 基础应用期的企业来说，随着技术的提升与行业的发展，5GtoB 将由赋能人力逐渐转换为赋能机器，赋能机器的占比增多，5G 技术赋能机器的应用逐渐标准化、规范化。由于我国农、林、牧、渔业的机械化、数字化仍在进行中，因此 5G 案例应用市场相对空白。相关案例的数量会越来越多，农、林、牧、渔业

将在加速推进农业机械化、数字化的基础上，根据现代农业的发展需求，重点推进面向广覆盖、低成本场景的 5G 技术和应用，从而赋能机器。

2）规模复制阶段（标准应用期）

对处于 5G 标准应用期的企业来说，当前的发展方向为不断扩大通信数字技术的应用范围与应用环节，从基础的环节应用出发，不断应用新技术更新迭代组织发展的各个环节，提升赋能机器的占比或提升赋能人力的效率，从而在各方面提升组织效能体验，实现组织全方位的效能体验提升。

3）高精尖突破阶段（深入应用期）

对部分已经到达 5G 深入应用阶段的组织来说，随着通信数字技术的发展和 AI 技术的运用，机器赋能的重心由基础软件应用、通信与平台构建、基础设施应用逐渐转变为在关键节点上的优化突破。

本章参考文献

[1] TOFFLER A. Future shock [J]. American Journal of Sociology，1970（1）：104.

[2] PINE B J Ⅱ，GILMORE J H. Welcome to the experience economy[J]. Harvard Business Review，1998，76（4）：97-105.

[3] HASSENZAHL M， TRACTINSKY N. User experience-a research agenda[J]. Behavior & Information Technology，2006，25（2）：91-97.

[4] JACOBS M A，YU W，et al. The effect of internal communication and employee satisfaction on supply chain integration[J]. International Journal of Production Economics，2016，171（1）：60-70.

[5] MOORE J F. Predators and prey：a new ecology of competition[M]. Boston：Harvard Business School Press，1999.

[6] 张千帆，王程珏，张亚军. 异业合作与口碑传播：客户体验及产品创新度的影响——以“互联网+”背景下的企业合作为例[J]. 管理评论，2018，30（9）：11.

[7] 姜尚荣，乔晗，张思，等. 价值共创研究前沿：生态系统和商业模式创新[J]. 管理评论，2020，32（2）：3-17.

[8] GAGNÉ M. From Strategy to Action：Transforming Organizational Goals into Organizational Behavior[J]. International Journal of Management Reviews，2018，20（S1）：S83-S104.

[9] SCHNEIDER B，YOST A B，KROPP A，et al. Workforce engagement：What it is，what drives it，and why it matters for organizational performance [J]. Journal of Organizational Behavior，2017，39（4）：462-480.

[10] MISHRA S，EWING M T，PITT L F. The effects of an articulated customer value proposition（CVP）on promotional expense，brand investment and firm performance in B2B markets：A text based analysis[J]. Industrial Marketing Management，2020，87：264-275.
[11] SON J H，KIM J H，KIM G J. Does employee satisfaction influence customer satisfaction? Assessing coffee shops through the service profit chain model[J]. International Journal of Hospitality Management，2021，94（4）：102866.
[12] 曾静，李敏. 探析留住知识型员工的整体薪酬方案[J]. 商场现代化，2006（15）：254.
[13] 贾昌荣. 巅峰管理：极致员工体验创佳绩[J]. 清华管理评论，2021（10）：14-23.
[14] 刘昕. 从薪酬福利到工作体验——以 IBM 等知名企业的薪酬管理为例[J]. 中国人力资源开发，2005（6）：62-65，73.
[15] CHANDA U，GOYAL P. A Bayesian network model on the interlinkage between Socially Responsible HRM，employee satisfaction，employee commitment and organizational performance[J]. Journal of Management Analytics，2020，7（1）：34.
[16] GHEIDAR Y，SHAMIZANJANI M. Conceptualizing the digital employee experience[J]. Strategic HR Review，2020，19（3）：131-135.
[17] SHENOY V，UCHIL R. Influence of Cultural Environment Factors in Creating Employee Experience and Its Impact on Employee Engagement：An Employee Perspective[J]. International Journal of Business Insights & Transformation，2018，11（2）：9758-9764.
[18] 李燕萍，侯烜方. 新生代员工工作价值观结构及其对工作行为的影响机理[J]. 经济管理，2012，34（5）：77-86.
[19] 李永周，易倩，阳静宁. 积极沟通氛围、组织认同对新生代员工关系绩效的影响研究[J]. 中国人力资源开发，2016（23）：23-31.
[20] 毛付慧，罗文春. 遵从马斯洛需求，差别化激励员工[J]. 人力资源，2022（7）：106-107.
[21] BENITEZ G B，AYALA N F，FRANK A G. Industry 4.0 innovation ecosystems：An evolutionary perspective on value cocreation[J]. International Journal of Production Economics，2020，228：107735.
[22] 周君. 服务质量对消费者购买意愿的影响研究[D]. 沈阳：东北大学，2012.
[23] CSIKSZENTMIHALYI M. Flow：The Psychology of Optimal Experience[M]. New York：Harper & Row，1990.
[24] 陈英毅，范秀成. 论体验营销[J]. 华东经济管理，2003（2）：126-129.
[25] 陈建勋. 顾客体验的多层次性及延长其生命周期的战略选择[J]. 统计与决策，2005（12）：109-111.
[26] 王龙，钱旭潮. 体验内涵的界定与体验营销策略研究[J]. 华中科技大学学报（社会科学版），2007（5）：62-66.
[27] 朱世平. 体验营销及其模型构造[J]. 商业经济与管理，2003（5）：25-27.
[28] 郭红丽. 顾客体验管理的概念、实施框架与策略[J]. 工业工程与管理，2006（3）：119-123.

[29] 温韬. 顾客体验理论的进展、比较及展望[J]. 四川大学学报（哲学社会科学版），2007（2）：133-139.

[30] MCKAIN S. All business is show business：Strategies for earning standing ovations from your customers[M]. Nashville：Thomas Nelson Inc.，2002.

[31] LASALLE D，BRITTON T A. Priceless：Turning Ordinary Products into Extraordinary Experiences[M]. Boston：Harvard Business School Press，2003.

[32] 郭红丽，袁道唯. 客户体验管理：体验经济时代客户管理的新规则[M]. 北京：清华大学出版社，2010.

[33] SEASHORE S E. Criteria of organizational effectiveness[J]. Michigan Business Review，1965，17（4）：26-30.

[34] GINSBERG A，VENKATRAMAN N. Contingency Perspectives of Organizational Strategy：A Critical Review of the Empirical Research[J]. The Academy of Management Review，1985，10（3）：421-434.

[35] NASH M. Managing organizational performance[M]. San Francisco：Jossey-Bass，1983.

[36] HOFER C. Turnaround strategies[J]. Journal of Business Strategy，1980，1（1）：19-31.

[37] RAMANUJAM V，VENKATRAMAN N. An Inventory and Critique of Strategy Research Using the PIMS Data base[J]. The Academy of Management Review，1984，9（1）：138-151.

[38] WOOD R，BANDURA A. Social Cognitive Theory of Organizational Management[J]. The Academy of Management Review，1989，14（3）：361-384.

[39] STEERS R. Organizational effectiveness：A behavioral view[M]. Santa Monica：Goodyear Pub. Co.，1977.

[40] YUCHTMAN E，SEASHORE S E. A System Resource Approach to Organizational Effectiveness[J]. American Sociological Review，1967，32（6）：891-903.

[41] SEASHORE S E，YUCHTMAN E. Factorial Analysis of Organizational Performance[J]. Administrative Science Quarterly，1967，12（3）：377-395.

[42] PICKLE H，FRIEDLANDER F. Seven societal criteria of organizational success[J]. Personnel Psychology，1967，20（2）：165-178.

[43] VENKATRAMAN N，RAMANUJAM V. Measurement of Business Performance in Strategy Research：A Comparison of Approaches[J]. The Academy of Management Review，1986，11（4）：801-814.

[44] 中国移动研究院. 5G 典型应用案例集锦[R/OL]. 2019.

[45] 工业和信息化部，中央网络安全和信息化委员会办公室，国家发展和改革委员会，等. 5G 应用“扬帆”行动计划（2021—2023 年）：工信部联通信〔2021〕77 号[S]. 2021.

[46] 宋炳坤，杨宏斌. 山东联通东营胜利油田 5G 智慧油井专网方案[J]. 通信世界，2021（10）：46-47.

[47] 陈晓东，郑卓睿. “5G 城市 • 智慧军运”武汉天河机场打造华中首个 5G 全覆盖机场[J]. 空运商务，2019（11）：30-31.

[48] 冯国斌，刘艳亭. 5G 移动网络技术结合现有医疗应用探索[J]. 医学信息学杂志，2019，40（10）：25-29.

[49] 纪瑞朴. 5G 时代商业银行的挑战与变革[J]. 银行家，2021（1）：64-68.

[50] 肖人彬，赖荣燊，李仁旺. 从大规模定制化设计到大规模个性化设计[J]. 南昌工程学院学报，2021，40（1）：1-12.

第6章 5GtoB场景识别及易感性评估能力

本章主要梳理、分析了易感、易感场景相关概念，5GtoB易感场景指的是5G产品与服务的提供方及需求方在数字化转型背景下易发生合作关系的场景。5G产品与服务的供需双方需要建立一定程度的匹配关系，才能实现价值共创。学术界对于如何寻找这种匹配关系尚无可借鉴、参考的研究，因此本章从实践资料和案例整理出发，共收集、分析了76个案例，涉及8大类134个5G应用，涵盖钢铁业、采矿业、制造业等10个行业，用归纳分析法建立了易感场景识别指标集和识别方法，进一步提炼出了可识别匹配关系的易感性评估指标体系及方法，最后结合案例分析与评估结论，提出了5GtoB典型应用的推广、发展建议。

6.1 场景与易感的本质

“场景”及“易感场景”的概念被越来越多地应用于5GtoB的实践领域，还原概念的本质、准确理解“易感”是找到易感场景的基础。

6.1.1 场景与易感场景

“场景”一词在城市发展、影视制作等诸多领域都有被用到，是指人与周围景物的关系总和，包括场所与景物等硬要素、空间与氛围等软要素[1]。美国全球科技创新领域资深记者罗伯特·斯考伯和技术专栏作家谢尔·伊斯雷尔在2014年出版的《即将到来的场景时代》中抽取了互联网“场景时代”的五种技术力量——大数据、移动设备、社交媒体、传感器和定位系统，并研究了它们的联动效应。由此，场景被认为是未来互联网时代的核心，市场争夺的目标是场景应用[2]。场景分析的目标是提供特定场景下的适配信息或服务，适配意味着既要理解特定场景中的客户，又要迅速找到并推送与客户需求相适应的内容或服务；对相关信息或服务的发现、聚合与推送能力决定着适配的水平[3]。

在5GtoB的发展过程中，大量的ICT服务提供商在挖掘、寻觅合适的B端客户及其适用场景，即进入了“适配”找寻过程，使得“易感场景”一时成为5G发展的热词之一。

“易感”一词来源于传染病学[4]，是指人体对某种传染病缺乏免疫力，易受该传染病感染或对该传染病病原体缺乏特异性免疫力的现象。易感的特点：人群中易感者多，则人群易感性高，容易发生传染病流行；人群对传染病的易感性是可变的。易感性则指感染受性的大小，也可将其理解为在相同环境中，不同个体患病的风险。传染病学认为，易感性由基因决定，在环境致病因子作用下的基因表达往往起着更重要的作用，因为即使基因型一致，基因表达也会受到甲基化、体细胞突变、X染色体随机失活等的影响。

之后，人际影响理论认为，当个人认为从事特定行为会受到参考群体的支持时，个人将会倾向从事特定行为[5]。而个人对社会影响的反应也存在个体差别，即个体的易感性存在差异，包括主观规范易感性和信息易感性，前者是指由于渴望他人认同自我，或者获得回报，或者避免被惩罚而顺从他人预期的倾向性；后者是指将从他人那里接收到的信息作为现实生活中依据的倾向性[6]。近年来，易感又被用在有关影响消费者购买倾向的研究中，消费者对于在线群购（Online Group Buying，OGB）或虚拟社区成员的压力的遵从性（人际影响的易感性）也呈现出个体差别[7]。因此，从本质上看，易感可以被理解为“在一定环境中，反映人/物对某因素、物质敏感且容易受到影响的性质”，它包含影响者和被影响者两个主体。

5GtoB应用存在两类主体：一类是5G产品与服务提供方，包括运营商、设备供应商、互联网公司等；另一类是5G产品与服务需求方，包括政府机构及各类企事业单位等。在5G相关的新技术、新应用的推广过程中，5G产品与服务的供需双方往往是相互影响的。因此，人们习惯用“易感”来描述5G领域中两类主体之间相互影响（发生合作关系）的性质；用“易感场景”来定义在一定环境影响下，5G及相关新兴技术（大数据、云、边缘计算等）的产品与服务的提供方及需求方之间易产生合作关系的场景。而场景是关系的总和，可以从不同的视角和维度来识别，比如，可以站在5G应用的产品或服务（如无人机、远程监控）视角来识别，也可以根据某应用发生的自然环境或社会环境（如采矿业的井下作业）来识别，由此场景分析将是多维度的复杂梳理过程。

6.1.2 价值共创与数字化转型

经济学家 Adam Smith 早在 1776 年的研究中指出，价值是体现在使用中的价值而不是交换中的价值，即价值是动态的、持续的，是由资源整合与应用决定的。在当代社会的经济发展中，往往供应商是价值促进者，但顾客和供应商是价值的共同创造者[8]，需要双方共同努力才能达到共赢。组织间合作的可能性、顺畅性及产生的价值大小受到诸多因素影响，学者们从服务主导逻辑、知识基础观、信息处理理论等不同角度进行了不少研究、探讨。

1. 工业 4.0 生态系统演化的价值共创过程

2013 年以后，中、美、德等国纷纷提出泛工业 4.0 发展战略，极大地促进了全球数字化技术在各行各业的发展应用，数字化转型成为之后的研究热点。越来越多的学者从动态机制、生态演化、能力匹配等角度研究动态能力的演化过程。Dalenogare 认为，工业 4.0 解决方案是一个由相互关联的数字技术、信息系统和处理技术组成的复杂系统，它要求能力的高度相互依赖性和技术的互补性[9]。在对巴西电气和电子生态系统为期三年的跟踪研究中，Benitez 提出工业 4.0 生态系统演化历经三个阶段，即出生阶段、扩张阶段、领导阶段，如图 6-1 所示。

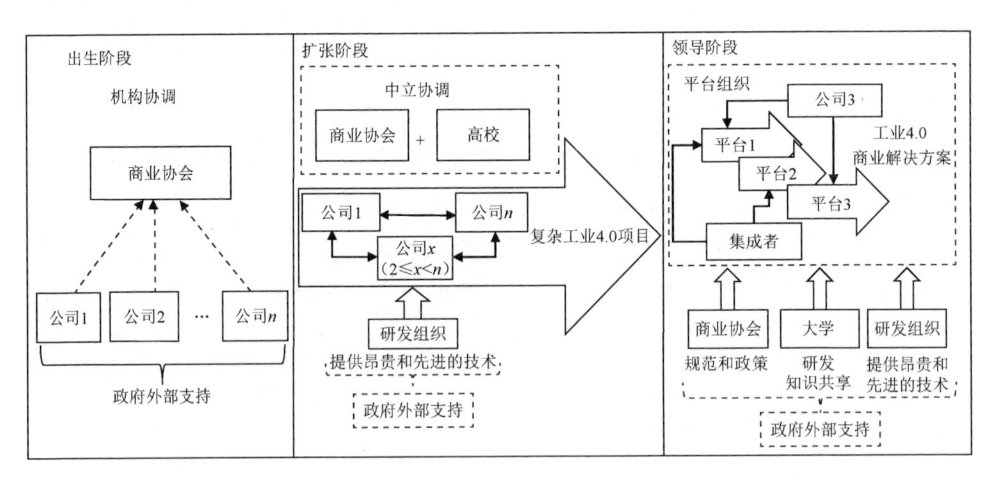

图 6-1 工业 4.0 生态系统演化的三个阶段[10]

在工业 4.0 生态系统的出生阶段，企业的参与动机是降低获取创新资源的成本，交换价值主要体现在技术能力的提升上，而合作活动不是企业的主要关注点。

在这一阶段，商业协会集中了生态系统的管理权力，与每个企业保持着二元的关系模式。然而，信任在很大程度上限于商业协会。因此，政府计划的重点是促进企业之间开展更紧密的合作。从这个意义上说，建立基础设施来支撑参与者之间的网络构建对于生态系统的出生阶段至关重要。

在工业 4.0 生态系统的扩张阶段，企业从基于信息和知识交流的价值创造，转向基于企业间互动的价值共创，参与者进一步拓展技术能力，共同开发集成工业 4.0 解决方案。协调机制、治理系统和外部关系发生改变，企业间开始建立一种新的社会互动的权力结构，这种权力结构由高校与商业协会领导，高校与商业协会扮演着中立协调的角色，协调机制从以政府协调为重点转向以创新驱动为重点。

在工业 4.0 生态系统的领导阶段，生态系统需要开发新的商业模式，更侧重于服务提供、项目定制和按使用付费功能，而不仅仅是技术。提升能力是短期和中期的优先目标，长期目标应该是创造新的商业模式，进而为生态系统业务的可持续发展开发新的市场。工业 4.0 生态系统的领导阶段将致力于智能业务，而不仅仅是基于物联网的技术解决方案。在协调机制和权力结构方面，出现从高校与商业协会主导的中立协调到商业平台的转变，这种转变意味着企业可以从生态系统结构获得信任。在这种新的权力结构中，信任逐渐扩大，成为生态系统中的环境信任，而不仅仅是基于团队的信任。

上述研究表明，在价值共创的不同阶段，产业生态中各角色的作用、关系都在发生动态变化。早期的政府协调和基建很关键，商业协会提供了一个可供信任的生态环境；在扩张阶段，ICT 产品与服务供需双方要基于价值共创建立新的创新生态结构，以高校和商业协会为代表的研究机构或行业联盟起到桥梁与协调作用，政府的作用则由协调转变为创新驱动；在领导阶段，基于新的信任关系，ICT 产品与服务供需双方作为核心主体共同构成新的产业生态，衍生出新的生态角色（如集成）和商业模式，研究机构及商业协会演变为平台。

2. 数字化转型平台与参与者的价值共创关系

在数字化转型的实践过程中，尽管传统企业认识到了数字化转型的重要性，但由于技术能力和资源的不足，导致其很难突破数字化转型的“冷启动”困境。对量大面广的传统企业而言，行业管理思维根深蒂固、业务模式经年不变，加之技术能力有限、转型领导人才匮乏，推进数字化转型之路常常是“有心无力”。传统企业“借力”数字平台赋能，被认为是推进数字化转型的一条理想路径，但在这一过程中，企业又面临“如何依附平台趁势升级，又不丧失自主性”的难题。

尽管大量的研究和先行企业实践表明：传统企业通过加入平台生态系统成为生态参与者，利用平台赋能可以加快数字化进程。但是，在实际推进过程中，作为参与者的传统企业，如果只单纯接受平台企业推出的产品服务（客户分析、技术方案等），那么与传统价值链上下游买卖关系或服务外包模式并没有本质差异。对此，参与者也需要想办法将自身积累的行业经验提炼输出，并将其集成整合到数字化平台中，与提供数字化技术的企业产生互补共创，以此实现“依附平台乘势而起”。

学者陈威如等在研究了平台生态系统中参与者的数字化转型过程以后，发现互补和依赖是生态主体间关系的一体两面，传统企业需要处理好与平台企业互补和依赖关系的张力，生态参与者采用的“依附式升级”战略包括互融、共生、自主 3 个阶段，如图 6-2 所示。

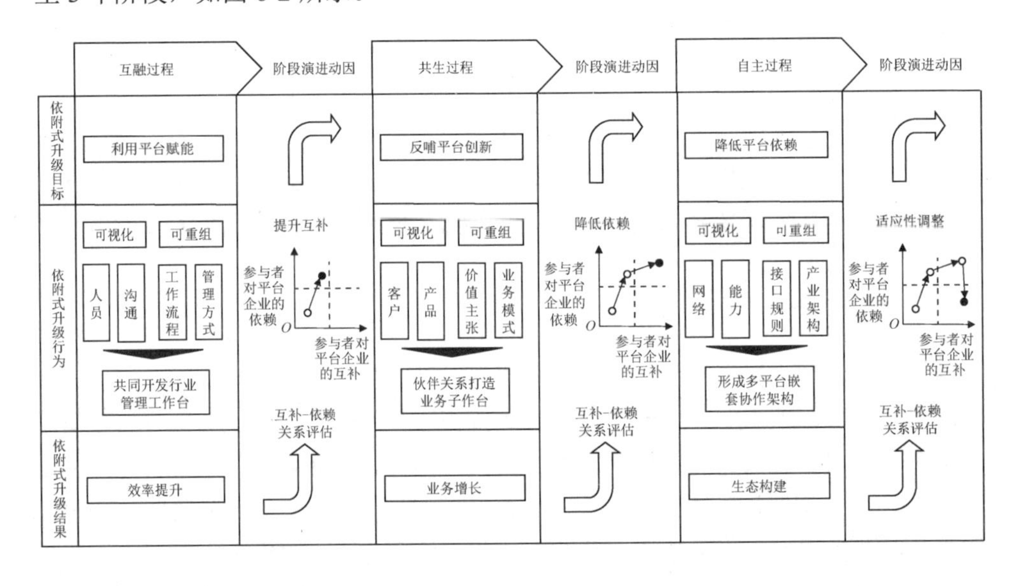

图 6-2　生态参与者“依附式升级”的过程模型[11]

在互融过程中，参与者推进数字化转型面临资源和能力约束，希望利用平台的赋能来加快自身的数字化进程，重点是将原本线下运营的业务线上化，利用数字技术提升业务运营的效率。总体上，平台企业仍处于赋能输出的主导地位，参与者对平台企业是高依赖、低互补的关系。

在共生过程中，参与者与平台企业共同开发新产品和新服务，帮助平台拓展新的业务场景和服务模式，促进平台的客户黏性和生态繁荣，同时实现自身的业务增长。此阶段，参与者与平台企业的互动模式从平台企业对参与者的单方赋能走向彼此深度需要，参与者对平台企业是高互补、高依赖的关系。

在自主过程中，参与者作为具备自主能力的子平台，与多个平台企业合作，重构产业架构，为各方带来新增长，并反哺原生态的平台主；平台企业则与生态参与者共同推进原有生态的价值更新。此阶段，参与者采取多栖战略，作为子平台镶嵌于多个生态架构中，在保持对单个平台企业高互补性的同时降低了依赖度。

以上研究表明，在数字化转型过程中，参与者自身的战略需要平衡互补与依赖关系，并非单一的产品供求关系。所以，数字化能力平台的提供者（新兴技术提供方）和参与者（新兴技术需求方）是否能够从价值共创的角度进行较好的适配，是一个由多因素构成的复杂网络系统问题。

3．价值共创合作伙伴之间的匹配性问题

匹配性的概念被广泛应用于人力资源管理、营销管理、战略管理、战略联盟等领域的研究。Kwon 形象地将企业间的合作过程比喻为“找对象结婚”的过程，结婚对象的匹配度对后续婚姻关系的好坏来说无疑非常重要[12]。一些学者从伙伴间的相互依赖性等多个视角解释伙伴间匹配性的内涵，如资源互补性、历史合作关系、地理邻近性、合作网络中结构位置的相似性等，具体如在企业和学研伙伴间，资源和能力是一种能达到优化配置的互补型匹配关系[13]。双方贡献的资源和能力对彼此而言都是需要的和有价值的，双方可借助彼此的资源和能力达到优势互补的增值效果，双方合作后彼此的资源和能力都能得到更充分的利用和发挥，任一方贡献的资源和能力对于合作的成功都是必不可少的且有助于达成对方的目标。

在数字化转型的科技创新领域，服务匹配特征体现在三个方面：一是创新需求表达的模糊性，客户在表达自身需求时，受到认知能力、表达方式、知识存量等方面的限制，存在需求表达不清等问题，服务提供方需要对创新需求进行科学识别及分解细化，从而客观、准确地获取客户需求的内容；二是创新服务匹配的复杂性，匹配决策在供需主体规模、需求多样性及匹配流程等方面都更为复杂，对供需匹配全过程的互动沟通提出了更高的要求；三是创新服务匹配的系统性，服务提供方将基于创新需求与服务供给匹配结果提供一体化集成服务方案，以满足客户在创新过程中的多维需求[14]。因此，高效的创新服务需求供需匹配过程如图 6-3 所示。

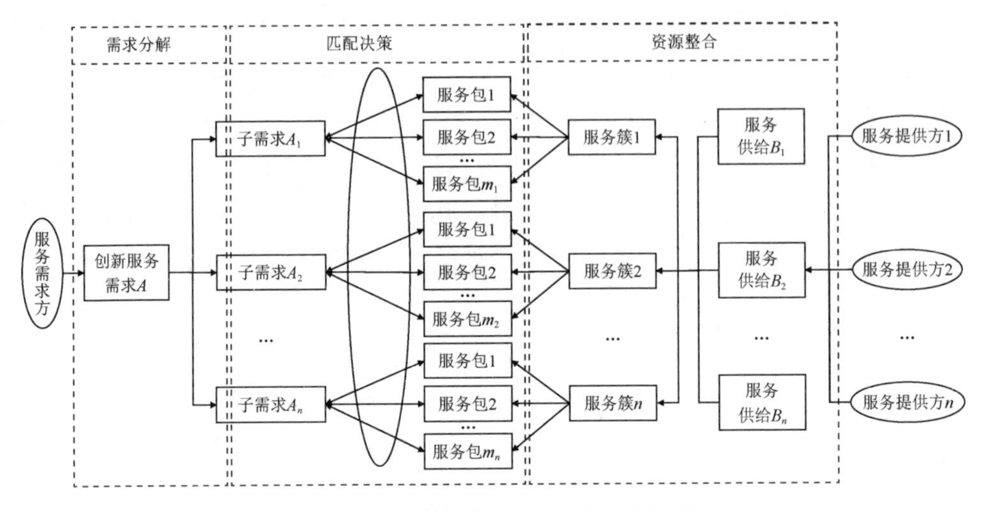

图 6-3 高效的创新服务需求供需匹配过程[14]

服务提供方要根据子需求搜索相应功能的服务簇，然后将细分子需求与服务簇中的服务包按照需求内容、服务功能及服务供需双方满意度指标进行匹配，最终将各匹配对按照一定规则组合形成系统服务方案。由此说明，参与者需要通过统一的制度、服务的提供和价值创造联系在一起，对双方而言，价值共创是动态的、操作性资料源的整合[15]。

综上所述，如何匹配到有一定“信任基础”的环境，从而构建以服务、定制和按需付费的共生业态，本身就是一个需要研究的课题，即“易感场景”的分析：找到一定环境条件下服务供需双方能够有效适配的场景，以实现共同合作创造价值。5GtoB 是当下数字化转型的重要推手，服务供需双方能否形成匹配的合作伙伴关系，受到环境及各自的战略、需求、资源，以及制度、流程等多个因素的影响，具体需求包与服务包的匹配程度就是场景应用的易感性。

6.2 5GtoB 场景识别

通过对易感场景的识别、评判、分析，可以为 5G 产品与服务供需双方数字化转型的价值共创提供目标预判。目前，对于场景识别还没有可以借鉴的研究，作为探索性研究尝试，本研究基于一手或二手实践应用资料，运用案例分析和归纳方法，梳理不同行业在数字化转型中有哪些 5G 应用及需求，分别解决了什么问题，为 5G 应用的需求包、服务包的匹配提供依据。

6.2.1　建立场景识别指标集

首先，明确要收集的各类文献资料，查找有 5G 应用的实际案例，共查找到 10 个行业 76 个案例的 134 个关键应用场景。

为了便于对场景进行归类整理和价值判断，经过多次尝试，最终确定从场景基本属性和应用场景价值两个维度的指标展开梳理。场景基本属性主要反映了 5GtoB 新技术应用的特点。应用场景价值指标则基于组织体验模型进行构建，通过该应用满足的需求来体现应用价值，包括组织客户体验、员工体验、客户体验和生态系统体验等相关指标，具体如表 6-1 所示。

表 6-1　5GtoB 场景识别指标集

场景识别维度	指 标 类 别	具体指标内容
场景基本属性	5G 应用类型	高清视频
		远程控制
		VR
		AGV
		机器视觉
		机器人
		无人机
	是否涉及需求方的核心生产环节	是或否
应用场景价值	员工体验（需求方）	物理环境
		技术环境
		安全保障
		价值实现
	组织客户体验（需求方）	提升效率
		降低成本
		提高质量
		提升管理水平
		实现创新收入
	客户体验（需求方）	交易公平可信
		功能便利实用
		服务自主可选
		社会价值提升
	生态系统体验（供需双方）	创新协同
		供应链协同
		行业领导力
	提供方效益（提供方）	经济效益
		服务标准化
		市场认可度
		员工价值实现

注：表中提供方、需求方、供需双方指 5G 产品与服务的提供方、需求方、供需双方。

6.2.2 分行业关键场景识别

识别思路：以资料研究、调研为基础，分析不同行业的主要生产流程，针对案例中的各 5G 应用场景，结合场景识别指标进行人工标识判别。

下面以钢铁业为例进行说明。

1. 钢铁业生产流程

钢铁生产是一个将资源、空间、时间、温度约束融为一体的动态复杂生产系统（见图 6-4），生产流程长、生产工艺复杂，生产过程中伴随着高温、高压、高粉尘、易燃易爆等综合高危因素。当前主要面临的困难是效能、效率提升存在瓶颈，生产过程不透明，以及生产工作环境恶劣等。

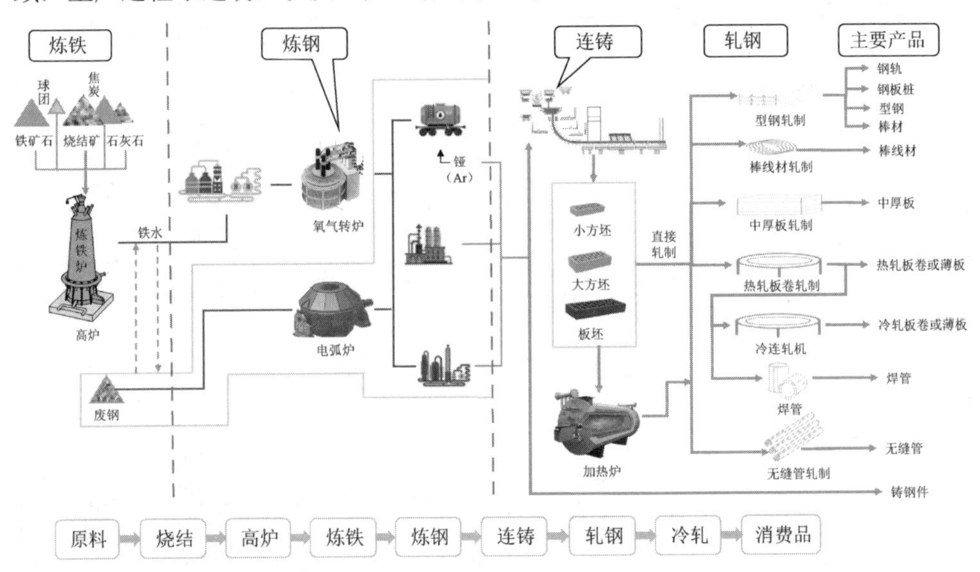

图 6-4 钢铁生产流程解析

炼铁和炼钢的过程中涉及具有所属行业特点的专业知识，用知识黏性来衡量其难度或深度。知识黏性的概念最早由 Hippel 提出[16]，其在研究转移解决技术难题所需信息问题时发现知识的转移需要付出成本。为此，他提出了知识黏性的概念，并将其定义为“信息需求者在特定地点应用一单位的信息所付出的成本”。目前，学术界将知识黏性定义为知识转移的难度，通常行业领域核心工艺的知识黏性会更高，而 5GtoB 的数字化转型过程黏性越高，知识就越难被 5G 产品与服务提供方识别和掌握，即 5G 产品与服务需求方的知识比较难被转移至新技术、新应用中。因此，有必要将生产过程按生产工艺的知识黏性进行划分，可分为核心工艺和外围工艺。核心工艺主要涉及化学反应和成分控制，需要依靠技工多年的操作经验，标准化改进十分困难，如造渣、吹氧、精炼、成分控制等核心工艺；外围工艺以物理操作和环境监测为主，大多可用机械辅助，如转移、运输、供能、搅拌、成分检测、温度感应、质检等，相对容易实现自动化、智能化、标准化。

2. 案例的 5G 应用场景判别与梳理

涉及 5G 应用案例的钢铁企业共有五家——湘钢（湖南华菱湘潭钢铁有限公司）、宝钢（宝山钢铁股份有限公司）、河钢（河钢集团有限公司）、鞍钢（鞍钢股份有限公司）、马钢（马鞍山钢铁股份有限公司），这五家企业均为行业内的头部或大型企业。

从场景基本属性的角度看，采用 5G 技术的应用场景主要有高清视频、VR、无人机、机器人、远程控制、机器视觉和 AGV。其中，高清视频用于设备点检与监测、高清视频监控、智慧照明、AR 远程装备、AR 设备检修等；远程控制用于一键顺序控制、远程一键加渣和远程控制天车；机器人用于设备点检与监测、库房自动巡检；AGV 用于重载智能运输；机器视觉用于钢材表面质检。这些应用被用于生产监测、远程操控和质检环节，仅湘钢采用了机器学习算法、模型形成智能决策，因此，从总体上看，5G 新兴技术参与度不深，相关应用对 5G 技术的依赖性一般，几乎不涉及核心生产环节。

从场景价值的角度看，5G 应用对钢铁行业参与主体产生的价值总结如表 6-2 所示。

表 6-2　5G 应用对钢铁行业参与主体产生的价值总结

<table>
<tr><th colspan="2">组织客户体验</th><th colspan="2">员工体验</th><th colspan="2">客户体验</th><th colspan="2">生态系统体验</th><th colspan="2">5G 产品与服务提供方体验</th></tr>
<tr><td>提升效率</td><td>★★★★</td><td>物理环境</td><td>★★</td><td>交易公平可信</td><td>—</td><td>创新协同</td><td>★★★</td><td>经济效益</td><td>—</td></tr>
<tr><td>降低成本</td><td>★★★</td><td>技术环境</td><td>★★★★</td><td>功能便利实用</td><td>—</td><td>供应链协同</td><td>—</td><td>服务标准化</td><td>—</td></tr>
<tr><td>提高质量</td><td>★★★</td><td>安全保障</td><td>★★★</td><td>服务自主可选</td><td>—</td><td>行业领导力</td><td>★★</td><td>市场认可度</td><td>★★</td></tr>
<tr><td>提升管理水平</td><td>★★</td><td>价值实现</td><td>—</td><td>社会价值提升</td><td>—</td><td colspan="2" rowspan="2">无</td><td>员工价值实现</td><td>—</td></tr>
<tr><td>实现创新收入</td><td>—</td><td colspan="2">无</td><td colspan="2">无</td><td colspan="2">无</td></tr>
</table>

注：五个“★”表示体验价值最高，“—”表示暂无。

可见，企业降本增效和改善员工工作的技术环境是现阶段 5G 应用给钢铁企业客户带来的主要价值，主要应用进入了生产过程，但还未嵌入知识黏性较高的核心生产环节，头部企业展开了流程优化、要素资源重新配置与规划相关工作；对 5G 产品与服务提供方而言，本阶段主要获取了前期推广的市场认可度。

同理，对其他九个行业进行梳理，汇总之后，得到十个重点行业的情况，如表 6-3 和表 6-4 所示。

表 6-3 应用场景属性分析

行业	客户企业	主要应用场景	5G 黏性	新兴技术参与度	涉及核心生产环节的场景
钢铁业	头部、大型企业	环境监测、远程操控、质检	★★★	★★	★
采矿业	头部、大型及中部以上企业	远程操控、环境监测	★★★★	★★	★★
制造业	以头部企业为主，中小企业为辅	远程操控、环境监测、质检、定位追踪、远程辅助等	★★★★★	★★★★	★★
电力业	头部、大型企业	无人机巡检、生产现场监测、智慧视频监控等	★★★★	★★	★
交通运输业	以头部企业为主	监控监测、无人集卡、远程控制等	★★★★	★★★★	★★★★
医疗业	以大型企业为主，中部企业为辅	远程诊断、远程手术、远程指导等	★★★★★	★★★★	★★★★★
金融业	以大型企业为主	智能终端、移动设备、远程辅助等	★★★	★★★	★★★★★
农、林、牧、渔业	以大型企业为主，中小企业为辅	远程操控、质检、远程辅助等	★★★★	★★	★★★★★
文娱业	头部企业	远程操控、环境监测、质检、定位追踪、远程辅助等	★★★	★★★	★
公共管理业	以政府单位及城市牵头为主	远程操控、环境监测、质检、定位追踪、远程辅助等	★★★	★★★	★

表 6-4　应用场景价值识别

项　目		钢铁业	采矿业	制造业	电力业	交通运输业	医疗业	金融业	农、林、牧、渔业	文娱业	公共管理业
员工体验	物理环境	★★	★	★★★	★	—	—	—	★	★★	★★★
	技术环境	★★★★	—	★★★★	★	★★★	★★★★	—	—	★★★★	★★★
	安全保障	★★★	★★★★★	★★★	★★★	—	—	—	—	★★★	★★
	价值实现	—	—	—	—	—	—	★★	★	★★	—
组织客户体验	提升效率	★★★★	★★★★	★★★★	★★★★	★★★★★	★★★★★	★★★★★	★★★★★	★★★★	★★★★
	降低成本	★★★	★★★★	★★★	★★	—	★★★★★	★★★	★★★★★	★★	★★★
	提高质量	★★★	★★★	★★★	★★★	★★★	★★★		★★★	★★★	★★★
	提升管理水平	★★	★★★	★★★	★	—	—	★★★	—	★★★	★★
	实现创新收入	—	—	★	—	★	—		—	—	—
客户体验	交易公平可信	—	—	—	—	★★★	—	★★★★	—	—	—
	功能便利实用	—	—	—	★	★★	★★★	★★★★★	—	—	★★
	服务自主可选	—	—	—	—	—	—	—	—	—	—
	社会价值提升	—	—	—	—	—	—	—	—	—	—
生态系统体验	创新协同	★★★	★	★★★	★	★	★★	★★★	★★	★★★	★★★
	供应链协同	—	—	★	—	★★	—	—	—	★	—
	行业领导力	★★	★★	★★	★★★	★★★	—	—	—	★★	★★
提供方体验	经济效益	—	—	★★	—	—	★★★★	—	★★★★	—	—
	服务标准化	—	★	★	★★	★★	★★★★	★★★★	★★★★	—	★
	市场认可度	★★	—	★	—	★★★	—	—	—	★	—
	员工价值实现	—	—	★	—	—	—	—	—	★	—

6.3 5GtoB 场景易感性评估

场景识别回答了现阶段 5G 新技术应用在什么行业有需求，解决了什么问题，产生了哪些方面的价值，可为 5G 产品与服务供需双方资源能力匹配的方向预判提供一定借鉴。价值共创的推进者或参与者还需要进一步明确具体应用的价值共创的可行性，即匹配度或易感程度高低的评估问题。从 6.1 节的易感本质分析可知，5GtoB 易感场景有三个要素：5G 产品与服务需求方/客户（B）、5G 产品与服务提供方（V）和新技术应用的环境（E）。针对某 5G 具体应用，需要分别衡量新技术应用的环境（E）支持程度，以及需求（B）与能力（V）的匹配程度。

6.3.1 场景易感性评估指标体系

以场景识别指标为基础，再次回顾并整理文献资料，结合各类行业报告和调研访谈，逐步抽象提炼易感场景三要素中的具体指标，如表 6-5 所示。其中，调研访谈主要来自运营商的战略发展部门、研究机构、政企业务服务部门、5G 应用项目组，设备提供商的研究机构、5G 业务拓展部门，地方钢铁公司的 IT 机构、生产现场，以及高校相关领域的专家教授等。

表 6-5 场景易感性评估指标体系

<table>
<tr><th colspan="2">新技术应用的环境（E）易感因素</th><th colspan="2">5G 产品与服务需求方/客户（B）易感因素</th></tr>
<tr><td rowspan="4">宏观环境 E1</td><td>政策环境 E11</td><td rowspan="2">数字化转型战略意愿 B1</td><td>数字化战略 B11</td></tr>
<tr><td>经济环境 E12</td><td>风险管理能力 B12</td></tr>
<tr><td>社会环境 E13</td><td rowspan="3">市场地位 B2</td><td>市场占有率 B21</td></tr>
<tr><td>技术环境 E14</td><td>规模竞争力 B22</td></tr>
<tr><td rowspan="3">行业环境 E2</td><td>网络化运营 E21</td><td>增长竞争力 B23</td></tr>
<tr><td>要素替代 E22</td><td rowspan="3">数字化水平 B3</td><td>基础设施水平 B31</td></tr>
<tr><td>市场规模 E23</td><td>运营管理水平 B32</td></tr>
<tr><td rowspan="2">自然环境 E3</td><td>静态环境 E31</td><td>内部协同能力 B33</td></tr>
<tr><td>动态环境 E32</td><td rowspan="3">投入水平 B4</td><td>资本投入 B41</td></tr>
<tr><td colspan="2">5G 产品与服务提供方（V）易感因素</td><td>劳动投入 B42</td></tr>
<tr><td rowspan="4">效益 V1</td><td>经济效益 V11</td><td>研发投入 B43</td></tr>
<tr><td>社会效益 V12</td><td rowspan="5">应用适用范围 B5</td><td>环境恶劣程度 B51</td></tr>
<tr><td>生态效益 V13</td><td>流程再造程度 B52</td></tr>
<tr><td>组织效益 V14</td><td>工艺复杂程度 B53</td></tr>
<tr><td rowspan="4">能力 V2</td><td>研发能力 V21</td><td>产品迭代速度 B54</td></tr>
<tr><td>客户拓展能力 V22</td><td>核心技术占比 B55</td></tr>
<tr><td>交付能力 V23</td><td rowspan="2">价值提升幅度 B6</td><td>环境改善水平 B61</td></tr>
<tr><td>运维能力 V24</td><td>效能提升水平 B62</td></tr>
</table>

续表

5G 产品与服务提供方（V）易感因素		5G 产品与服务需求方/客户（B）易感因素	
风险 V3	经济风险 V31	价值提升幅度 B6	提高管理水平 B63
	安全风险 V32		员工价值实现 B64
	技术风险 V33		创新业务水平 B65

6.3.2 场景易感性评估步骤

易感性是指新技术应用的环境（E）易感因素和参与主体易感因素相互作用产生的 5G 产品与服务供需双方的合作关系及关系持续的可能性，因此实际评估不能采用一般的评估指标进行综合评估。首先评估某应用场景在 5G 产品与服务需求方/客户（B）易感因素指标、5G 产品与服务提供方（V）易感因素指标下的可行性，其次判断新技术应用的环境（E）易感因素的支持或影响作用，最后进行 B、V 易感因素指标之间的匹配关系判定，具体可分六步进行。

第一步：5G 产品与服务需求方的数字化转型战略意愿（B1）评估（想不想）。评估 5G 产品与服务需求方是否具有数字化战略和相应的风险管理能力，从而判断可能的合作意愿。

第二步：5G 产品与服务需求方的数字化能力指标（B2、B3、B4）评估（能不能）。评估 5G 产品与服务需求方是否具备必要的市场地位、数字化转型基础能力和资源投入水平，从而判断 5G 产品与服务需求方可能具备的合作能力。

第三步：5G 产品与服务需求方的应用效果指标（B5、B6）评估（值不值）。从 5G 产品与服务需求方视角评估该 5G 应用是否有足够的应用范围，以及有哪些已实现或可预见的效益，从而判断 5G 产品与服务需求方通过合作可能获取的价值。

第四步：新技术应用的环境（E1、E2、E3）评估（可不可）。评估宏观环境、行业环境和自然环境的激励性、约束性或适用性，从而判断环境是否可行。

第五步：5G 产品与服务提供方的易感因素指标（V1、V2 和 V3）综合评估（要不要）。从 5G 产品与服务提供方自身可能获取的效益 V1（值不值）、具备的能力 V2（能不能）、可预见的风险 V3（敢不敢）三个方面进行评估。

第六步：易感程度评估（做不做）。在环境可行的前提下，对 5G 产品与服务需求方的应用效果指标（B5、B6）与 5G 产品与服务提供方的易感因素指标（V1、V2 和 V3）进行匹配度高低的评估，最终得到易感程度高低的决策选择依据。

6.3.3 场景易感性评估实例

以某离散型工程机械设备制造企业应用 5G+AGV 的项目为例，各指标判定依据源自案例资料、调研访谈及专家意见。

（1）5G 产品与服务需求方的数字化转型战略意愿（B1）评估：强。

数字化战略好。评估依据：2019 年，该企业的战略目标之一是开展生产、销售和管理的数字化改革，并且数字化改革成果显著，当年人均产出达到 410 万元，超越卡特彼勒公司，位居全球工程机械设备制造行业前列。除了效率的提升，数字化还带来了更低的生产成本和费用水平。

风险管理水平高。评估依据：经营业务的安全水平较高，2020 年，该企业的财务风险系数为 1.33。根据该企业 2019 年的年报数据，与 2018 年相比，该企业的应收账款周转天数从 126 天下降至 103 天，逾期货款金额持续大幅下降，销售逾期率被控制为历史最低，而经营净现金流为 132.65 亿元，同比增长了 26.01%，再创历史新高。债务结构方面，2019 年，该企业的资产负债率为 49.72%，对经营风险（特别是货款风险）的控制处于历史最高水平。资本结构方面，2019 年，该企业的资产负债率为 49.72%，与 2018 年相比，同比下降 6.22%；净资产收益率（Return On Equity，ROE）为 28.71%，与 2018 年相比，同比增长 7.26%。以上数据表明该企业财务结构稳健，偿债能力提高，对经营风险的控制处于历史最高水平。

（2）5G 产品与服务需求方的数字化能力指标（B2、B3、B4）评估：强。

该企业具备良好的数字化转型的信息化基础，其运营管理水平在全球工程机械设备制造行业中处于领先地位；其资本投入规模大，减少劳动力投入的少人化、无人化需求迫切，研发投入规模不断扩大。从总体上看，该企业是行业中 5G 赋能的重要践行者。

从这开始，详细的评估依据不再赘述。

（3）5G 产品与服务需求方的应用效果指标（B5、B6）评估：较好。

在该企业中，AGV 的应用覆盖范围较广，可根据仓储货位要求、生产工艺流程等的改变而灵活配置，无须铺设轨道、支座架等固定装置。AGV 具备不受场地、道路和空间限制的优势，未来有望在制造业中迎来大规模应用，可用于生产工艺外围车间内物料的移动。5G 产品与服务需求方的价值提升幅度明显，主要用于解决企业的成本和效率问题，但对产品质量和员工价值的提升作用有限。

（4）新技术应用的环境（E1、E2、E3）评估：总体较为可行。

在该企业所处的宏观环境中，政策环境、经济环境和社会环境较优，技术环境适中；在该企业所处的行业环境中，网络化运营、要素替代、市场规模等均为适宜。AGV 通常应用的静态环境比较好，但动态环境会有较多变化，这给企业带来了一些挑战。

（5）5G 产品与服务提供方的易感因素指标（V1、V2 和 V3）综合评估：较好。

AGV 主要可应用于仓储业、制造业、物流业人员流动性大的场景，也可用于对搬运作业有特殊要求的场景、危险场所和特种行业等。其产业链较为成熟，但市场规模有待判断；该应用发展规模化的关键在于其自身的技术变革与新兴技术的融合能否不断满足客户的要求，以及能否实现自身产品持续有效的迭代升级。

（6）易感程度综合分析：AGV 的总体应用易感环境较好，即比较可行，这主要看 5G 产品与服务需求方的应用效果指标（B5、B6）和 5G 产品与服务提供方的易感因素指标（V1、V2 和 V3）的匹配程度，具体如表 6-6 所示。

表 6-6　AGV 应用的易感场景指标评估表

B 方易感指标		V 方易感指标		易感程度 C	
环境恶劣程度 B51	√	安全风险 V32	√	C1	√
流程再造程度 B52	×	经济风险 V31	√	C2	○
工艺复杂程度 B53	√	经济风险 V31	√	C3	√
产品迭代速度 B54	×	研发能力 V21	√	C4	○
核心技术占比 B55	×	交付能力 V23	√	C5	○
环境改善水平 B61	√	社会效益 V12	√	C6	√
效能提升水平 B62	√	经济效益 V11	×	C7	○
提高管理水平 B63	√	运维能力 V24	√	C8	√
员工价值实现 B64	×	社会效益 V12	√	C9	×
创新业务水平 B65	×	生态效益 V13	√	C10	○

注：√—好；×—不好；○—适中。

易感程度较好的是 C1、C3、C6 和 C8，分析如下：①AGV 所处作业环境的恶劣程度低，对 5G 产品与服务提供方而言，安全风险较小，匹配性好；②AGV 目前的应用涉及 B 端客户的复杂工艺较少，且对 5G 产品与服务提供方而言，经济风险较小，匹配性好；③AGV 的应用使得工作人员在厂区的工作时间减少、工作强度降低，为 5G 应用的推广带来了良好的标杆效应，产生了良好的社会效益，匹配性好；④AGV 的应用实现了厂内物资流转的数字化，5G 产品与服务提供方积极搭建平台进行网络状态的实时监控，匹配性好。其余指标没有太好的匹配性。

评估综合结果：B 方数字化战略意愿强烈，具备良好的数字化转型基础，且 AGV 应用主要解决成本和效率问题，有一定的规模需求；5G+AGV 在离散型工程机械设备制造企业应用场景中的易感程度较高，适合推广应用。

6.3.4　多案例易感场景评估结论

采用上述评估方法，共评估钢铁业，采矿业，制造业，电力业，金融业，农、林、牧、渔业，文娱业，医疗业，公共管理，以及交通运输业 10 个行业中的 15 个案例，涉及 7 类 5G 应用——高清视频、远程控制、AGV、机器人巡检、机器视觉、无人机和智慧服务，同时结合案例资料总结相关应用的应用领域和适用范围，可得到表 6-7 所示的综合评估结论。

表 6-7 15 个案例、7 类 5G 应用的场景易感性综合评估结论

<table>
<tr><th colspan="2" rowspan="2">5G 应用类型</th><th rowspan="2">应用领域</th><th colspan="4">评估结论</th><th colspan="2">应用价值体现 B</th></tr>
<tr><th>适用范围</th><th>易感程度</th><th>最易感指标 B</th><th>新技术应用的环境（E）易感因素</th><th>员工体验</th><th>效能体验</th></tr>
<tr><td colspan="2">高清视频</td><td>需要肉眼观察的所有场景</td><td>宽</td><td>高</td><td>环境恶劣程度</td><td>—</td><td>消灭劳累</td><td>提升效率</td></tr>
<tr><td colspan="2">远程控制</td><td>安全型行业</td><td>中</td><td>高</td><td>环境恶劣程度</td><td>政策环境</td><td>消灭危险</td><td>—</td></tr>
<tr><td colspan="2">AGV</td><td>物流仓储、制造业</td><td>宽</td><td>高</td><td>核心技术占比</td><td>自然环境</td><td>消灭劳累</td><td>提升效率
降低成本</td></tr>
<tr><td colspan="2">机器人巡检</td><td>安全型场景、生产车间</td><td>宽</td><td>高</td><td>环境恶劣程度
核心技术占比</td><td>自然环境</td><td>消灭危险
消灭劳累</td><td>提升效率
降低成本</td></tr>
<tr><td colspan="2" rowspan="3">机器视觉</td><td>汽车内饰、织物类生产加工行业</td><td>宽</td><td>高</td><td rowspan="3">工艺复杂程度</td><td>行业环境</td><td rowspan="3">消灭重复
消灭劳累</td><td rowspan="3">提高质量</td></tr>
<tr><td>工业级应用、烟草薄片、造纸行业</td><td>中</td><td>中</td><td>行业环境</td></tr>
<tr><td>化工、炼钢、机械制造、新材料等</td><td>窄</td><td>低</td><td>技术环境
行业环境</td></tr>
<tr><td rowspan="2">无人机</td><td>无人机盘库</td><td>大型仓库盘点、高空作业盘点</td><td>宽</td><td>高</td><td>环境恶劣程度</td><td>自然环境</td><td>消灭危险
消灭劳累</td><td>提升效率
降低成本</td></tr>
<tr><td>无人机巡检</td><td>电力、管道、厂区、农林</td><td>宽</td><td>高</td><td>环境恶劣程度</td><td>自然环境</td><td>消灭危险</td><td>提升效率</td></tr>
<tr><td rowspan="3">智慧服务</td><td>智慧营销</td><td>扩展现实（XR）虚拟导购、XR 娱乐空间、XR 潮玩购物</td><td>中</td><td>高</td><td>创新业务水平</td><td>行业环境</td><td>产生愉悦</td><td>—</td></tr>
<tr><td>智慧网点</td><td>银行等金融机构</td><td>宽</td><td>高</td><td>创新业务水平</td><td>行业环境</td><td>技能提升</td><td>提升效率</td></tr>
<tr><td>智慧医疗</td><td>二、三级医院和基层医疗机构</td><td>宽</td><td>中</td><td>基础设施水平</td><td>行业环境</td><td>技能提升</td><td>提升效率</td></tr>
</table>

其中，应用较多的为高清视频、远程控制、AGV、机器人巡检和机器视觉五类应用，如表 6-8 所示。从价值共创的角度看，高清视频是成熟的易感场景，适用范围比较宽，适合这类产品与服务的供需双方大规模推广；远程控制、AGV、机器人巡检的易感程度适中，主要受制于应用范围和技术难度，需要这类产品与服务的供需双方有节奏地加大推广范围和提高技术成熟度；机器视觉的技术难度最高，有较好的应用前景，还需要培育。

表 6-8　对应用较多的五类易感场景的评判

比较内容		高清视频	远程控制	AGV	机器人巡检	机器视觉
应用评判	应用范围	宽	窄	中宽	宽	中宽
	类别	多	中	少	少	多
	技术难度	低	高	中	中	高
	对行业 AI 的渗透程度	浅	浅	中深	浅	深
	试点到规模化应用的时间跨度	短	中长	中长	短	长
场景评判	易感程度	高	中	中	中	低
	应用成熟度	成熟型	推广型	推广型	推广型	探索型

综合全部分析，可得到基于 5GtoB 应用场景评估的发展建议，如图 6-5 所示。

建议一：各类应用在不同行业有不同的适用场景，初期均可应需而入，加强客情关系，中期逐步复制并扩大规模，与客户企业的关系由松散型合作发展为紧耦合生态，为后期的价值共创奠定基础。

（1）高清视频、远程控制和 AGV 主要用于解决与人有关的安全、劳累问题，以及通过机器替代或赋能组织来实现降本增效，因此也是初期相对容易形成应用效果的应用。高清视频因其适用场景多，可应用于所有行业；远程控制主要用于有远程控制需求的生产或操作环境，除了采矿业、制造业、钢铁业和交通运输业，还有第一产业的农、林、牧、渔业和第三产业的医疗业；AGV 适用于实物生产加工运转的场景，如采矿业、制造业、钢铁业和交通运输业。

（2）机器视觉、机器人巡检、无人机和智慧服务相关应用主要用于解决与人有关的方便性、时效性和愉悦性问题，提升 B 端客户的员工工作技能和组织的生产质量，并减少生产距离和重复带来的成本，同时解决产业生态中的数据安全问题，有利于提高客户的生态位势。目前，机器视觉只适用于制造业和钢铁业，以质检为主；机器人巡检适用于电力业、制造业和交通运输业；无人机主要适用于电力业和制造业；智慧服务的应用场景则明显以服务行业为主，包括公共事业、金融业、医疗业和文娱业等。

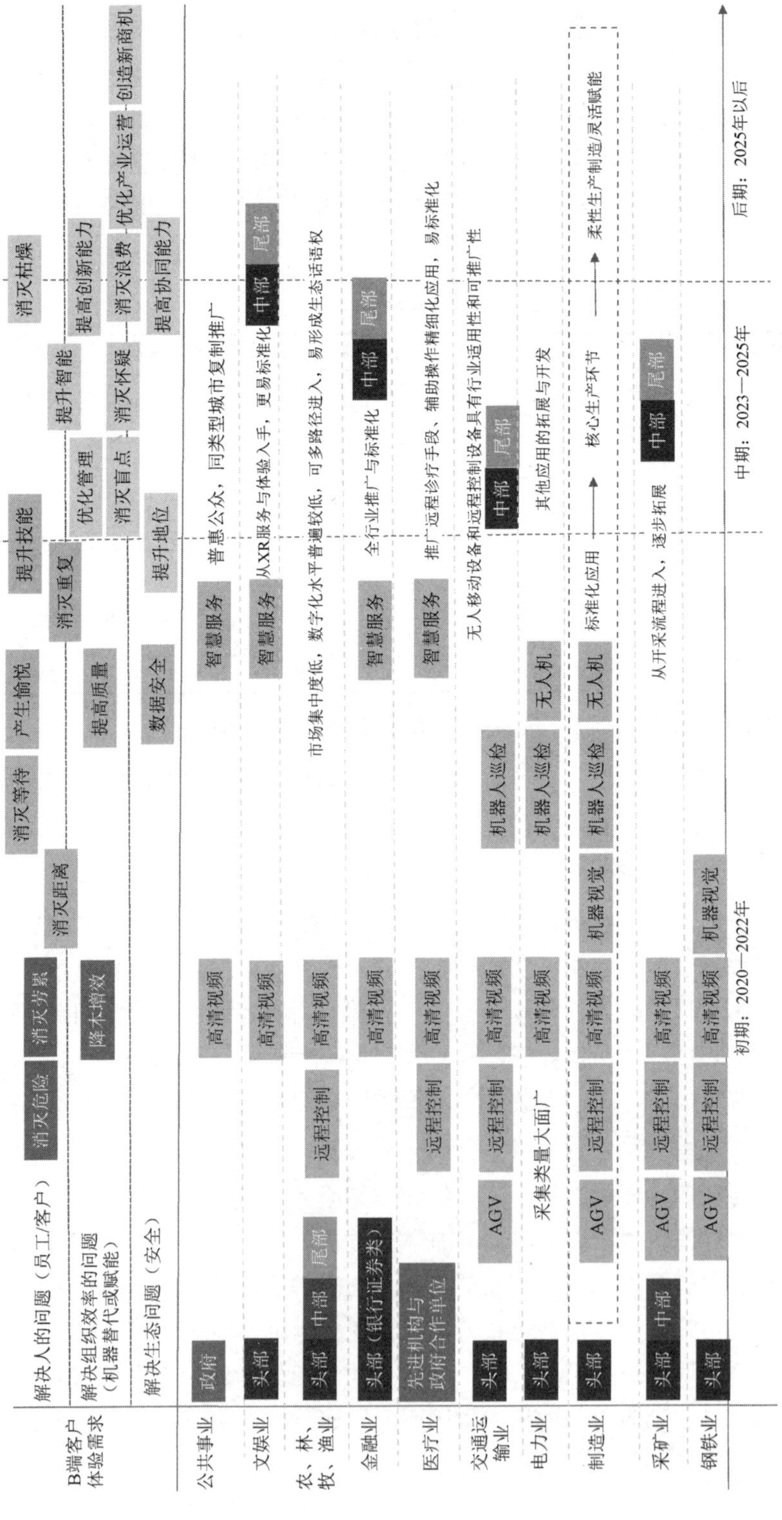

B端客户体验需求
解决人的问题（员工/客户）　消灭危险　消灭劳累　消灭距离　消灭等待　产生愉悦　消灭重复　提升技能　提升智能　消灭枯燥
解决组织效率的问题（机器替代或赋能）　降本增效　提高质量　优化管理　消灭盲点　消灭怀疑　提高创新能力　消灭浪费　优化产业运营　创造新商机
解决生态问题（安全）　数据安全　提升地位　提高协同能力

公共事业　政府　高清视频　智慧服务　普惠公众，同类型城市复制推广
文娱业　头部　高清视频　智慧服务　从XR服务与体验入手，更易标准化　中部　尾部
农、林、牧、渔业　头部　中部　尾部　远程控制　高清视频　市场集中度低，数字化水平普遍较低，可多路径进入，易形成生态话语权
金融业　头部（银行证券类）　高清视频　智慧服务　全行业推广与标准化　中部　尾部
医疗业　先进机构与政府合作单位　远程控制　高清视频　智慧服务　推广远程诊疗手段、辅助操作精细化应用，易标准化
交通运输业　头部　AGV　远程控制　高清视频　机器人巡检　无人移动设备和远程控制设备具有行业适用性和可推广性　中部　尾部
电力业　头部　采集类量大面广　高清视频　机器人巡检　无人机　其他应用的拓展与开发
制造业　头部　AGV　远程控制　高清视频　机器视觉　机器人巡检　无人机　标准化应用 → 核心生产环节 → 柔性生产制造/灵活赋能
采矿业　头部　中部　AGV　远程控制　高清视频　从开采流程进入，逐步拓展　中部　尾部
钢铁业　头部　AGV　远程控制　高清视频　机器视觉

初期：2020—2022年　中期：2023—2025年　后期：2025年以后

图 6-5　基于 5GtoB 应用场景评估的发展建议

（3）5G 发展中后期的价值体现在全面提升客户体验上，除了解决员工的工作枯燥问题，还提升人和组织的智能，帮助组织不断优化管理、提高创新能力，在组织和产业生态中解决数据盲区问题，通过各类应用逐步建立信任关系、优化产业运营和创造新商机等，从而提高产业整体协同能力，实现价值共创。在这一阶段，5G 产品与服务提供方需要提高产品的标准化能力来实现 5G 应用的规模拓展，而对于产业链比较长的行业（如制造业），应尽快将各类应用深入 B 端客户的核心生产环节或上下游企业，提高柔性赋能水平。

建议二：不同行业的市场集中度、新技术接受程度不同，应用推广的节奏和对象要因地制宜。

（1）5G 应用早期宜先从市场集中度较高的行业的头部企业进入，这样易产生应用效果，后期扩展到中部、尾部企业，这类行业往往技术门槛也比较高，典型的如制造业、钢铁业、电力业、交通运输业、金融业及文娱业等，医疗业则更建议选择与政府有合作的先进机构，而公共事业建议选择政府机构。对于市场集中度不高的行业，企业数量多，对 5G 应用的接受程度差异大，但技术门槛相对也不高，适合更广泛地分布式推进（如运营商和华为打造的“军团模式”），像采矿业可从中部及以上企业进入，而第一产业的农、林、牧、渔领域因市场更加分散且数字化程度较低，所有企业或组织均可考虑进入。

（2）进入市场集中度高的行业的头部企业对于 5G 应用树立品牌、创建影响和建立信心是有价值且有必要的，但对 5G 产品与服务提供方而言会缺少话语权，因此针对此类头部企业的 5G 应用，5G 产品与服务提供方的核心目标是树立标杆并借此机会做好能力构建。如果 5G 产品与服务提供方希望开发有规模、可推广、能取得话语权的应用，则应定位于中后部企业或市场集中度不太高的行业领域。

本章参考文献

[1] 郜书锴. 场景理论的内容框架与困境对策[J]. 当代传播，2015（4）：38-40.

[2] 谭天. 从渠道争夺到终端制胜，从受众场景到用户场景——传统媒体融合转型的关键[J]. 新闻记者，2015（4）：15-20.

[3] 彭兰. 场景：移动时代媒体的新要素[J]. 新闻记者，2015（3）：20-27.

[4] 戴澄清，裘祖源，孙逸平. 从 HLA 和结核病的关联论结核病的遗传易感性[J]. 中华医学杂志，1988（7）：383-386，428.

[5] VALCK K D. Virtual Communities of Consumption：Networks of Consumer Knowledge and Companionship[M]. Rotterdam：Erasmus University，2005.

[6] BEARDEN W O，NETEMEYER R G，TEEL J E. Measurement of Consumer Susceptibility to Interpersonal Influence [J]. Journal of Consumer Research，1989，15（4）：473-481.

[7] SHARMA V M，KLEIN A. Consumer Perceived Value，Involvement，Trust，Susceptibility to Interpersonal Influence，and Intention to Participate in Online Group Buying[J]. Journal of Retailing and Consumer Services，2020，52：101946.

[8] GRÖNROOS C，HELLE P. Adopting a service logic in manufacturing：Conceptual foundation and metrics for mutual value creation[J]. Journal of Service Management，2010，21，（5）：564-590.

[9] DALENOGARE L S，BENITEZ G B，AYALA N F，et al. The expected contribution of Industry 4.0 technologies for industrial performance[J]. International Journal of Production Economics，2018，204：383-394.

[10] BENITEZ G B，AYALA N F，FRANK A G. Industry 4.0 innovation ecosystems：An evolutionary perspective on value cocreation[J]. International Journal of Production Economics，2020，228：107735.

[11] 陈威如，王节祥. 依附式升级：平台生态系统中参与者的数字化转型战略[J]. 管理世界，2021，37（10）：195-214.

[12] KWON Y C. A Study on Inter Partner Fit，Ownership Structure and Performance in International Joint Ventures[J]. Journal of Business Research，2007，22（3）：47-70.

[13] 徐梦丹. 产学研伙伴匹配性、知识共享与合作绩效的关系研究[D]. 广州：华南理工大学，2018.

[14] 李玥，徐永兴，武川. 科技创新服务平台供需匹配决策[J]. 系统工程，2021，39（4）：30-39.

[15] AKAKA M A，VARGO S L，LUSCH R F. The Complexity of Context：A Service Ecosystems Approach for International Marketing[J]. Journal of International Marketing，2013，21（4）：1-20.

[16] HIPPEL E V. “Sticky information” and the locus of problem solving：Implications for innovation[J]. Management Science，1994，40（4）：429-439.

第 7 章

5GtoB 技术服务能力

当前，数字化转型的浪潮席卷全球，企业研发、设计、工程建设、采购、制造、销售、服务和运营管理的重心也在快速地向着数字化、网络化、智能化的方向迁移。5G 网络因为具备高带宽、低时延、大容量、高可靠等特性，正与物联网、云计算、大数据、AI、区块链、VR、算网等新兴技术广泛结合，形成支撑千行百业转型升级的新型信息化基础设施，以新一代工业互联网为代表的产业互联平台应运而生。

与此同时，随着 5GtoB 垂直应用进入越来越多的行业，实现了从 0 到 1 的跨越，5G 被寄予厚望，且有待进一步激发其潜能，从而实现从 1 到 n 的规模化发展和价值变现。在 5GtoB 服务应用中，运营商可承担三类角色：网络提供者、服务赋能者和服务创造者。目前，运营商很好地体现了网络提供者的作用，若其希望获得 5G 发展的更多红利，成为数字化转型的“赋能者”和新业态服务的“创造者”，则必须深耕行业需求，开发场景化的、具备通用性的关键应用，定义 5G 技术赋能的新一代服务架构。

7.1 5G 确定性网络与工业互联网平台

5G 网络是具备突破性的信息基础设施，不同于以往的 2G、3G 和 4G 网络，5G 自问世以来，其发展重心便不在 toC 端，其超过 80%的应用场景为 toB 方向。由于工业互联网领域对 5G 网络应用提出了包括时延确定性、带宽确定性、数据安全性、管理自助性等差异化网络需求，5G 确定性网络应运而生。

7.1.1 5G 确定性网络

5G 确定性网络是一种面向未来的新型网络技术，旨在为应用提供高质量、低时延和可靠的连接，将 5G 移动网络扩展到垂直行业，包括智能制造、智能交通、智能医疗等领域。5G 确定性网络通过对虚拟网络资源的灵活分配和实时控制，保证关键应用的 QoS 和安全等级，是具备极强的抗干扰能力、能够显著减少时延和卡顿、竭力实现无故障通信的可控网络环境。5G 确定性网络的概念在 2019 年一经提出便引发了业内的高度重视，经过一段时间的深入研究，其框架脉络已逐渐成形，相关产品和解决方案也陆续面世。对运营商而言，规划和建设 5G 确定性网络以满足 B 端用户对差异性、专属性、自助性的需求，面向企业建设 5G 专网成为发展 5GtoB 应用并使之落地的重要突破口。

1. 5G 确定性网络需求的三个维度

当前众多的 toB 应用场景，如高清视频、机器视觉、实时监控、远程控制、海量连接、自动驾驶、物资管理、辅助作业及产品生命周期管理等，对网络时延、带宽、可靠性等有苛刻的要求[1]，此前的 4G、Wi-Fi 等网络技术均无法完全满足上述要求，从而激发了对 5G 网络的确定性需求，可归纳为差异化网络、专网、自助网络三个维度。

差异化网络是 toB 应用场景的关键诉求。以工业为例，不同的工业行业在生产过程中对于无线网络的需求是高度个性化的、多维度的。即使是同一行业，甚至是同一工厂内，由于场景广泛，每个场景对无线网络也提出不同的要求，因此需要为用户提供差异化网络服务[2]。

专网是 5G 面向行业发展的必然需求，它其实是为了实现数据安全隔离和数据隐私保护而建立的。针对智能电网、先进制造等日趋智能化的垂直行业的关键应用，网络安全必须提供足够的保障——公网专用已成为类似行业的共性需求，以达到业务及数据不出园区的目的。

自助网络是使能行业敏捷创新的重要途径。为响应快速变化的业务需求，行业用户希望能根据自身需求自己动手搭建网络，如自主进行物联网接入设备的注册或删除、边缘服务器资源的调度、服务逻辑的编排、服务应用的部署和更新等，从而实现网络服务能力和受管理设备的灵活管理与应用创新[3]。

2. 5G 确定性网络能力的四个要素

5G 确定性网络是指利用 5G 网络资源打造可预期、可规划、可验证、有确定性能力的无线专网，从而提供差异化和确定性的业务体验，满足各类 5G+应用场景的诉求，为各行各业创造增益与价值。5G 确定性网络的规划和建设需围绕全云化、全融合、全自动及全业务四个能力要素进行。

全云化是 5G 确定性网络的基石。5G 时代的网络资源多部署于云端，基于全云化的网络基础设施，运营商可以进行主机组硬件隔离、虚拟资源池隔离、网络切片隔离、共享资源和弹性部署等多种操作，实现对服务水平协议（Service Level Agreement，SLA）的差异化定义和动态调整，使整个网络的可靠性、灵活性都有所提升，业务部署更敏捷、更高效[4]。

全融合指 5G 确定性网络是具备划时代能力的无线通信技术，是能够兼收并蓄（支持所有接入制式）的全融合网络。5G 确定性网络需要支持不同接入网络之间的无缝切换和用户自由迁移，同时实现固定/移动、公共/专用等多种网络资源的统一管理，极大地增强网络的灵活性和可扩展性。

全自动是 5G 确定性网络的核心能力，主要体现在动态智能网络切片这一技术上。运营商通过门户网站自助服务方式给予行业用户特定的自主权，行业用户根据自身需求可以在此门户网站进行模式定制、按需购买、一键开通等操作，并以远程监控运维的模式对切片网络自行管理。

全业务是针对各行业的差异化业务提出的能力要求。运营商可以在接入 MEC 的高性能连接能力的基础上，针对各行业存在的差异化业务需求及 SLA 需求提供各类“连接+”的个性化连接即服务（Connection as a Service，CaaS）能力，实现更多的价值创造。

3．5G 确定性网络架构的三个层面

5G 需要集成能端到端、全流程保障 SLA 的各类确定性技术，从而构建确定性网络架构。5G 网络切片构建了保障 SLA 的基础框架，包含从需求输入到切片部署的管理动作，并能协同网络各域，拉通实现端到端网络切片和实现可视化 SLA。从端到端保障 SLA/KPI 功能来看，确定性网络的功能大致分为三部分，并形成闭环优化，如图 7-1 所示。

图 7-1 确定性网络的主要功能

（资料来源：《5G 确定性网络架构产业白皮书》）

基于当前的 5G 架构，结合 RAN、CN、TN 现有技术，确定性网络架构可以划分为确定性服务管理、确定性网络调度与控制中心、保障与度量三个层面，如图 7-2 所示。

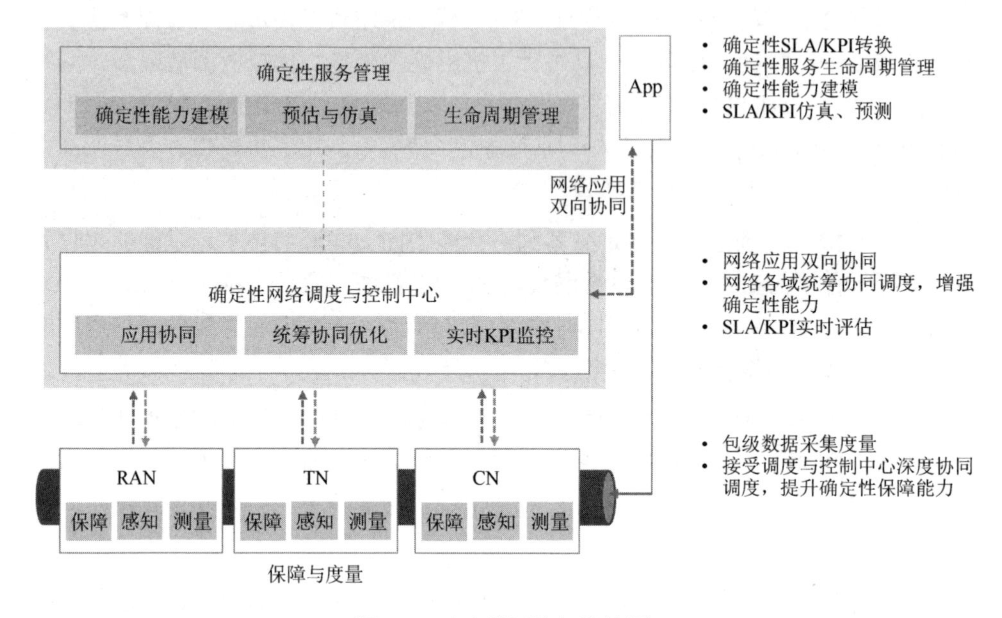

图 7-2　确定性网络架构简图

（资料来源：《5G 确定性网络架构产业白皮书》）

4．5G 确定性网络建设的三种模式

运营商可根据企业的不同需求提供以下三种模式的园区网络（此处为 5G 确定性网络）建设方案。

（1）专网专用。对于安全性要求极高、关注性能远大于关注成本的企业，运营商可帮助其建立专网，实现业务数据及网络控制信令和公网完全隔离。在该模式下，通过无线基站、频率、CN 等设备的专建专享，可使企业获得完全物理独享的专网。专网专用一方面能更好地保障数据安全，满足超高安全性、隔离度和定制化的需求；另一方面能带来超低时延体验等质量保证。但其部署成本和专网运营要求都较高，适合对网络安全隔离性、自主可控性和业务可靠性要求极高且规模较大、财力雄厚的企业。

（2）混合专网。混合专网是指以 5G 数据分流技术为基础，通过无线和控制网元的灵活定制，为行业用户构建的一张增强带宽、低时延、数据不出园区的基础连接网络。混合专网有两种细分模式：一种是与运营商共享公网基站，运用 CN 的 UPF 下沉实现 UPF 与公网物理隔离的模式，在该模式下，UPF 下沉至园区，企业终端至应用层的各个流程均在园区内部完成，实现业务流量不出园区，既可满足园区本地化分流处理的特殊需求，也可满足专网终端访问公网的一般需求；另一种是与运营商共享公网基站，全套 CN 功能（用户面+控制面）下沉/自建 CN 模式，在该模式下，业务建立等控制指令及核心业务数据流都存在于企业内部，相较于 UPF 下沉有更好的业务安全和隔离性，但企业需要承担 5GC 的整体费用及后续运维费用。UPF 下沉模式是当前业界通过运营商网络建设 5G 混合专网的主流模式。

（3）公网共享。这种模式指的是企业从基站到 TN 再到 CN 都与公网共享。运营商可通过端到端 QoS、网络切片技术等为用户提供特定 SLA 保障及公网数据隔离服务，实现企业业务逻辑隔离、按需灵活配置的效果。该模式的优点是企业建网成本低，也无须在网络系统的运维上投入过多的精力，适合 5G 网络接入区域不固定或需广域覆盖且对成本比较敏感的企业[5]。

7.1.2 工业互联网平台

1. 工业互联网平台概况

随着第四次科技革命在全球范围内的兴起，制造业的转型创新成为世界各国的战略重心。为持续提升制造业的综合水平，美国提出了“工业互联网”战略，德国提出了“工业 4.0”战略，世界主流国家均从战略高度表明了发展先进制造的决心。同时，制造业的数字化、智能化转型升级离不开工业互联网提供的基础能力支撑，制造业的竞争意味着工业互联网的竞赛。

工业互联网是连接人、机、料、法、环、测等全要素，研发、采购、制造、物流、营销和服务等全流程，以及供应链、空间链和金融链等全产业链的全新工业服务体系。工业互联网是工业系统与高级计算、分析、传感及互联网技术的高度融合，结合软件和算力等能力的加持，不仅是工业数字化、网络化、智能化改造的基础设施，也是互联网、大数据、AI 和实体经济深度融合的应用模式。工业互联网已成为一种新的商业模式和产业形态，被广泛应用到了冶金、工程机械、电子信息、港口、矿山、电力、建筑和交通等各行各业，形成了丰富的产业生态[6]。

目前，我国的《工业互联网标准体系》已由版本 1.0 更新到版本 3.0。《工业互联网标准体系》（版本 3.0）是在版本 1.0 和版本 2.0 的基础上，结合工业互联网技术快速发展和持续创新的需求，修订了工业互联网标准体系框架及重点标准化方向[7]，梳理了已有工业互联网的国家标准、行业标准、联盟标准及未来要制定的标准，从而形成了统一、综合、开放的工业互联网标准体系。工业互联网标准体系包括基础共性、网络、边缘计算、平台、安全、应用六大部分，如图 7-3 所示。

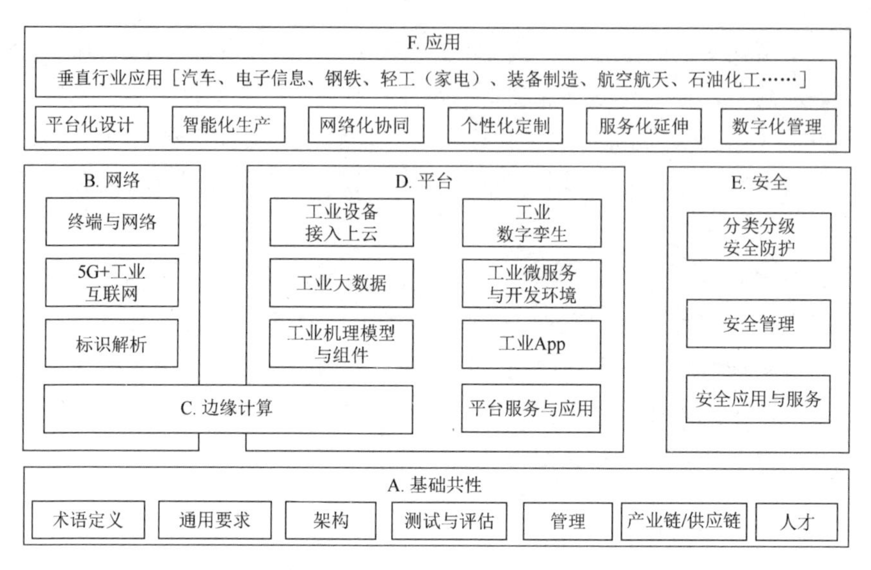

图 7-3　工业互联网标准体系

［资料来源：《工业互联网标准体系》（版本 3.0）］

2. 工业互联网平台架构

工业互联网标准体系的核心架构包括网络、平台、安全三部分，其中平台是核心，指的是工业互联网平台。工业互联网平台是工业互联网连通实体资产和虚拟对象的手段，对助力企业的数智化转型具有核心价值和战略意义[8]。

工业互联网平台架构通常包括智能边缘层、IaaS 层、PaaS 层和 SaaS 层等，如图 7-4 所示。其中，智能边缘层将工业设备、智能终端等接入并实现数据采集，通过将数据格式统一实现互操作，并运用边缘计算等将采集的数据进行预先处理和就地分析。IaaS 层提供了云计算基础设施，包括服务器、存储、网络、安全设备和虚拟化等。PaaS 层主要有三方面的功能：一是集成工业大数据，进行大数据技术的相应处理，实现数据的分析、预测和可视化；二是面向垂直行业的需求，提供较为基础的制造协同、供应链协同、设备远程诊断维护等工业应用解决方案；三是提供工业微服务平台，供其他应用或上层应用复用。SaaS 层则通过平台的部署，利用大数据和工业应用方案为不同行业、不同企业提供个性化、可定制的智能化生产和服务化延伸等工业互联网创新应用模式，形成总体解决方案。

工业互联网平台是工业云平台的延伸发展，是人、机、物、信息全面融合创新的新型工业生态，在传统云平台的基础上叠加物联网、大数据、AI 等新兴技术，海量、实时、高效地采集现场设备、终端的数据，形成具备集中运维、制造协同等管理功能的使能平台，对采集数据的预处理和分析效率提出更高的要求，本地的边缘计算与云计算相结合是工业互联网平台的发展方向。工业互联网融合演进架构如图 7-5 所示。

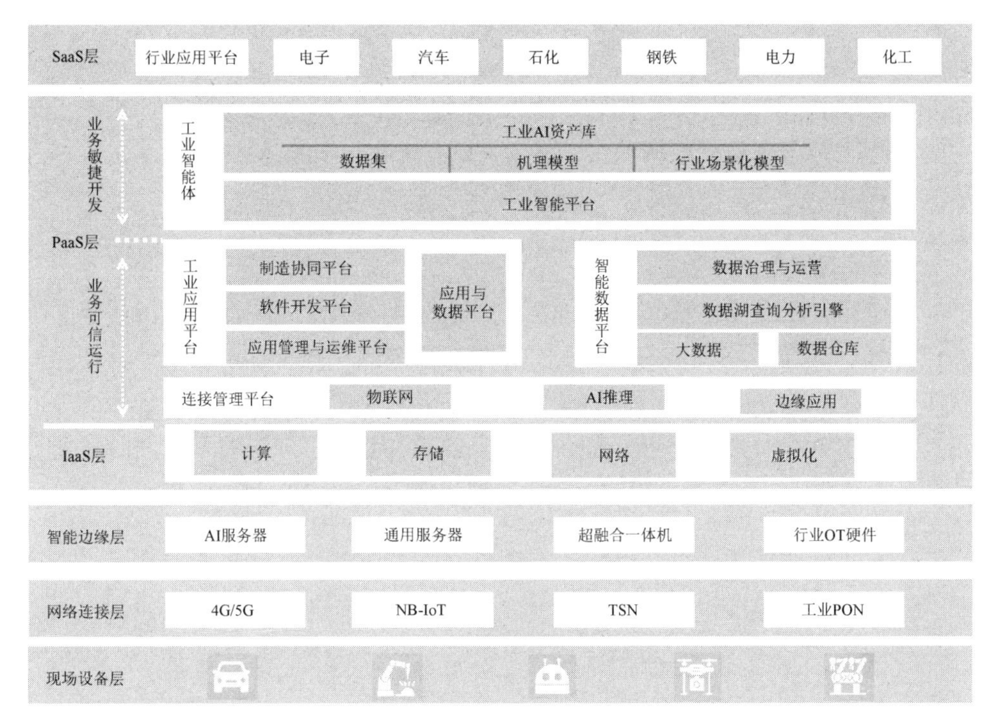

图 7-4　工业互联网平台架构图

（资料来源：《工业互联网白皮书》）

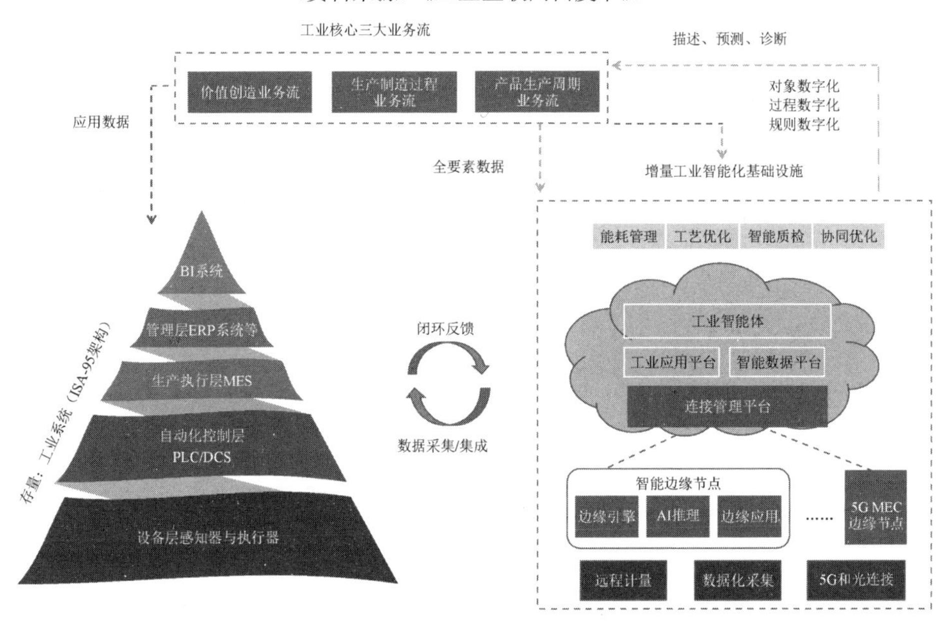

图 7-5　工业互联网融合演进架构

（资料来源：《工业互联网白皮书》）

3．5G 与工业互联网融合

如上所述，5G 确定性网络提供的先进特性与工业互联网发展的技术需求可谓完美契合，5G 与工业互联网的融合将大大提升现代化工业的生产、运输、管理等环节的效率。

1）5G 与工业互联网的融合体系

5G 的低时延、高可靠、大带宽等特性十分契合工业互联网的应用需求。具备 5G 通信功能的终端设备可以在工业网络系统的不同位置接入，接入过程如图 7-6 所示，采用 5G 确定性网络的 QoS/网络切片技术、UPF 下沉到企业等方式，再结合 AI、大数据分析、边缘云计算等重要技术，在工业互联网的现场设备层、控制执行层、车间管理层、企业管理层及云端平台之间形成互联互通的智能化管理体系[9]。

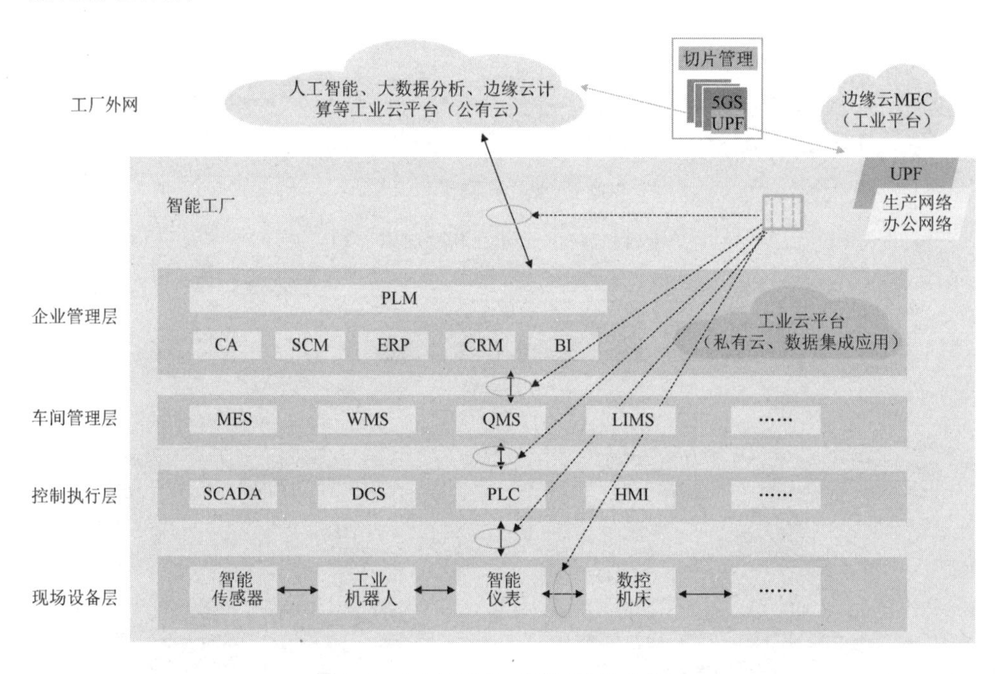

图 7-6　5G 与工业互联网的融合体系

（资料来源：《5G 工业应用白皮书》）

2）5G 与工业互联网的融合方式

5G 与工业互联网的融合方式目前有两种：一种是采用 5G 模组（将工业设备嵌入 5G 通信模组），通过将其集成到设备内部，实现 5G 与工业通信网的深层融合应用；另一种是采用集成网关、用户驻地设备（Customer Premises Equipment，

CPE）等，实现5G与现有工业体系的无缝连接和互通互操作，快速实现工业网络体系的升级改造[10,11]。

3）5G与工业互联网的融合建设技术

目前，5G与工业互联网的融合建设技术主要采用透明传输（Transparent Transmission，简称透传）方式，即将5G作为工业数据传输的通道，使来自工业应用层、网络间互联协议层和媒体访问控制（Media Access Control，MAC）层的工业数据在5G网络上实现透传，将数据包递交到目的端。这种方式可以实现5G与现有工业通信网系统的无缝集成，从而快速实现对工业系统进行升级的目标。

除了透传方式，还有一种5G与工业互联网的融合建设技术，即5G映射。5G映射通过对工业通信网需求在5G系统上进行设计和实现，如数据的优先级调度机制、时间调度策略等，使5G技术满足工业应用的优先级传输、时延等不同传输需求，保障业务的正常运行。相较于透传方式，5G映射将工业对通信网的需求和5G的机制结合起来，能充分发挥5G的技术优势。

此外，基于5G透传和映射的融合建设技术方案能够复用现有的工业通信网技术及设备，还可以利用5G针对垂直行业提供的技术方案满足灵活组网、柔性生产等工业应用需求。

4）5G与工业互联网的融合典型应用

2015年6月，国际电信联盟（International Telecommunication Union，ITU）将第五代移动通信命名为IMT-2020，并且定义了5G的三大应用场景：增强型移动宽带（enhanced Mobile Broadband，eMBB）、低时延高可靠通信（Ultra-Reliable & Low-Latency Communication，URLLC）和大规模机器类通信（massive Machine-Type Communication，mMTC）[12]。其中，eMBB主要涵盖3D/超高清视频等大流量移动宽带业务，URLLC则主要涵盖无人驾驶、工业自动化等需要低时延、高可靠连接的业务，mMTC则涵盖海量的物联网业务。典型的工业应用场景契合了5G应用三大场景（eMBB、URLLC、mMTC），5G的其他性能（如移动性、QoS、安全性等）也促进了5G在工业应用场景中的应用，其典型应用场景包括AGV、室内定位、机器人等。

（1）eMBB典型应用场景：AGV。

在智能仓库中，基于单机智能进行视觉导航的AGV单台成本高，不利于大规模应用。而除视觉导航以外，其他方式均需对AGV的工作环境进行改造，灵活性较差，部署和改造困难。另外，Wi-Fi 信号容易被干扰，且带宽不足以支撑视觉导航，而激光导航在高密度运行时存在互相干扰。若将 5G 技术应用于 AGV，则会彻底解决 Wi-Fi 方案引起的接入受限、切换失败、小车停驶等难题，并提升仓库的整体运营效率和稳定性[13]。

（2）URLLC 典型应用场景：柔性机械臂。

通过 5G 实现对工厂内自动化装备的实时控制，替代有线网络，可以节省线缆并减少布线的工作量，大大节省生产线的调整时间，支持工厂越来越柔性化。同时，将控制系统部分功能上移至边缘计算设备实施控制，能有效降低单体本身及后续维护升级的成本。

（3）mMTC 典型应用场景：室内定位。

室内定位是工业领域的普遍需求，以前的技术方案主要依托蓝牙、激光和超宽带（Ultra Wide Band，UWB）等技术。算法主要有两类，一类为时差法/时差定位技术（Time Of Flight/Time Difference Of Arrival，TOF/TDOA）算法，另一类为到达角度测距（Angle-Of-Arrival，AOA）算法。两类算法的精度相近，均为分米级别。5G 具备新型编码调制、大规模天线阵列（Massive Multiple-Input Multiple-Output，Massive MIMO）等技术特性，可为高精度距离测量和角度测量提供更好的支持。另外，5G 将实现超密集组网（Ultra Dense Network，UDN），用户信号可被多个基站同时接收，这有利于多基站协作实现高精度定位。通过部署大量 5G 低功耗定位标签，基于 5G 的室内定位方案将挑战蓝牙、激光、UWB 等室内定位技术。

7.2 技术生态分析

在“以建促用”的发展理念下，我国高效的 5G 建设节奏带动着垂直行业的数字化渗透和普及。然而，行业应用数字化的升级需求各有所专，技术融合问题各有所难，数字化转型必然不是 5G 网络技术的“单打独斗”，而是和物联网、大数据、云计算及各类工业互联网技术与行业场景的深度融合，企业发展与技术更新迭代双线并行使得“技术生态”的内涵不断延伸、日趋复杂。

知识图谱是用于完善搜索引擎的一种典型的多边关系图，由节点（实体）和边（实体之间的关系）组成，本质上是一种语义网络，用于揭示万事万物之间的关系。其本质是从多种类型的复杂数据出发，抽取其中的概念、实体和关系，是事物关系的可计算模型。知识图谱按照知识的覆盖范围和覆盖领域，可以划分为通用性知识图谱和领域性知识图谱。随着科技的不断发展，知识图谱在众多领域应用广泛，已经成为 AI 研究和发展的重要动力和核心领域。

为系统解析 5G 技术生态，本书基于科学知识图谱软件 CiteSpace，以中国知网数据库中的文献数据及各类机构网站发布的白皮书、行业研究报告等非文献数据为研究对象绘制知识图谱，以期发掘研究热点、研究趋势与研究内容，力求展示技术生态研究领域画像。

关键词共现图谱用于反映文献集中词汇对或名词、短语共同出现的情况。5G 技术生态研究热点关键词共现图谱如图 7-7 所示，由网络切片、AI、CT、边缘计算、万物互联等构成 5G 技术研究领域画像。图 7-7 的缩略语表如表 7-1 所示。从关键词共现图谱中可以看出，在我国 5G 行业应用探索进程中不断演进深化的概念与热词，一定程度地反映了社会需求与资本倾向，对了解 5G 行业应用研究进程有一定辅助作用。

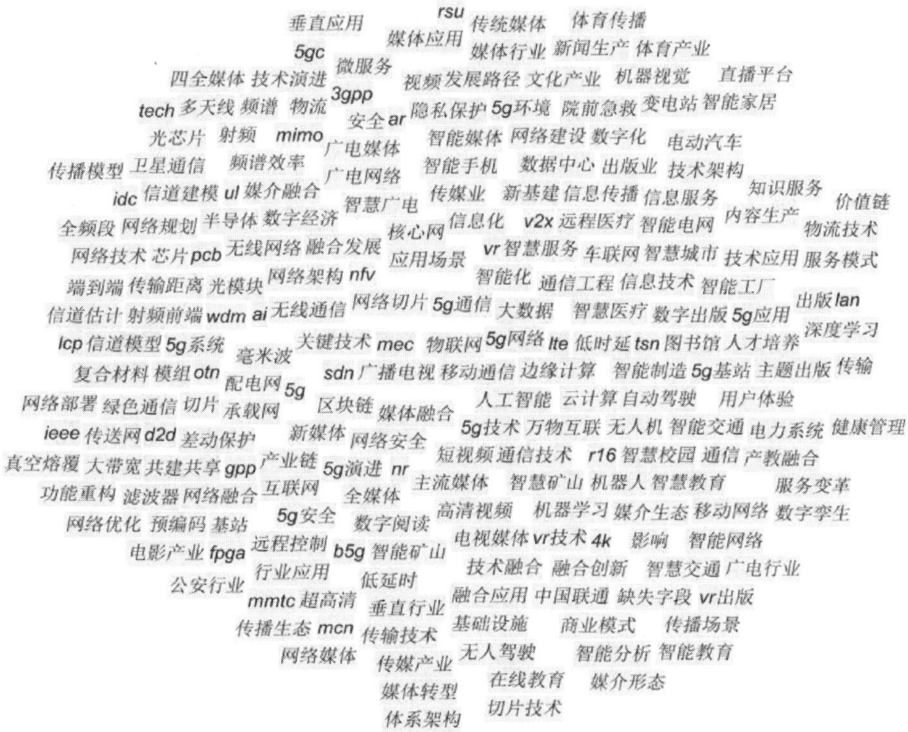

图 7-7　5G 技术生态研究热点关键词共现图谱

表 7-1 图 7-7 的缩略语表

序号	图中英文及缩写	缩略语	英文全称	中文
1	rsu	RSU	Road Side Unit	路侧终端
2	5gc	5GC	5G Core	5G 核心网
3	tech	Tech	Technology	技术
4	3gpp	3GPP	3rd Generation Partnership Project	第三代合作伙伴计划
5	mimo	Massive MIMO	Massive Multiple-Input Multiple-Output Antenna Array	大规模多输入多输出天线阵列
6	ar	AR	Augmented Reality	增强现实
7	idc	IDC	Internet Data Center	互联网数据中心
8	ul	UL	Up-Link	上行链路
9	pcb	PCB	Printed-Circuit Board	印制电路板
10	nfv	NFV	Network Functions Virtualization	网络功能虚拟化
11	wdm	WDM	Wavelength Division Multiplexing	波分复用
12	ai	AI	Artificial Intelligence	人工智能
13	lcp	LCP	Liquid Crystal Polymer	液晶聚合物
14	otn	OTN	Optical Transport Network	光传送网络
15	mec	MEC	Mobile Edge Computing	移动边缘计算
16	sdn	SDN	Software Defined Network	软件定义网络
17	ieee	IEEE	Institute of Electrical and Electronics Engineers	电气与电子工程师协会
18	d2d	D2D	Device-to-Device	设备到设备
19	gpp	GPP	General Purpose Processor	通用处理器
20	nr	NR	New Radio	新空口
21	fpga	FPGA	Field Programmable Gate Array	现场可编程门阵列
22	b5g	B5G	Beyond 5th Generation Mobile Communication Technology	超 5G
23	mmtc	mMTC	massive Machine-Type Communication	大规模机器类通信
24	mcn	MCN	Multi-Channel Network	多频道网络
25	v2x	V2X	Vehicle-to-Everything	车联万物
26	lte	LTE	Long Term Evolution	长期演进技术
27	tsn	TSN	Time-Sensitive Networking	时间敏感网络
28	lan	LAN	Local Area Network	局域网
29	r16	Rel-16	Release16	3GPP 制定的 5G 增强版本
30	4k	4K		4K 分辨率
31	vr	VR	Virtual Reality	虚拟现实

在跨度为 10 年（2013—2022 年）的时间范围内，将关键词图谱按照时间线绘制，对关键词进行时间序列分析，可得出图 7-8。其中，R16 是指 Rel-16。图 7-8 的缩略语表如表 7-2 所示。

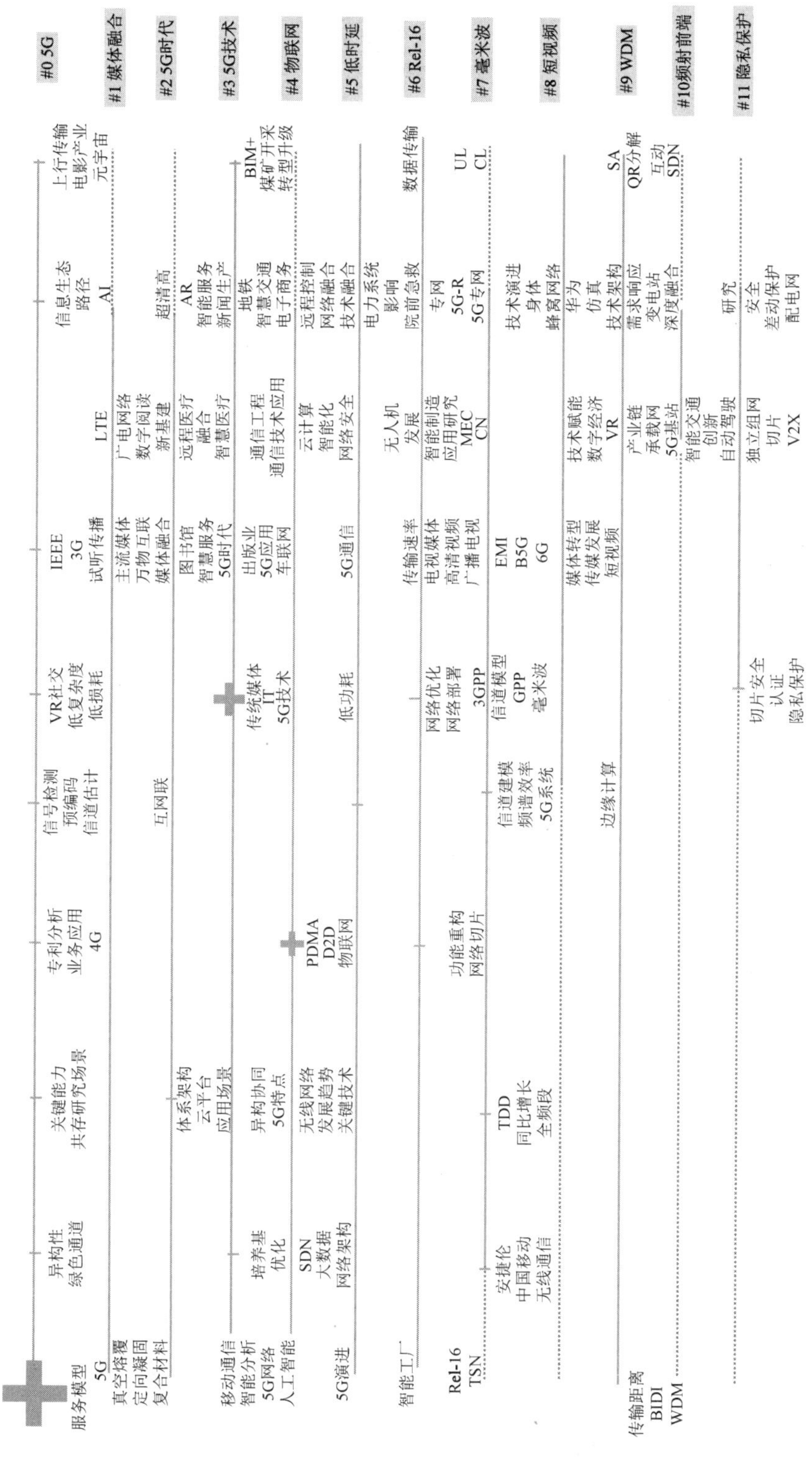

#0 5G
服务模型
5G
异构性
绿色通道
关键能力
共存研究场景
专利分析
业务应用
4G
信号检测
预编码
信道估计
VR社交
低复杂度
低损耗
IEEE
3G
试听传播
LTE
信息生态
路径
AI
上行传输
电影产业
元宇宙

#1 媒体融合
真空熔覆
定向凝固
复合材料
互网联
主流媒体
万物互联
媒体融合
广电网络
数字阅读
新基建
超清高

#2 5G时代
体系架构
云平台
应用场景
图书馆
智慧服务
5G时代
远程医疗
融合
智慧医疗
AR
智能服务
新闻生产

#3 5G技术
移动通信
智能分析
5G网络
人工智能
培养基
优化
异构协同
5G特点
传统媒体
IT
5G技术
出版业
5G应用
车联网
通信工程
通信技术应用
地铁
智慧交通
电子商务
BIM+
煤矿开采
转型升级

#4 物联网
SDN
大数据
网络架构
无线网络
发展趋势
关键技术
PDMA
D2D
物联网
云计算
智能化
网络安全
远程控制
网络融合
技术融合

#5 低时延
5G演进
低功耗
5G通信
电力系统
影响
院前急救
无人机
发展
传输速率
数据传输

#6 Rel-16
智能工厂
网络优化
网络部署
电视媒体
高清视频
广播电视
智能制造
应用研究
MEC
CN
专网
5G-R
5G专网
功能重构
网络切片
UL
CL

#7 毫米波
Rel-16
TSN
安捷伦
中国移动
无线通信
TDD
同比增长
全频段
信道建模
频谱效率
5G系统
3GPP
信道模型
GPP
毫米波
EMI
B5G
6G
技术演进
身体
蜂窝网络

#8 短视频
边缘计算
媒体转型
传媒发展
短视频
技术赋能
数字经济
VR
华为
仿真
技术架构
SA

#9 WDM
传输距离
BIDI
WDM
产业链
承载网
5G基站
需求响应
变电站
深度融合
QR分解
互动
SDN

#10频射前端
智能交通
创新
自动驾驶
研究

#11 隐私保护
切片安全
认证
隐私保护
独立组网
切片
V2X
安全
差动保护
配电网

图 7-8　5G 技术生态研究热点关键词时间线图谱

表 7-2 图 7-8 的缩略语表

序 号	缩 略 语	英 文 全 称	中 文
1	BiDi	Bi-Directional	双向通信技术
2	TDD	Time-Division Duplex	时分双工
3	PDMA	Pattern Division Multiple Access	图样分割多址接入技术
4	3G	Third Generation Mobile Communication Technology	第三代移动通信技术
5	EMI	Electromagnetic Interference	电磁干扰
6	6G	Sixth Generation Mobile Communication Technology	第六代移动通信技术
7	5G-R	5G-Railway	铁路 5G 专用移动通信
8	BIM	Building Information Modeling	建筑信息模型
9	SA	Stand Alone	独立组网
10	SDH	Synchronous Digital Hierarchy	同步数字体系

结合图 7-8，可将关键词时序分为三个阶段。

第一阶段：2013—2016 年，5G 技术研究方兴，研究领域聚焦。学术研究立足 ICT，结合 AI、物联网、毫米波、移动通信等对我国 5G 技术生态未来图景进行描绘与展望。研究内容集中在移动通信和 ICT，对 5G 技术的研究处于初步探索阶段。

第二阶段：2016—2019 年，5G 技术研究点面开花，研究领域逐步深入到应用场景。研究围绕智慧城市、无人驾驶、智能制造等对 5G 技术应用场景展开描绘，对网络切片、边缘计算等 5G 关键技术展开深入研究。

第三阶段：2019—2022 年，5G 技术研究百家争鸣，研究领域较为广泛，学术研究从宏观的城市数字化转型规划到社区、新基建。随着 5G 技术的发展和 5G 基站的建设，其应用场景细分到医疗、广电、物流、图书馆、矿山开采，覆盖生产与生活的各方面，并延伸至信息安全、隐私保护等新领域。

为避免软件机械性解读的局限性，人工筛选剔除、合并主题词聚类结果，得到我国关于 5G 技术生态的研究热点，这些研究热点集中在关键词聚类图谱的 12 个方面，即 5G、媒体融合、5G 时代、5G 技术、物联网、低时延、Rel-16、毫米波、短视频、WDM、射频前端和隐私保护，呈现我国 5G 行业应用研究领域的主要动向。

7.3 技术影响分析

运营商现有的“规建维优营”业务体系在面临打造 5GtoB 技术服务能力、满足 5GtoB 服务需求时还有待改进。

（1）瀑布模型：“规建维优营”各环节彼此独立且业务流程复杂，需要多部门协作，协同性、连续性和敏捷性遭遇挑战，难以满足用户的个性化需求和快速变化的市场要求。

（2）规划与建设：主要集中在专网组网和云/边基础设施方面，技术性强，5GtoB 的垂直应用开发和深度融合能力尚存在提升空间，连接价值无法充分体现。

（3）维护与优化：5GtoB 对运维工具、运维流程和运维能力提出了新的要求，对运营商传统运维模式提出了挑战。

（4）运营与服务：5GtoB 用户侧运营与服务尚需摸索，未形成相应能力。

本节基于前期的理论基础和技术生态分析论述 5G 及其技术生态对 toB“规建维优营”的影响作用，主要涉及 5G NR、5GC、5G MEC 与云边协同、云原生、大数据及 AI 等几类重点技术。

7.3.1　5G NR 标准

5G NR 标准是基于正交频分复用（Orthogonal Frequency Division Multiplexing，OFDM）技术全新空口设计的全球性 5G 标准，是非常重要的蜂窝移动技术基础，基于此，5G 技术将实现超低时延、高可靠性。

在规划与建设阶段，5G 网络结构空前复杂，需要在 eMBB、URLLC、mMTC 等不同模式下满足不同特性、不同场景的用户需求并引入网络切片技术，因此要求精准规划、快捷建设部署，引入网络资源的数字孪生和 AI 规划，注重“一张网”式的网络平滑演进。

在维护与优化阶段，传统的人工运维和网优方式效率低下，已无法满足 5G 时代的要求，应引入网络态势感知、监测和智能运维（Artificial Intelligence for IT Operations，AIOps）能力，实现“网络自动驾驶”，最大化提升网络运行效率，动态适配业务需求，保障网络质量和服务体验，确保连接价值。

在运营与服务阶段，应结合 5G 专网各类运营模式，打造自服务式的用户侧平台，形成网络连接+垂直应用的新标准，创造连接即服务（CaaS）的价值提升。垂直行业的 5G+IoT 可带来芯片、通信模组和各类场景化系统的收益，应注重具备通用性、标准化特征的端到端能力实现和产品化输出。

7.3.2　5GC

5GC 是 5G 移动网络的核心，它为最终的用户建立可靠、安全的网络连接，并提供对其服务的访问。5GC 负责 5G 移动网络中业务的实现和控制，例如连接性和移动性管理、身份验证和授权、用户数据管理、策略管理等。5GC 的功能完全基于软件并设计为云原生，具备与底层云基础设施无关的特性，从而实现更高的部署敏捷性和灵活性。

随着全云化 5GC 成为现实，5GC 及运行支撑系统（Operational Support System，OSS）应注重 toB 服务能力的开发与建设。其“规建维优营”过程应由瀑布式转化为敏捷型，打破部门界限（代表方式如成立云网中心），实现网络能力的动态管理和基于 DevOps[①]的快速迭代和演进，满足 5G 融合业务的灵活性需要，提供低成本、个性化的网络服务。未来的 CN 应以数据为核心，实现网络基础设施及其功能的虚拟化，建设通用能力平台、网络 AI 大脑，加速实现全云化转型、按需开通、弹性服务、敏捷运维，从而使 5G、算网、智慧中台融合互通、协同共进，一起构成“连接+算力+能力”新型信息服务能力，推动“网络无所不达、算力无所不在、智能无所不及”，支撑数字经济不断“做强、做优、做大”。

7.3.3 5G MEC 与云边协同

5G MEC 技术为运营商切入 toB 业务提供了新的市场机遇，通过 MEC 节点的建设，既可满足 B 端用户时间敏感、就近计算、数据不出园区等性能或安全需求，建设新型企业网，承载 5GC 功能下沉与轻量级 CN 的需要，又能与运营商的公有云服务实现云边协同，充分发挥运营商在云计算、互联网数据中心、算力方面的资源和服务优势。

5G 边缘网关、边缘安全、通用型边缘节点为运营商的 toB 业务发展带来新商机，应与 5G NR 一起，结合用户需求进行“规建维优营”的整体设计，提供连接即服务（CaaS）、一站式边缘计算服务解决方案和敏捷交付能力，以及快速迭代、简化运维业务、高效弹性伸缩等特性，造就新一代的企业网架构。

7.3.4 云原生

云原生技术支持 5G 网络及新型智能化网络云平台的建设，对各类设备资源的容器化改造使得网络能力（除分布式单元的位置限制外）得到最大化的动态管理和利用，在边缘计算平台引入容器化技术，可以实现底层物理计算资源的抽象

---

① DevOps 是 Development 和 Operations 的组合词，可称为研发、运营一体化，是一组过程、方法和系统的统称，用于促进开发（应用程序/软件工程）、技术运营和质量保障（QA）部门之间的沟通、协作与整合。

化与软件化，满足边缘计算场景的资源协同、数据协同、应用管理协同、智能协同及轻量化的发展需求。此外，业务逻辑的解耦和微服务化则有利于打造敏捷、弹性、智能的 5GC、OSS 及各类数据业务技术平台，支撑业务灵活组装能力，兼顾多样性、可重用性和个性化服务需求，使能 5G 业务快速创新，最终带来云网融合的深刻变革，对“规建维优营”一体化产生深远影响[14]。

各类 5GtoB 融合应用也应基于云原生架构，构建和运行弹性可扩展的 IaaS、PaaS、SaaS 等平台和应用能力，更好地支持业务创新和低成本、高效率运行，也有助于开放电信生态系统，进一步促进网络价值的提升。此外，DevOps、持续集成/持续部署（Continuous Integration/Continuous Deployment，CI/CD）的引入、构建“规建维优营”开发工具链将改变运营过程的割裂现状，提升业务开发、交付、运营运维效率。同时，应考虑组织架构的变革，以适应新的运营模式，构建相应的能力、平台和工具，实现网络能力及服务的敏捷化。

7.3.5　大数据与 AI

电信运营服务体系需要快速适配 5GtoB 业务的快速发展和迭代需求，满足此类业务用户需求差异大、商业模式和运用策略个性化等特征，除了要具备网络部署及传统的错误、配置、记账、性能和安全（Fault, Configuration, Accounting, Performance and Security，FCAPS）能力，还必须在“规建维优营”的全过程中利用大数据和 AI 技术来实现网络智慧运营。

目前，运营商在网络智慧运营方面已有成功的创新性应用，例如在规划环节，通过大数据和 AI 算法的结合，对规划站点进行价值评估，提升规划效率和投资的有效性；在建设环节，利用视频智能技术提升安装维护的规范性，提升装机施工质量；在运维环节，利用网络大数据和 AI 算法实现智能排障、智能巡检、预测预防、自动开通等运维工作智能化；在优化环节，将 AI 与网优专家经验结合起来，实现智能化判别、自动化派单等网优工作的智能化管控；在营销方面，采用数据挖掘技术，实现客户的精准识别、精准定位、精准推荐和深度洞察，通过精准营销来提升市场营销效率和经济效益，构建客户维系、自有和合作协同营销的新生态[15]。

将大数据和 AI 技术应用于“规建维优营”，可获得的网络智慧运营能力包括网络智能规划、网络态势智能感知、业务智能识别、网络切片智能编排、网络资源智能开通与分配、网络智能监测和诊断、网络自主运维、网络智能优化、智能安全防护、精准营销、智能客服等。

7.4 国内外运营商的 5G 专网部署

随着 5G 在越来越多的垂直领域中成为刚需，世界各地的供应商都在开发专用 5G 网络设备，移动运营商、SI 也开始测试专用 5G 网络，越来越多的行业和企业开始建立 5G 专网，数字化转型新时代即将到来。

7.4.1 5G 专网部署的分类

移动运营商为企业提供专用 5G 网络服务，可以通过完全本地部署、混合私有网络部署、完全运营商部署三种方式实现。

完全本地部署：方法一，企业建立的隔离 5G 局域网（Local Area Network，LAN），采取本地的或运营商的 5G 频率部署独立于移动运营商公共 5G 网络的物理隔离的专用 5G 网络（5G 孤岛），该网络完全私有、不共享；方法二，通过专网和公网之间的无线电接入网（RAN）共享，仅共享企业内部的 5G 基站，无线数据流在 5G 基站上实现分流，属于公网的数据流将传送到公网 UPF，属于专网的数据流则传送到专网 UPF，能保证安全及低时延，节省成本。

混合私有网络部署：通过共享移动运营商的公共 5G 网络资源来构建私有 5G 网络。根据企业本地部署的设备的多少，可分为专网和公网之间的 RAN 和控制平面共享、N3 本地疏导（Local Break Out，LBO）、专网和公网之间的端对端网络切片、F1 LBO 四种模式。

完全运营商部署：利用运营商提供的云端企业网络服务，加强对网络的统一管理，并将费用分摊给不同企业以增加质量优势，最大限度地满足各种应用需求。它可以帮助企业快速构建 5G 专网，减少企业的部署时间和成本，同时使企业获得更好的专业服务，企业本部仅部署带边缘计算的 5G 路由，安全性相对较低[16]。

7.4.2 国内运营商 5G 专网的发展

1. 中国电信 5G 专网

中国电信在 2020 年 11 月发布了《中国电信 5G 定制网产品手册》。中国电信 5G 定制网是“网定制、边智能、云协同、X 随选”融合协同的综合解决方案，其目标是为行业客户打造一体化定制融合服务，实现“云网一体、按需定制”。中国电信 5G 定制网模式产品的组成如表 7-3 所示，该 5G 定制网主要包括三个模式，即致远模式、比邻模式、如翼模式。

表 7-3　中国电信 5G 定制网模式产品的组成

产品设计	致远模式	比邻模式	如翼模式
市场定位	面向广域优先型行业客户	时延敏感型政企客户：对网络性能尤其是时延要求高，同时对本企业数据管控有较高要求的客户	安全敏感型政企客户：传统无线专网应用经验，对安全、性能、自管理要求苛刻的行业客户
5G 网络服务	业务加速、业务隔离、定制号卡、入云专线、切片专线等	无线资源预留、无线带宽增强、本地业务保障、业务加速、业务隔离、切片专线、定制号卡、入云专线	无线专用、无线资源预留、无线带宽增强、本地业务保障、业务加速、业务隔离、定制号卡、入云专线
服务要素	差异化的维、优、保服务	差异化的建、维、优、保服务	差异化的规、建、维、优、保服务
定制边缘		边缘 IaaS、边缘 PaaS、边缘 SaaS、云边协同	边缘 IaaS、边缘 PaaS、边缘 SaaS、云边协同
应用	以行业客户为维度，提供的服务具有广域跨省、业务加速、公专协同、业务隔离的差异化特征	工业视觉检测、工业数据采集、云化 PLC、设备远程控制、移动诊疗车、AGV 调度与导航、机器人巡检等	矿山（矿山井下采矿、矿车无人驾驶）、港口（吊机远程控制、自动集卡）大型工厂、电网等
计费方式	网络资源计费+网络服务计费，按月服务费或开通费+月服务费收费	网络资源计费+网络定制计费（如 UPF 等定制化网元使用计费）+网络服务计费+边缘计费（边缘 IaaS+边缘能力 PaaS+边缘应用 SaaS）+云资源计费	网络资源计费+网络定制计费（如 UPF 等定制化网元使用计费）+网络服务计费+边缘计费（边缘 IaaS+边缘能力 PaaS+边缘应用 SaaS）+云资源计费+系统集成计费，或采用 ICT 项目制计费，参考资源投入、成本测算模型服务提供等维度综合计费

2. 中国联通 5G 专网

2020 年，中国联通发布了 5G 虚拟专网、5G 混合专网和 5G 独立专网，这三种 5G 专网产品已在智慧矿山、智能制造、能源电力、智慧城市等行业领域获得了广泛应用。建设 5G 矿井智能专网使煤矿企业减少了 50%的井下巡检人力，提高了 30%的作业效率；为飞机制造项目建设 5G+全连接工厂，实现了车间生产资源的实时互联互通，提高了 15%的生产效率；在珠海格力电器股份有限公司（简称格力电器）数字化工厂中，建设了首个基于 5G 独立组网（Stand Alone，SA）切片专网，打通了内部生产与物流的各环节。在 2022 年世界电信和信息社会日大会期间，中国联通和华为等产业伙伴联合发布了“5G 专网 PLUS”系列成果之 5G 随行专网和 5G 多园区专网，该成果有助于进一步促进企业降本提效，加速企业数字化转型。

3. 中国移动 5G 专网

中国移动在 2020 年 6 月发布了《中国移动 5G 行业专网技术白皮书》。中国移动 5G 专网包括三个模式，即优享模式、专享模式、尊享模式。其中，优享模式可实现业务逻辑隔离、网络传输速率保障和时延优先等；专享模式可增强无线覆盖+边缘计算，满足数据不出场、超低时延等需求；尊享模式则采用专用基站和专用频率，可以实现高安全性、高隔离度、定制化建网。

以上三家运营商推出 5G 专网的模式类似，对应的部署模式如表 7-4 所示[16]。

表 7-4 三家运营商的 5G 专网对应的部署模式

<table>
<tr><th>部署模式</th><th>序列</th><th>具体类别</th><th>运营商的 5G 专网</th></tr>
<tr><td>完全本地部署</td><td>模式 1</td><td>1. 企业建立的隔离 5G LAN
2. 专网和公网之间的 RAN 共享</td><td>中国电信的如翼模式
中国联通的 5G 独立专网产品
中国移动的尊享模式</td></tr>
<tr><td rowspan="4">混合私有网络部署</td><td>模式 2</td><td>专网和公网之间的 RAN 和控制平面共享</td><td>中国电信的比邻模式
中国联通的 5G 混合专网产品
中国移动的专享模式</td></tr>
<tr><td>模式 3</td><td>N3 LBO</td><td></td></tr>
<tr><td>模式 4</td><td>专网和公网之间的 RAN 和核心共享（端对端网络切片）</td><td>中国电信的致远模式
中国联通的 5G 虚拟专网产品
中国移动的优享模式</td></tr>
<tr><td>模式 5</td><td>F1 LBO</td><td></td></tr>
<tr><td rowspan="2">完全运营商部署</td><td>模式 6</td><td>带边缘计算的 5G 路由</td><td></td></tr>
<tr><td>模式 7</td><td>5G 路由</td><td></td></tr>
</table>

7.4.3 国外运营商 5G 专网的发展

1. 非移动运营商进入 5G 专网市场

5G 专网是本地网络，除了移动运营商，其他参与者也具备进入 5G 专网的条件，如 5G 设备供应商、固网运营商、SI、电缆运营商等。5G 设备供应商试图将 5G 网络解决方案［如 5GC、5G 虚拟化无线电接入网（virtualized Radio Access Network，vRAN）、5G MEC 等］应用在自己的平台或开放平台上。在设备和网络充分解耦的情况下，5G 设备供应商可独立于移动运营商向企业销售私有 5G 网络解决方案/服务。

2. 云服务商扮演更重要的角色

运营商、云服务商、设备供应商的合作关系如图 7-9 所示。5G 设备供应商将 5G 网络软件部署在云服务的边缘云计算平台上，云服务商向移动运营商部署的 5G 网络提供边缘云计算节点。当前，公有云平台上安装 5G 网络软件的趋势显著，云服务商未来更有可能与运营商竞争提供完整的 5G 专网服务。

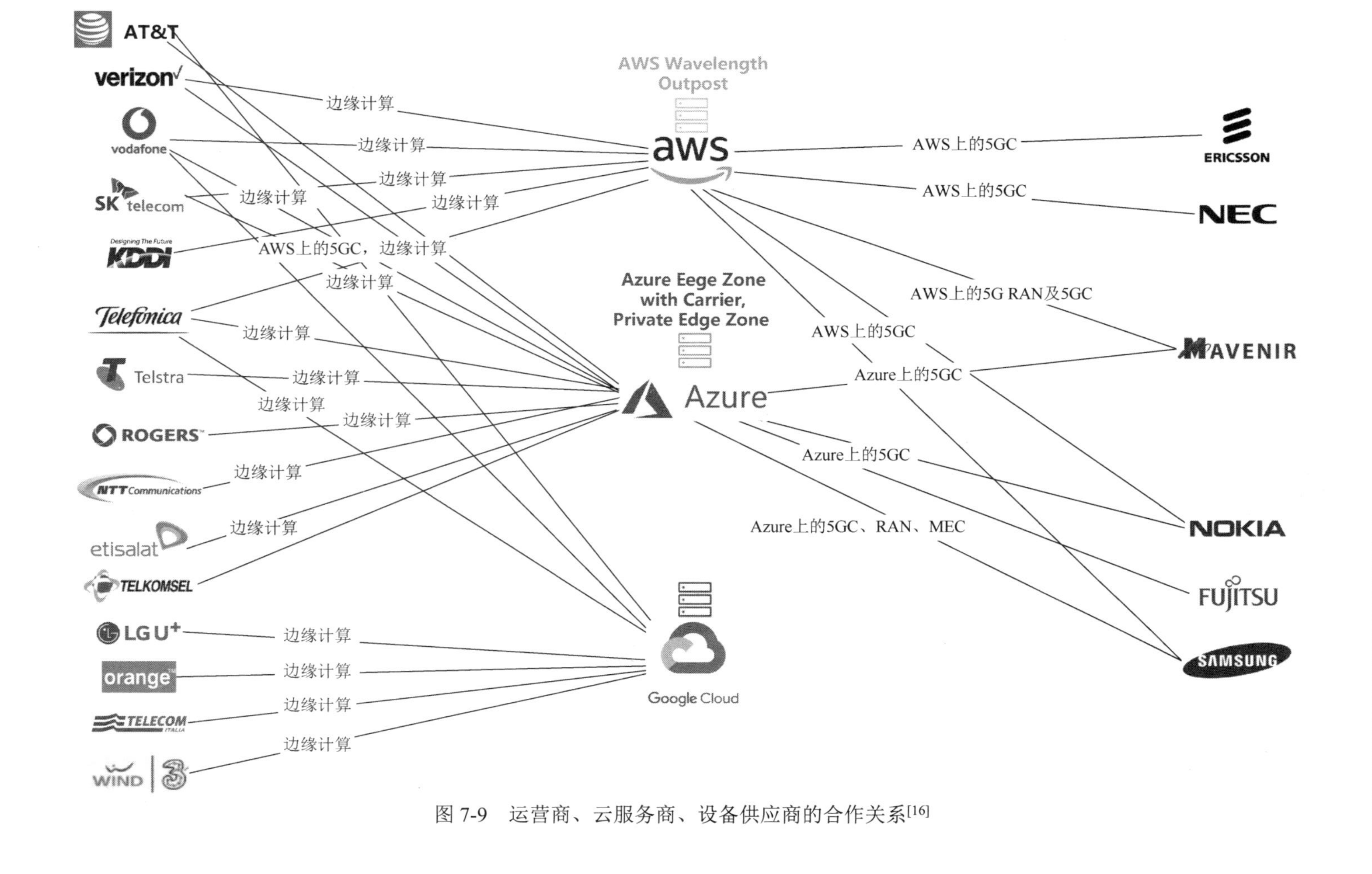

图 7-9　运营商、云服务商、设备供应商的合作关系[16]

7.5 互联网厂商的技术服务方案

云服务是支撑企业实现数字化转型的关键，新冠疫情刺激了全球公有云服务市场，特别是 IaaS 市场的快速增长。IDC[①]中国公布的中国市场数据显示[17]，2022 年上半年，中国公有云服务市场整体规模达到 165.8 亿美元，其中，IaaS 市场同比增长 27.3%，PaaS 市场同比增长则达到 45.4%。从厂商份额看，在中国公有云 IaaS+PaaS 市场中，排在前五的阿里巴巴、华为、中国电信、腾讯、AWS 云计算的份额分别为 33.5%、11.1%、10.7%、9.4%、9.0%。

此外，调查机构 Synergy Research Group 的数据显示，截止到 2022 年 9 月底，全球云基础设施服务（包括 PaaS、IaaS 和托管私有云服务）在过去 12 个月的市场总规模约为 2170 亿美元。全球云基础设施服务的主要提供商所占市场份额的情况如图 7-10 所示，其中，排在前四的 AWS 云计算、微软云、谷歌云、阿里云的份额分别为 34%、21%、11%、5%。

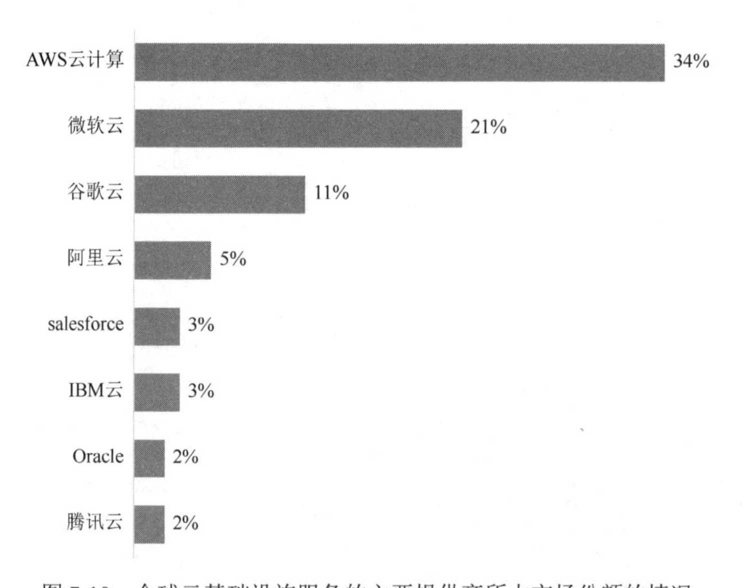

图 7-10 全球云基础设施服务的主要提供商所占市场份额的情况

（资料来源：Synergy Research Group）

基于市场地位和发展环境的考量，本书选择亚马逊、阿里巴巴这两家具有代表性的互联网厂商进行技术方案分析。

---

① IDC 指国际数据公司。

7.5.1　亚马逊网络服务（AWS）

亚马逊是公有云市场份额全球第一的互联网巨头，AWS 涵盖了 IaaS 层、PaaS 层、SaaS 层三个层次，向用户提供包括弹性计算、存储、数据库在内的一整套云计算服务。AWS 平台如图 7-11 所示。

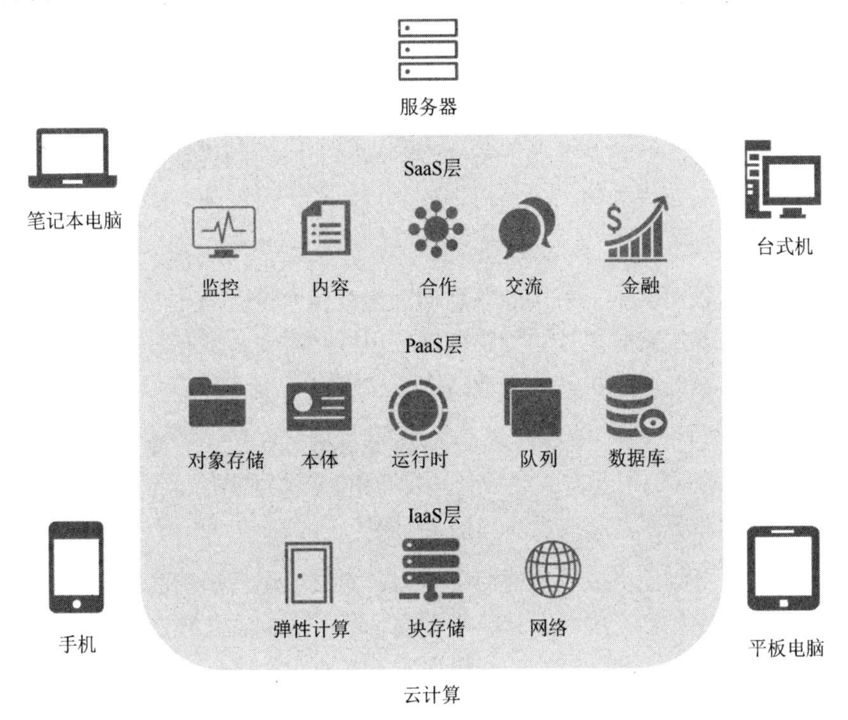

图 7-11　AWS 平台

（资料来源：亚马逊官网）

在本节中，将依次介绍 AWS 架构技术解决方案的五大支柱、构建物联网架构的七个逻辑层、AWS IoT 平台功能逻辑、5G MEC WS Wavelength 服务和 AWS 智能工厂解决方案。

1. AWS 架构技术解决方案的五大支柱

为了构建满足期望和要求的系统，由 AWS 引出了架构技术解决方案需要重视的五大支柱：卓越运营、安全性、可靠性、性能效率和成本优化。

2. 构建物联网架构的七个逻辑层

设计和制造层：设计和制造层包括产品概念化、业务和技术需求收集、原型、模块、产品布局和设计、组件采购和制造等环节。

边缘层：边缘层负责感知和作用于其他外围设备，物联网工作负载的边缘层包括设备的物理硬件、管理设备上的嵌入式操作系统和设备固件，即嵌入物联网设备的软件和指令。

通信层：通信层负责处理连接远程设备的消息路由，以及设备和云之间的路由。通信层允许用户设定物联网消息如何被发送和接收，以及设备如何在云中表示和存储其物理状态。

供应层：供应层包括用于创建唯一设备身份的公钥基础设施和为设备提供配置数据的应用流程，并涉及设备的持续维护和随着时间的推移而来的最终退役。物联网应用程序需要一个强大的、自动化的供应层，以便物联网应用程序顺利添加和管理设备。

收集层：物联网的一个关键业务驱动因素是聚合设备创建的所有数据流，并以安全和可靠的方式将数据传输到物联网应用程序。在将数据流与设备之间的通信解耦的同时，收集层在收集设备数据方面起着关键作用。

分析层：分析层用于获得关于本地/边缘环境中正在发生的事情的深度分析和数据。实现情境洞察的主要方式是设计、处理和实施物联网数据分析的解决方案，包括存储服务、分析服务和机器学习服务。

应用层：应用层提供多种功能用于简化云原生应用使用物联网设备生成数据的方式，这些功能包括无服务器计算、创建物联网数据物化视图的关系数据库，以及操作、检查、保护和管理物联网操作的管理应用程序。

3. AWS IoT 平台功能逻辑

AWS IoT 平台是一款托管的云平台，集成了数据管理和分析能力，可以使互联设备轻松、安全地与云应用程序及其他设备进行交互，可以支持数十亿台设备和数万亿条消息，并且可以对这些消息进行处理，将其安全、可靠地路由至 AWS 终端节点和其他设备。

4. 5G MEC AWS Wavelength 服务

AWS Wavelength 是亚马逊为边缘计算而设计的新平台，可使开发人员更轻松地基于 5G 基础设施创建和部署应用程序，并且以毫秒级时延向移动设备和用户进行实时交付。如果将 AWS 服务引入 5G 网络边缘，用户就能够充分利用 5G 网络，开发者就能够将需要超低时延的应用程序部分部署在 5G 网络以内，并实现其与应用程序其余部分的无缝连接。

5. AWS 智能工厂解决方案

AWS 智能工厂的制造服务总线如图 7-12 所示，该总线具备基础支撑功能，还具有三个层次：收集层、数据平台层、运算层。

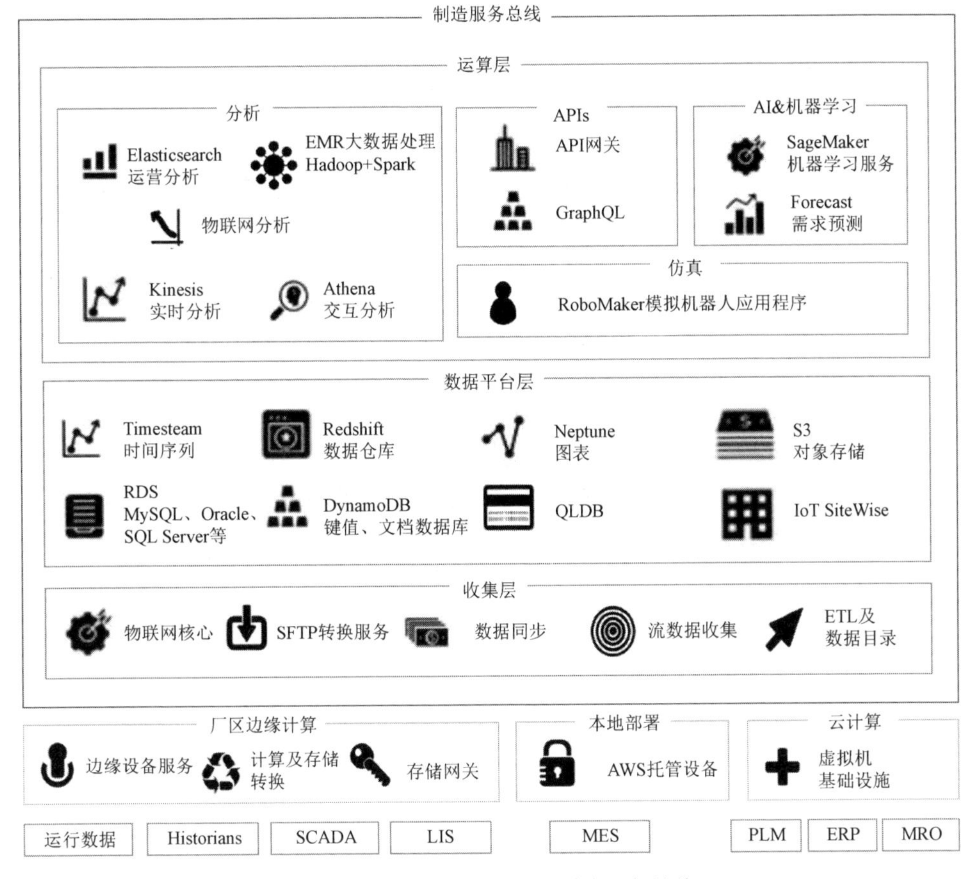

图 7-12　AWS 智能工厂的制造服务总线

（资料来源：亚马逊官网）

在图 7-12 中，收集层通过厂区边缘计算功能实现与工厂操作系统的紧密集成，从而将各种类型的制造数据提取到数据平台中。数据平台层提供了数据湖存储服务，用于存储时间序列、结构化数据和非结构化对象数据，还为运算层和上下文数据的存储提供元数据目录。运算层由四个服务块组成，其中，分析服务在运算层中用于处理、分析和查询数据；API 网关和 GraphQL 端点提供了将应用程序集成到制造服务总线中的功能；AI&机器学习服务运行预测算法，对数据平台上的数据进行预测；仿真服务中的 RoboMaker 允许在云上仿真和部署机器人应用程序。

7.5.2　阿里巴巴云服务

阿里巴巴为企业客户提供基于阿里云服务的解决方案和最佳实践方案，帮助企业基于阿里云，特别是云原生技术完成数字化转型，并积累了大量的案例和经验。

1．阿里巴巴云原生架构（ACNA）设计方法

阿里巴巴将企业的核心关注点、企业组织与 IT 文化、工程实施能力等方面与架构技术结合起来，形成了阿里巴巴独有的云原生架构设计方法——ACNA 设计方法，如图 7-13 所示。ACNA 包含一个“4+1”的架构设计流程，其中，“4”代表架构设计的关键视角，包括企业战略视角、业务发展视角、组织能力视角和云原生技术架构视角；“1”代表架构持续演进闭环。

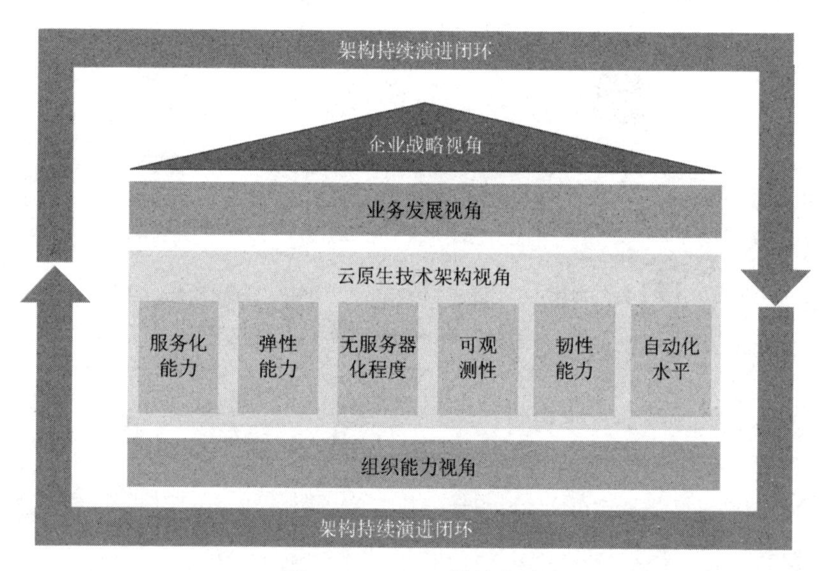

图 7-13　ACNA 设计方法

（资料来源：《云原生架构白皮书》）

2．阿里云物联网平台

阿里云物联网平台为设备提供安全、可靠的连接通信能力，向下连接海量设备，支撑设备数据采集上云；向上提供云端 API，服务端通过调用云端 API 将指令下发至设备端，实现远程控制。要实现设备消息的完整通信流程，就需要客户完成设备端的设备开发、云端服务器的开发、数据库的创建、手机 App 的开发等工作。阿里云物联网平台如图 7-14 所示。

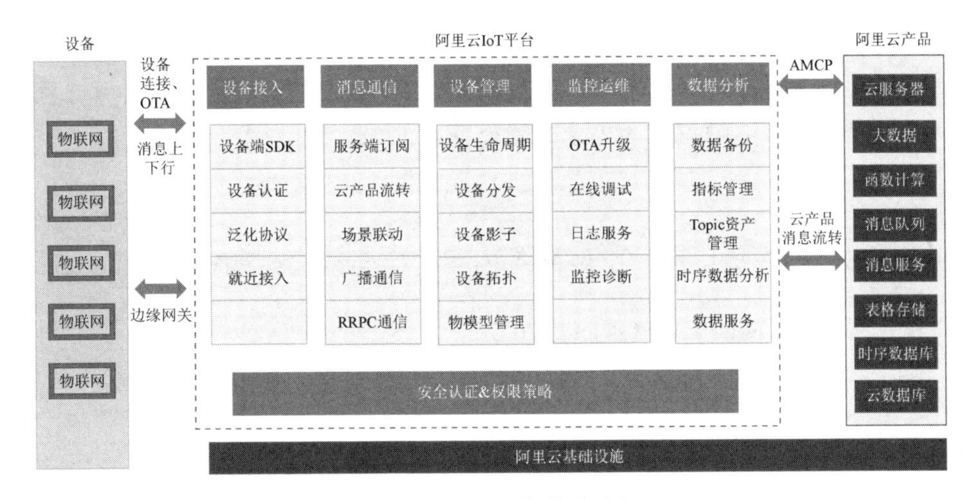

图 7-14　阿里云物联网平台

（资料来源：阿里云官网）

3. 阿里云物联网边缘计算服务

物联网边缘计算是阿里云为企事业单位的边缘端业务或 IT 管理部门提供的物联网信息一体化解决方案。该方案囊括了开展边缘端业务所需要的服务器、算法、应用、设备接入能力。通过平台化的网络、计算、存储和应用解决方案，提升应用程序的快速响应能力，节省带宽流量成本；通过与云上服务的无缝结合，满足客户对业务实时性、智能化、隐私保护等方面的需求。阿里云物联网边缘计算产品架构如图 7-15 所示。

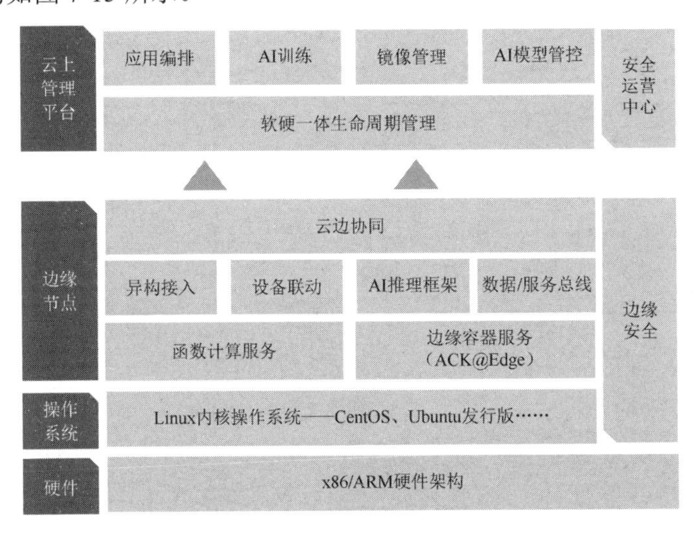

图 7-15　阿里云物联网边缘计算产品架构

（资料来源：阿里云官网）

阿里云物联网边缘计算服务的应用场景丰富，包括智能制造场景、城市综合治理场景、社区综合管理场景、综合能源管理场景、无感通行场景等。以智能制造场景为例，物联网边缘计算服务方案提供工业数据采集、算法能力、多系统集成、数据上云等功能，以满足工业制造方面的生产和设备管控需求。

7.5.3　互联网厂商的主要服务内容对比与能力架构搭建启示

1．互联网厂商的主要服务内容对比

亚马逊和阿里巴巴这两大互联网厂商在应用程序开发、云迁移、数据和分析、云计算服务、安全和治理等方面均有一定程度的涉足，并形成了解决方案。在云迁移方面，两大互联网厂商都比较侧重数据库迁移上云；在云计算服务方面，二者均提供混合云解决方案和高性能计算服务；在数据和分析方面，物联网、边缘计算、AI 和云端数据分析是比较重要的模块；在应用程序开发方面，AWS 的无服务器计算功能相对成熟；在安全和治理方面，则普遍关注数据安全、备份容灾、网络安全、身份识别等服务。亚马逊和阿里巴巴提供的主要云服务内容对比如表 7-5 所示。

表 7-5　亚马逊和阿里巴巴提供的主要云服务内容对比

云服务	应用程序开发	云迁移	数据和分析	云计算服务	安全和治理
AWS	DevOps 解决方案 现代应用程序开发 前端 Web 和移动应用程序开发 无服务器计算	云迁移 数据库迁移	物联网 边缘计算 区块链 科学计算 数据湖和分析 机器学习	混合云架构 容器服务 高性能计算	存档 备份与还原 数据保护 身份识别 威胁检测和持续监控 网络和应用程序保护 合规性和数据隐私
阿里云	DevOps 解决方案 敏捷研发	数据库上云 数据上云	物联网 边缘计算 机器学习 云上大数据仓库 云上数据集成 大数据智能应用	混合云解决方案 云网络 云原生 容器服务 高性能计算	备份容灾 数据安全 业务安全 身份识别 云安全

2．能力架构搭建启示

从搭建原则的角度看，在提出架构技术解决方案之前，应该考虑到卓越运营、安全性、可靠性、性能效率和成本优化五个方面。在进行架构设计时，可以考虑 4 个关键视角和 1 个闭环，即企业战略视角、业务发展视角、组织能力视角、云原生技术架构视角和架构持续演进闭环。

从技术架构的角度看，互联网厂商共有的技术架构至少包含三部分，即本地

设备、网络通信层、云计算层。其中，云计算层包括边缘云和中心云，两者均可根据部署情况细分为 IaaS 层、PaaS 层、SaaS 层，并演化出多种细化的分层方式，如亚马逊的物联网七层逻辑架构和智能工厂的三层技术架构等。

从功能实现的角度看，要构建一个通用的技术架构需要具备多方面的能力，包括能够支撑技术实现的基础设施和智能设备、高质量的网络通信能力（大带宽、低时延、广连接）、物联网（具备设备接入、设备通信、业务处理等能力）和数据中心（DC，具备数据获取、数据存储、数据处理和展现等基本功能）、边缘计算和云边协同能力、机器学习和 AI 仿真能力等。

从服务性能的角度看，需要确保目标范围内服务的高可用性，弹性处理网络故障和系统中断故障，支持高请求量的可扩展性，具有企业级服务品质和面向企业客户，形成服务生态系统。

7.6 5GtoB 服务能力总体架构

7.6.1 5GtoB 服务能力架构

基于以上理论分析与案例研究，得到一个通用的 5GtoB 服务能力架构，如图 7-16 所示（以智能制造为例），该架构由现场设备层、网络层、云计算层（IaaS 层、PaaS 层、SaaS 层）等层次组成，实现 IT、CT 和 OT 的深度融合。

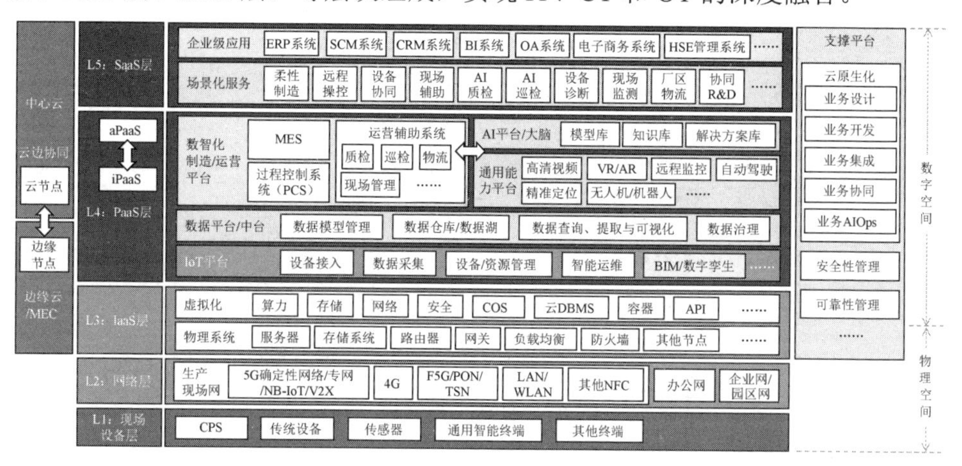

图 7-16 一个通用的 5GtoB 服务能力架构

L1：现场设备层

现场设备层位于 5GtoB 整个服务能力架构的底层，是实现各类生产、运营、服务功能和现场管理功能的实体。

（1）CPS（其所属技术类型为 OT+ICT）：在物理硬件、嵌入式软件系统、通信模块、网络和智能服务平台的支撑下，通过数据自动流动对物理空间中的物理实体逐渐赋能，使其成为 OT+ICT 融合的、可远程控制的智能设备，是可采集（通过传感器）和传送（通过通信模块）数据、具备 PLC 可编程能力、具有一定终端智能、可远程控制（通过控制器）的终端系统，可应用于 AVG、无人天车、XR、机器人等。

（2）传统设备（其所属技术类型为 OT）：哑终端，不具备 IT 和 CT 能力，必须通过人员或传感器实时监控的设备，需进一步开发为 CPS 方可具备智能。

（3）传感器（其所属技术类型为 IT）：指作为物联网终端的各类传感器，如高清摄像头、温度传感器、湿度传感器、压力传感器、气体传感器等，用于现场感知、数据采集、设备和人员监控，以及作为传统设备的监控手段。

（4）通用智能终端（其所属技术类型为 IT）：如手机、平板电脑、智能可穿戴设备等，一般具有移动性和便携性，不直接参与生产，可用于现场管理、通信和各类应用载体。

（5）其他终端：打印机、扫描仪等不参与生产、运营、服务的设备，用于一般用途。

L2：网络层

网络层（其所属技术类型为 CT）位于现场设备层之上，是将各类设备按照 SLA 性能要求接入 5GtoB 融合应用的关键技术，用于满足企业的组网需求。

（1）生产现场网：其组网技术包括 5G 网络、4G 网络、NB-IoT 和 V2X 网络等移动通信技术，OTN、PON 等固定通信技术，TSN，以及局域网（LAN）、无线局域网（WLAN）和各类在用的 NFC 技术（如工业互联网中常见的蓝牙、ZigBee、LoRa 等），主要服务于生产需求和现场调度等管理需求。其中，5G 技术提供原有网络不具备的 eMBB、URLLC 和 mMTC 能力，使能基于场景的创新型 5G 融合应用，具备单一技术满足全部网联需要的“全无线”工厂潜力。

（2）办公网：满足企业内部的办公流程、沟通等一般管理需求。

（3）企业网/园区网：为整个企业/园区提供话音、数据、图像等综合业务的服务。

L3～L5：云计算层

云计算层是强大的数据计算与处理设施（其所属技术类型以 IT 为主），通常由高性能服务器、存储集群和网络设备、安全设备部署组成，由中心云和 5G 网络提供的边缘云构成，根据云边协同的不同模式，二者均可承载 IaaS、PaaS、SaaS

平台，通过边缘计算与云计算协同来实现 5GtoB 服务的智能、密切协同，共同完成 5GtoB 服务。

边缘计算是在靠近物理设备或数据源头的网络边缘侧，融合网络、接入、计算、存储、应用核心能力的开放平台，就近提供边缘智能服务，满足行业数字化在敏捷连接、实时业务、数据优化、应用智能、安全与隐私保护等方面的关键需求。边缘计算主要包括云边缘、边缘云和边缘网关三种形态，云边协同的主要形式是：边缘云构建轻量级的、中小规模云服务或类云服务能力，提供就近计算及核心业务逻辑的处理能力，与此同时，中心云服务主要提供边缘云的业务开发能力，测试和下发部署能力，管理调度能力，以及大数据和 AI 支持能力。

边缘计算与云计算各有所长，云计算擅长全局性、非实时、长周期的大数据处理与分析，能够在长周期维护、业务决策支撑等领域发挥优势；边缘计算更适用于局部性、实时、短周期数据的处理与分析，能更好地支撑本地业务的实时、智能化决策与执行，当企业具备苛刻的时间敏感性需求或数据安全性要求（如数据不出厂）时，边缘云将成为唯一的选择[18-23]。

云边协同的能力与内涵如图 7-17 所示，涉及 IaaS、PaaS、SaaS 各层面的全面协同。

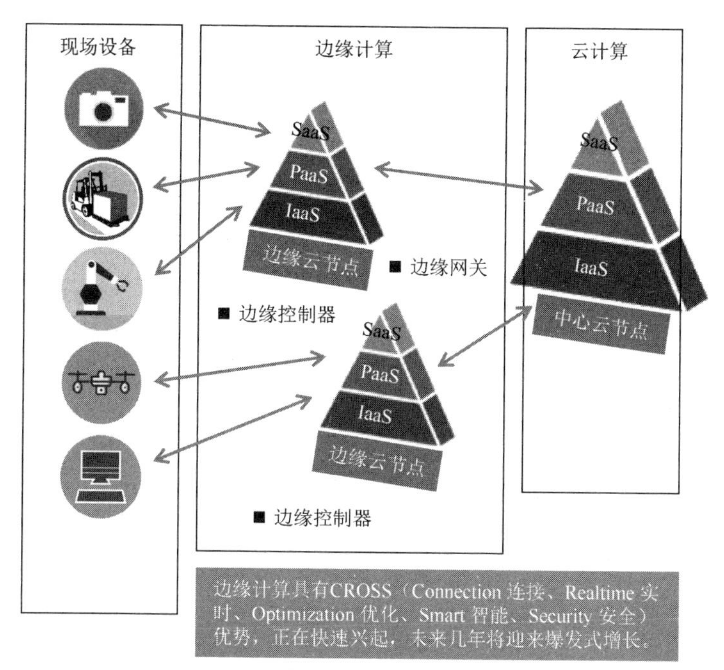

图 7-17　云边协同的能力与内涵

（1）资源协同。边缘节点提供计算、存储、网络、虚拟化等基础设施资源，具有本地资源调度管理能力，同时可与云端协同，接收并执行云端资源调度管理策略，包括边缘节点的设备管理、资源管理及网络连接管理。

（2）数据协同。边缘节点主要负责现场/终端数据的采集，按照规则或数据模型对数据进行初步处理与分析，并将处理结果及相关数据上传至云端；云端提供海量数据的存储、分析与价值挖掘能力。边缘与云的数据协同，支持数据在边缘与云之间可控有序流动，形成完整的数据流转路径，高效、低成本地对数据进行生命周期管理与价值挖掘。

（3）智能协同。边缘节点按照 AI 模型执行推理过程，进行分布式智能计算；在云端开展 AI 的集中式模型训练，并将模型下发至边缘节点。

（4）应用管理协同。边缘节点提供应用部署与运行环境，并对本节点多个应用的生命周期进行管理调度；云端主要提供应用开发、测试环境，以及应用的生命周期管理能力。

（5）业务管理协同。边缘节点提供模块化、微服务化的边缘应用、算力、智能、网络等运行实例；云端主要提供按照客户需求编排各类业务的能力。

（6）服务协同。边缘节点按照云端策略实现部分 EC-SaaS，通过 EC-SaaS 与云端 SaaS 的协同实现面向客户的按需 SaaS；云端主要提供 SaaS 在云端和边缘节点的服务分布策略，以及云端承担的 SaaS 能力。

值得注意的是，并非所有的场景都涉及上述边云协同能力，结合具体的使用场景，边云协同的能力与内涵会有所不同，同时即使是同一种协同方式，在与不同场景结合时，其能力与内涵也不尽相同。

1）L3：IaaS 层

IaaS 层（其所属技术类型为 IT）位于云计算层的底层，是边缘云和中心云应同时具备的层面，也是提供 5GtoB 服务运行所必需的基础设施资源，如计算、存储、网络、安全资源、能源、场地等硬件，通过容器化与虚拟化技术实现硬件资源的原子化和池化，供上层动态调用，主要包括物理系统和虚拟化两个方面。

（1）物理系统：提供由机房、网络、机架至物理机系统的全部硬件设施，包括服务器、存储系统、网关、路由器、负载均衡、防火墙等各类网络节点。

（2）虚拟化：提供虚拟化、容器化的算力、存储、网络、安全、云操作系统（Cloud Operating System，COS）、云 DBMS、应用 API 等能力，供上层服务调用。

2）L4：PaaS 层

PaaS 层在 IaaS 层之上，提供 5GtoB 服务的核心系统，支撑企业的智能制造、智慧工厂应用，推动企业的数字化转型。

（1）物联网平台（其所属技术类型为 IT）：对各类设备建模和接入，通过网络层进行数据采集，形成虚拟化的设备及其能力封装，并进一步演化为数字孪生系统，同时提供设备/资源管理、智能运维等功能，实现设备的全生命周期管理。

（2）数据平台/中台（其所属技术类型为 IT）：从底层采集而来的数据形成运行数据库、数据仓库和数据湖，支持顶层的运营平台和 AI 平台，提供相应的数据处理功能，如 ETL、数据查询、数据提取与可视化、数据治理功能。

（3）AI 平台/中台（其所属技术类型为 IT）：利用大数据、自然语言处理（Nature Language Processing，NLP）等技术建立模型库、知识库、解决方案中心等，承载支撑各类 PaaS、SaaS 智能化应用的模型提供、训练和优化等需求，最终形成“企业大脑”。

（4）数智化制造/运营平台（其所属技术类型为 OT+ICT）：支撑企业 5GtoB 服务的各类制造系统、运营平台和创新型行业融合应用，通常由业务流程级系统和产品级系统等层次构成。以制造业为例，其中，PCS 完成产品生产线及制造、服务、业务关键环节的 5G 智能融合应用（与现场设备层对应），可形成基于技术和场景的、具备一定通用性的、标准化的 5G 通用赋能模块；MES 则在此基础上实现对生产过程的全面监控、优化和管理；运营辅助系统用于提供其他不可或缺的功能或子系统，如质检、物流、现场管理/实时监控等，最终打造智慧工厂。

（5）支撑平台（其所属技术类型为 IT）：提供整个系统的自动化运行环境及支撑能力，主要包括业务开发和业务运行两个领域，主要提供业务设计、业务开发、业务集成、业务协同、业务 AIOps 功能，以及安全性管理、可靠性管理、云原生、云边协同等通用能力，可构建供非技术人员进行可视化低代码开发的 aPaaS 平台和帮助企业打通和集成应用程序的 iPaaS 平台等。其中，aPaaS 是基于 PaaS 的一种解决方案，支持应用程序在云端的开发、部署和运行，提供软件开发中的基础工具，包括数据对象、权限管理、用户界面等；iPaaS 提供的功能使订户（又称租户）能够实施涉及任意组合的云端和本地端点（包括 API、移动设备和物联网）的集成项目，这需要开发、部署、执行、管理和监控连接多个端点的集成过程和流程，以便它们协同工作。

3）L5：SaaS 层

SaaS 层（其所属技术类型为 IT）是位于 PaaS 层之上的顶层，提供超越代表垂直行业技术的 MES、PCS 等的企业级应用，完成企业级的价值创造和提升。

（1）ERP 系统、SCM 系统：与 PaaS 层的 MES 等系统对接，提供供应链、采购、工程、财务、人力资源（HR）等管理功能，实现企业级价值管理。

（2）CRM 系统：提供客户开发、销售和服务等功能，实现客户关系的维系。

（3）BI 系统：可利用 PaaS 层的 AI 中台和数据中台的数据查询、提取与可视化能力，对企业中现有的数据进行有效的整合，快速、准确地提供报表，并提出决策依据，为企业的经营决策服务。

（4）办公系统：OA、E-mail、考勤、行政后勤、培训考试、会议系统等。

（5）线上销售、O2O 等的电子商务系统。

（6）HSE 管理系统。

（7）其他各类企业级应用。

7.6.2 5GtoB 服务交付能力架构

如上所述，5GtoB 服务能力架构是十分庞大的技术体系，必将发展为某种技术生态，由硬件、软件、SI、咨询单位等多种参与方共同协作，形成新型的产业生态和商业模式，在不同层次可形成相对应的多种产品、服务及其组合，在此称之为 5GtoB 服务交付能力架构。

5GtoB 服务交付能力架构由解决方案、5G 场景化产品/服务、专用软件/能力、云基础设施服务、边缘计算服务、网络服务、设备及网络 7 个层次组成，如图 7-18 所示。其中，EaaS 指边缘即服务。

L1（设备及网络层，也是 CPS 层）：提供工业级的终端芯片和通信模组。

L2（网络服务层，也是定制网层）：网络服务分为内网服务与外网服务，外网满足工业企业和工业互联网的联网需求，内网支持企业园区内的 5G 全连接网络、定制网及切片管理、工业以太网、TSN 等。

L3（边缘计算服务层，也是 EaaS 层）：可以提供边缘安全服务，包括物联网设备身份认证、设备保护服务；也可以提供边缘计算服务，包括终端设备接入、协议解析、边缘数据处理、边缘智能分析、边缘应用部署与管理等。

L4（云基础设施服务层，也是 IaaS 层）：提供企业级云计算服务，如云服务器、云存储、网络服务（弹性公网、负载均衡、专网）、容器化的算力、COS、云 DBMS、云安全、虚拟化等，同时可为第三方平台或应用提供基础云服务。

L5（专用软件/能力层，也是 iPaaS/aPaaS 层）：其平台/中台服务提供通用能力服务、专用能力平台及其组件、应用开发工具服务和安全服务。

L6（5G 场景化产品/服务层，也是场景化 SaaS 层）：提供面向企业特定场景化需求的标准化产品与相关软硬件、服务等组件。

L7（解决方案层，也是 SaaS 层）：提供面向企业需求的整体解决方案与相关软硬件、服务等组件。

SaaS层　解决方案层
智慧工厂总体解决方案　工业互联网平台　协同R&D系统　智慧运营解决方案　智慧大脑

解决方案：提供面向企业需求的整体解决方案与相关软硬件、服务等组件。

解决方案　设备　网元　集成　软件
服务：规建维优营　研发　测试　标准化

场景化SaaS层　5G场景化产品/服务层
超高清视频回传　无人机/机器人　VR/AR辅助　远程操控　现场监控　自动驾驶　精准定位

5G场景化产品/服务：提供面向企业特定场景化需求的标准化产品与相关软硬件、服务等组件。

解决方案　设备　网元　集成　软件　API/SDK
服务：规建维优营　研发　测试　标准化

iPaaS/aPaaS层　专用软件/能力层　安全服务
应用开发工具：低代码开发平台　云原生/微服务框架　DevOps/AIOps
前端可视化　专用能力平台或组件
通用能力平台：工业大脑　数据中台　物联网平台

平台/中台服务：提供通用能力服务、专用能力平台及其组件、应用开发工具服务和安全服务。

解决方案　设备　网元　集成　软件　API/SDK
服务：规建维优营　研发　测试　标准化

IaaS层　云基础设施服务层　弹性计算
云服务器　云存储　网络服务　COS　云DBMS　云安全　容器化的算力　虚拟化

（1）企业级云计算服务：云服务器、云存储、网络服务（弹性公网、负载均衡、专网）、容器化的算力、COS、云DBMS、云安全、虚拟化等。

（2）为第三方平台或应用提供基础云服务。

解决方案　网元　软件　API/SDK
服务：规建维优营　研发　测试　标准化

EaaS层　边缘计算服务层　通用边缘节点
边缘安全　设备接入　协议解析　就近计算　边缘应用部署　边缘数据处理　边缘智能分析

边缘计算服务层可以提供边缘安全服务，包括IoT设备身份认证、设备保护服务；也可以提供边缘计算服务，包括终端设备接入、协议解析、边缘数据处理、边缘智能分析、边缘应用部署与管理等。

解决方案　网元　软件　API/SDK
服务：规建维优营　研发　测试　标准化

定制网层　网络服务层　通信网络

（1）外网：满足工业企业和工业互联网的联网需求。

（2）内网：支持企业园区内的5G全连接网络、定制网及切片管理、工业以太网、TSN等。

解决方案　网元　软件　API/SDK
服务：规建维优营　设计　测试　标准化

CPS层　设备及网络层　芯片　通信模组

提供工业级的终端芯片和通信模组。

通信模组　芯片　设备　软件　API/SDK
设计　制造　集成　测试　服务　标准化

图 7-18　5GtoB 服务交付能力架构

本章参考文献

[1] 艾瑞咨询. 5G 应用场景研究报告[R]. 2019.

[2] 工业和信息化部. “5G+工业互联网” 十个典型应用场景和五个重点行业实践[R]. 2021.

[3] 5GDNA 确定性网络产业联盟. 5G 确定性网络架构产业白皮书[R]. 2021.

[4] 5G 应用产业方阵（5G AIA）. 5G 行业虚拟专网网络架构白皮书[R]. 2020.

[5] 叶惠卿. 面向垂直行业的 5G 定制专网应用探讨[J]. 电脑与电信，2021（10）：64-66，69.

[6] 赛迪智库. 工业数字化转型白皮书[R]. 2020.

[7] 华为，IDC. 工业互联网白皮书[R]. 2021.

[8] 工业互联网产业联盟（AII），5G 应用产业方阵（5G AIA）. 5G 与工业互联网融合应用发展白皮书[R]. 2019.

[9] 阿里云. 工业大脑解决方案手册（阿里云）[R]. 2021.

[10] 中国电子技术标准化研究院，中国信息物理系统发展论坛. 信息物理系统建设指南（2020）[R]. 2020.

[11] 张延华，杨乐，李萌，等. 基于 Q-learning 的工业互联网资源优化调度[J]. 北京工业大学学报，2020，46（11）：1213-1221.

[12] 亿欧智库. 5G 基础梳理及应用前景分析研究报告[R]. 2018.

[13] 5G 工业应用联合创新实验室. 5G 工业应用白皮书[R]. 2020.

[14] 周立栋.云原生在 5G 中的应用探索及展望[J].通信世界，2021（18）：43-44.

[15] 欧大春.5G 时代利用人工智能提升运营商网络竞争力的研究[J].邮电设计技术，2020（10）：1-4.

[16] 谢剑超. 5G 专网国内外发展现状探讨[J]. 通信世界，2021（5）：33-36.

[17] IDC 中国. 中国公有云服务市场（2022 上半年）跟踪[R]. 2022.

[18] 边缘计算产业联盟（ECC），工业互联网产业联盟（AII）. 边缘计算安全白皮书[R]. 2019.

[19] 中国联通. 5G MEC 边缘云平台架构及商用实践白皮书[R]. 2020.

[20] 边缘计算产业联盟（ECC）. 工业互联网边缘计算节点白皮书[R]. 2020.

[21] 边缘计算产业联盟（ECC），绿色计算产业联盟（GCC）. 边缘计算 IT 基础设施白皮书[R]. 2019.

[22] 中兴通讯. 中兴通讯 Common Edge 边缘计算白皮书[R]. 2019

[23] 确定性网络产业联盟. Edge Native 技术架构白皮书[R]. 2021.

第 8 章 5GtoB 生态整合能力

作为推动我国经济高质量发展和产业数字化转型的新引擎，toB 成为 5G 发展的核心方向。深探垂直领域、推动各行各业数字化转型更是我国未来十年发展的重中之重。在新基建和新冠疫情防控工作的催化下，5G 与垂直行业的创新融合进程加快，各大运营商争相部署各行各业，在矿山、码头、工业制造、教育、医疗等领域的解决方案已经逐步落地并初露锋芒。5GtoB 是一个多方参与的合作生态，如何辨识各参与方的能力特色，找准各自在数字化转型架构体系中的生态定位，结合 B 端企业数字化发展不同阶段的需求特点，有效整合各参与方之间的合作模式并形成最优生态，是运营商 5GtoB 服务能力捕获的关键问题。

8.1 5GtoB 服务之生态系统

商业生态系统被定义为一种社群、一种平台、一种虚拟网络、一种从属关系、一种合作安排、一种活动体系、一种行动者集合。更进一步地，商业生态系统被梳理出三条发展脉络：企业生态系统、创新生态系统和平台生态系统[1]。有效的创新需要在创新生态系统中完成，是一个协同整合机制，可以加速商业生态系统的形成并使之有序运行[2]。按照上述概念，可将 5GtoB 视为“创新生态系统”，即“整合多方产品和服务资源，从而为企业顾客提供具有内在一致性的解决方案的合作安排”。

8.1.1 5GtoB 生态参与者

基于 5GtoB 服务能力的五层架构，即现场设备层、网络层、云计算层（包括 IaaS 层、PaaS 层、SaaS 层），企业数字化生态系统的参与者必然由提供各层能力的厂商或服务商构成。5GtoB 服务能力架构之生态参与者如图 8-1 所示，在不同的系统能力层级，终端设备供应商、网络设备供应商、运营商、互联网云厂商（IaaS 厂商/PaaS 厂商/SaaS 厂商）、IT 提供商、行业集成商等将成为企业数字转型生态中的重要参与者。

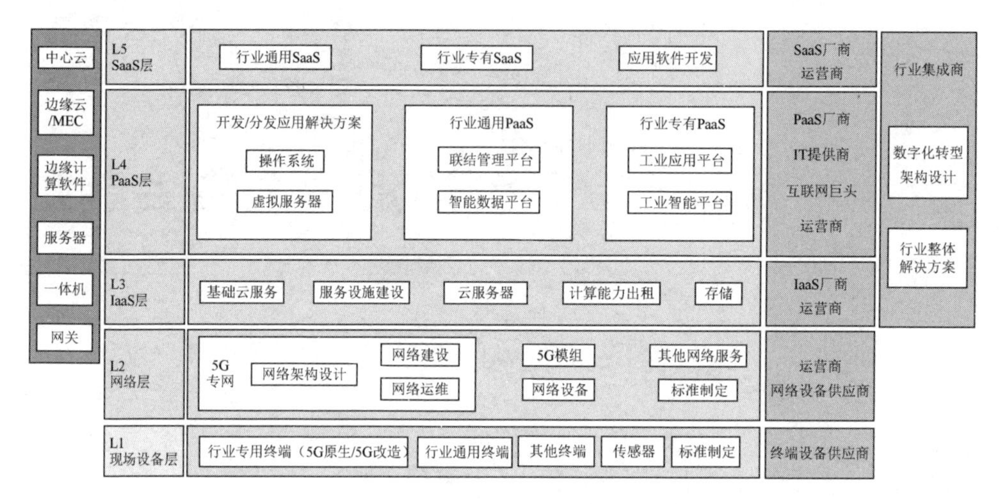

图 8-1 5GtoB 服务能力架构之生态参与者

5GtoB 的商业成功要从行业数字化场景入手，敬畏行业、理解行业。面对多方参与的碎片化市场，需要有一个统一的商业架构。以产业发展、产业生态为基础，以网络能力为保障，在设计出成熟商业模式的基础上，运营商应携手设备供应商、集成商、独立软件开发商（Independent Software Vendor，ISV），共同服务于最终的企业客户。

在未来的 5GtoB 商业循环中，共有 5 个关键角色，分别为网络运营商、云服务商、SI、应用开发商及企业客户。

网络运营商：负责提供 5G 网络服务，实现 5G、固网、物联网能力的外延，向企业提供专线、专网等网络能力，并延伸至边缘计算。网络运营商还可以将网络能力标准化，对外提供调用接口，供行业合作伙伴集成和应用。

云服务商：一方面，通过建立行业应用使能中心，为应用开发者提供 5G 能力，加速 5G 应用的开发节奏，构建起包容发展的 5G 应用生态；另一方面，通过构建 5GtoB 行业市场，聚合行业应用和 5GtoB 产品，简化交易模式，使能 5GtoB 解决方案的规模复制。值得注意的是，行业云服务商可以是网络运营商，可以是公有云服务商，也可以是 SI。

SI：作为 toB 业务必不可少的角色，SI 需要有行业理解力，通过整合资源为行业提供解决方案的咨询、设计与交付，提供生态的聚合和业务的集成验证服务。这个角色是决定行业数字化项目成败的关键，目前我国运营商都拥有各自的系统集成团队，并在行业 DICT 中培养了相应的能力。运营商不仅可以提供 5G 网络及云服务，还可以提供行业的集成服务，在成长为行业数字化引领角色的同时，实现自身价值的最大化。

应用开发商：提供行业应用，可将其上架到行业市场，被 SI 集成为行业解决方案。

企业客户：企业客户作为最终用户，主要是项目业主，他们是行业数字化的践行者。目前，5GtoB 主要在制造、矿山、港口、水泥、教育、医疗、园区、公共安全等行业有较多实践。企业可以自行在行业市场订购行业解决方案（也可以由 SI 代购）。行业市场会给企业提供自服务门户，以便企业自主管理日常业务并定界问题。

8.1.2　生态主导的关键要素

在 5GtoB 生态体系中，参与的角色众多，能力各异，需要有一个强有力的主导角色，集成整合各方能力，构建一个统一的商业架构，从而促成高效的合作生态。而要处于生态主导地位，需要在规模、技术、行业地位等方面具有显著的优势。基于对 5G 数字化转型的典型企业实践项目及生态体系参与角色的实际合作方式的广泛调研，如三一重工股份有限公司（简称三一重工）5G 定制化项目、河北鑫达集团有限公司钢铁数字化转型、湘钢项目等[3]，可以归纳出生态主导的关键要素，如图 8-2 所示。

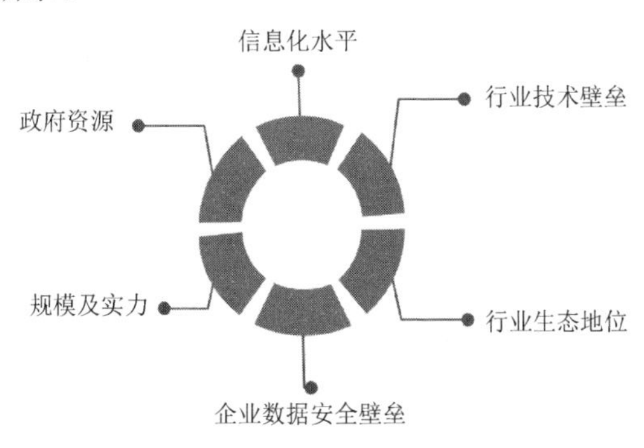

图 8-2　生态主导的关键要素

（1）规模及实力。规模及实力是指企业规模、资金实力、属地运营能力、行业资源掌握能力等。

（2）行业生态地位。行业生态地位是指在企业所属行业供应链生态中的地位，以及对行业市场、产品及技术发展的引领力和议价能力等。

（3）信息化水平。信息化水平是指对企业信息化的理解水平，对 ICT 的开发能力及应用水平，对信息资源的共享度，以及对信息化项目的管理能力等。

（4）行业技术壁垒。行业技术壁垒是指行业专属的运营过程、工艺技术、生产流程、质量性能、服务开发等技术方面的专有性，以及生态体系中其他参与方进入该行业的难度和需要承担的风险等。

（5）企业数据安全壁垒。企业数据安全壁垒是指企业数据安全要求及系统可开放程度等。

（6）政府资源。政府资源是指政府合作、公共资源、5G 牌照、频谱及扶持政策等。

8.2 分类企业数字化转型路径

要使 5G 成功进入各行业并发挥作用，最重要的是理解每个行业的状况。不同的行业不仅有各自的应用场景，还处于不同的信息化发展阶段。ICT 行业应该与传统行业领军企业和专家合作，全面分析行业需求，结合 5G 技术制订相应方案。要实现 5G 在多个行业的应用，就需要整合 CT、IT、OT，融合 5G、云、AI、智能终端等新技术，只有这样才能真正实现数字化转型。由于 5GtoB 产业链非常庞大，其中玩家众多，要想将 5GtoB 服务推广应用到千行百业中，需要集成各行业的应用，以构建生态汇聚平台，使产品便于订购、开通、运营和二次开发。这样就能帮助企业快速复制成功案例和解决方案。

从数字化转型需求来看，不同的行业企业不仅对 5G 的需求迫切程度、应用能力有差别，而且不同数字化场景的技术门槛也存在显著的区别。即使在制造业领域，不同行业的数字化转型需求也有着各自独特的个性。例如，钢铁、矿山、港口等特殊行业因其独特的工艺技术和生产流程，OT 领域数字化的技术门槛很高，所以它们对于 5G 的需求更多是刚性的，要实现 5G 融合创新的难度更高。相比之下，一般的制造业更多是进行通用场景的数字化应用开发，其技术门槛相对较低。

此外，从企业自身的角度看，大型行业领军企业拥有强大的实力和很高的信息化技术水平，可以推进和部署集团整体甚至全行业的数字化转型和 5G 应用；小型企业则往往只能作为追随者，复制成熟的应用。因此，要想促成有效的数字化转型生态，首先应该区分不同类型企业的数字化特征，并分析它们各自的转型路径，这样才能更好地针对实际目标和进程协调各方的能力特点，从而进行有效的生态整合。

根据运营商已经开展的 5GtoB 数字化转型应用项目，B 端企业按照生态主导的关键要素可分为大型 B 端企业和小型 B 端企业（以下简称“大 B”和“小 B”）。针对大 B，按其对 5G 需求的迫切性、是否存在行业技术壁垒和主要应用场景的特殊性等可分为Ⅰ类大 B 和Ⅱ类大 B。初步地，可将各类企业的数字化转型路径大致分为初级、中级和高级三个阶段。

8.2.1　Ⅰ类大 B 数字化转型特征及路径

Ⅰ类大 B 规模巨大，具有行业领先地位，且由于外部竞争压力，其数字化转型需求更为迫切。该类企业的数字化转型需求以行业专有技术场景开发为主，对专业技术和数据安全性的要求都很高，5G 进入该类企业的难度较高。该类企业主要包括采矿业[4]、石油/煤炭及其他燃料加工业、金属冶炼和压延加工业、专业设备制造业、汽车制造业、铁路/船舶/航空航天和其他运输设备制造业、电力/热力/燃气/水生产及供应业等行业的龙头企业，如湘钢、三一重工、宁波舟山港、中国中车股份有限公司（简称中国中车）、格力电器、上海汽车集团股份有限公司（简称上汽集团）、国电电力发展股份有限公司（简称国电电力）、中国石油化工集团有限公司（简称中国石化）等。

Ⅰ类大 B 在自身数字化转型过程中有很大的话语权，转型过程完全以自身需求发展为核心。初级阶段主要完成企业数字化转型整体架构设计和系统基础架构搭建，包括网络层相关标准制定及 5G 定制网建设、IaaS 层基础能力和服务功能建设、物联网建设等，同时开发、落地简单的通用场景。中级阶段进行规模网络建设，并与现场设备层完成适配，实现典型场景的大范围接入。此阶段的重点任务是开发 PaaS 层行业专有场景，针对专业化制造工艺流程进行场景数字化开发/集成，并联动 SaaS 层改进、完善相关系统。高级阶段重点进行标准化及规模化的应用推广，即实现 PaaS 层及 SaaS 层规模可复制，内部应用外部化、标准化、市场化推广，构建 SaaS 层开放商业平台。

8.2.2　Ⅱ类大 B 数字化转型特征及路径

Ⅱ类大 B 具备一定的企业规模和行业影响力，数字化转型需求同样迫切，但其数字化应用场景的通用性较强，不存在明显的专业技术壁垒，以 5G 通用场景的开发为主。这类企业覆盖的典型行业主要为农副食品加工业，服装服饰业，交通运输、仓储、邮政业[6]，批发和零售业，住宿和餐饮业，金融业，房地产业，教育，旅游业，水利、环境和公共设施管理业，公共管理、社会保障和社会组织等，具备中等以上规模、在行业中有一定影响力。典型企业如蒙牛集团（简称蒙牛）、顺丰速运有限公司（简称顺丰）、各航空公司、各大银行、海底捞国际控股有限公司（简称海底捞）、启迪环境科技发展股份有限公司（简称启迪环境）、好未来教育集团、智慧城市建设[5]等。

Ⅱ类大 B 数字化转型进程受企业自身需求与行业发展水平共同影响。初级阶段的任务是搭建系统基础架构，而中高级阶段将平稳过渡，致力于通用场景的开发及大规模复用，企业可自行开发通用场景，也可引入行业内已应用成熟的通用场景，直接进入规模化推广过程。

8.2.3　小 B 数字化转型特征及路径

小 B 的业务规模较小，在资金、技术、行业生态地位等各个方面都不具备显著的能力和地位，其数字化应用更加通用和基础。除少数国家限制的行业外，小 B 涉及的行业广泛，特别在食品服装加工、餐饮及服务、IT 等行业中的数量巨大，是行业里的中小型尾部企业，信息化水平及发展能力较低。这类企业的数字化转型需求不迫切，5G 延伸空间有限。

小 B 在数字化转型过程中的阶段演进与Ⅱ类大 B 相比更加不明显，通常跟随行业主导方，成为工业互联网平台或行业云平台上成熟、标准的数字化应用的购买者和使用者。

综上所述，对三类 B 端企业的数字化转型路径进行归纳，如图 8-3 所示。

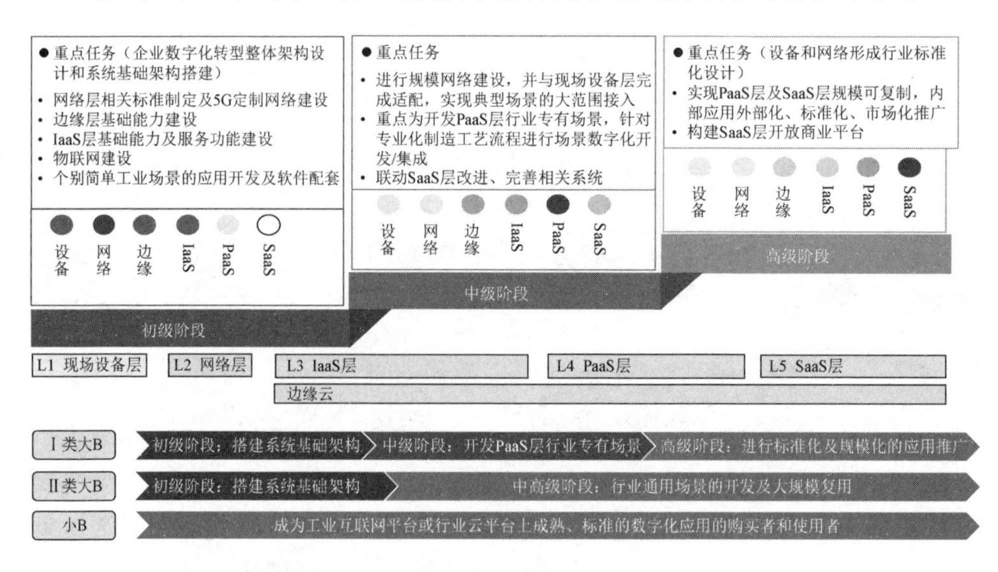

图 8-3　三类 B 端企业的数字化转型路径

8.2.4　不同阶段的生态主导关键要素

在企业数字化转型的不同发展阶段，建设重点、技术壁垒及资源需求等均表现出不同的特点。

以Ⅰ类大 B 为例，数字化转型初级阶段的重点任务是企业数字化转型整体架构设计和系统基础架构搭建，即任务重点在现场设备层、网络层及 IaaS 层。因此，初级阶段的重点能力需求如下：

（1）在信息化水平方面，了解行业需求，能进行数字化转型整体架构设计。

（2）在规模及实力方面，具备垫资、资源调度、集成交付的资金实力。

（3）在政府资源方面，具备获取网络牌照、频率资源及优惠政策等的能力。

在以上三方面具有强势能力的企业很容易成为初级阶段的主导角色。

Ⅰ类大 B 数字化转型中级阶段的重点任务是开发行业 SaaS 层的专有场景，针对专业化制造工艺流程进行场景数字化开发/集成。而行业专有 SaaS 具有一些典型特征：专业技术壁垒高、紧密连接生产工艺、数据保密及安全要求高、信息资源共享度低等。因此，中级阶段的重点能力需求表现为：①专属技术的行业地位、业务数据集成和联动能力、研发及创新能力；②数据方面的安全保护能力；③网络运维、属地化运营能力等。这些能力是中级阶段生态主导角色需要具备的要素。

图 8-4 中简单总结了Ⅰ类大 B 在数字化转型的各发展阶段，生态主导关键要素的重要程度。当然，不同行业、不同规模性质的企业，其数字化进程也极具个性化，商业生态也不尽相同。这也进一步表现出 5GtoB 商业生态的阶段性、复杂性和多样性[7]。

	初级阶段	中级阶段	高级阶段
政府资源	★★★★☆	★★★☆☆	★☆☆☆☆
规模及实力	★★★★☆	★★★★☆	★★★☆☆
信息化水平	★★★★★	★★★★★	★★★★★
行业生态地位	★★★☆☆	★★★★☆	★★★★☆
行业技术壁垒	★★☆☆☆	★★★★★	★★★☆☆
企业数据安全壁垒	★★☆☆☆	★★★★☆	★★★★☆

★越多表示该要素越重要。

图 8-4　各发展阶段生态主导关键要素的重要程度

8.3　5GtoB 生态模式

5GtoB 是一种“生态圈”商业模式，是指通过建立合作跨越传统的行业界限，建立以客户为中心的协同网络，提供满足特定场景中客户的各种需求的一系列服务。构建稳定的“生态圈”商业模式，必须有强有力的主导角色，以引领各合作伙伴及参与者以不同的合作模式分工协作，形成面向客户需求的整体合力，最终完成服务的交付[8]。

8.3.1 5GtoB 生态主导能力

在本节中，我们归纳了不同类型 B 端企业的 5GtoB 服务能力架构中主要生态参与方的主导能力。根据 8.1.2 节中对生态主导关键要素的分析，运营商（含通信设备供应商）、传统行业集成商和互联网巨头是生态体系中占据主导地位的优势角色。运营商（含通信设备供应商）可为 B 端企业搭建 5G 定制网、物联网，并提供基础云服务和边缘云服务，在政府资源、规模及实力和信息化水平方面占据优势；传统行业集成商可为 B 端企业进行整体数字化转型设计与集成，在各层提供较为全面的产品和服务，其优势在于行业生态地位、行业技术壁垒和数据安全壁垒三方面；互联网巨头的实力则表现在行业通用和专有 SaaS 的开发和服务能力上，且其规模大、资金实力强、信息化水平高。

但对于不同类型 B 端企业的具体数字化转型需求，以上三方的优势对比又有差异，表 8-1 针对三类 B 端企业，从六个要素角度对运营商、传统行业集成商和互联网巨头进行优势对比，为进一步分析各类 B 端企业的生态模式奠定基础。

表 8-1 5GtoB 生态体系主要参与方的主导能力对比

要素	Ⅰ类大 B			Ⅱ类大 B			小 B		
	传统行业集成商	运营商	互联网巨头	传统行业集成商	运营商	互联网巨头	传统行业集成商	运营商	互联网巨头
行业技术壁垒	●	◔	◔	●	◑	◑	◕	◑	●
行业生态地位	●	◔	◔	◑	◔	◔	◑	◑	◕
企业数据安全壁垒	●	◔	◔	◕	◑	◕	◑	◕	●
信息化水平	●	◔	◑	●	◕	●	◕	◕	●
规模及实力	●	◕	◕	◕	◕	◕	◑	●	●
政府资源	●	●	◕	◕	●	◕	◑	●	◕

注：●—很强；◕—较强；◑——一般；◔—较弱。

由表 8-1 可以看出，在Ⅰ类大 B 的生态体系中，传统行业集成商在各方面均占据绝对优势；而在Ⅱ类大 B 的生态体系中，除传统行业集成商在行业技术壁垒方面占上风外，在其他各要素方面三方势均力敌。小 B 数字化转型最重要的是打造工业互联网平台或行业云平台，此时互联网巨头相较于其他二者更具优势。

8.3.2 5GtoB 典型生态模式

依据企业类型、转型阶段重点任务、参与方优势分析，同时结合对实际案例的调研访谈，可以归纳出几个 5GtoB 生态体系主导角色，并将其大致分为五种商业模式。在商业模式示意图中，除政府外，与 B 端企业直接连接的角色为该模式的核心主导者，其他角色通过提供不同形式/内容的服务支撑，以主要贡献者或合作参与者等差异化介入程度，与核心主导者共同构建 B 端客户的 5G 生态体系。

M1 模式：传统行业集成商主导模式

M1 模式如图 8-5 所示，传统行业集成商进行专业应用场景的开发和整体架构的集成，在生态体系内占据主导核心地位。运营商的核心能力在网络搭建和设备运维方面，具备一定的成本优势，主要负责互联网数据中心机房服务、网络搭建及运维、基础云服务等。终端设备供应商和网络设备供应商提供符合总集成商要求和标准的设备及其他硬件设施，其他生态伙伴提供边缘云服务、基础云服务和专有 SaaS 等。

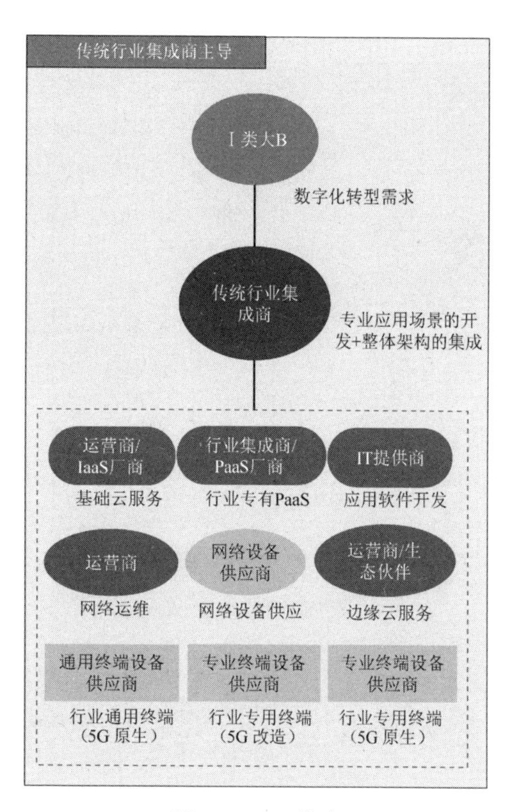

图 8-5 M1 模式

M2 模式：运营商集成主导模式

M2 模式如图 8-6 所示，运营商在生态体系内处于主导地位，除了负责 5G 定制网的搭建和运维，还承担企业数字化转型架构的设计与集成工作。终端设备供应商拥有先进的行业 IT，是 5G 场景落地所需终端设备的优势供应商，而网络设备供应商负责提供网络模组等硬件。其他生态伙伴，如 IaaS 厂商和 SaaS 厂商，可与运营商一同建设边缘云，提供基础云服务和个别简单工业场景的应用开发。

M3 模式：多方竞争主导模式

M3 模式如图 8-7 所示，行业集成商、运营商、华为、互联网巨头均属于规模大、资金实力雄厚的参与方，各具优势。行业集成商的优势在于行业信息化基础方面，具备集成交付的能力；运营商的优势在于品牌、5G 网络频谱及属地运营能力等方面；华为具有领先的网络技术，研发与创新能力强；互联网巨头的行业引领能力较强。因此，各角色都有可能占据主导地位，总体呈现一种竞争性。另外，终端设备供应商作为主要贡献者提供所需的各类终端设备，其他合作伙伴凭借自身的专业服务和技术能力承担必要的系统开发或行业通用的简单 SaaS。

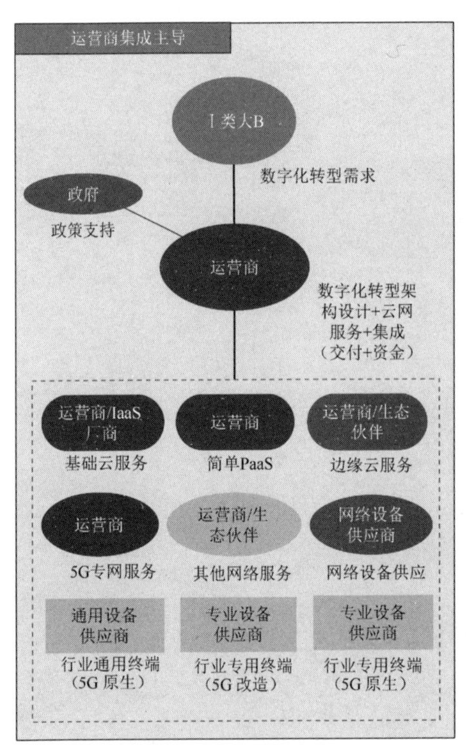

图 8-6 M2 模式

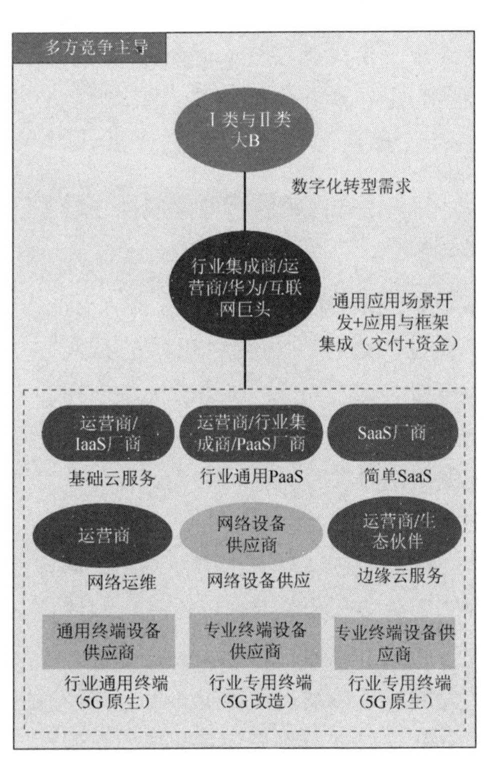

图 8-7 M3 模式

M4 模式：合资共建平台主导模式

M4 模式如图 8-8 所示，运营商、网络设备供应商、行业大 B 三方合资，共同进行行业通用能力的开发，合作打造工业互联网平台。合资企业将充当主导角色，赋能 II 类大 B 和小 B 的数字化工程。

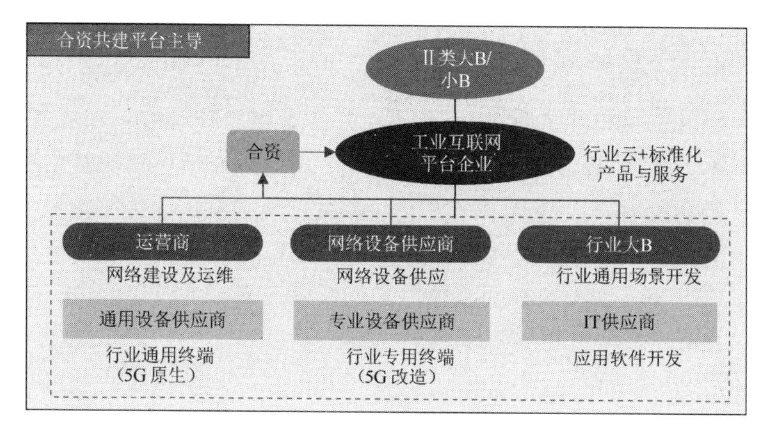

图 8-8 M4 模式

M5 模式：竞争性独家云平台主导模式

M5 模式如图 8-9 所示，M5 模式和 M3 模式的参与角色及其分工差异不大，主要区别在于面向不同类 B 端客户，主导角色承担的任务不同。M3 模式适用于大 B，主要参与方通过竞争，其中一方成为主导角色，主要提供以满足大 B 需求为核心的行业通用场景开发及系统总集成。而在 M5 模式下，主导角色提供的主要是成熟型应用软件，即面向小 B 提供云服务和标准化软件产品服务。

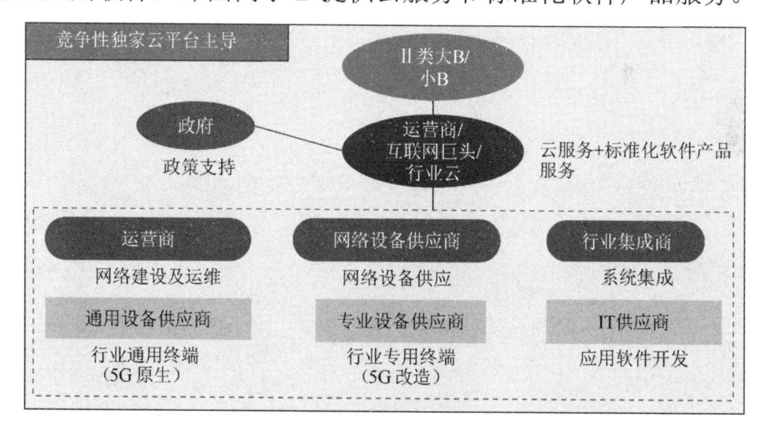

图 8-9 M5 模式

综上所述，按照不同类型 B 端企业在不同数字化转型阶段的特点，可以归纳出表 8-2 所示的 B 端企业分类与生态模式适配方案。

表 8-2 B 端企业分类与生态模式适配方案

	初级阶段	中级阶段	高级阶段
Ⅰ类大 B	M1、M2	M1	M1
Ⅱ类大 B	M3、M4、M5		
小 B	M4、M5		

8.3.3 5GtoB 生态模式总结

基于前述分析及企业实践研究，对 5GtoB 生态模式转型的关键问题总结如下：

（1）Ⅰ类大 B 的行业特性使其专有 SaaS 应用场景的数字化转型具有极高的技术壁垒，对数据安全、风险等级等也有特殊要求，因此传统行业集成商更容易成为生态中的主导角色；相对而言，在Ⅱ类大 B 和小 B 的数字化转型生态中，互联网巨头、运营商、云厂商等的主导性呈现竞争态势，信息化能力、企业规模及资金实力、政府资源等是影响竞争力的主要因素。

（2）大 B 话语权大，且一客一策（客户数字化转型诉求、节奏、现状差异都较大），不同客户间存在少量共性需求，但总体方案很难规模化。

（3）大 B 的行业数字化转型是个长期过程，它需要战略合作伙伴的长期合作，提供整体架构设计能力（也可能包括交付能力）。大 B 数字化转型的整体架构设计可以由两类角色承担：一是现有行业集成商/IT 集成商/行业设计院，通过叠加数字化能力，逐渐演变为行业数字化总体架构设计角色（适合于Ⅰ类大 B）；二是现有网络及信息化服务商（如运营商、华为、互联网厂家），通过叠加行业专有技术等相关能力，演变为行业数字化总体架构设计角色（适合于Ⅱ类大 B）。无论哪个路线，转型的难度都很高，但从现状看，信息化服务商转型的动作更快一些，由于行业能力不太可能纯内生发育，各路线都更有可能与现有行业机构整合或合作进行能力构建。

（4）对于多方激烈竞争的新兴市场，尤其是在各行业数字化转型的初期，各运营商/信息化服务商均具有一定程度的架构设计、云基础服务能力，为避免恶性价格竞争，政府应该以适当的方式提供政策支持或导向性行业分工研发支持计划。

8.4 运营商 5GtoB 生态整合策略

由前述研究可见，运营商在各行业各类企业的 5GtoB 数字化转型进程中都起着重要的推动作用，基于运营商自身的业务特征和能力基础，在不同类型 B 端企业的数字化生态系统中也具有不同的地位和作用。运营商应结合自己在各种生态模式中的特点和能力优势，扬长避短，充分发挥对全社会数字化转型的重要推动作用。

运营商数字化服务能力分析及 toB 策略如图 8-10 所示。我们基于 5GtoB 的服务能力架构，根据运营商自身优势在各层能力中的具体表现，并结合 8.3 节对各类 B 端企业数字化转型生态模式的分析，归纳总结了运营商在 5GtoB 中的生态策略。

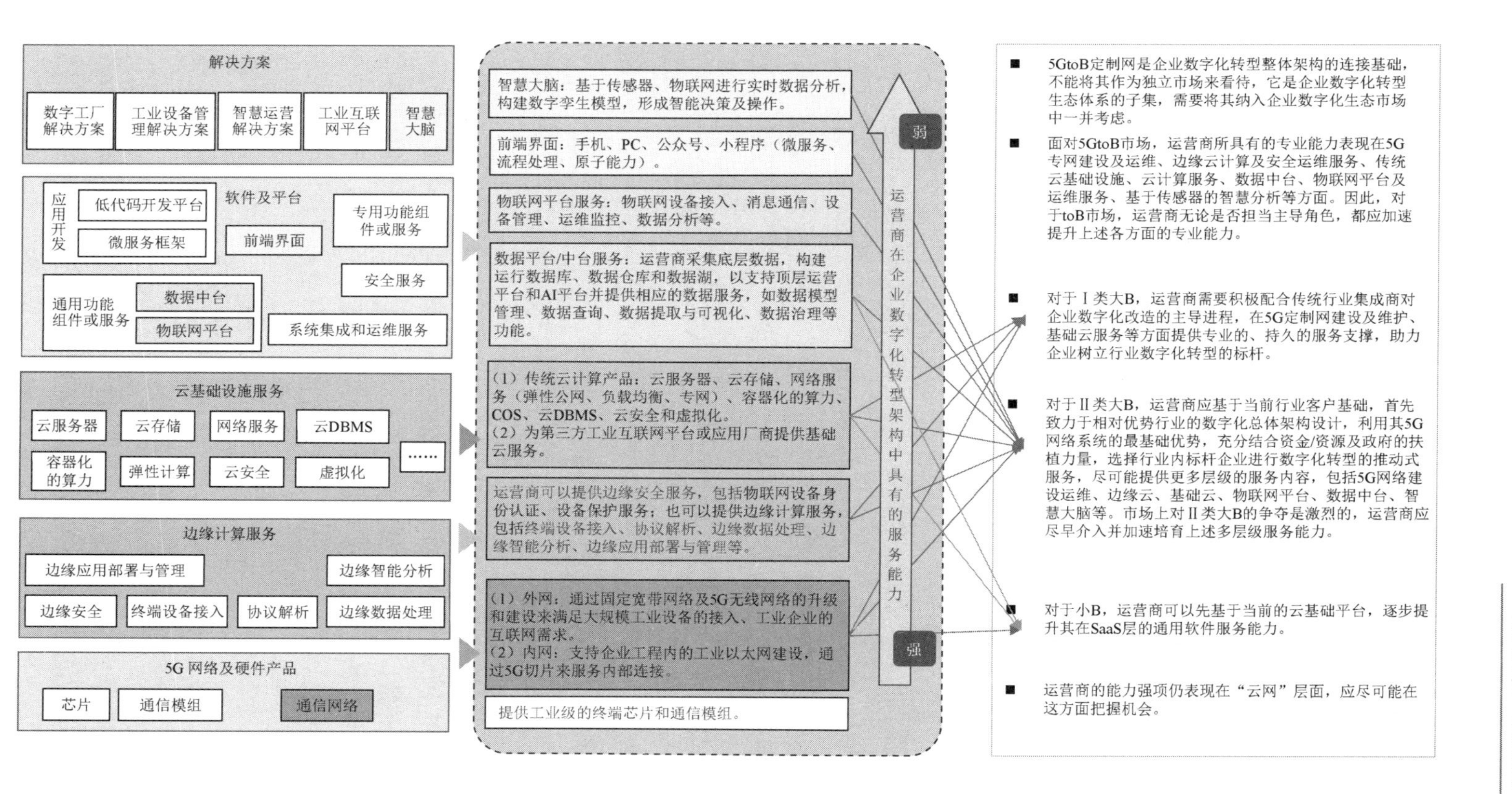

图 8-10 运营商数字化服务能力分析及 toB 策略

8.4.1 运营商数字化服务能力

面对 5GtoB 市场，图 8-10 左侧自下而上反映了 5GtoB 服务能力的 5 层结构，运营商有自身的专业能力及业务特点，在每个层级所具备的服务能力不同，分述如下。

1. 5G 网络及硬件产品

运营商最重要的优势是网络建设能力，可将其分为外网建设能力和内网建设能力两类。外网建设主要是指通过固定宽带网络及 5G 无线网络的升级和建设来满足大规模工业设备的接入、工业企业的互联网需求。内网建设是支持企业工程内的工业以太网建设，通过 5G 切片来服务内部连接。除了可以提供网络，运营商还可以提供工业级的终端芯片和终端模组等网络相关的硬件产品。

2. 边缘计算服务

运营商可以提供相应的边缘安全服务，包括物联网设备身份认证与设备保护服务；也可以提供边缘计算服务，包括终端设备接入、协议解析、边缘数据处理、边缘智能分析、边缘应用部署与管理等。

3. 云基础设施服务

运营商可以为 B 端企业提供传统云计算服务，也可以为第三方工业互联网平台或应用厂商提供基础云服务。传统云计算产品包括云服务器、云存储、网络服务（弹性公网、负载均衡、专网）、容器化的算力、COS、云 DBMS、云安全和虚拟化等。

4. 软件及平台

在软件及平台层中，运营商可在数据中台、物联网平台和前端界面三方面为 B 端客户提供服务。其中，数据平台/中台服务指的是运营商采集底层数据，构建运行数据库、数据仓库和数据湖，以支持顶层运营平台和 AI 平台并提供相应的数据服务，如数据模型管理、数据查询、数据提取与可视化、数据治理等功能；物联网平台服务包括物联网设备接入、消息通信、设备管理、运维监控、数据分析等。

5. 解决方案

运营商可基于传感器和物联网进行实时数据分析，构建数字孪生模型，最终形成智能决策及操作的智慧大脑。

从底层网络及设备到顶层解决方案设计，运营商在各个层级都拥有一定的建设能力，但随着层级的升高，运营商的专业能力是逐渐减弱的，能力优势仍然在网络层。而企业数字化转型是基于整体架构设计而展开的，其中 5GtoB 定制网是企业数字化转型整体架构的连接基础，不能将其作为独立市场来看待，它是企业数字化转型生态体系的子集，需要将其纳入企业数字化生态系统中一并考虑。因此，在生态体系中，运营商无论是否担当主导角色，都应在上述专业能力方面进一步深耕并争取到相应角色。

8.4.2　运营商生态整合策略

基于前述分析，运营商面对不同的类型的 B 端客户，在 B 端数字化生态系统中的地位和能力表现是有差异的，因此也应采取差异化生态整合策略。

对于 I 类大 B，运营商应遵从客户企业自身的数字化转型的需求和节奏，积极配合传统行业集成商对企业数字化改造的主导进程，在 5G 定制网建设及维护、基础云服务等方面提供专业、持久的服务支撑，助力企业树立行业数字化转型的标杆。

对于 II 类大 B，运营商应基于当前行业客户基础，力争在具有较强集成能力的行业企业做成主导角色。为此，应首先致力于相对优势行业的数字化总体架构设计（如智慧交通、智慧园区、智慧政务等），利用其 5G 网络系统的最基础优势，充分结合资金/资源及政府的扶植力量，选择行业内标杆企业进行数字化转型的推动式服务，尽可能提供更多层级的服务内容，包括 5G 网络建设运维、边缘云、基础云、物联网平台、数据中台、智慧大脑等。市场上对 II 类大 B 的争夺是激烈的，运营商应尽早介入并加速培育上述多层级服务能力。

对于小 B，运营商可以先基于当前的云基础平台，逐步提升其在 SaaS 层的通用软件服务能力。运营商的能力强项仍表现在“云网”层面，应尽可能在这方面把握机会。

总体来看，5GtoB 的商业成功要具备协同发展的优质土壤：一定规模的应用场景（通常来自行业领军企业）、全球顶尖的运营商和通信厂商、领先的信息化基础设施、良好的创新生态和国家政策的有力支持。这些是 toB 企业数字化转型成功的基本保障。

本章参考文献

[1]　韩炜，邓渝. 商业生态系统研究述评与展望[J]. 南开管理评论，2020，23（3）：14-27.

[2]　许其彬，王耀德. 商业生态系统与价值生态系统的比较与启示[J]. 商业经济研究，2018（4）：17-20.

[3] 华为. 5G 智慧钢铁白皮书[R]. 2020.
[4] 中兴通讯. 5G 智慧矿山网络解决方案白皮书[R]. 2020.
[5] 中国联通. 5G 赋能智慧城市白皮书[R]. 2020.
[6] 中国联通. 5G+智慧交通白皮书[R]. 2019.
[7] 亚信咨询. 5G 发展趋势及商业模式研究项目[R]. 2020.
[8] 薛健. 5G+垂直行业商业模式方向浅析[J]. 通讯世界，2020，27（6）：61-62.

第 9 章

体验导向的服务营销转型

随着绝对贫困的全面消除，我国实现了从短缺经济到温饱经济的飞跃，正在走向充裕经济，体验的经济学内涵正是在充裕经济中形成的。信息通信行业是充裕经济实现度很高的领域，ICT 是帮助各行各业实现充裕经济的必要工具。客户需求从产品服务的功能价值演变为购买与消费背后蕴含的身心愉悦，体验也逐渐从某种服务产品的附属转变为销售对象本身。连接是数字化时代体验创造的基本保障，电信运营的体验管理价值不仅来自自身客户体验的提升，帮助 B 端客户提升体验具有更大的想象空间，5G 的吸引力在很大程度上取决于其极致体验的创造能力。

9.1　客户体验的重要性

我国经济快速发展，进入充裕经济时代，客户需求表现为客户体验的满足，特别是高层次客户体验的满足。本节阐述客户体验在充裕经济时代的重要性及其特征。

9.1.1　体验经济中的客户体验

纵观市场经济的发展历程，客户需求的时代变迁大致分为产品经济时代、商品经济时代、服务经济时代、体验经济时代。

（1）产品经济时代又称农业时代，产品经济是大工业时期形成前的主要经济形式。当时正处于商品短缺期，即供不应求阶段，谁控制着产品或制造产品的生产资料，谁就主宰市场。

（2）商品经济时代又称工业时代，随着工业化水平的不断提高，商品不断丰富以至于出现过剩，即供大于求阶段。市场竞争加剧导致市场的利润不断稀薄直到发生亏损。

（3）服务经济时代是从商品经济时代中分离出来的，它注重商品销售活动中客户的关系，向客户提供额外利益，体现个性化需求。

（4）体验经济时代是从服务经济时代中分离出来的，它追求客户感受性满足的程度，重视客户在消费过程中的自我体验。

体验经济时代是以服务作为舞台、以商品作为道具来使顾客融入其中的社会演进阶段。体验经济时代，服务越来越重要，要快速契合体验的本质，并使之不断优化，才能凝聚客户、争取客户。过去以产品、服务和价格为核心的竞争策略不再能获得持续的竞争优势，而能够提供极致客户体验的企业将获得高速增长[1]。

在体验经济时代，树立“以客户为中心”的企业价值观是对企业立足市场的基本要求[2]。例如，在互联网巨头阿里巴巴的价值观中提到“客户第一”，全球知名 ICT 供应商华为不仅提出了“以客户为中心”，还编写了《以客户为中心》一书，并将其作为华为的业务管理纲要。

9.1.2 体验导向的客户需求特征

充裕经济时代是相对匮乏经济时代来讲的，匮乏经济时代注重产品的实用性，主要解决衣食住行这些基本问题，而充裕经济时代即经济发达时期，这个时期的消费者不再仅仅满足于基本型需求，而会追求更高级的需求，如“服务”“更多功能”等。这个时期的客户会更看重“体验”，即产品使用起来是否舒适，这个时期的市场经济也叫体验经济时代。充裕经济是从经济整体水平的高低角度（经济层面）来讲的，体验经济是从客户需求角度（产品层面）来讲的。

以“体验”为导向的客户需求具有以下特征。

1. 高层次

根据马斯洛需要层次论，在体验经济时代，客户的基本型需求早已得到满足，客户渴望的需求更多来自高层次需求。在任何行业中，传统的服务只会让客户习以为常，只有新的服务/产品才有机会带给客户更高层次的体验。以信息通信行业的 5G 为例，5G 具有低时延、高速率、高精准等特点，与 4G 相比，5G 会带给客户更好的体验，同时基于 5G VR 技术、远程遥控、无人驾驶等还会挖掘出客户的潜在需求。当前，5G 还未完全普及，为一些高价值客户优先提供 5G 服务会使其具有更高层次的体验——与一般客户相比，获得了差异化的服务，会在一定程度上提升客户的忠诚度。

2. 个性化

个性化是指企业的服务融合消费者的个性需求。不同消费者的需求会有一定重叠，但是放眼整个市场，消费群体的细分也是个性化需求的一种体现。

市场上的商品琳琅满目，同样，消费者衣食住行方面的式样和风格五花八门。或许一些客户的选择显得有些“扎眼”，但在客户的思想认识中，这种“扎眼”的选择才是个人的风格体现，与众不同才能够将个性展现得淋漓尽致。

个性化消费的现象不单单是一种经济现象，在它的背后更折射出了深层次的文化现象。仔细观察社会生活可以发现，纷繁复杂的平行文化已经打破了以往“一统天下”的大众文化，消费者的心理需求和思维意识越来越趋于多样性[3]。

体验的创造与传递因人因地因时而异，客户需要更个性化的服务，需要更多机会和渠道的自主定制。企业只有有效识别客户及其需求并给予满足[4]，才能在吸引客户、挽留客户的竞争中确立并巩固市场地位。

3. 多样性

多样性表明客户的需求越来越复杂，以往单一的需求不能较好地体现客户在场景的多样性和传统需求的演变方面的需求。

1）场景的多样性

以行业客户为例，不同行业的客户需求不同，同行业的不同客户需求也不同。自2020年我国5G商用以来，5G行业应用案例已超过1万个，覆盖钢铁、电力、矿山、港口等20多个重要行业和有关领域，形成了丰富的应用场景，例如：远程控制类，包括智慧港口装卸作业的远程控制，医疗行业中的远程手术；高清图像和视频处理类，包括无人机电网巡检、智能变电站环境监控。以上这些应用场景均需要借助5G技术实现高质量视频图像的数据传输和云端处理[5]。

2）传统需求的演变

体验经济时代不再由功能主导，而由需求主导：在物质匮乏时期，即便生产出来不是刚需的产品，可能也会被消费者抢着要；而在体验经济时代，由于消费者更加注重“体验”，需求的多样性被挖掘出来，单薄的需求会显得竞争力不足。根据KANO模型，需求被分为基础型需求（产品的基本功能满足的需求，不能提升客户满意度但必须具备，如时钟至少能够准确显示时刻）、期望型需求（客户希望产品能够额外具备的功能来满足的需求，能够提升客户满意度，如时钟可以提供设定闹钟的功能）、兴奋型需求（不在客户预期范围内，属于挖掘出的需求，产品若能提供某些功能来满足此类隐性需求，则能大大提升客户满意度，如时钟可以提供翻阅日历的功能)、无差异型需求(对于产品能否提供满足此类需求的功能,客户的敏感度不高,如时钟秒针的长短)和反向型需求(产品提供满足此类需求的功能反而会降低客户满意度,如在国内市场把时钟上的数字改成英文)。传统型需求的转型就是要在基础型需求的基础上,增加期望型需求和兴奋型需求。例如,对企业来说,4G 能满足的业务,使用 5G 就属于期望型需求,因为 5G 数据的传输更快、更安全。

4. 可诱导性

可诱导性是指客户目前不需要,但经过商家利用品牌形象、产品功能、价格、促销活动等诱导、刺激来引发消费者的好奇心或探究欲望,进而形成的需求。体验经济时代的客户需求很多是被诱导的,例如 5G 技术带来的无人驾驶技术属于诱导性需求,在有无人驾驶技术之前,人们习惯于选择已有的交通出行方式,汽车企业也不会试水无人驾驶领域,但在无人驾驶的概念、技术逐渐成熟之后,汽车企业会将无人驾驶视为创新产品,期待无人驾驶带来更大的市场,因此,企业在自己研发、生产有无人驾驶功能汽车的同时,会将此新型出行模式通过市场营销活动传递给汽车行业的其他企业或个人消费者,诱导他们产生更多的无人驾驶汽车的使用需求。

9.1.3 5G 使能客户体验

5G 技术能够更好地满足充裕经济时代以体验为导向的客户需求。

1. 使能高层次体验需求

5G 能够跨越空间实现精准实时控制,实现以往技术无法实现的功能,从而满足更高层次的需求。以远程医疗为例,远程医疗可以使运送病人的时间减少和成本降低,使医生突破地理限制开展会诊、给出更精准的治疗方案,还可以科学地管理和分配紧急医疗服务等。利用 5G 等新技术赋能远程医疗并深耕医疗领域创新模式是大势所趋,意义深远[6]。

2. 使能个性化体验需求

5G 技术促使个性化程度较高的定制需求的满足成为现实,主要表现在 toC 的客户参与和 toB 的智能制造两个方面。

在 toC 方面,5G 可以使客户参与到定制化生产过程中。以定制服装为例,5G 可以使客户自行设计服装并且进行虚拟试穿,在制作过程中,有任何需求的改变,都可以借助 5G 的高传输速率及时反馈,对尚未制作的部分及时更换制作方案。

在 toB 方面，5G 可以赋能柔性生产线，提高生产线的灵活部署能力。首先，柔性生产线上的制造模块需要具备灵活快速的部署能力和低廉的改造升级成本，5G 网络进入工厂，将使生产线上的设备摆脱线缆的束缚，通过与云端平台无线连接，实现功能的快速更新和拓展，并且使设备能够自由移动和拆分组合，在短期内实现生产线的灵活改造。其次，5G 可提供弹性化的网络部署方式。5G 网络中的 SDN、NFV 和网络切片功能，能够支持制造企业根据不同的业务场景灵活编排网络架构，按需打造专属的 TN，还能够根据不同的传输需求对网络资源进行调配，通过带宽限制和优先级配置等方式，为不同的生产环节提供适合的网络控制功能和性能保证。在这样的架构下，柔性生产线的工序可以根据原料、订单的变化而改变，设备之间的联网和通信关系也会随之发生相应的改变。

3．使能多样性体验需求

5G 技术不同于 4G 技术，它真正实现了万物互联，可以满足各类客户的需求。例如：在 toC 方面，5G 网络支持多终端接入灵活部署，无须提前布线，可随人、随车移动携带，各类超高清视频终端（摄像头、无人机、VR/AR）均可通过 5G 网络提供的 Wi-Fi 或有线连接灵活接入，满足客户的多样性设备接入需求，从而满足多种设备功能的使用需求；在 toB 方面，5G 行业切片智能接入服务为视频监控/直播行业带来灵活移动、高安全、高可靠的视频传输方案，助力智慧安防和超高清直播行业的发展，可应用于智慧工地、移动执法、平安城市、森林防火、临时会场、户外活动、医疗远程救护等场景。

4．使能需求诱导

5G 给消费者的直观感受是传输速率远远高于 4G，因此上行、下行速率高很自然地成为客户的期望型需求，在此基础上，5G 技术实现的其他功能则会给客户带来惊喜型需求，在客户习惯这些功能后，这类需求也会逐渐成为期望的必然需求。以“5G+无人驾驶 toB”为例，以前人们已经习惯人工驾驶，不会开车就只能坐公交或打车等，但 5G 支持下的无人驾驶到来之后，不会开车的人也能将车开走，没有驾照也可以买车享受私家车生活品质。未来，汽车具备无人驾驶功能将逐渐成为买车者的基本要求。

9.2　三大市场中客户的体验需求

服务市场针对客户一般分为个人市场、家庭市场和组织客户市场。本节将深入分析三类市场中客户的体验需求。

9.2.1 个人市场中客户的体验需求

传统运营商的个人市场需求主要由流量、话音、短信等基本通信业务构成，在如今这些基本需求都能被很好地满足的情况下，伴随着互联网的普及，个人市场更加注重以权益为载体的外延型需求满足。权益是指客户身份与生俱来的、主消费之外的特权和利益，是产品体系拓展的重要方向，也会给服务拓展带来新要求。“客户—运营商—合作方”的权益关系图如图 9-1 所示，合作方可以通过合作提高业务量、客流量或者提高品牌知名度，运营商结合信用体系、星级体系、积分体系设计出可发挥最大效用的合作方案，满足条件的客户从运营商处获得权益。

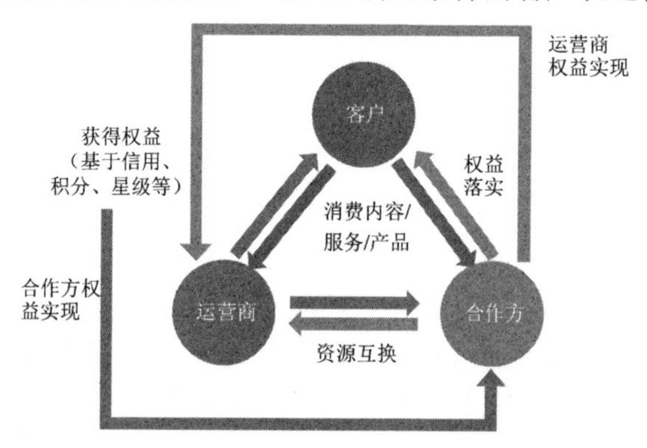

图 9-1 “客户—运营商—合作方”的权益关系图

以某运营商为例，引入属地知名的头部商家的线下权益，在商户、权益、客户三个方面形成差异化优势，按“权益商户、支付商户、泛渠道三位一体发展”的拓展思路，锁定高频刚需消费场景，共建合作共赢的属地化权益生态圈，发挥自有业务“护城河”作用，如图 9-2 所示。

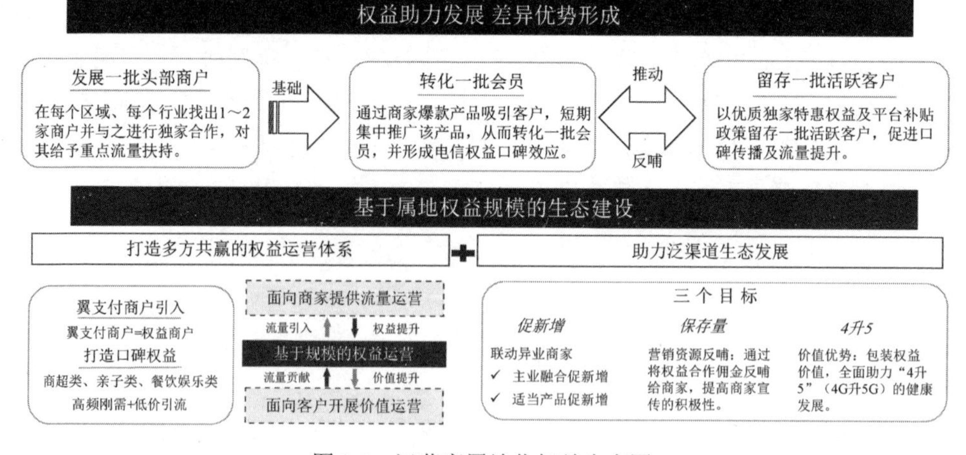

图 9-2 运营商属地化权益生态圈

根据消费群体划分，在个人市场的各年龄段中，年轻客户群体（这里指“90后”）的信息消费行为变化最快，趋新趋奇，是个人市场应该重点关注的群体。“90后”成长于互联网时代，他们习惯通过网络获取信息、通过电子商务消费，对于新兴事物会更加主动，他们的共性需求及价值观包括：追求快乐——对“消费”的情绪性满足，追求品质——对高品质生活的向往，感官升级——追求极致体验，崇尚个性——彰显个体特性。由此可见，“90 后”的消费需求有 3 个主要特征：①更有个性化与人群细分的品牌形象；②升级的消费体验要求；③情绪上的体验与刺激。对于“90 后”，运营商应更加注重产品或服务的个性化及新兴业务。

关于权益运营的概念与实践探讨，详见 9.5 节。

9.2.2　家庭市场中客户的体验需求

家庭是主要的关系运营场景之一，家庭市场的需求相对个人市场会更加丰富，需要持续关注家庭的动态成长情况，通过家庭标签精准营销，在不同时期推荐不同的服务。某运营商提供的服务主要包括“温情陪伴”“安全卫士”“教育娱乐”“全屋智能”等方面，如图 9-3 所示。

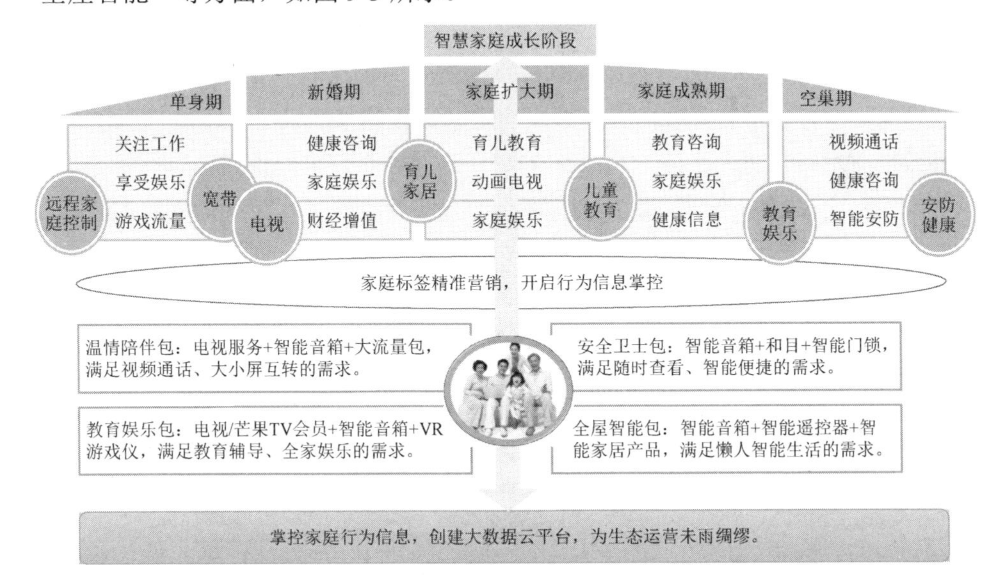

图 9-3　“智慧家庭”的构建

家庭市场需要转变家庭运营理念，从“个人运营”到“家庭运营”，从“产品运营”到“家庭客户运营”，改变过去“单产品作战模式”，掌控家庭数据，洞察家庭需求，为家庭提供全业务融合的整体解决方案。“智慧家庭”服务推荐策略如

图 9-4 所示，通过基础客户画像给家庭建立标签库，根据标签适配相应的服务或产品，并选择合适的渠道和时机推销给家庭，同时持续改进产品链路，形成闭环管理。

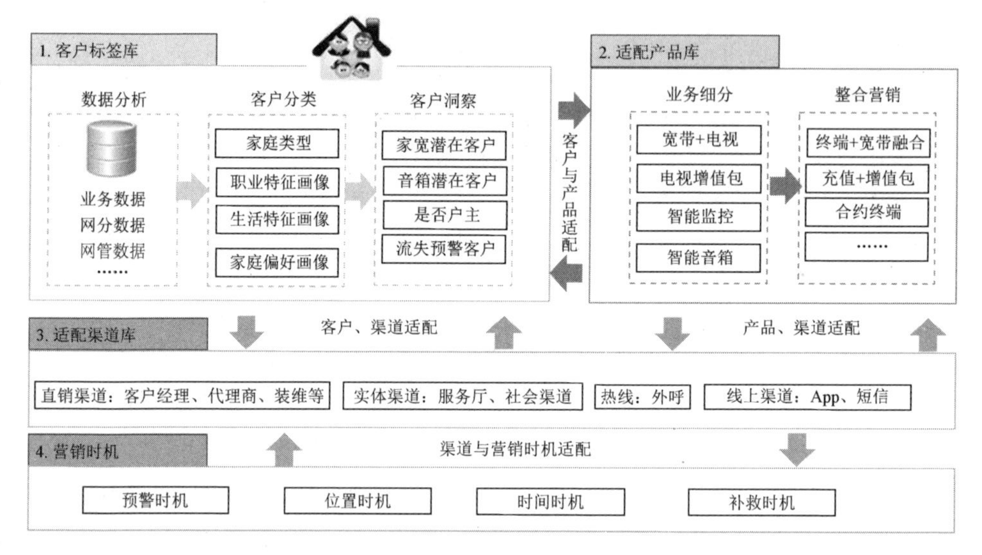

图 9-4 “智慧家庭”服务推荐策略

集群黏性源于社会关系网，家庭是一个人最为稳定的社会关系网，其背后的核心是家庭大数据。当前市场应该加快构建家庭存量精细化运营体系，从而更快、更有效地应对市场竞争。未来应该面向更广阔的数字化家庭市场，以掌控家庭大数据为根本，做好布局，构建云服务平台，提供智能服务，更好地描绘家庭市场发展新蓝图。

9.2.3 组织客户市场中客户的体验需求

B 端客户面对的是多成员多角色群体组织，如决策者（企业负责人）、管理者（业务部门负责人）和执行者（内部员工和外部客户），侧重于模块产品的交付，并且周期较长，与 C 端产品相比，B 端产品会更加复杂。

B 端产品也要寻求个性化，不过与 C 端产品相比，B 端产品的个性化会较难精准定位，从以往运营商定制 B 端产品的流程中则能寻找到一些规律：

（1）智能制造——在现有制造系统的基础上，通过部署嵌入式系统和新型网络，实现现场数据的采集和集成，并开展大数据分析优化，实现智能制造与管理，如图 9-5 所示。

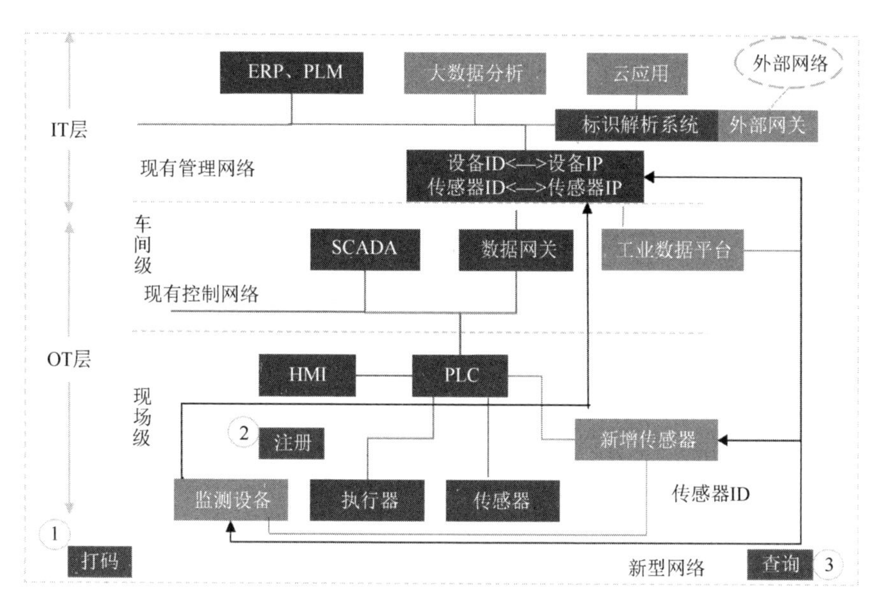

图 9-5　智能制造

（2）网络化协同——借助互联网或工业云平台，发展企业间协同研发、众包设计、供应链协同等新模式，有效降低资源获取成本，大幅延伸资源利用范围，加速向产业协同转变，促进产业整体竞争力的提升。图 9-6 所示为 3D 打印产业互联网的网络化协同服务过程。

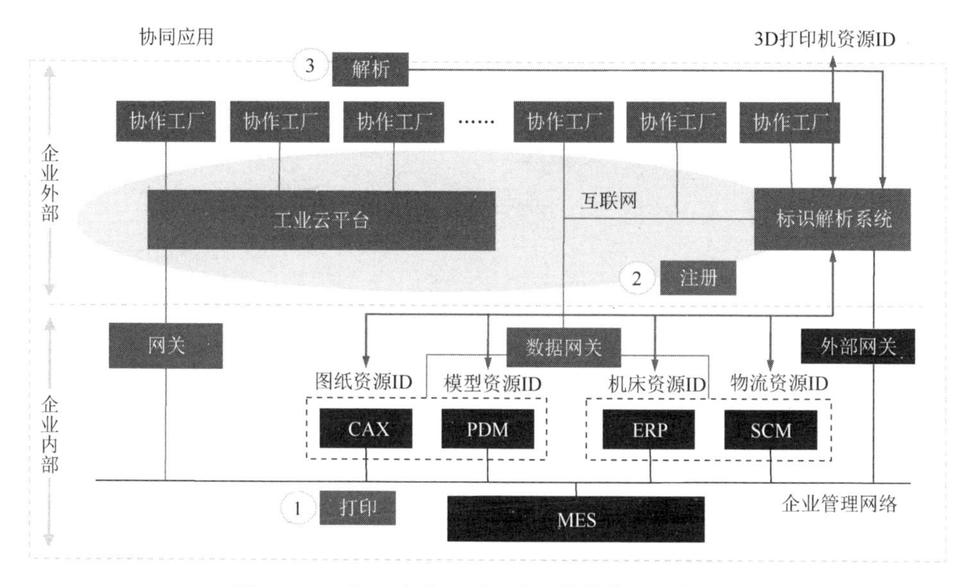

图 9-6　3D 打印产业互联网的网络化协同服务过程

（3）个性化定制——利用互联网平台和智能工厂建设，开展以客户需求为中心的个性化定制与按需生产，有效满足市场的多样性需求，实现产销动态平衡，如图 9-7 所示。其中，RFID 是指射频识别（Radio Frequency IDentification）。

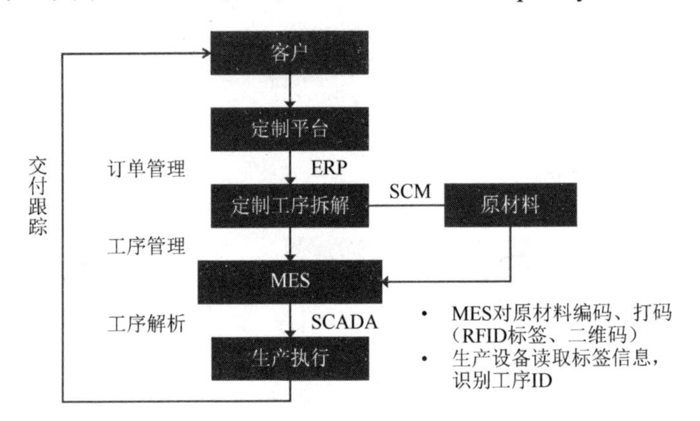

图 9-7　个性化定制

（4）服务化转型——利用互联网实现产品联网与数据采集，再由大数据分析延展提供多样性智能服务，促进制造业加速向服务领域转型，如图 9-8 所示。

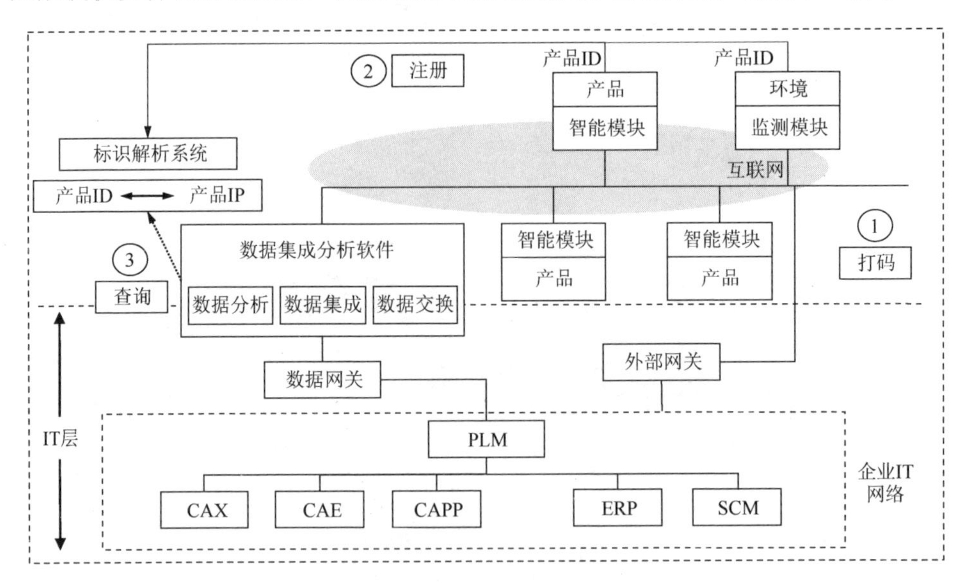

图 9-8　服务化转型

对通过 5G 实现产业互联的行业来说，带来的到底是增量收益，还是存量收益的重新分配，需要重新评估。在这个过程中，toB 是否会给原有供应商、从业者的利益带来损失，使得利益格局变化而产生其他影响，是在推广 5G 应用时应该关注的问题。

9.3　客户体验建模工具

客户体验对服务和产品在激烈的竞争中保持核心竞争力至关重要，要想捕获客户体验，定位体验过程中的痛点，就要利用一些建模工具进行横/纵向剖析。在实际应用中，可根据管理目标和企业性质选择不同的体验建模工具。本书介绍三种模型，包括产品维度的客户体验五要素、全触点维度的客户旅程地图（Customer Journey Map，CJM）模型、客户响应维度的服务质量模型（SERVQUAL 模型）。

9.3.1　客户体验五要素

1．要素简介

客户体验包含五个要素，可以用五层模型来体现，包括战略层、范围层、结构层、框架层、表现层。产品设计中的每次决策或者每个细节，都需要有完整的框架去搭建思维，从离客户最近的表现层到产品的战略层，从具体到抽象。

战略层用于确定产品目标和客户需求。产品目标是对“要做一款什么样的产品”的解答，而客户需求是对“产品满足了目标客户的什么需求”的提炼。

相对于根据客户需求提出产品目标的战略层，范围层则是根据产品目标提出产品需求。对于不同类型的产品，需求也不同，对软件产品的需求为产品需求，对信息产品的需求为内容需求。在范围层，产品需求的取舍和排期是主要任务。

结构层为产品需要达成的目标和需要具备的特性的结构化表示。对软件产品来说，结构层就是将产品需求转化为系统与客户之间的互动；对信息产品来说，结构层则是将零散的内容元素转化为有序的、立体的信息空间。

框架层的主要任务是确定产品的外观、导航设计、信息设计。对软件产品来说，框架层就是选择界面中的元素并且帮助客户完成任务；对信息产品来说，框架层则是使客户拥有在信息空间中随意移动的能力。但无论是哪种产品，都需要研究信息的呈现，以便人们理解和使用。

表现层是产品设计的根基，也指出了产品设计的方向。该层的主要任务是规划客户需求、产品目标，确定产品的最终形态。无论是软件产品，还是信息产品，表现层都需要提炼产品的框架，使内容、功能、美学汇集于一处，形成产品的最终形态。

综上所述，客户体验五要素如图 9-9 所示。

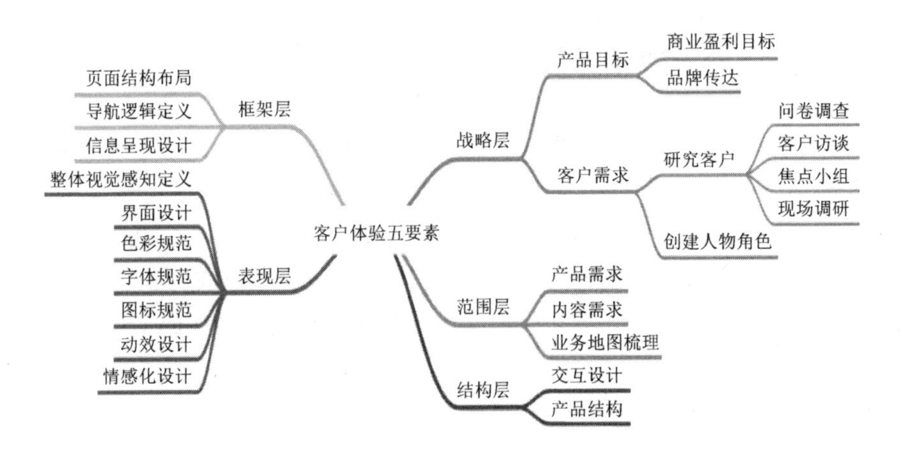

图 9-9　客户体验五要素

2. 客户体验五要素应用

客户体验五要素在服务体验中的应用具体如下：

战略层：内部、外部服务协同发展。内部服务需要尊重员工的人格、尊严、个人需求；外部服务需要找准客户需要什么样的服务。例如，节日慰问员工，主动询问、挖掘客户痛点或潜在需求。

范围层：确定服务面向的群体，对客户进行分层管理，也就是常说的 CRM。例如，运营商对于 VIP 客户提供更多权益，而对于普通客户提供有限服务。

结构层：对客户的服务遵循一套规范。例如，客户来办理业务，需要从问候客户到逐渐询问客户问题，最后到办理完成的礼貌性结束语。

框架层：让客户轻松理解，服务便捷。例如，营业厅分区明确，可设置业务办理区、体验区等。

表现层：一系列服务最终呈现给客户的首次印象。例如，营业厅内体验区设置醒目，提供的产品能很好地满足客户需求，装维人员着装规范、设备齐全。

9.3.2　客户旅程地图模型

1. 模型简介

从客户视角了解客户是指要从客户的角度体验，梳理端到端的整个“客户旅程”，而非只注重与客户互动的单个触点，比如开户、首次购买、首次回访等。客户旅程地图是指客户购买过程、需求、看法及与企业关系的图形[7]，是描述某一个或某一类客户群的消费场景和体验的可视化图形[8]。客户旅程地图专注从客户视角审视业务和流程，同时结合定量/定性、主观/客观数据，对贯穿全触点、全周期的客户行为和动机进行分析，并对客户的未来行为进行预测，以优化交互、提升价值的实践，从而提升客户体验。客户旅程地图的结构没有统一的标准，内容和偏好不同，绘制的地图也就不同，但基本遵循相似的步骤，其基本构成要素包括客户旅程、客户行为、目标、情感、痛点、触点、关键时刻（相对重要的触点）、满意度和改进的机会等[7]。

客户旅程地图不仅适用于产品功能的流程设计，也适用于线下业务场景的流程设计，具有一定的特点和优势：①关注客户从最初接触到达成目标的全过程，有利于分析出产品和服务在各个环节的优势和劣势；②以客户为中心，完全代入客户的真实体验；③展示方式直观，采用图表、故事版的方式来描绘客户在使用产品和服务的过程中每个阶段的痛点及需求。

2．模型应用

客户旅程地图的具体绘制要点如下：

（1）拆解客户行为。根据实际业务流程，将客户行为概括为几个阶段，再把每个阶段里的行为分解为行为节点，按时间排序。

（2）补充各行为节点的触点。触点是指客户在一个服务过程中进行交互的对象，可以是人、网站、App、设备、易拉宝物料、场所等，可以对企业内部各要素进行梳理，包括产品、流程（服务流程）、员工（直接接触客户的一线人员）、系统（为客户办理业务依赖的 IT 系统）等。

（3）分析各行为节点的客户需求（最优体验感知结果）。需求是指客户付出行为成本后想达到的结果（客户真正想要的东西），行为只是为了获得结果而采取的一种做法。

（4）将行为、触点及感知结果纵向一一对应，按客户行为阶段逐一展开。

以客户的家庭宽带信息服务消费使用全过程为例，绘制其客户旅程地图，如图 9-10 所示。在该图中，结合企业侧业务从上线到下线的过程和客户侧从发现到离开的过程，拆解了这一系列过程中客户侧与企业侧的行为和触点，形象地描绘了流程中客户可能存在的情绪状态，针对性地给出了客户体验中的痛点及相应的责任部门、改进机会点。从图 9-10 中可以看出，对于宽带业务，其产品生命周期分为“营销上线”“推广销售”“业务办理”“业务交付”“计费收费”“投诉处理”“停售下线”。而在这个周期中，客户从获取业务信息，到办理业务，再到体验，最后到离网，其与企业的触点也从“营销图文”到“办理渠道”，再到“投诉渠道”“离网渠道”，客户情绪波动也从“兴奋型办理”，到“恼火型报修”，再到“平静型离网”。根据以上触点拆解及情绪拆解，能够看出各个环节的轻重缓急（影响客户体验改进的优先级），找出客户的痛点及对应各个环节的责任部门，做好相关服务管控，从而提升客户体验（如果客户的最大痛点是办理宽带时多出来的费用——业务解释差错，这就需要问责市场部，规范宣传过程）。

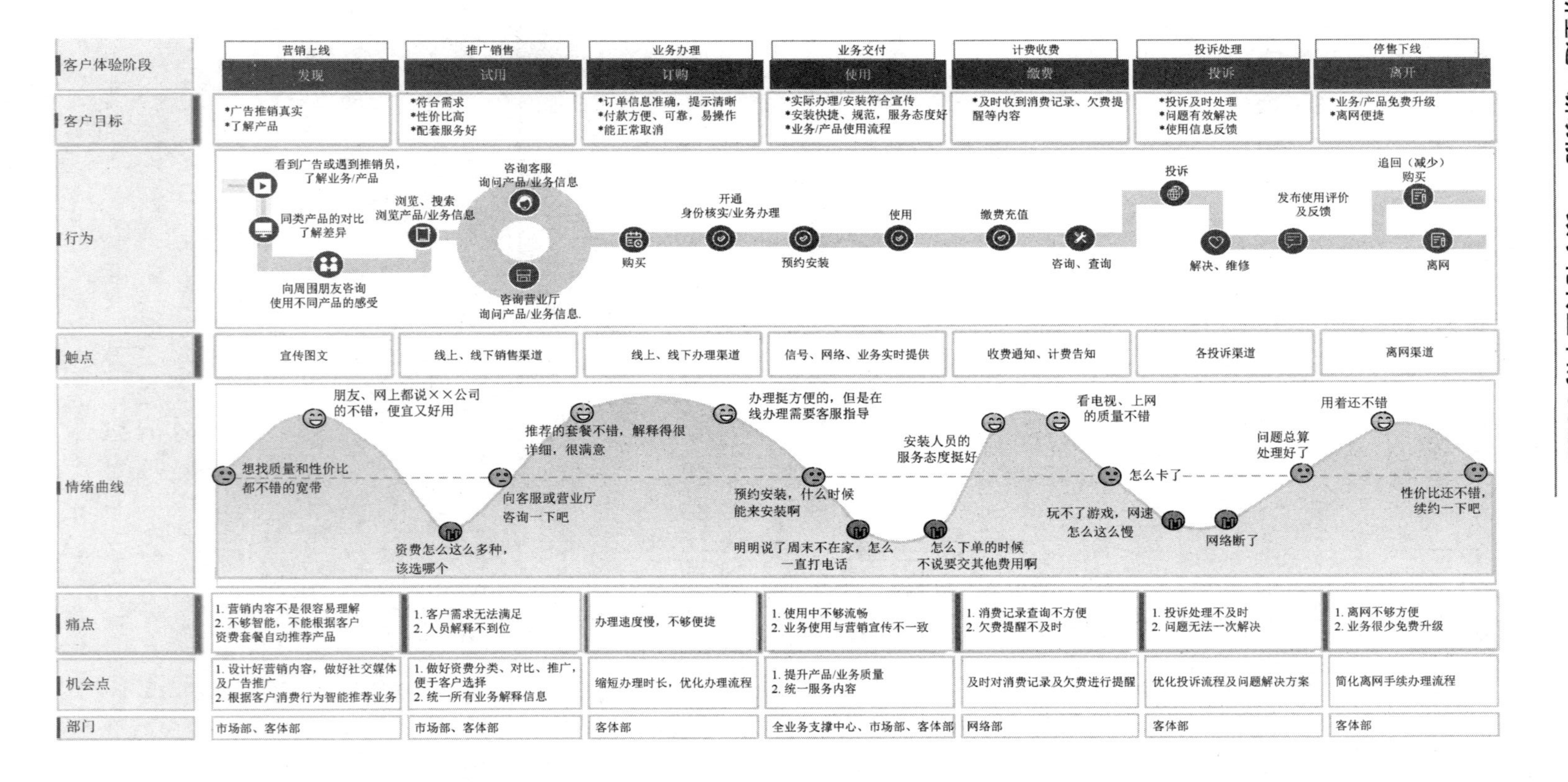

图 9-10　客户旅程地图示例——客户的家庭宽带信息服务消费使用全过程

9.3.3 SERVQUAL 模型

1. 模型简介

服务业是当今国民经济发展中的关键行业，其快速发展加剧了服务供应商间的竞争，如何在激烈的竞争中把握优势，从而获取更高的利益则成为服务供应商面临的难题[9]。Parasuraman 等学者于 1998 年提出了 SERVQUAL 模型，该模型将服务质量划分为 5 个维度（可靠性、响应性、保证性、移情性、有形性）和 22 个指标，如表 9-1 所示。

表 9-1 SERVQUAL 模型五维度量表[10]

维度	定义	指标
可靠性	可靠地、准确地履行服务承诺的能力	1．企业向客户承诺的事情都能及时完成
		2．当客户遇到困难时，能表现出关心并帮助
		3．企业是可靠的
		4．能准时地提供所承诺的服务
		5．正确记录相关的服务
响应性	帮助客户并迅速提高服务水平的意愿	6．告诉客户提供服务的准确时间
		7．提供及时的服务
		8．员工总是愿意帮助客户
		9．员工不会因为其他事情而忽略客户
保证性	员工具有的知识、礼节，以及表达出自信与可信的能力	10．员工是值得信赖的
		11．在从事交易时，客户会感到放心
		12．员工是礼貌的
		13．员工可以从企业得到适当的支持，以提供更好的服务
移情性	设身处地，站在客户的角度，为客户提供个性化的服务	14．企业针对客户提供个性化的服务
		15．员工对客户是体贴的
		16．员工了解客户的需求
		17．企业优先考虑客户的利益
		18．企业提供的服务时间符合客户的需求
有形性	客户直接感知到的产品、装潢，服务人员的衣着，以及器材、设备等	19．有现代化的服务设施
		20．服务设施具有吸引力
		21．员工着装整洁
		22．企业的设施与所提供的服务相匹配

2. 模型应用

SERVQUAL 模型被各行业应用于测评产品或服务带给客户的质量感知，其评价方法使用范围广，有较强的适用性。通信服务领域也可将 SERVQUAL 模型应用于评估一线服务质量，比如：可靠性维度，未履行一站式服务、首问负责的服务承诺是衡量客户感知的关键不满意指标；响应性维度，“引导服务”“等待时长”

“主动服务意识”方面的服务质量则是关键指标，其中“引导服务”要求员工做到适当引导、分流客户群，可以提供专业的咨询解答服务；保证性维度，该维度的客户感知可以聚焦到“服务态度”“业务能力”“信息安全”三方面；移情性维度，包括全心全意为客户解决问题，提供个性化的服务和全面的、可替代的解决方案供客户选择；有形性维度，企业需要做到服务环境、体验终端、设备配置及管理、服务规范方面的完备和可见。

9.4　客户体验管理体系的实现

基于客户体验管理的人文性，“以客户为中心”是客户体验管理的核心理念，在信息化背景下，可充分围绕客户的实际心理需求，打造信息化客户体验管理体系[11]。

客户体验管理的基本思想：以提升客户整体体验为出发点，注重与客户的每次接触，通过协调、整合售前、售中和售后各个阶段及各种接触渠道，有目的、无缝隙地为客户传递良性信息，创造匹配品牌承诺的正面感觉，以实现良性互动，进而创造差异化的客户体验，提升客户感知价值，最终达到吸引客户并不断提高客户保持率，进而提高企业收入与资产价值的目的。

以客户为中心的客户体验管理体系要求以客户体验目标为导向，基于业务要素来捕获客户感知，将其转化为对客户的承诺，从而引领流程优化，为进一步运营管理的固化和持续优化奠定基础。因此，以客户为中心的客户体验管理体系涵盖的要素包括全方位的客户感知点，客户感知对应的客户承诺指标、标准，以及流程承载。

9.4.1　全面梳理客户感知点

客户体验是客户在使用产品或服务的过程中产生的感受，值得注意的是，客户在这个过程中的不同阶段会产生不同的体验，因此提升客户体验并不能一概而论，针对不同的体验阶段应该对症下药。客户体验的好坏取决于客户与企业的产品、服务在各方面、环节的触点，包括感官及心理层面。基于此，有效的感知触点管理是提升客户体验的重要抓手。通过有效管理，企业可以营造一系列的触点，进而通过这些触点潜移默化地影响客户，提升客户体验，进而影响客户决策，刺激客户消费等良性行为的产生，而非站在企业的角度去说服客户。客户的感知触点多种多样，若毫无章法地进行梳理，则耗时耗力，在实际应用中，一般根据由企业的业务要素构成的逻辑链进行触点的全面梳理。

在通信服务行业中，业务要素包括网络、产品、终端、渠道。下面基于企业的客户体验目标，从上至下对业务要素进行分解。业务要素的分解方法如下：

（1）按价值链分解，即形成“售前—售中—售后”的价值传导流程。

（2）按组成要素分解，可分为话音和数据两个维度。

（3）按价值链及组成要素交叉模式分解。这种分解方法综合了前两种分解方法，对价值链中的不同阶段进行组成要素再分解。例如，售后又可分为维修、换机等。

以上分解方法要符合 MECE（Mutually Exclusive Collectively Exhaustive）原则，即分解完成的要素之间应“相互独立，完全穷尽”。

业务数据和人工研讨都可用来确定客户感知点，其中，在业务数据方面，以客户满意度调研和客户投诉工单分析为主；在人工研讨方面，则不局限于某一种形式，由企业侧前后台研讨会、部门头脑风暴均可得到客户感知点的梳理结果。下面以业务要素中的产品要素为例，绘制客户感知图，如图 9-11 所示。

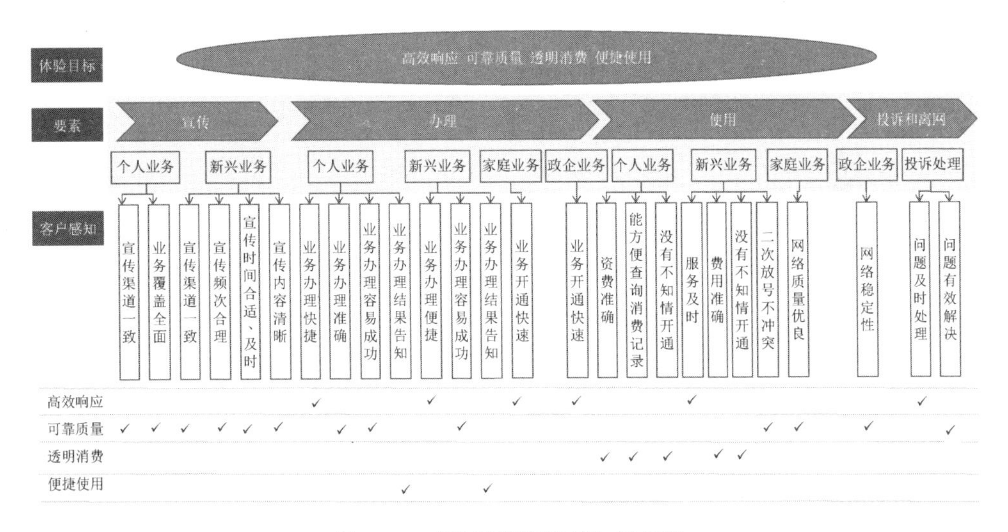

图 9-11　产品要素客户感知图示例

图 9-11 展示了以“高效响应”“可靠质量”“透明消费”“便捷使用”为客户体验目标的产品要素的分解和对应的客户感知，并对每个客户感知需要达成的体验目标进行了标记。该图中的产品要素按照价值链及组成要素交叉模式来分解，一级要素为“宣传、办理、使用、投诉和离网”的价值链，二级要素为各阶段涵盖的组成要素。例如，办理阶段涉及个人业务、新兴业务、家庭业务、政企

业务（CHBN[①]对应的产品线）。每个要素对应的客户感知则是客户在该阶段使用产品或服务的感知体验，例如在个人业务的使用阶段，“资费准确”“能方便查询消费记录”“没有不知情开通”是客户的重要感知点。这些感知点共同体现了“透明消费”这一体验目标。

9.4.2 制定客户承诺指标和标准

客户感知梳理工作是制定客户承诺指标的基础，从客户关键感知结果思考客户承诺指标的制定一般遵循以下 4 步：

（1）共用。客户承诺指标与现有 KPI 中的结果性指标共用。

（2）新增。针对目前因无法统计等各种原因未纳入 KPI 的服务项，制定新客户承诺指标。

（3）转换。内部 KPI 往往因为各部门的考核，缺少端到端指标，但客户承诺指标重视客户导向的端到端指标，因此还需将部分指标根据责任部门予以转化。

（4）弃用。现有 KPI 中的内部运营性及管理类指标不纳入客户承诺指标。

图 9-12 展示了以家庭宽带业务产品服务为例的部分客户承诺指标，客户承诺指标中的“家庭宽带业务开通及时率”“家庭宽带业务开通成功率”等指标共同使用了现有 KPI 中的结果性指标，并且新制定了“网速达标率”和“因消费不一致导致的投诉次数”两个客户承诺指标。OLT 是指光线路终端（Optical Line Terminal）。

对于流程优化，并不是纸上谈兵，需要定性指标和定量考核相结合，所以关于各承诺指标的阈值标准可通过内、外部对标，并结合企业目前的服务能力来确定，在确保客户承诺体系先进性的同时，确保可落地性。

现状分析、标杆分析、内部能力评估及标准设定是流程优化的一般步骤。

（1）现状分析。可针对自助渠道利用不充分、活动规则设计不合理、投诉处理效果不理想、系统支撑功能不完善等问题进行分析。

（2）标杆分析。对通信服务行业来说，可参照其他运营商及相关企业对营销任务完成的指标判定标准，学习营销指标的划分和判定。

① CHBN 是指中国移动 5G 时代发力的四大市场，即个人市场（Customer，C）、家庭市场（Home，H）、政企市场（Business，B）、新兴市场（New，N）。

（3）内部能力评估。可通过流程穿越来进行内部能力评估，比如，在营销活动上线前，对内部活动规则、系统支撑状况等进行穿越测试，评估其是否可以达成预期营销目标。

（4）标准设定。以营销活动为例，对其客户承诺标准包括固化的基本活动信息标准、评估测试标准和服务与投诉协同处理标准，以文档和打分的形式对整个活动实施前期规范和实时监控，对越过标准阈值的服务过程提出整改或下线要求。

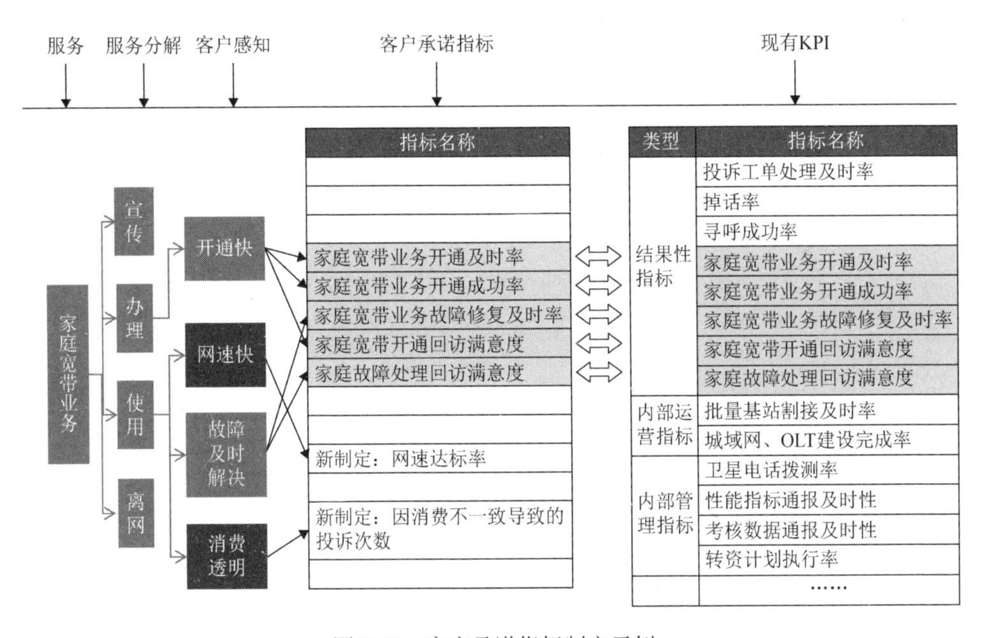

图 9-12　客户承诺指标制定示例

9.4.3　分解流程，落实客户承诺标准

客户需求的转变和流量经营的特点决定了企业需要建立符合流量经营特点的服务体系，同时需要建立完整的闭环业务流程及相应的监督保障体系。因此，企业在管理上，需要将对客户的后向服务（售后等）转变为前向服务，通过对后向服务进行分析、评估，支撑前向服务优化，形成闭环。另外，指标和流程是相互依存的，流程承载着客户承诺，而客户承诺标准将流程中存在的痛点、堵点等显性化，使得流程优化有了抓手，客户承诺标准成为流程优化的目标。根据以上讨论，基于责任到人的原则，把客户承诺指标落实到具体科室/岗位责任人，做到有源可溯。

基于上述分析，图 9-13 展示了以“高效响应”“可靠质量”“透明消费”“便捷使用”为客户体验目标的业务要素分解、客户感知、客户承诺、流程承载。在应用中，则可根据实际情况进行优化调整，以适应企业的运营体系架构。

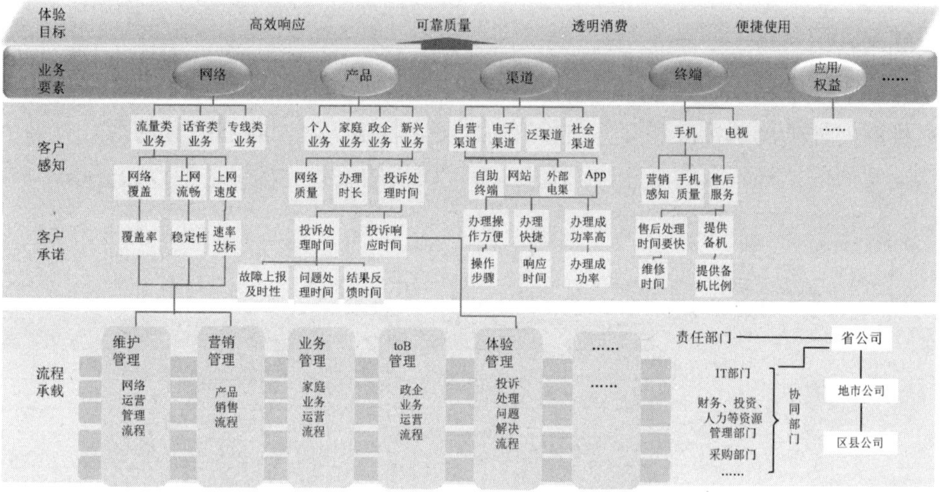

图 9-13　以客户为中心的运营全景视图

9.4.4　案例：某运营商家庭宽带业务投诉处理服务

某省运营商从客户旅程中挖掘客户感知，以相应的关键质量指标（Key Quality Indicator，KQI）、关键控制指标（Key Control Indicator，KCI）承载感知效果，并向下贯穿到企业管理手段，不断优化客户旅程中的客户感知体验，形成闭环管理。家庭宽带业务投诉服务管理体系如图 9-14 所示。

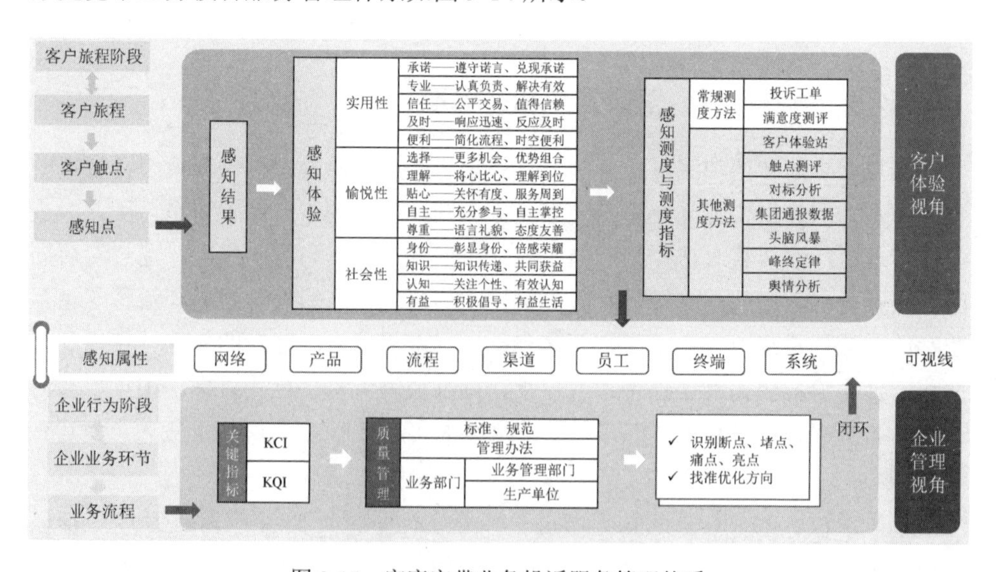

图 9-14　家庭宽带业务投诉服务管理体系

1. 客户体验管理体系构建

1）全场景梳理客户体验感知

站在客户的视角，基于客户旅程地图方法，分析客户在投诉过程中产生的多种行为场景，这些行为场景会与企业的产品、网络、流程、人员、渠道、系统等要素（这些要素统称“感知属性”）发生直接或间接的触点，每个触点在互动过程中的“真实瞬间”会带来客户的感知点（如产品宣传、网络、人员服务态度等），并形成相应的主观感受（如宣传是否清晰、网速快慢、服务态度好坏等），这些感受对客户产生的心理影响就是“客户体验感知”。以家庭宽带业务投诉响应服务为例，形成的客户旅程地图示例如表 9-2 所示。

表 9-2 家庭宽带业务投诉响应客户旅程地图示例

客户旅程阶段	客户旅程	客户触点	感知点	感知体验
遇到问题及自排障	客户使用遇到障碍	设备、网络	网络/设备质量	承诺、信任
	收到群障告知信息	信息	内容	专业性、及时性、贴心
	客户等待群障回复	网络	网络状态	承诺、专业性
	客户寻求解决办法	业务手册	自排障渠道	便利性、自主性
投诉及配合处理	客户寻找投诉渠道并发起投诉	互联网、热线、营业厅	渠道	便利性、及时性
	客户询问、投诉	互联网、热线、营业厅	渠道	便利性、及时性
配合集中支撑中心远程处理	等待集中支撑人员联系	集中支撑人员	等待时间	承诺、及时性
	与集中支撑人员沟通	集中支撑人员	集中支撑人员的预处理能力	专业性、信任、贴心
配合装维电话处理	等待装维人员联系	装维人员	首次响应时间	及时性
	与装维人员电话沟通	装维人员	装维人员的预处理能力、服务态度	专业性、信任、贴心
配合装维现场处理	等待装维人员上门	装维人员	等待时间	承诺、及时性、身份
	接受上门检修服务	装维人员	装维人员的专业能力、服务形象	专业性、信任
	现场填单评价	装维人员	评价内容	便利性、自主性
客户反馈	客户服务评价	短信	内容、反馈方式	信任、便利性、贴心
配合服务补救	配合问题解决	相关处理人员	专业能力	专业性、信任、及时性
	客户服务评价	短信	内容、反馈方式	信任、便利性、贴心

2）区分客户体验重要程度

客户体验结果有 14 种，可以分为三层——功能层、愉悦层、社会层，不同层次的客户体验对客户的影响不同。如果功能层的感受不好，即使愉悦层和社会层得到一定程度的满足，也会带来客户不满意的结果；如果愉悦层的感受好，则会增加满意度，如服务态度好、选择机会多等；只有在功能层和愉悦层的体验得到满意的结果后，社会层才是客户期望的，若在社会层得到较好的感受，也会增加满意度，如身份优越感、知识获益感等。一个触点上的客户体验感受是三个层次的综合体验结果，依据层次重要性、触点行为发生的概率和感知体验的差异程度等进行综合评估，可以得到多个触点在体验感知结果上的重要度排序。

3）客户体验映射至企业行为

利用投诉工单、满意度测评等测度方法，以及对标分析、客户体验站、头脑风暴等其他方法，可以综合评估客户体验结果的好坏，特别是从不同维度识别出体验重要程度比较高的感知触点。

每个感知触点均可一一映射至产品、网络、人员等感知属性。利用投诉过程中各阶段的感知属性，能够比较清晰地映射至企业行为中相应的生产、服务具体环节，即从企业运营的视角将客户旅程、客户触点与企业业务环节、业务流程对应处理，从而细化到服务 KQI；同时映射至相关管理部门和生产部门，以及关联的管理办法、职责分工、标准、规范等。

4）形成体验管理分析工具

借助客户体验测度结果，能够获取关键感知点中可能存在的不足（断点、堵点等），然后结合自身服务能力，有目标地制定（或检查、或完善）KQI，提出问题的解决与优化措施并加以实施，并以 IT 固化、人员磁化等为保障，建立起一套真正从客户体验出发的端到端服务质量运营管理闭环体系。

2. 应用结果

灵活运用基于客户体验管理体系获取的数据资料，采用整体应用、组合应用及交叉应用方法，可以实现服务运营管理中的痛点诊断、堵点排查、断点挖掘、亮点发现等。

依据家庭宽带业务客户问题响应全过程的客户体验数据资料，展开交叉应用分析，将满意度测评与客户期望结合，找到装维服务流程的痛点。

1）识别重要触点

从表 9-3 中可以发现，客户对家庭宽带业务服务中装维人员触点的“服务上门准时”的体验感知的重要程度很高。

表 9-3　客户体验管理体系分析表感知结果排序（部分）

客户旅程阶段	客户旅程	客户触点	感知点	感知结果	综合排名
配合装维现场处理	等待装维人员上门	装维人员	等待时间	服务上门准时	3
配合装维电话处理	等待装维人员联系	装维人员	首次响应时间	首次响应及时	5

2）判断痛点

获取客户期望与满意度测评、差评提及率数据，建立图 9-15 所示的矩阵分析图，发现装维人员触点是当前服务中的客户痛点，因此需要将其列为重点问题进行解决。

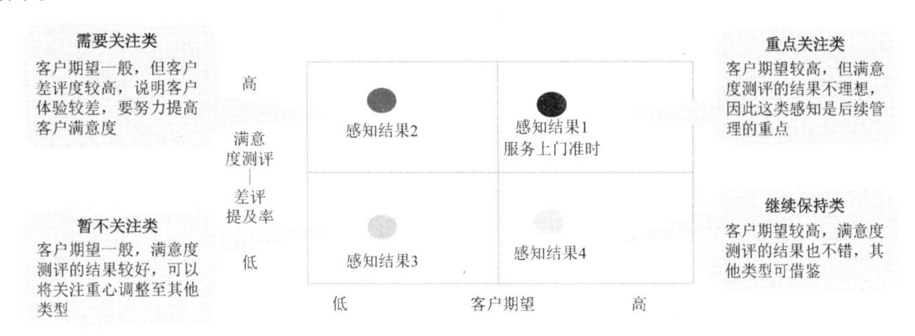

图 9-15　基于期望与满意度测评的痛点诊断矩阵分析图

3）解决痛点

依据客户体验管理体系分析，发现在家庭宽带业务问题响应全过程的“人员”感知属性中，客户对装维人员的感知体验更重要，因此重点对装维的装机处理、投诉处理和故障处理三个流程进行流程还原与问题分析。主要方式是文档资料梳理、访谈（省、地市）、现场穿越、对标分析等，由负责上门解决投诉问题的主责部门针对优化方向推进、落实优化方案，逐一解决问题。

9.5　专题：权益运营初探

9.5.1　权益、权益资产与权益资产平台

1. 权益的概念

权益是客户身份与生俱来的、主消费之外的特权和利益。企业为了与客户建立长期合作关系，在客户使用企业提供的核心服务并支付相应费用后，额外提供一定的回馈——权益，这种回馈通常是竞争对手所不具备的，或者是比竞争对手更有优势的。客户如果感知到企业回馈的权益有使用价值，就会对在该企业消费产生良好的体验和较高的满意度，并且为了能持续不断地享受和使用这些权益，倾向于长期消费该企业提供的各类服务。这就是权益的基本商业逻辑。

权益可以帮助企业避免价格战。在通信、金融、能源、出行等行业，产品和服务的同质化现象越来越普遍，价格战虽然能使企业在短期竞争中胜出，但竞争者之间长期跟进降价，必然拉低整个行业的收益和价值。如果企业通过权益回馈

实现服务创新、营销创新、渠道创新，以及将权益与主业融合，不仅能建立差异化的竞争优势，还能展示自身的产品及服务价值，从而获得更高的收益回报。

2. 权益是一种“资产”

目前，面向消费者的各行业企业普遍开展了权益回馈，且形式多样，例如运营商和银行的积分、航空公司的里程、加油站的积分、餐饮行业的消费券等。企业根据客户消费的金额、频次、在网时长、信用等因素，为客户提供各种各样的权益，客户通过使用与企业约定的身份标识，在企业提供的各种服务入口登录、查看、领取及使用权益，由此权益成了客户的一种资产，它被保存在客户在企业侧开设的各种账户里。

由于各个企业的资源不同、能力不同、经营方式不同，现阶段客户获得的这些权益资产主要来自主消费之外，因而往往是小额的、零散的，以及仅限在某企业或有限的合作商圈里使用，并且单独使用的购买力相对较低，很难叠加到一个对客户更有价值的场景下使用。这也是当前客户权益的领取率和使用率普遍不高、企业开展权益回馈的效果不佳的主要原因。虽然客户不领取和使用权益，企业会节省这部分的费用，但这同时意味着企业开展权益反馈的初衷没有实现。

3. 权益资产平台

所谓权益资产平台，是通过一个相对通用的身份识别方式，对各行各业的企业给予客户的权益进行数字化和账户化的统一管理，围绕客户可视化权益资产进行全生命周期运营管理的平台。

构建权益资产平台对客户和企业都很有必要。一方面，客户因在各类企业/商户消费获得的积分、卡券、红包等回馈，可在平台上实现量化及叠加使用，降低了客户使用权益的门槛，平台为客户提供了管理权益“钱袋子”的便捷手段，客户可以随时看到账户里有哪些权益和权益的使用情况等。另一方面，权益资产平台是企业汇聚各行业资源、实现“借鸡生蛋”的有力抓手，客户用了企业主导建设和运营的权益资产平台，企业就能掌握客户相应的消费轨迹，从而增加影响客户的消费选择、向客户推荐新产品/新服务或使客户消费升级的机会，并获得打造权益生态圈的主动权，形成良性循环。

在实践中，打造权益资产平台并实现良好运营有以下几点关键因素：

（1）统一身份识别方式。目前，各企业都建立了实名制的客户身份标识的服务体系。例如，通过实名制手机号码进行身份识别，这样做保证了标识的唯一性，同时方便短信验证、电话客服联系等。

（2）打通不同行业企业间的权益运营流程。客户在多少和什么样的场景下登录平台使用权益，决定了权益资产平台的生命力与生态位势，如果平台覆盖的场景和生态不充分，客户的登录和使用就很难活跃，黏性也就不高，从而对于商户的吸引力也就不足，企业则难以获得商户给予的相对有竞争力的优惠政策。

（3）资源注入引发连锁效应。经历过互联网业务的发展高峰期，客户已经对各式各样的补贴、优惠司空见惯，任何一个新的平台想要启动、让客户认识和使用，在初始阶段一定要有资源的注入，包括平台补贴、头部商户引入、宣传费用等。

9.5.2　运营商的权益运营之路

1．权益运营的发展历程

运营商面向 C 端市场的主营业务是话音、短信、流量，早期也开展过品牌权益运营，例如中国移动的全球通品牌权益、中国电信的星级客户权益等都是早期的运营商权益运营形态。2016 年，中国联通与腾讯合作推出了大王卡，权益运营给运营商带来了新的卖点与营销生机，各运营商纷纷意识到与线上互联网平台合作共同打造线上权益运营产品的优势。在随后的几年时间里，结合 App 的定向流量权益套餐或每月可享受互联网会员权益的产品包给运营商带来了不小的客户规模提升及收入增量。

4G 发展后期，运营商数据流量价格急剧下降，与线上互联网平台合作的会员收费模式也逐渐被大众接受，线上权益运营出现了权益内容同质化严重、权益资源价格优势缺失、产品缺乏新意、客户体验感知不佳等问题。于是各运营商均开始试水线下权益场景，并逐步开展线下消费场景下的权益运营工作。随着权益运营的逐渐成熟，运营商体系内对权益运营的要求随之提高，不仅将权益作为汇聚异业合作的平台，还对权益运营提出了产品设计与生态构建的深层要求。

2．线下权益运营逐渐成为权益工作的突破点

线下权益使客户在日常生活消费场景下体验到了品牌给予的实质性回馈，不仅提升了客户体验及忠诚度，还在市场发展、客户价值提升、渠道管理创新等多个方面，都产生了良好的协同效应和价值贡献。

（1）对存量运营的贡献。运营商在存量运营方面长期采用的主要手段是推荐存量客户办理合约及套餐升档，宣传话术大多以“套餐更合适”“合约返话费、流量和积分”等为主，缺乏新鲜感。在线下权益运营的支持下，运营商可以通过分析客户的生活消费行为，包装、融合权益产品，吸引客户办理业务。例如，针对前往超市购物频次较高的客户，运营商可以开发包含自有业务与超市购物优惠的联合会员生态产品，制作相应的宣传话术，顺应客户的消费诉求，提升客户的接

受度和业务办理率，实现存量客户保有和收入保障。

（2）对发展新客户的贡献。目前，绝大多数客户的手机都支持双卡双待，因此争夺客户的第二个卡槽、潜移默化地吸引客户转网成为运营商新一轮竞争的焦点。而一张能够享受生活周边商户打折优惠、每月都能领取一定金额的消费券、能一键查询和使用自己在其他行业消费所得权益的小额通信权益卡，无疑对客户有着很大的吸引力。客户不需要更换现有的手机号码，仅需办理一张通信权益卡，并将其放入手机的第二个卡槽，就能享受上述权益。

（3）对渠道运营的贡献。目前，运营商的渠道不管是实体的营业厅、网格、代理商，还是各类电子渠道触点，推广宣传多为优惠降价、赠送话费或流量等，单调、重复又没有新意，且客户往往在办理业务时又遇到诸如套餐互斥、合约期未满不能办理、最低消费门槛等障碍。在线下权益运营的支持下，渠道营销推广的内容可以变成客户生活周边各个商户的促销打折信息、每月的领券通知等，客户关注度高、参与积极，带动了平台的活跃，提升了客户体验，实现了渠道服务营销手段与层次的能力升级。

（4）对重点细分市场的贡献。线下权益运营在重点客户市场的拓展和渗透方面也大有用武之地。例如校园客户市场，通过汇聚校园周边的商户资源，封装成能够享受商户打折的校园权益“嗨卡”，每月还能返券，对消费相对集中、生活费紧张的学生客户来讲，无疑要比宣传每月话费有多便宜、不限流量不限速等更具有吸引力。又如小微商户市场，通过权益合作、消费券分发来置换小微宽带及 SaaS 产品、企业彩铃、精准营销服务等，也具有一定的发展空间。

3. 线下权益运营的难点

虽然运营商通过打造翼支付、和包、沃钱包等本地生活产品，并尝试在线下与实体商户侧建立连接，将商户消费打折作为向客户回馈的权益，并投入了大量补贴资源，但由于初期的权益产品功能单一、商户覆盖率低，尤其给通信主业带来的显性化直接收益贡献较小，线下权益运营还存在一些难点需要突破：

（1）各行业的消费场景差异化较大，商户提供的打折优惠政策变化频繁，需要系统平台侧及时响应、快速改动，也需要有地推团队实时跟进维护，才能保障客户的体验与服务。

（2）各行业商户的收银结算体系呈多样性、对账结算体系比较复杂，这两个体系大多与业务流程进行了绑定，运营商与商户开展权益合作的系统对接有难度，需要一定的资金及运营团队的投入，也需要面对如何适配相对灵活的市场化应对机制带来的挑战。

（3）线下权益运营需要与主业融合带来客户数量与收入的增长，单纯依靠 KPI

考核方式很难持续。同时，各省业务发展程度参差不齐、客户消费有较大差异，很难用一种通用的主业和异业融合模式来满足各省的需求，这就需要在各省搭建属地化运营团队，深入各个地市甚至县、乡镇等，解决客户"最后一公里"的权益使用运营需求问题。

9.5.3　线下权益运营推进本地营销转型

线下权益运营工作为运营商充分利用本地生活消费场景打开了局面，为客户数字资产运营平台能力构建奠定了基础，为各地运营商传统营销体系的数字化变革、构造生态营销能力赢得了机会和信心。

1. 线下权益运营符合消费的变化趋势

人口红利消失后，增量市场的"天花板"早已触手可及，运营商在激烈的存量竞争中使出浑身解数的同时，也在寻求新的蓝海，抓取人心红利、满足更多的生活消费诉求是现阶段可见的保存量、拓新增的重要手段。而在数字经济环境中，消费者主权崛起，客户的消费导向从"有需求就消费"演变为"感兴趣才消费"，这使运营商看到了机会——与更多的生活消费场景结合。线下权益运营场景能使客户对运营商的感知从只提供通信及流量变为提供更多、更丰富的生活消费服务，由此衍生的生态营销成为运营商渠道销售的必然追求。

2. 线下权益运营是传统营销渠道升级与变革的最佳模式

传统营销渠道模式在数字化时代暴露出不少切肤之痛——客户进店率低、需求稀疏、终端营销乏力等，即便采取渠道佣金提升、线下网格划小等方式，实现业务增长、促进渠道发展都举步维艰。权益运营恰逢其时，为渠道必须面对的数字化转型提供了机遇。

（1）以权益为切入点，打造"异业友商圈"。运营商各级经营单位可发挥自身优势，发展同层级的异业"朋友圈"，引入适当的权益资源，匹配适当的业务或包装合适的产品，联合营销、共同发展。

（2）完善异业消费场景，提升权益触点能力。在与异业权益商家的合作过程中，产品部门依据商家行业经营特点设计权益体验全流程，在提升客户感知的同时，提高运营商业务精准推送及活动吸引的能力，充分提高异业商家提供的消费场景触点转化能力。

（3）扩大营销半径，从有流量的地方抓取稀疏的业务需求。从异业商家的生活消费场景中挖流量，扩展营销服务半径，将产品与异业消费场景结合起来，从各种流量入口获取需求稀疏的运营商业务商机。

3. 创建本地数字化生态营销体系

生态营销能力的建设需要考虑平衡商家、客户与运营商自身的各种需求，并实现资源互投、流量共用、共同推广，需要把握产品、渠道和营销三要素。

（1）产品生态化。发挥异业商家的触点营销能力，要先结合商家需求设计符合异业销售特点的关联产品和关联政策，实现销售行为与该商家有关联且符合商家合作需求的目的。

（2）渠道生态化。用好异业权益商家的生活场景流量，实现客户高频触达和精准推送、转化，这是传统渠道升级转型的理想方向。

（3）营销组织生态化。为实现生态营销发展的最终目标，运营商在组织机构职能与流程优化设计方面应向基础权益能力打造及生态场景构建倾斜，全线促进生态发展基调的形成。

9.5.4 权益运营的未来——泛在权益网络

所谓泛在权益网络，是指所有需要开展权益运营的行业企业（运营商、银行、保险公司、地产公司等）与客户生活商圈内的商户共同形成一个双边合作权益网络。借助支撑平台，一方面，将企业的权益运营共同诉求予以产品化、活动化，快速打造营销活动并通过网络发布；另一方面，在商户侧以线上收银台的形式展示客户权益钱包里的各类权益，以及如果参加企业发布的营销活动能够获得的权益，并告知客户可以在支付这一体验峰值时刻使用所获得的权益，这将会大大吸引客户的参与。目前，运营商在这方面进行了有益探索，基本实现了以省为单位的本地权益平台的设计建设，吸纳了异业权益资源，打通了商户服务流程，实现了灵活的权益领取和使用，也有针对性地开展了权益活动运营，形成了本地泛在权益网络的雏形。

泛在权益网络是一个多赢的价值网络。客户可以直观地看到所获权益列表、当前各企业的营销活动、参与活动能获得哪些权益，并可灵活使用以往零散、门槛高、不能叠加的权益。权益网络主导企业可以吸纳其他行业的营销资源及潜在客户群体，沉淀客户消费数据，结合自身的发展方向及资源，选择性地开展异业联合营销，同时可将自身能力和优势对网络平台中的其他企业和商户赋能，助力企业客户、小微商户的业务发展。新加入权益网络的企业无须进行重复开发、运营及商务拓展投入，轻松获得覆盖目前客户生活消费商圈内的商户资源和客户数据，实现精准营销。商户可降低与大型企业合作的门槛，缩短合作达成的时间，一点接入、全网使用，一方面，利用大型企业投放的营销资源，带动自己门店的客流及销售额；另一方面，根据自身的新店宣传、新品促销等意图，在权益网络平台发布营销信息，通过让利、折扣等方式，获得平台推荐及大型企业宣传触点的位置等。

本章参考文献

[1] 陈李娜. 移动通信业务的客户体验管理研究[D]. 北京：北京邮电大学，2006.

[2] 林婀娜. 移动互联网产品整体客户体验管理研究[D]. 桂林：广西师范大学，2016.

[3] 王蔚. 我国高校智库网站建设现状及优化策略研究[D]. 哈尔滨：黑龙江大学，2019.

[4] 王娟. 佳能（中国）有限公司体验式营销策略研究[D]. 济南：山东大学，2013.

[5] 胡世良. 5GtoB 规模化发展六大问题的思考和认识[J]. 电信科学，2022，38（S1）：67-76.

[6] 吴迪. 让远程医疗服务释放更多能量[N]. 工人日报，2019-09-11（3）.

[7] 詹姆斯 • 卡尔巴赫. 用户体验可视化指南[M]. UXRen 翻译组，译. 北京：人民邮电出版社，2018.

[8] 李飞. 全渠道客户旅程体验图——基于用户画像、客户体验图和客户旅程图的整合研究[J]. 技术经济，2019，38（5）：46-56.

[9] 何平，郑益中，孙燕红. 基于服务质量和价格的服务竞争行为[J]. 系统工程理论与实践，2014，34（2）：357-364.

[10] MBA 智库 • 百科. SERVQUAL 模型[EB/OL].（2023-02-18）[2023-07-19].

[11] 洪健山，沈皓，毕士凡. 客户体验管理创新策略[J]. 中国电力企业管理，2018，34（36）：46-47.

第 10 章

网络运营转型——从云网融合到算网一体

伴随着数字化转型在国民经济和社会生活各领域的深层次推进，数字化、网络化、智能化的创新生态体系正在不断发展，“上云用数赋智”已成为加快数字产业化和产业数字化，培育新经济发展的共同和必然选择。电信网络是国家信息基础设施的核心，不论是早期“智能网”的诞生，还是 3G、4G 以来的 NFV、SDN 等新技术的不断涌现，电信网络技术及电信网络运营都在向解耦、虚拟化、IP 化、云化的方向不断前行。以网络全面云化为特征，5G 与数据中心（DC）、云计算、IoT、大数据、AI、区块链等新兴技术紧密结合，正从“云网融合”向“算网一体”演进，构建“数据+连接+算力”的数字经济未来新“底座”。

10.1 5G、云原生与云网融合

10.1.1 云原生的概念与特征

云原生是云计算技术高度发展的自然演进结果，云原生的应用、网络和硬件产品在设计、研发和构建之初就都考虑在云化环境中的完美运行，即“为云而生”，其内涵既包括庞大的、经过验证的技术体系，也包括相关方法论和开发模式的集合。符合云原生架构的产品往往利用云计算平台，具备轻量级、低成本、松耦合、高灵活性、高可靠性、高容错性和可维护性、弹性可扩展等一系列特性和优势，同时采用快速迭代、持续发布和集成、运维自动化等敏捷框架，对广大垂直行业推进数字化转型、实施数智化应用具有重要价值。

云原生的特征如图 10-1 所示。针对云原生的基本方法和特征，业界的一种共识是：云原生=容器化+微服务+DevOps+持续交付。

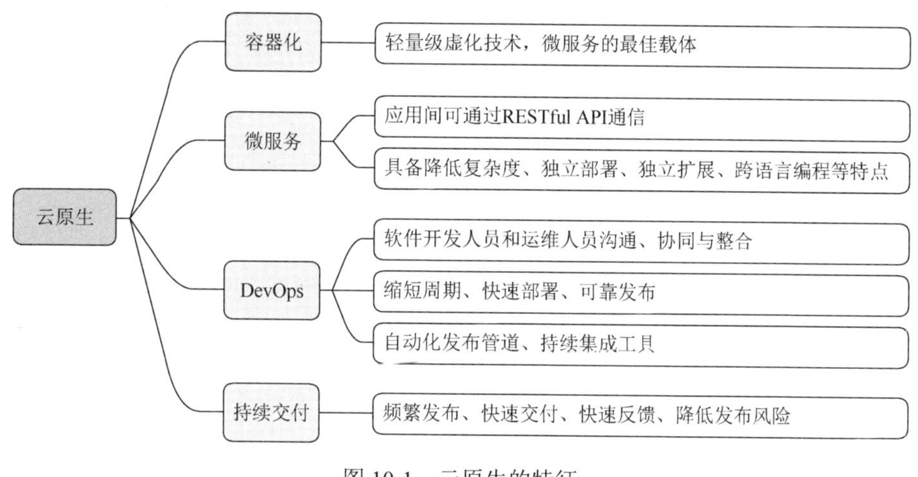

图 10-1　云原生的特征

1．容器化[1]

云原生应用程序是打包为轻量级容器的独立自治服务的集合，与虚拟机相比，容器可以实现更加快速的扩展，优化基础架构资源的利用率。容器是一种超轻量级的操作系统虚拟化技术，它将应用程序及其运行依赖的环境打包并封装到标准化、强移植的镜像中，通过容器引擎提供进程隔离、资源可限制的运行环境，实现应用与 OS 平台及底层硬件的解耦，一次打包、随处运行。容器技术具有极其轻量、秒级部署、易于移植、敏捷弹性伸缩等优势。使用容器技术，用户可以将微服务及其所需的所有配置、依赖关系和环境变量打包成容器镜像，轻松移植到全新的服务器节点上，而无须重新配置环境，这使得容器成为部署微服务的理想工具。

2．微服务

微服务是一种面向服务的新型软件架构，它将大型复杂软件或应用程序拆分成多个简单的、独立的、较小的服务单元，每个服务对应一项单一的业务或功能，服务之间采用轻量级的通信机制，如基于超文件传输协议（HTTP）的 RESTful API，实现沟通和协调，共同配合实现完整的业务逻辑。微服务之间是松耦合的，微服务可以独立地对每个服务进行升级、部署、扩展和重启等，从而实现频繁更新，且不会对最终用户的使用体验产生影响。微服务架构具备降低系统复杂度、独立部署、独立扩展、可复用、可自治、跨语言编程等特点。

3．DevOps

DevOps 的核心理念是通过将开发、测试、发布乃至部署的全过程高度整合的自动化工具，实现确保产品质量前提下的高效交付，并使得上述过程标准化、可视化、可重复、减少差错和提高效能。云原生应用的每项服务都有一个独立的生命周期，利用敏捷方法的 DevOps 流程来管理，多个持续集成/持续部署流水线可以协同工作，以部署和管理云原生应用程序，从而使应用程序发布的风险得到有效的控制。

4．持续交付（CI/CD）

持续交付是一种利用不同程度的自动化工具来快速、高频地向用户交付应用的方法，从广义上讲，其概念包括持续集成（Continuous Integration）、持续交付（Continuous Delivery）和持续部署（Continuous Deployment），简称 CI/CD，与敏捷开发、DevOps 具有紧密联系。CI/CD 侧重于反传统瀑布式开发模型，通过在软件生命周期内以流水线的形式实现基于"一键化"工具的自动化集成、交付与部署，以缩短交付周期，进而实现分钟级甚至秒级交付。

新冠疫情加速了企业数字化转型进程，新基建万亿级的投资驱动，使云原生产业获得了前所未有的发展机遇，云原生进入快速发展期。越来越多的企业开始接受云原生开发方式，在采用云原生技术的中国企业中，已有接近 50%的企业将云原生技术应用到生产环境的核心和次核心系统中，83%的企业未来两年将加大对云原生的投入[2]。随着数字经济的不断发展，数字化转型进入深水区，IDC 预测 2024 年新增的生产级云原生应用在新应用中的占比将从 2020 年的 10%增加到 60%。可以预见的是，在未来几年，云原生的应用将涉及各行各业的核心，企业在将业务生于"云"、长于"云"[2]。

10.1.2　电信网络的云化实践

当前，我们正处于一个高速发展的科技创新时代，云计算、AI、物联网、区块链等新兴技术和应用不断涌现，传统电信网络的可扩展性较差、设备聚合度高，难以满足快速发展的网络业务的需求，难以支持 5G 时代多样性的业务场景，云化转型是构建灵活、高效 5G 基础设施的基石。电信网络云化转型包括 CN、接入网、TN 及业务控制中心等多个层面的网元云化部署。长期以来，多种技术推动了电信网络云化转型，例如，利用虚拟化、云计算、云原生等技术可以实现电信业务云化和弹性部署，利用 NFV、SDN 等技术可以实现网络功能自动配置和灵活调度，最终实现业务、资源和网络的协同管理和灵活调度，以实现网络资源最大化运用、缩短业务部署周期、节省成本开支等目标。

AT&T 发布《Domain 2.0 白皮书》拉开了电信网络云化转型的大幕，国内外运营商纷纷发布网络云化转型计划。从早些年开始探索网络云化转型，到近几年进入实践应用，国内电信网络云化都处于部署测试阶段，基于 NFV/SDN 技术的解决方案是建设云化网络的首选。

2015 年，中国移动在上海世界移动通信大会和 GTI 亚洲大会期间，正式向产业界推出下一代革新网络——NovoNet，并发布《NovoNet 2020 愿景》（2015 年版）。NovoNet 是融合 IT 新技术，能够实现资源可全局调度、能力可全面开放、容量可弹性伸缩、架构可灵活调整的新一代网络。NovoNet 将适应中国移动数字化服务战略布局的发展需要，满足“互联网+”、物联网对通信网的需求，是未来网络发展的方向。2017 年 2 月，中国移动正式启动 NovoNet 试验网工程，一阶段分别在上海、浙江、广东进行了外场测试，重点包括部署新型数据中心、新型大脑网络功能虚拟化编排器（NFVO）及部署新型交付模式（NFV 首要集成）三项内容。

中国联通于 2015 年、2021 年先后发布了 CUBE-Net 2.0、CUBE-Net 3.0 网络架构，提出“新网络、新服务、新生态”的愿景。其中，CUBE-Net 2.0 顶层架构由面向用户中心的服务网络（CoN）、面向数据中心的服务网络（DoN）、面向信息交换的服务网络（IoN）和面向开放的云化网络服务（CNS）四部分组成。CUBE-Net 2.0 的目标是使网络成为一种可配置的服务并提供给用户及商业合作伙伴[3]。CUBE-Net 3.0 的技术架构可分为三层，即服务层、管控层和资源层，如图 10-2 所示。服务层可提供网络即服务（Network as a Service，NaaS）、融合服务（PaaS/SaaS）和 IaaS；管控层通过网络协同与编排、网络能力封装、数字孪生网络和 AI 引擎共同构建云网大脑，通过北向接口向服务层开放能力，通过南向接口对资源层进行管控。网络内生安全体系和网络智能运营体系贯穿网络的资源层、管控层、服务层，基于网络内生的安全和智能能力，可提高数字信息基础设施的安全性和智能化[4]。

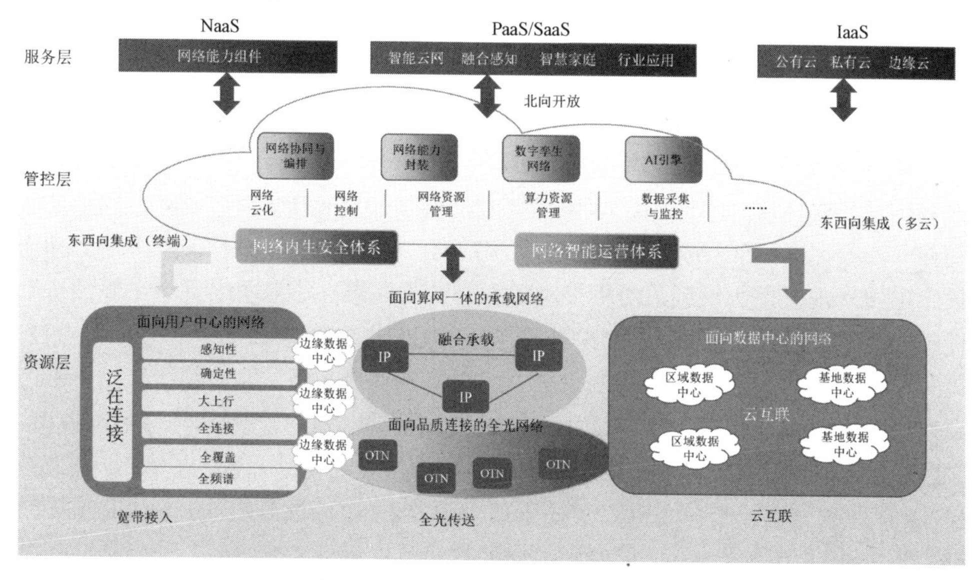

图 10-2　CUBE-Net 3.0 的技术架构[4]

2016 年，中国电信发布《中国电信 CTNet 2025 网络架构白皮书》，全面启动网络智能化重构。中国电信的目标网络将具备简洁、敏捷、开放和集约四大新特征，具备网络可视化、资源随选和用户自服务三大网络能力。该架构以 SDN/NFV 为技术抓手，以网络云化部署、SDN 智能控制、新一代运营系统部署、网络数据中心架构化改造等为网络切入点，推进网络的纵向解耦和横向打通。其演进路径按照“网络云化”和“新老协同/能力开放”并行的方式，分近期和中远期两个阶段推进，如图 10-3 所示。

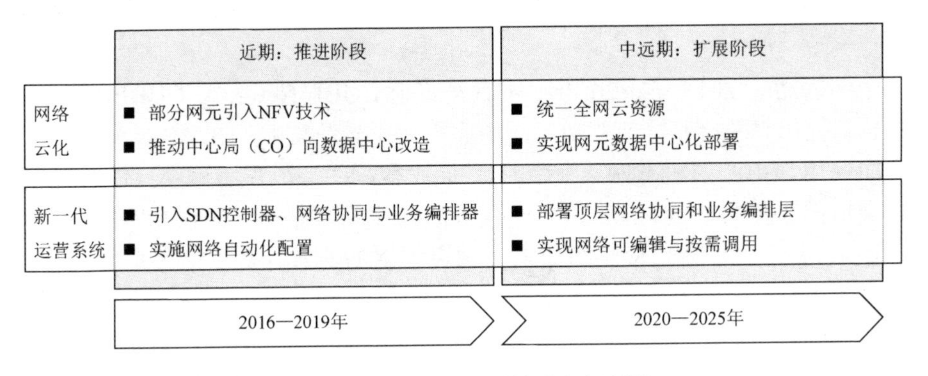

图 10-3 网络智能化重构进程规划[5]

中国移动提出的 NovoNet 计划、中国联通提出的 CUBE-Net 网络架构和中国电信提出的 CTNet 2025 网络架构均为未来网络云化重构制定了相关规划。由此可见，随着 5G 网络的逐步成熟和行业发展愈加迫切的需求，电信网络云化是必然趋势。

10.1.3 5G 的云网融合之路

5G 时代是云网融合的时代，云网融合为 5G 赋予了更多内涵，5G 则为云网融合提供了最佳舞台。一方面，云网融合为 5G 发展奠定了坚实基础，不同于之前的移动通信标准，5G 定义了 eMBB、URLLC、mMTC 三大核心场景，使移动通信应用深入垂直行业领域，面临多种多样的使用需求，需要网络具备弹性的资源提供能力和快速灵活的调度能力，构建基于 MEC 的边缘云架构是 5G 网络全面云化的关键，云网深度融合可以推动 5G 的快速部署和升级，并为网络提供了不可或缺的敏捷性和开放性；另一方面，5G 的发展推动云网深度融合，5G 的高速率、大容量、低时延及 CN 全面云化是云网深度融合的重要推动力量，在 5G 标准 Rel-15 版本中为 5GC 控制面引入了基于服务的架构（Service-Based Architecture，SBA），Rel-15 版本的 5GC 提供松耦合的微服务、轻量高效的服务调用接口、自动化+智能化的服务管理框架等特征，5G 技术已具备鲜明的云化特征，可以说，5G 网络是云原生的重要应用领域[6]。

1. 5G NR

5G NR 是基于 OFDM 技术的、为 5G 开发的全新空中无线接口，采用 5G NR 的目的是在不同频谱下为 5G 即将包含的多种服务、设备和部署提供支持，实现超低时延、超大容量和超高可靠性。5G NR 标准既是全球性的 5G 标准，也是下一代（6G）网络的蜂窝移动技术的基础[6]。

5G NR 的设计目标是大幅提高现有移动网络的性能、灵活性、扩展能力和效率，并且尽可能释放出各种频带下频谱的潜力，包括牌照频谱、共享频谱和无须牌照的频谱等。为支持灵活部署，5G NR 支持 CU（集中单元）/DU（分布单元）分离架构，可以实现 CU 的云化设计和部署，实现资源池化和弹性增强，可带来投资和 OPEX 的极大节约。

RAN 一直是移动通信网综合成本的核心组成部分。以往的 RAN 解决方案往往为单一供应商提供，导致了少数供应商“独大”的局面，并容易使运营商的选择范围受限，出现无法实现网络灵活配置、成本居高不下等问题。因此，RAN 由封闭式向开放式转型成为 5G 后网络时代的新趋势。

Open RAN 技术包含一组旨在使 RAN 更具成本效益和灵活性的技术方法。它将 RAN 硬件和软件解耦，并支持所有组件的标准化，以确保来自不同供应商的组件之间具有互操作性。Open RAN 技术可以打破原有的单一供应商模式，使得运营商在部署 5G 网络时能在不同的供应商中进行选择，极大地降低了 RAN 的市场门槛，大量新进入者采用基于云原生的架构，推动 5G NR 向轻量化、可定制的方向发展。Open RAN 技术方法包括 C-RAN、vRAN、O-RAN 等，并形成了多个产业联盟。

2. 5GC

采用 NFV 技术部署的 5GC 是云网融合的一个重要应用领域，CN 也是电信网络中最早也最彻底地利用 IT 实现解耦的组成部分。5GC 是具有虚拟化、轻量化、云网融合、云边协同特质的网络系统，实现了完全云化，具有“集中+边缘”的特点，能够实现“网络随云移动”。5GC 的灵活部署方式使其成为满足各行各业专网需求的关键技术，云原生在 5GC 中的重要应用主要体现在两个方面：一是面向服务的 5G 云原生 CN，二是基于云原生的轻量级 5GC。5GC 的全面云化可以追溯至 2020 年 9 月，西班牙电信德国公司宣布与 AWS 和爱立信公司合作，将在 AWS 公有云上部署 5GC，开创了在公有云上部署 5GC 的先河[7]。

3. 5G MEC

随着 5G 的发展，各类新型应用不断涌现，尤其是伴随着 5G 向千行百业的渗透并与行业、企业专网紧密融合，数据产生量呈爆发式增长，对网络时延提出了极高的要求，同时对数据的安全性、可控性提出了差异化要求，由此，边缘计算应运而生。边缘计算为新兴业务的发展与落地提供了重要支撑，在满足了新兴业务低时延需求的同时，也缓解了骨干网络中大量数据造成的拥堵问题。

边缘计算是指在靠近物或数据源头的一侧，采用网络、计算、存储、应用核心能力为一体的开放平台，就近提供近端服务，其应用程序在边缘侧（如物联网元）发起，产生更快的网络服务响应，满足行业在实时业务、应用智能、安全与隐私保护等方面的基本需求。边缘计算是云原生在 5G 云化发展中的重要场景之一，其加速了 5G 在各行各业的应用，不仅满足了海量连接对高算力的需求，也满足了以无人驾驶、实时监控、工业互联网等为代表的低时延应用场景需求。目前，我国主流企业已在边缘计算领域开展了全方位的工作，并取得了不错的进展和成绩[8]。

4. 5G 切片

网络切片是 5G 和前几代移动通信标准的显著区别之一，它可以将一个物理网络划分成多个虚拟的逻辑网络，每个虚拟网络对应不同的应用场景，从而满足不同的需求，并给网络带来极大的灵活性，最终实现 5G“信息随心至，万物触手及”的总体愿景。5G 切片可以提供端到端的虚拟网络，具备虚拟化、隔离性、按需定制等特征，每个虚拟网络之间（包括网络内的设备、接入、传输和 CN）是逻辑独立的，任何一个虚拟网络发生故障都不会影响其他虚拟网络。

5. 5G OSS 重构

电信 OSS 自诞生起便具备 IT 特征，并在近年来陆续“上云”，当下面临 5G 时代巨大的网络资源和丰富的业务场景需求，正快速步入云原生+智能化的重构时代。无论是中国电信、中国联通，还是中国移动，都不约而同地以具备智慧运营能力、为用户提供极致服务为目标，要求新一代 OSS 具备 BSS/OSS 融合（BSS 即业务支撑系统）、服务在线编排、技术组件统一、能力分层解耦等特征[9]，并引入数据中台、业务中台、技术中台等新技术形态。

综上所述，5G 与云网的深度融合是全方位、多层次的，从 CN、5G NR、边缘计算到 OSS 重构，5G 在云网融合之路上都发挥着巨大的作用，真正做到了两者的共生共长、互补互促。

10.2　从云网融合到算网一体

10.2.1　算网

1．算网因何而来

随着经济社会的数字化转型进程加速，新一代 IT 间的融合效应渐显，“5G+云+AI”“数据+算法+算力”等协同模式成为推动我国数字经济持续发展的重要引擎。未来网络空间将逐步形成“云-网-边-端”泛在分布的趋势，算力不断靠近用户。算力和网络的深度融合推动算力和网络基础设施、算力和网络编排、业务运营管理向算网一体化方向演进和发展，算网迅速成为产业界共同关注的热点，也将成为支撑数字社会的重要基础设施。

2．算网的定义

当前，算网得到产业界和学术界的广泛关注，三大运营商针对算网分别进行了定义。

2021 年 11 月 2 日，中国移动发布的《中国移动算力网络白皮书》[10]中指出，算网是以算为中心、网为根基，网、云、数、智、安、边、端、链（ABCDNETS）等深度融合，提供一体化服务的新型信息基础设施。算网的目标是实现“算力泛在、算网共生、智能编排、一体服务”，逐步推动算力成为与水电一样，可“一点接入、即取即用”的社会级服务，达成“网络无所不达、算力无所不在、智能无所不及”的愿景。

中国电信也对算网进行了描述：算网是一种架构在 IP 网之上、以算力资源调度和服务为特征的新型网络技术或网络形态，而云网融合侧重于网络、算力和存储三大资源的融合，具有更大的内涵和范畴。

中国联通则认为，算网是指在计算能力不断泛在化发展的基础上，通过网络手段将计算、存储等基础资源在“云-边-端”之间进行有效调配的方式，以此提升业务的 QoS 和用户的服务体验[11]。

在算网体系架构设计方面，中国移动将算网体系架构划分为算网基础设施层、编排管理层、运营服务层；中国联通设计的算网体系架构包括算力资源层和网络转发层、算力管理层、网络控制层、服务编排层、服务提供层；中国电信从逻辑功能上将算网体系架构划分为网络资源层、算力资源层、算力路由层、算力应用层、算力管理层。中国通信标准化协会（CCSA）则组织国内运营商、研究机构、设备供应商等制定了 YD/T 4255—2023《算力网络 总体技术要求》，将算网划分为算网基础设施层、算力路由层、算网编排管理层、算力服务层，并绘制了算力网络总体架构，如图 10-4 所示[12]。

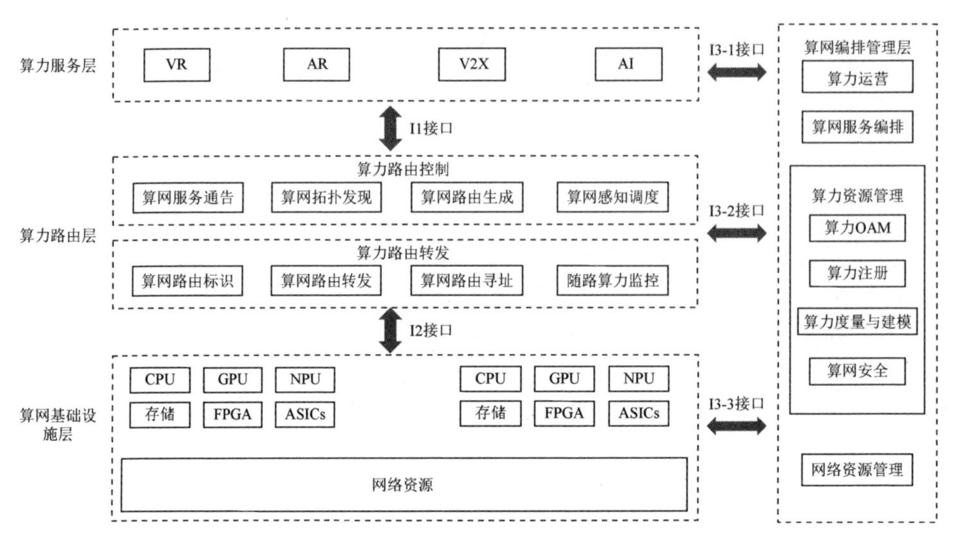

图 10-4　算力网络总体架构

3. 算网的关键技术

1）算网技术体系

从算网所倡导的技术理念中可以看出，算网一体是结合 5G、泛在计算与 AI 的发展，在云网拉通和协同基础上的下一个阶段，即云网融合 2.0 阶段。云网融合 2.0 是在继承云网融合 1.0 工作的基础上，强调结合未来业务形态的变化，在云、网、芯三个层面持续推进研发，实现应用部署匹配计算、网络转发感知计算、芯片能力增强计算，服务算网时代工业互联网、自动驾驶、智能安防与工业机器视觉等新业态，其技术演进路线如图 10-5 所示。

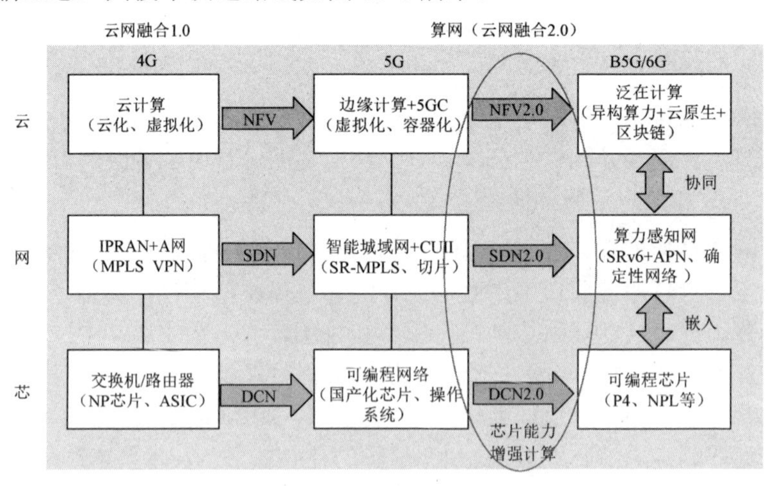

图 10-5　算网与云网融合 2.0

（资料来源：中国信息通信研究院）

从图 10-5 中可以看出，算网的技术内涵是在现有 SDN/NFV 技术基础上的发展和升华，相关技术可概括为承载、编排和转发三个方面，分别对应 SDN2.0、NFV2.0 和 DCN2.0[13]。

2）算网承载技术

算力承载网以 SRv6 技术为底座，基于 SDN 架构，实现网络可编程，可以更好地满足算网组网需求，同时为用户提供更优质的服务体验。SRv6 基于 IPv6，可延展到各级网络，从传统的城域网、广域网、移动承载网，到园区网络、数据中心网络甚至用户终端，通过整合端、网、云协议，形成多点之间的任意连接。在算网中，业务网关进一步下沉，同时利用 IPv6 丰富的可编程空间，研发 IPv6+网络新技术，包括但不限于虚拟专用网（VPN）+网络切片、随流检测（IFIT）和新应用的开发，实现城域算力基础设施互联，通过业务的部署和资源调整来达到应用的 SLA 要求[13]。

3）算网编排技术

算网将来自数据中心或集群的“云-边-端”泛在算力通过网络连接在一起，实现算力的高效共享。算网是融合计算、存储、传送资源的智能化新型网络，它通过全面引入云原生技术，实现业务逻辑和底层资源的完全解耦。随着以 Kubernetes（也被称为 K8s，是一种用于自动部署、扩缩和管理容器化应用程序的开源系统）为代表的云原生技术成为云计算的容器界面，Kubernetes 成为云计算的新一代操作系统。算网服务编排即采用通用的 OpenStack 和 Kubernetes 结合法，实现对算网的计算、存储、网络等资源的统一管理，通过开放的基础设施架构实现 IaaS 层和 PaaS 层的资源编排调度，同时将调试层的能力以服务化的方式提供服务注册、服务路由等功能，按照最新的服务网格方式进行扁平化的服务编排[13]。

4）算网转发技术

传统的网络设备主要采用转发和控制一体化的工作模式，芯片的功能相对固化，无法满足算网对网络设备的灵活性及可编程性的需求。新一代高性能可编程芯片加上 P4 等编程语言的出现，可以使使用者自上而下地定义数据包处理流程。除了能帮助算网实现最适合其自身需求的具体网络行为，可编程芯片还能使芯片供应商专注于设计并改进那些可重复使用的数据包处理架构和基本模块，而不必考虑特定协议和异常行为。

5）绿色与安全关键技术

算网的发展要将以绿色低碳为目标贯穿始终，解决算网的能效问题，降低算网的使用成本，关键技术的发展方向包括：第一，研发更低功耗、更高性能的芯片，通过引入芯片封装优化、处理器动态功耗调节、服务器液冷、数据中心节能等技术方案，从芯片、设备到数据中心进行端到端、系统化的能效优化；第二，根据用户的需求及边缘计算节点的负载，合理按需部署计算服务；第三，合理地选择并构建算网中的计算载体，当前算网中的计算载体包括虚拟机、容器及 Unikernel，它们的镜像大小、实例化时间都存在巨大差异，在能耗方面也有较大差异，选择与计算需求相匹配的计算载体对控制能耗具有重要意义；第四，对于计算量巨大的计算任务，进行高效分割，并分配到多个边缘计算节点上，以优化算网能耗[14]。

在安全可信方面，算网涉及多源、泛在算力节点，数据被分散到多方算力节点上参与计算，会使算网服务面临网络攻击和数据隐私泄露等严重安全风险，这就需要遵循创新安全理念，借助隐私计算、数据标记、全程可信、审计溯源、内生安全等技术来实现算网安全全程可信。

4. 算网的发展情况

为发挥信息基础设施对数字经济的赋能和推动作用，围绕“新基建”战略布局，我国正在全面推动信息基建，党中央、国务院高度重视数据中心产业的发展。2020 年 3 月，中共中央政治局常委会明确提出“加快 5G 网络、数据中心等新型基础设施建设进度”。2020 年 4 月，国家发展和改革委员会（以下简称国家发展改革委）明确指出，新型基础设施的主要框架体系包括信息基础设施、融合基础设施、创新基础设施三个方面。其中，信息基础设施是指以 5G、物联网等为代表的通信网基础设施，以 AI、云计算、区块链等为代表的新技术基础设施，以及以数据中心、智能计算中心为代表的算力基础设施等。2021 年，多部门联合发布的《全国一体化大数据中心协同创新体系算力枢纽实施方案》中提出：“统筹围绕国家重大区域发展战略，根据能源结构、产业布局、市场发展、气候环境等，在京津冀、长三角、粤港澳大湾区、成渝，以及贵州、内蒙古、甘肃、宁夏等地布局建设全国一体化算力网络国家枢纽节点（以下简称‘国家枢纽节点’），发展数据中心集群，引导数据中心集约化、规模化、绿色化发展。国家枢纽节点之间进一步打通网络传输通道，加快实施‘东数西算’工程，提升跨区域算力调度水平。”工业和信息化部印发的《新型数据中心发展三年行动计划（2021—2023 年）》中指出：“用 3 年时间，基本形成布局合理、技术先进、绿色低碳、算力规模与数字经济增长相适应的新型数据中心发展格局。总体布局持续优化，全国一体化算力网络国家枢纽节点（以下简称国家枢纽节点）、省内数据中心、边缘数据中心梯次布局。”2022 年 1 月，国务院发布的《国务院关于印发“十四五”数字经济发展规划的通知》中明确提出：“推进云网协同和算网融合发展。加快构建算力、算法、数据、应用资源协同的全国一体化大数据中心体系。”算网是新型算力基础设施和新型网络基础设施结合形成的新型算力融合基础设施，是数字化发展的新底座，也是新基建发展之芯，它将推动千行百业的数智化转型，助力实施新基建国家战略。

在标准制定方面，算网作为一个新型的基础设施，将衍生出一整套新型的关键技术体系。在国际电信联盟中，由我国运营商牵头制定的《算力网络框架与架构标准》（Y.2501）已经发布，并进行了算网原型展示，同时我国运营商牵头立项并编写了多个算网领域的国际标准，覆盖了 IMT-2030 及未来网络、下一代网络演进（Next Generation Network evolution，NGNe）、新型计算等技术领域，涉及需求、架构、服务保障、信令协议、管理编排等方向，初步形成了统一的术语——算网融合（Computing and Network Convergence，CNC）。在国际互联网工程任务组（IETF），华为及国内三大运营商开展了计算优先网络（Computing First Network，CFN）、算力感知网络（Computing-Aware Network，CAN）等系列研究。华为联合国内运营商在欧洲电信标准协会（ETSI）和宽带论坛（BBF）启动了 NFV 支持网络功能连接扩展、城域算网等多个研究项目。在国内，中国通信标准化协会组织国内运营商、研究机构、设备供应商等制定了 YD/T 4255—2023《算力网络 总体技术要求》，该标准规定了算力网络的总体技术架构和技术要求，包括算力网络的总体架构和接口描述，以及算力服务技术要求、算力路由技术要求、算网编排管理技术要求等，由此初步建立了算力网络的行业标准体系。国内 IP 网络研究的主要组织——网络 5.0 产业和技术创新联盟成立了算力网络特别工作组，启动了算网需求、场景和技术等的研究工作。工业互联网产业联盟（AII）和开放数据中心委员会（ODCC）完成了面向工业互联网的算网技术、可编程算力路由网关等相关项目的立项[15]。面向未来 6G 时代，算网已经成为国内 IMT-2030（6G）推进组的研究课题之一，该推进组正在开展算网与 6G 通信技术的融合研究。

在生态建设方面，以运营商、设备供应商、研究院所和高校为主体的算网生态已初步形成。2020 年，中国联通发起成立了中国联通算力网络产业技术联盟，该联盟开展算网产业研发，携手设备供应商、芯片商、高校、科研院所等共同投入算网生态建设。2021 年 12 月，鹏城实验室推动的人工智能算力网络推进联盟正式设立，该联盟成员形成合力助推算力中心建设。2021 年 6 月，中国移动发布了算力网络合作伙伴计划，凝聚行业共识，搭建一个开放、统一的平台，共筑计算和网络协同发展生态。2022 年 1 月，由中国信息通信研究院主导，中国电信、华为等近 20 家企业联合发起的算网融合产业及标准推进委员会（TC621）正式成立，该委员会凝聚产业共识，积极推动算网融合。

近年来，中国联通、中国移动均发布了算网领域相关白皮书，如《算力网络架构与技术体系白皮书》《中国移动算力网络白皮书》《云网融合向算网一体技术演进白皮书》《异构算力统一标识与服务白皮书》《算力感知网络技术（CAN）白皮书》等，进一步阐述了算网融合的重要观点。

在试验验证方面，2021 年，中国联通算力网络产业技术联盟开展了大湾区算力网络示范基地和北京“IPv6+”联合创新实验室建设，并发布了《中国联通算力网络实践案例》。2022 年 7 月，中国移动正式启动算力网络试验示范网（CFN Innovative Test Infrastructure，CFITI），以推进构建国家算力网络大科学装置为目标方向，锚定新技术试验床、国家示范基地、产业聚合平台和新业态孵化器四大定位，构建多节点互联的技术创新与业务验证的双平面试验网。2022 年 10 月，清华大学计算机系高性能计算研究所和东数西算（贵州）产业有限公司联合成立了“东数西算”算力实验室，旨在联合攻关面向高性能计算、大数据处理、网络存储系统、处理器体系结构等关键领域技术，构建支持“东数西算”战略发展的新型算网体系。

目前，算网的研究工作主要围绕以下 4 个方面展开：

（1）算力度量：计算资源的衡量缺少一个统一且简单的度量单位，因此如何评估不同类型算力资源的大小成为一个亟须解决的难题。

（2）信息分发：如何将算力等资源信息通过网络控制面广而告之。

（3）资源视图：如何给每个用户生成以其为中心的资源视图，使其可以智能选择最佳资源组合。

（4）可信交易：算网中的各类资源归属不同的所有者，算网作为一个中间平台，如何确保资源交易真实有效且可溯源[9]。

10.2.2　算网对运营商的意义与价值

1. 逻辑：数据+算力+算法

当前，云计算、边缘计算、AI、数字孪生、5G 等科技手段使算力和算法能力获得了极大的提升。随着数字经济的蓬勃发展，全社会数据总量也呈爆发式增长。在科技支撑下，形成了以“数据+算力+算法”为核心的数字化生产逻辑体系。

首先，数据成为数字经济时代新的生产要素。2021 年 3 月，十三届全国人大四次会议通过的《中华人民共和国国民经济和社会发展第十四个五年规划和 2035 年远景目标纲要》中提出：“充分发挥海量数据和丰富应用场景的优势，促进数字技术与实体经济深度融合，赋能传统产业转型升级，催生新产业新业态新模式，壮大经济发展新引擎。”数字经济时代，激活数据要素潜能，在完善数据边界的前提下，实现高质量数据的开放共享和交易流通，发挥社会数据资源价值，将进一步解放生产力。

其次，算力是数字社会的新型基础设施，是数字经济时代新的生产力，是支撑数字经济发展的坚实基础，更是衡量经济发展水平的重要指标。2022 年 3 月 17 日，浪潮信息、IDC 和清华大学全球产业研究院联合推出的《2021—2022 全球计算力指数评估报告》中指出，全球数字经济持续稳定增长，预计 2025 年各个国家的数字经济占 GDP 的比例将达到 41.4%。同时，国家计算力指数与 GDP 的走势呈现出了显著的正相关，15 个重点国家的计算力指数平均每提高 1 点，国家的数字经济和 GDP 将分别增长 3.5‰和 1.8‰，预计该趋势在 2021—2025 年将继续保持。在数字经济时代，算力已经成为拉动经济增长的核心引擎。算力出现云、边、端三级架构的泛在演进趋势，它将不再集中地分布在数据中心，而是广泛地分布在边缘或者端侧的任何位置。算网成为一种根据业务需求，在云、边、端之间按需分配和灵活调度计算资源、存储资源及网络资源的新型信息基础设施。算网的本质是一种算力资源服务，未来企业或者个人客户不仅需要通过网络上云，也需要灵活、按需调度计算任务。

最后，算法指的是进行计算、解决问题、做出决策的一系列步骤。算法并不是指某一次运算，而是指运算时反复采用的方法，所涉及的技术包括机理模型、流程模型、AI 和数字孪生等[9]。AI 算法被广泛应用于产品生命周期的各个环节：在需求分析阶段，通过数据洞察定义市场需求；在设计阶段，采用认知增强设计缩短设计周期；在生产阶段，则通过供应链优化、物流优化等来提升效率、降低成本。仅有数据和算力，没有先进的算法，将难以发挥出数据真正的价值，需要采用以 AI 为代表的算法技术帮助分析数据、发现规律并提供智能决策支撑。

以 5G 为代表的现代通信网凭借其高速度、广覆盖、低时延的特点，将数据、算力、算法三大要素紧密地连接在一起，令其协同作业，发挥出巨大的价值，起到了关键的连接作用。

2. 价值：社会需求、创新与公共服务

算网的建设是一个长期、庞大的系统工程，对运营商来说，既是机遇又是挑战。

在技术方面，算网涉及基础网络的重构、计算架构的突破，需要凝聚产、学、研、用多方力量，建立强大的创新能力。发展算网，推动算网共生，是我国主导提出的重大原创技术体系，并已产生大量的自主创新成果，在总体架构、资源布局、标准体系、革新技术、产业生态等方面取得了丰硕的成果，例如突破经典的冯 • 诺依曼体系，提高计算并行度和能效的存算一体技术；改变互联网的基础架构，在算力资源和网络资源层上叠加融合的算力路由技术，打破算力和网络的边界，实现算网一体共生的在网计算技术；打破异构算力技术生态竖井，实现应用

跨架构迁移的算力原生技术等。

在生态方面，算网的集约型发展会产生大量的算力并网、算力交易、算力共享等新模式、新业态，将出现全新的算力供给、算力服务提供商，整个产业价值链将进行重构和升级，这需要整个产业界共同探索、共同尝试，加快构建全新生态。

从我国三大运营商算网建设的情况看，中国电信率先实现了云、网络、IT 的统一运营，根据其 2022 年度报告，持续优化“2+4+31+X+O”①的算力布局，“一城一池”覆盖超过 240 个城市，边缘算力节点超过 800 个，算力总规模达 3.8EFLOPS②。中国联通通过部署超低时延、大带宽、超高可靠的全光算网，构建了绿色低碳、智能调度的算力基础设施，提供了“连接+感知+计算+智能”的算网一体化服务，为数字经济社会高质量发展筑牢底座做出了极大的贡献。中国联通发布的 2022 年度报告指出，中国联通完善了“5+4+31+X”多级架构，已在 170 个城市实现“一城一池”，边缘算力节点超过 400 个。中国移动不断推进算网建设，致力于打造以算为中心、网为根基，网、云、数、智等多种 IT 深度融合的算网，推动算力成为与水、电一样，可“一点接入、即取即用”的社会级服务。移动云已构建起“4+N+31+X”资源池体系，即在京津冀、长三角、粤港澳大湾区、川渝陕 4 大中心区域，建设 N 个中心资源池，面向 31 个行政区建设若干省级节点，在全国范围内灵活部署 X 个下沉式边缘云。根据中国移动公布的 2022 年度报告，其算力规模达到了 8.0 EFLOPS。

算网是新算力基础设施和新网络基础设施的结合，是行业发展的新引擎和价值重构的重大机遇，是对信息通信产业链一次全面的技术升级，技术升级涉及上游的网络设备、操作系统、数据库、芯片和服务器等，中游的算网基础设施、平台服务、数字化能力等，以及下游的各垂直行业的数字化转型应用等。

算网通过构建社会算力泛在连接、智能调度能力和可信交易等技术，盘活新建和存量算力资源，避免算力资源的重复建设。一方面，运营商在构建社会算力泛在连接、智能调度方面应充分发挥网络资源和技术创新优势，探索算力和网络融合创新并建立信息基础设施，带动 IT 和产业链的整体成熟；另一方面，运营商要探索“数据+算力+算法”与经济社会的深度融合，推动 IT 在更高层次、更大范

① “2”是指两个服务全球的中央数据中心；“4”是指京津冀、长三角、粤港澳大湾区、陕川渝这 4 个重点区域节点；“31”是指 31 个省级数据中心；“X”是指广泛分布的边缘节点，部署在离用户最近的层面；“O”是指海外节点。

② FLOPS 是指每秒所执行的浮点运算次数（Floating-Point Operations Per Second），EFLOPS（exaFLOPS）是指每秒一百亿亿（10^{18}）次的浮点运算。

围、更深程度的应用，以丰富多彩的信息应用赋能社会行业企业数字化转型。

算网对运营商而言机遇与挑战并存，从技术创新到管理体制机制创新，都需要产业链各方紧密协作，开展联合探索。与此同时，发展算网既是电信企业转型的必由之路，又是新一代信息基础设施的全面升级，发展算网将为全社会的数字化、智能化发展打造坚实的底座。

10.2.3　云网融合到算力网络的演进

1. 发展历程

云网融合是信息通信行业面向通信网与 IT 演进和融合发展的趋势，在不断探索新型信息基建和供给模式的基础上逐步形成共识而产生的新发展理念和模式。运营商充分发挥以网络为基础、以云为核心的资源融合优势，用网络的能力支撑云计算发展，用云计算的理念优化网络资源，将传统上相对独立的云计算资源和网络设施融合，形成一体化供给、一体化运营、一体化服务的基础设施体系，将形成全新的产品服务能力和生态构建模式。云网融合的发展大致会经历云网协同、云网融合、云网一体三个发展阶段，最终迈向算网一体。

在云网协同阶段，云和网在资源形态、技术手段、承载方式等方面彼此相对独立，针对特定应用场景，主要采用 SDN、NFV 等技术为用户提供一点开通、一键入云的一站式服务。在云网融合阶段，云和网采用统一的逻辑架构和能力组件统筹规划建设，打造新一代云网一体化运营系统，实现云、网、边资源的统一管理、按需调度和智能编排。在云网一体阶段，云和网在技术架构、开发方式、规划部署和运营管理等方面完全统一，实现了统一资源管理、调度和安全隔离，面向垂直行业以开放的数字化平台提供综合智能信息服务。

从云网融合到算网一体，是网络中心转移及其作用和价值变化的过程，在 ICT 演进、赋能数字经济发展中发挥重要作用。云网融合中网络是以云为中心的。从云的视角看，一云多网对网络的主要需求是连通性、开放性，对 QoS 的要求是尽力而为，网络起到支撑作用。算网一体中网络是以用户为中心的。从用户的视角看，一网多云需要网络支持低时延、安全可信通信，对服务的质量要求是确定性，网络成为价值中心[16]。算网一体要求网络根据云中的应用和资源对数据进行更加智能化的调度，突破计算的网络瓶颈，缓解算力的潮汐效应。算网一体需要加强基础网络能力建设，融合计算、存储、传送资源等能力，保证边缘计算的效率、可信度和网络的带宽、时延、安全性、隔离度等因素。云网融合与算网一体是相辅相成的，云网融合为算网一体提供必要的云网基础能力，算网一体是云网融合的升级。

2. 挑战

1）云网融合面临的挑战

云网业务的快速发展和应用不仅给云网融合带来了发展机遇，也给云网融合带来了连接、体验、运营、安全和融合创新业务应用等多方面的挑战。在连接方面，来自企业数字化转型和个人上云需求的个性化、差异化业务，对网络提出了广覆盖和敏捷接入能力的要求，以及随时、随地、随需将用户接入多云，满足用户按需获取的诉求及一致性的服务体验。在算网背景下，需要解决如何将当前的网络与聚集算力资源的多云协同，将云网平滑演进到未来的信息基础设施架构的问题，从而实现算力按需供给、网络智能化控制和端到端业务的快速部署。在体验方面，确定性网络逐渐成为刚需，在企业数字化转型的不同阶段，业务上云的网络需求差异性显著，对网络的带宽、时延、稳定性等提出了确定性需求。面对不同的业务诉求，云和网需要共同提高可靠性，满足不同业务的 SLA 诉求，网络应能够使智能切片可按需灵活调整，实现一网服务千行百业。在运营方面，云网融合是一个供给、运营和服务一体化的体系架构，需要具备协同服务的能力。在安全方面，云网融合涉及数据安全、网络安全、应用安全等多个维度，数据进入云端和终端设备的接入对云网安全性提出了更高的要求。未来的云网融合安全解决方案不仅要确保云和网的自身安全，还要向用户提供云网场景下的安全服务，从而构筑从业务到网络再到云的立体化安全保护体系[17]。在应用创新方面，需要深度挖掘垂直行业的需求，探索产业数字化进程中信息通信行业与各个行业更深层次的协同创新。在生态融合方面，则需要不断丰富应用场景，推广和普及应用，构建广泛的应用生态。在产业孵化方面，需要立足云网融合应用创新，促进行业应用和产业孵化。

2）算网面临的挑战

算网作为智能时代的新型基础设施，从提出到走向成熟，面临着多方面的挑战。传统上相对独立的数据中心、运营商网络资源、边缘计算节点资源和终端设备不断趋向融合，在云计算、边缘计算和通信网之间实现云网融合、云边协同，实现算力服务最优化，这对算网标准化提出了很高的要求。算网产出的算力类型呈现多样性，而算力需求呈现差异化，因此需要解决算力的度量、编排，网络的调度、安排，以及供需匹配等问题。在技术架构层面，要实现云边协同与端计算的联动，需要承载网实现跨计算节点的协同，利用跨节点的分布式并行计算能力来实现对云计算和网络现有架构的突破。此外，需要建立多维度、多层次的算网安全体系，以保障业务、网络和云的安全、可靠。在生态构建方面，算网一体促进网络运营商与不同平台的云厂商开展更多的合作，新需求、新应用将持续给算网融合生态的构建带来挑战。

3）运营商面临的挑战

产业数字化作为数字化转型的重要组成部分，是数字经济的新引擎，其对加快信息基建提出了新要求。随着产业数字化的发展，边缘侧业务场景不断丰富，集中化的中心云已经无法满足需求，因此云在走向边缘。一方面，面临云边协同乃至边边协同的问题；另一方面，企业在上云的过程中对网络的通达性，以及网络传输数据的准确性、时延、传输速度等提出了更高的服务诉求，进一步推动了云网融合。在云网融合的过程中有三个基本要素，一是 IT 基础设施，二是网络基础设施，三是平台能力。在上述三者中，运营商既有云又有网，在云网融合中具有得天独厚的优势，但也面临更大的挑战：在 IT 基础设施方面，运营商与头部云计算厂商尚存在一定的差距，需要探索在未来一体化服务的算网架构下，与产业链深度协同合作，快速弥补与头部云计算厂商的差距。在网络基础设施方面，运营商拥有得天独厚的网络优势，尤其 5G 网络促使无线接入侧的能力大幅提升。最后，从企业客户的角度看，服务体验是关键，而服务体验需要强大的平台能力支撑，因此在云网融合与数字化转型的过程中，运营商需要通过协同创新持续加强与拓展平台能力，增强市场竞争力。

3．展望

数字经济是“十四五”的重要创新增长引擎，我国把“网络强国、数字中国”作为“十四五”新发展阶段的重要战略来部署。云网融合是一个长期的、不断演进的过程。以云网融合为核心的 ICT 创新将强有力地推动未来信息基础设施的转型。目前，国内运营商正加快推进以云计算、NFV/SDN 为核心技术的网络重构，向以云原生、可编排、智能化、内生安全、确定性服务为主要技术特征的云网融合架构演进，通过构建基于云、网、边深度融合的算网一体智能网络，实现算网资源的统一管控、灵活调度、业务时延保证及网络智能自治能力，为多种网络的接入提供统一承载和服务，未来将开创新型信息基础设施的供给、服务和运营新模式。云网融合向算网一体的演进将促进 CT 和 IT 的深度融合和生态系统开放，为数字化转型构建坚实的数字底座[18]。

本章参考文献

[1] 云计算开源产业联盟. 云原生技术实践白皮书[R]. 2019.

[2] IDC，火山引擎. 原生云应用 企业创新路白皮书[R]. 2022.

[3] 中国联通. 新一代网络架构白皮书（CUBE-Net 2. 0）[R]. 2015.

[4] 中国联通. 中国联通 CUBE-Net3.0 网络创新体系白皮书[R]. 2021.

[5] 中国电信. 中国电信 CTNet2025 网络架构白皮书[R]. 2016.
[6] 阿里云. 云原生架构白皮书[R]. 2022.
[7] 王敏，陆晓东，沈少艾. 5G 组网与部署探讨[J]. 移动通信，2019，43（1）：7-14.
[8] 工业和信息化部，国家标准化管理委员会. 工业互联网综合标准化体系建设指南（2021 版）：工信部联科〔2021〕291 号[S]. 2021.
[9] 雷波，赵倩颖，赵慧玲. 边缘计算与算力网络综述[J]. 中兴通讯技术，2021，27（3）：3-6.
[10] 中国移动. 中国移动算力网络白皮书[R]. 2021.
[11] 中国联通. 中国联通算力网络白皮书[R]. 2019.
[12] 付月霞，程思备. TC3 通过“算力网络 总体技术要求”行标，开启算力网络标准新篇章[N/OL]. 2022-08-15. https://ccsa.org.cn/detail/?id=5038.
[13] 中国信息通信研究院. 中国算力发展指数白皮书[R]. 2021.
[14] 贾庆民，丁瑞，刘辉，等. 算力网络研究进展综述[J]. 网络与信息安全学报，2020，7（5）：1-12.
[15] 张帅，刘莹，庞冉，等. 中国联通算力网络研究与实践[J]. 通信世界，2022，19：27-30.
[16] 唐雄燕，张帅，曹畅. 夯实云网融合，迈向算网一体[J]. 中兴通讯技术，2021，27（3）：42-46.
[17] 中国联合网络通信有限公司研究院，中国联合网络通信有限公司广东省分公司，华为. 云网融合向算网一体技术演进白皮书[R]. 2021.
[18] 乔爱锋. 云网融合体系架构及关键技术研究[J]. 邮电设计技术，2022（6）：14-18.

第11章 新基建引领网络资源配置转型

新基建涉及诸多产业链，既有传统基建投资巨大、施工周期长、工程复杂、参与方众多等特点，又有虚拟产出及个性化需求等新特点。因此，新基建的有效推进、安全建设、高质高效、成功交付等对项目整体的全生命周期资源配置管理提出了极高的要求。电信网络是典型的新型基础设施，长期、大规模的网络建设极大地促进了运营商在大型网络基建项目方面的建设管理能力，在 5G 驱动的产业用户数字化转型的迫切需求下，电信网络这个处在整个运营产业链上的网络系统变得愈加复杂，网络资源配置及能力管理已经从单纯的专业技术匹配层面过渡到了专业设计、资源配置、组织协调、经营管理、商业运作等多个层面的内容，网络资源管理成为一个全方位的系统管理工程。为迎接“5G 新基建”奠定了坚实的资源配置基础。

11.1 新基建及其资源配置需求

《现代经济辞典》将基础设施定义为“为了使社会、经济活动正常进行所必需的基本建筑和基本设备”，称其为“一国社会、经济活动的重要物质基础” [1]。基础设施包括运输（道路、桥梁、隧道、机场、铁路系统、海港、物流中心、城市公交）、通信（电话系统、蜂窝通信发射塔、有线网络、Wi-Fi、卫星、电视、无线电广播、邮政、速递）、能源和公共设施（电力生产和输送、燃气储存和输送、供水、废水处理、可再生能源）、社会基础设施（学校、医院、运动场、社区设施、公共住房、监狱、惩教中心）等。改革开放 40 多年来，我国基建取得了突飞猛进的发展，尤其在铁路、公路、港口、通信等方面，建设规模已达全球之最。可以说，我国传统基础设施的主体架构已经完成，在部分领域、部分地区甚至已经饱和乃至过剩。

新基建包括 5G 基站建设、特高压、城际高速铁路和城市轨道交通、新能源汽车充电桩、大数据中心、AI、工业互联网七大领域，涉及诸多产业链，是以新发展为理念，以技术创新为驱动，以信息网络为基础，面向高质量发展的需要，提供数字转型、智能升级、融合创新等服务的基础设施体系[2]。

11.1.1 新基建的内涵及特征

新基建是智慧经济时代实现国家生态化、数字化、智能化、高速化、新旧动能转换与经济结构对称态，建立现代化经济体系的国家基建[2]。与传统基建相比，新基建内涵更加丰富，涵盖范围更广，更能体现数字经济特征，更加侧重于突出产业转型升级的新方向，无论是 AI，还是工业互联网，都体现出加快推进产业高端化发展的大趋势。呈现出不同于传统基础设施的如下特征：

（1）以数字技术为核心。传统基础设施以机器设备、建筑、设施为主，被应用于交通、能源、市政、社会服务等领域，这些领域的数字技术产品或服务投资规模通常不大，占比较低。新型基础设施的核心是由数字技术形成的产品或服务，从产业分类看，主要分布于电子及通信设备制造业、软件业、信息通信业、互联网和信息服务业，其产出主要提供的是数据采集、存储、传输、处理和各种软件应用服务。

（2）以新兴领域为主体。改革开放 40 多年来，我国传统基础设施主体架构已经完成，传统基建的收益不断递减，其主要任务是查漏补缺和改造升级。随着网络经济和数字经济的活跃和繁荣发展，新兴领域将成为国家基建的重点，也将成为新基建的重点领域。

（3）以科技创新为动力。当前，传统基础设施的发展水平和质量主要取决于投资规模，例如在交通、能源等基建领域，基建已拥有相当成熟的技术，其发展以增量型、渐进式创新为主。相对而言，新型基础设施的发展不仅取决于投资规模，而且强烈受制于科技创新的进展，其建设运营的投入强调技术的先导性及不断涌现的颠覆性创新。

（4）以虚拟产品为主要形态。传统基础设施主要以物质产品的形态存在。新型基础设施在以物质产品为载体的基础上，呈现出软硬结合、虚实结合的显著特征。在行业共同的技术规范和技术标准下，各种软件、App 包含着海量的代码、数据、算法，在新型基础设施的硬件架构中加载并持续运行，使新基建更多地体现为虚拟形态特征。

（5）以平台为主要载体。传统基础设施特别是交通、通信、电力基础设施具有典型的网络特征，众多的社会经济活动主体成为网络的末端节点。数字经济连接的是数据，数据的传输极其依赖物联网、5G 等具有泛在连接、通道作用的网络型基础设施。随着数据成为越来越重要的生产要素，数据的存储、清洗、处理、应用的重要性大大提升，数据中心、云计算中心、工业互联网等成为提供数据、算法、算力的平台，大型商业化平台企业成为中小企业开展业务的基础。由此，凸显出新型基础设施以平台为载体的重要特征[3]。

11.1.2　新基建的资源配置需求

2022 年 4 月 26 日，中央财经委员会第十一次会议强调“要立足长远，强化基础设施发展对国土空间开发保护、生产力布局和国家重大战略的支撑，加快新型基础设施建设，提升传统基础设施水平”，指出“要加强交通、能源、水利等网络型基础设施建设，把联网、补网、强链作为建设的重点，着力提升网络效益”“要加强信息、科技、物流等产业升级基础设施建设，布局建设新一代超算、云计算、人工智能平台、宽带基础网络等设施，推进重大科技基础设施布局建设，加强综合交通枢纽及集疏运体系建设，布局建设一批支线机场、通用机场和货运机场”[4]等。

无论是传统基建，还是新基建，建设项目都具有投资巨大、施工周期长、工程复杂、参与方众多等特点，而新基建又增加了虚拟产出及个性化需求等新特点，因此新基建的有效推进、安全建设、高质高效、成功交付等对项目整体全生命周期资源配置管理提出了极高的要求：

一是要站在战略视角，科学规划，立足全生命周期统筹管理。

二是要兼顾社会效益和经济效益，由粗放式规模投资转型为集约型资源配置，促进新经济的财富增长。

三是要增强新基建对虚拟化、个性化需求的灵活应对，强调将通用数字化基础能力作为重心。

四是要创新商业模式，构筑协作共赢生态。

11.2　电信网络全流程资源配置体系

电信网络是传统基建的重要部分。我国运营商为电信网络基础设施的建设、发展做出了卓越贡献。截至 2023 年 2 月底，我国移动电话用户规模为 16.83 亿户，人口普及率升至每百人 119.2 部，高于全球平均水平。我国的 5G 技术及应用处于国际领先水平，5G 移动电话用户达 5.61 亿户，占移动电话用户的比例达到

33.3%，是全球平均水平（12.1%）的 2.75 倍。长期、大规模的网络建设极大地提升了运营商在大型网络基建项目方面的建设、管理能力，同时为迎接“5G 新基建”奠定了坚实的资源配置基础。

11.2.1　电信网络资源配置

网络资源配置是指运营商以合适的技术和规模，合理安排电信网络各专业资源的建设、集成，形成对各类业务和服务的开通和持续维护，以得到满足各类用户需求的通信服务能力。

庞大的电信网络基建支持了我国电信业务的迅速发展。现代电信网络的资源结构和能力配置要满足各类用户的各层次数字化应用需求，如图 11-1 所示。现代电信网络在传统网络承载能力的基础上，更加强调业务定制、业务生成、业务执行、资源控制等业务交付平台的功能，以及 CRM、计费管理等业务运营平台的功能。同时，需要充分地融合运营商外部各方资源，包括 IT 服务提供商、虚拟运营商、设备供应商、SI 等。

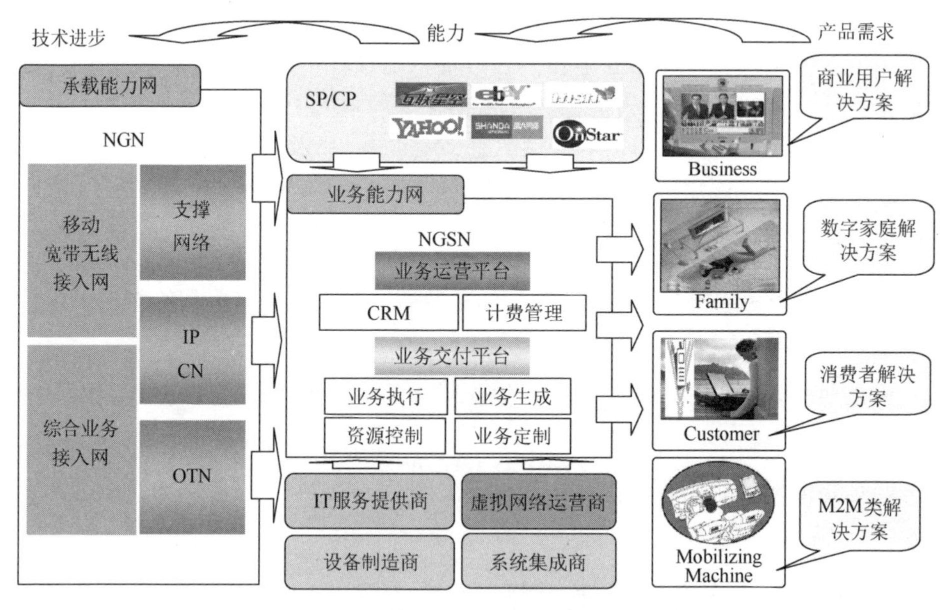

图 11-1　电信网络的技术进步、能力与产品需求

虽然 5G 网络之前的 2G、3G、4G 网络还称不上新型基础设施，但运营商在长达 20 多年的电信网络建设和业务运营过程中，已构建出一套完整、成熟且科学闭环的全流程网络资源配置管理体系，它体现了建立在电信基础网络上的服务运营能力，包括网络能力规划计划、网络基建、能力交付及网络运行维护、运营状态的监控与评估等一系列管理环节，是一个基于电信网络资源全生命周期的闭环

管理体系。这一套完整的资源配置流程体系为 5G 新基建提供了非常重要的管理基础。

图 11-2 所示为电信网络资源配置的全生命周期流程管理体系，包括四个阶段和若干环节。

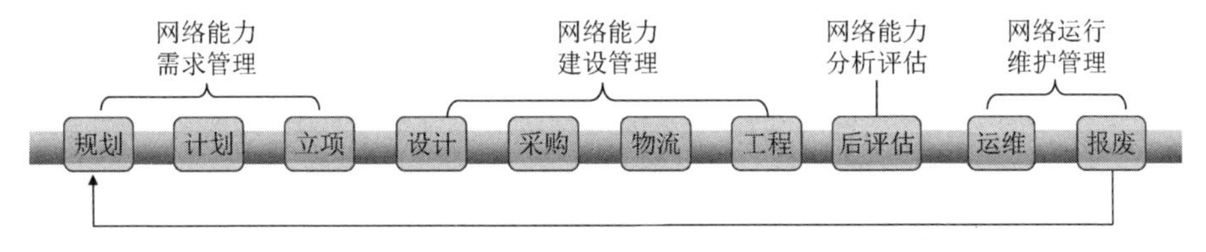

图 11-2　电信网络资源配置的全生命周期流程管理体系

网络能力需求管理：包括基于业务及市场发展趋势进行的中长期网络规划，以及利用资源业务的占用关系进行各类专业资源配置，从而形成投资计划。

网络能力建设管理：根据投资项目计划进行专业设备、工程建设等的招标采购、建设实施、竣工验收及入网调测，最终形成可交付使用的网络能力。

网络运行维护管理：通过网络管理系统（简称网管系统）日常的网络性能监控及专业运维对网络突发状况的实时应对，加上来自用户的使用感知反馈，实时监控电信网络的运营状况，保证网络的高质量、高性能及经济运转。

网络能力分析评估：包括投资项目后评估和网络日常跟踪分析及动态预警两个层面。投资项目后评估是对已投入运行的项目，根据该投资项目网络资源的实际建设及使用情况，对项目的经济效益、影响、持续性等进行评估，并与投资前项目立项时的计划相比较，以积累并提升同类项目的决策经验；网络日常跟踪分析及动态预警是指从资源整体效率效益的角度，动态监控建设项目对网络性能指标、用户业务指标、经济效益指标等的实时影响，适当地选择关键性指标，通过设立阈值及报警机制，为网络资源配置和投资管理工作提供决策支撑。

电信网络具有全国全地域全程全网部署、专业结构复杂、建设参与方众多、投资规模巨大等特点，在全流程资源配置的闭环管理体系中，“规划管理”“计划管理”“供应链管理”“工程建设管理”是典型而关键的资源配置环节。

11.2.2　战略视角的规划管理

电信网络基础设施的持续建设和技术升级中为我国信息经济的快速发展奠定了坚实的基础，而 5G 新基建更将成为国家的战略性、先导性和关键性资源，它是助力全社会数字经济转型的重要战略基础设施。由于基建具有长期性，因此需要从战略视角进行网络设施的长期规划和资源配置。规划管理是电信企业对其业务市场及网络技术在未来中长期发展时间内的方向、目标、步骤、策略及资源配置的预判和决定。

电信运营规划管理体系如图 11-3 所示。

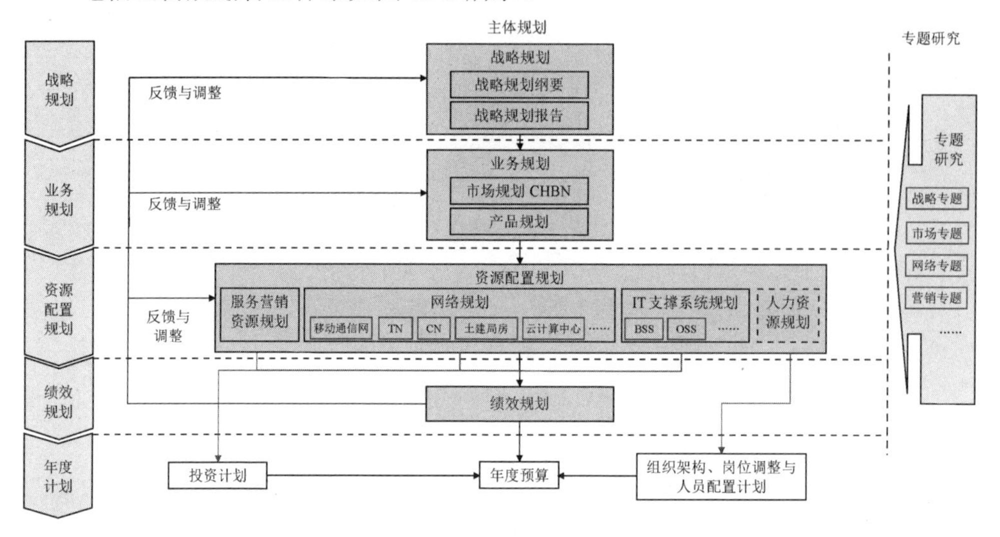

图 11-3 电信运营规划管理体系

图 11-3 采用主体规划和专题研究相结合的方式展示了运营商规划管理的整体体系架构。主体规划包括战略规划、业务规划、资源配置规划、绩效规划四个层级，各层规划中又涉及不同的主题，形成更细致的规划内容。专题研究则是为了支撑主体规划的相关内容，结合企业竞争、网络技术发展、业务创新发展等内外环境的变化，就其不同经营阶段显示出的关键问题进行专题分析与规划。专题规划针对每个阶段的热点问题进行专门研究，内容并不固定，每个阶段根据实际问题和需要灵活安排。

（1）战略规划是企业的战略定位，是规划的总原则，具有非常高的指导意义。战略规划是在环境分析和情景假设的前提下，明确企业未来三至五年的目标、定位、方案和战略措施，为企业的中长期发展提出总体性规划。

（2）业务规划是指对企业的业务发展进行规划，以战略为指导，以市场需求为依据，明确企业的市场定位、目标客户、产品策略和经营策略。当前，电信服务面对的客户市场可以被非常明确地划分为政企市场、家庭市场、个人市场和新兴市场，而不同的客户市场又对应着显著差异化的产品和服务需求。运营商的业务规划则是基于各类市场及产品的历史数据，进行未来 3～5 年的市场预测和业务预测，并结合内外竞争环境，提出相应的业务策略和经营策略内容。

（3）资源配置规划主要是指电信网络资源配置及相关支撑系统的规划，是依据企业的业务发展规划，结合网络资源现状，确定资源需求缺口及配置方案。电信网络资源配置规划包括四部分：网络规划、IT 支撑系统规划［OSS、BSS、管理信息系统（Management Information System，MIS）］、营销规划和人力规划[5]。

网络规划是资源配置规划中最重要的部分，也是电信网络提供服务的专业资源基础。在企业中关于网络技术及资源的部署是基于业务发展对网络资源的需求进行新建或更新，以制定整体网络发展策略，具体包括各专业网络的整体及新增规模规划（移动通信网、TN、CN、业务网、土建局房等），形成网络建设方案和网络投资建议。需要特别指出的是，随着 5G 基站建设及 B 端用户数字化需求的迅速增长，运营商的网络资源配置重点由传统的以 C 端用户标准化服务为主的主动性资源配置模式，转向以 B 端用户个性化行业数字化解决方案为主的配合型资源配置模式，具体来讲，将来会有越来越多的商业用户 5G 专网（非运营商公网）成为运营商网络资源规划的重要内容。

传统的 IT 支撑系统主要包括三个方面：BSS、OSS 和 MIS。三个系统分别对运营商业务及服务的分发执行、网络设备线路运营的动态监控调配和企业日常经营管理活动进行全面系统支撑。IT 系统规划以业务规划和网络规划为前提，基于前者进行支撑系统的相应建设和功能扩展。

服务营销资源规划主要是对企业的营销渠道，包括线下实体营业厅、代销渠道、线上电子渠道等，以及相应的营销资源保障进行规划；人力资源规划则是对企业人力资源需求和供给进行预测，制定相应的策略和措施，保障人力资源的供需平衡和效能提升。

（4）绩效规划是整个规划体系的最后环节，在前序规划都基本形成的前提下，对规划期内企业发展的主要经营绩效指标进行测算和平衡。绩效指标一般包括市场及客户目标、业务目标、网络资源规模目标、收入目标、经营效益目标等，绩效规划包含基于上述目标值的企业绩效预测、投资分析及风险分析等方面。

11.2.3　严格审慎的计划管理

我国电信行业的大发展始于 21 世纪初，随着移动通信在个人市场需求方面的迅猛增长，电信网络的投资规模及建设强度也进入了历史高位，同时伴随着较高的成长趋势。而资本市场对投资效益及效果的严格要求，敦促运营商建立并不断完善其严谨的投资计划管理体系。

1. 持续高强度的行业资本开支

电信行业的迅猛发展与持续的、高强度的资本开支密不可分。由图 11-4 可以看出，大规模投资建设推动着网络 2G→3G→4G→5G 的不断演进和提升，全行业的资本开支保持着年平均 8%的基本增幅，促使通信产品和业务也从最初的话音、短信等个人通信基础业务，迅速扩展为以流量运营为主的个人数据通信业务、数字家庭宽带服务、政企信息化服务和行业数字化解决方案服务等越来越多样而广泛的内容。

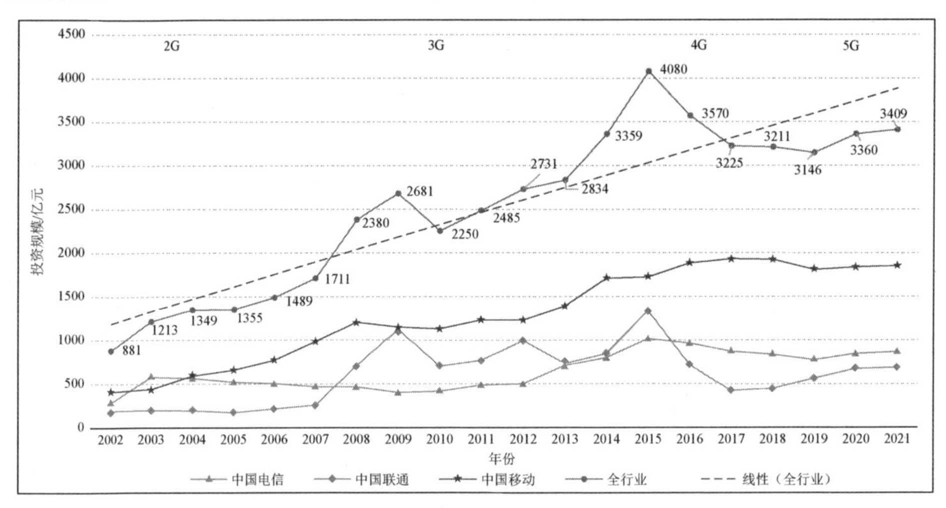

图 11-4 我国电信行业的投资规模

运营商属于典型的资本密集型行业，近十年来，我国电信行业的资本开支占收比（见图 11-5）平均值高达 24.5%。高强度、全业务、全区域的资本开支对运营商的投资效益和资源效率等都提出了极高的要求。无论是从国有资产保值增值的经济增加值要求角度看，还是从投资者对回报率的运营效益要求角度看，投资计划编制、投资形成的巨量网络资源项目建设，以及投资效益和资源效率的有效把控等，一直都是运营商核心的资源配置管理工作。

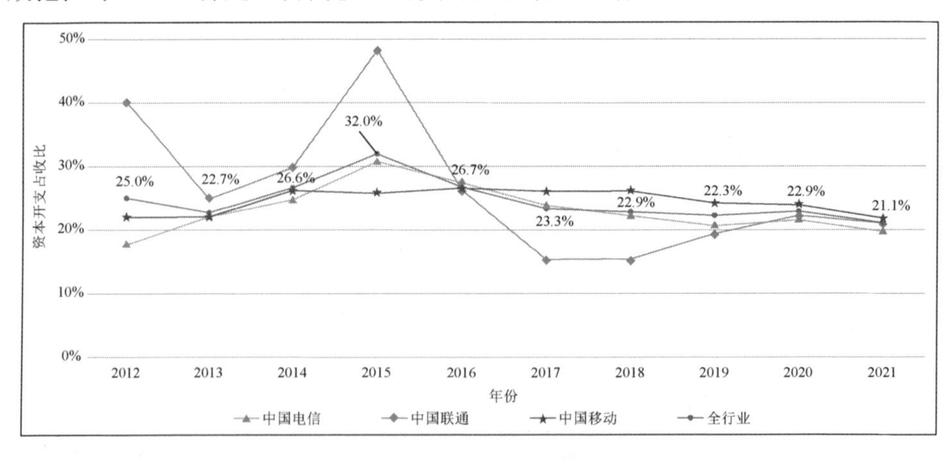

图 11-5 我国电信行业的资本开支占收比

对资本开支的合理把控是运营商十分重要的运营决策之一，拉长时间线到十年的尺度，我们甚至可以在电信运营行业格局演变中看到资本开支的重要作用。我国最近一次大规模电信运营行业重组改革发生在 2008 年，形成的中国移动、中国电信、中国联通三大运营商格局沿袭至今，其间经历了 3G（2008 年）、4G（2013 年）、5G（2019 年）牌照发放，而以收入规模为代表的电信运营市场格局却一直基本保持在 5∶3∶2。从资本开支规模决策的角度看，中国移动收入格局的稳定有赖于其 3G 时代（2008—2013 年）稳健的投资策略，而 4G 牌照发放后（2014—2019 年）的高强度投入，导致迅速形成了一张全国性流量业务支撑网络，更是有效地稳定了整体市场格局。

2. 投资计划管理体系

高强度的资本投入对运营商的网络投资提出了严格的管理要求。而运营商也在多年实战中，构建出一个严谨闭环、螺旋提升的投资计划管理体系，如图 11-6 所示。

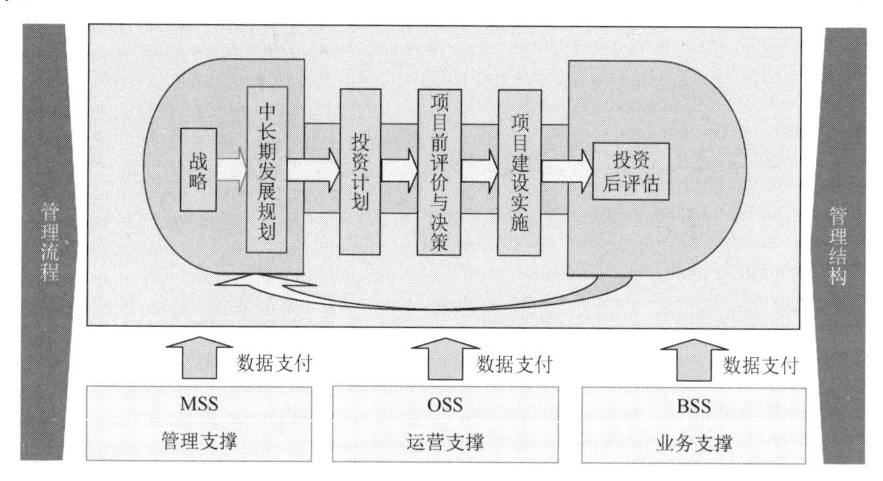

图 11-6　电信运营投资计划管理体系

从管理流程上看，投资计划承接于规划体系中的“战略”，在“中长期发展规划”的指引下，投资计划是对资源配置规划的具体落地，是为实现市场需求目标，满足各类客户业务服务的规模扩大和质量提升而进行的专业网络资源建设计划。投资计划通常是指从专业结构、区域结构的角度分解、落实一系列具体的专业投资项目，通过详细的技术方案设计形成年度投资项目建设计划。所有的投资方案必须经流程严格的“项目前评价与决策”通过，才能正式立项并进行后续的项目建设。“项目建设实施”通常包括勘察设计、设备采购和施工建设等具体执行工序，最终项目竣工交付并入网承载业务。运营期内，通过对网络运行性能及稳定性监控、业务规模及 QoS 的跟踪，以及投资效益相关指标的测算分析，形成对投资效果和业务运营效益的后评估分析，通过大量投资项目的持续后评估分析为未来的投资决策及运营策略提供更富经验的、科学的管理支撑。

从管理结构上看，整个体系呈哑铃形，这个结构也表现出在整个投资计划管理体系中，前端战略及中长期发展规划的制定对整个体系的影响是重要的，投资战略决定着资源配置的整体方向。同样地，投资项目建设完成后的评估和分析也尤为重要，对网络运营过程中的动态调整、风险预警及灵活纠偏都起着关键的支撑作用，后评估的反馈环节则能更好地提升战略计划的科学准确性。哑铃中间从投资计划一直到项目建设实施，则更多地通过一系列流程和制度，保证投资计划到资源建设的有效落地。

3. 投资计划编制

电信网络是遍布全国且分层分级的一整张网络，从总部运营管理的角度看，投资计划的编制包括三个维度（年度投资总额、专业投资结构和区域投资结构）的工作，如图 11-7 所示。

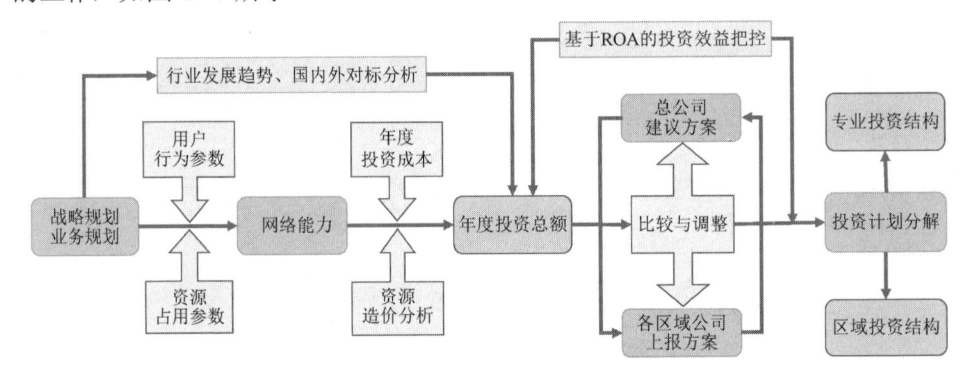

图 11-7 投资计划编制流程

1）年度投资总额

年度投资计划是基于企业战略目标和行业发展态势，结合现实市场竞争和企业自身实力等，对企业最近年度做出的资本开支安排。年度投资总额是对全网全年资本开支总额的计划，一方面，要基于全国业务发展的整体资源需求考虑各专业各网络层级的能力配置；另一方面，要关注投资者的要求，尽可能控制年度投资总额的增长，以保证必要的 ROA 和投资回报。在 5G 新基建的国家整体战略方针下，toB 的行业数字化转型需求及相关资源建设成为投资计划的重要方向，同时延伸家庭市场和个人市场的持续增长需求，并考虑新业务的稳定发展，在业务对资源占用的基本关系下，预测出满足业务发展需求的网络能力，结合资源造价分析及投资成本，形成总体投资规模计划。

随着电信网络代际的快速演进，电信网络技术和业务市场均快速迭代发展，技术资源和市场需求十分丰富，由此每年都会有相当多的投资项目被提出并希望予以实施。但企业的发展需要考虑资金实力、建设能力和市场接受度，且市场竞争激烈。再者，我国不同区域的经济发展状况、CT 水平、业务需求结构、通信消费能力等存在着较大差异，投资项目的可行性并非仅取决于技术能力，还需考虑建设环境、投资效率、业务推广及综合效益等各种因素，并需特别关注投资者的期望，以科学、合理地确定年度投资总规模，并将其有效地落实到具体的建设项目上。只有这样，才能够使企业在资源的有效和可控管理状态下得到良性发展[5]。

2）专业投资结构

电信网络按照专业技术及网络结构部署，可划分为移动通信网、业务网、TN、支撑网、房屋土建五个大的专业，如图 11-8 所示（这里以中国移动的电信网络为例）。传统电信网络的资源配置及投资计划表现为按照话音及流量业务量对载频、交换、传输容量的基本资源占用关系，换算出在无线、核心、传输、支撑系统等各专业的能力增量需求，通过汇总各专业的投资规模，得到总投资在专业上的结构占比。

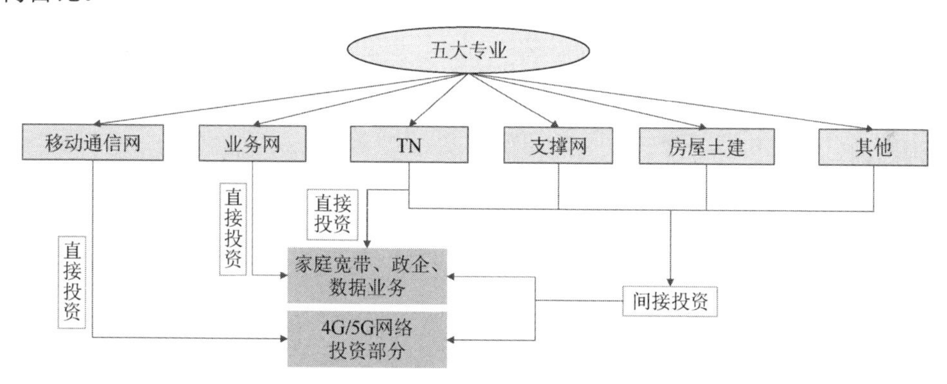

图 11-8　电信网络的五大专业结构（以中国移动的电信网络为例）

移动通信网、业务网、TN 的接入部分等专业的投资（面向个人、家庭、政企及新业务的直接投资）会给企业带来丰厚的收益，比如 4G/5G 网络建设、家庭宽带接入、政企专线及互联网数据中心专线投资等。该类投资是电信企业直接面向业务和客户对象的投资，也是获取直接经济效益的投资类型。

但电信网络中相当多的资源属于间接业务类，是支撑上层业务网的基础性资源，如骨干 TN、城域传输、信息系统支撑（BSS、OSS、MIS）、通信机楼建设等基础设施类项目。这些专业的投资通常只有支出而没有直接收益。而电信网络的全程全网性质使得这些公网及支撑类资源发挥着更加重要的战略基础性作用，必须着眼于中长期发展，从战略角度提前进行配置。企业在进行年度投资规划时，不能一味地追求短期利益和只重视业务类项目，而忽略企业的基础设施和信息化建设投资，造成企业在发展基础上的先天不足。专业结构要结合企业中长期发展战略、市场业务需求、企业外部竞争环境、网络技术配比结构、网络技术演进、企业形象规划、企业信息化建设等多个角度进行综合决策[5]。

3）区域投资结构

区域投资结构是指年度投资总额在各地区的投资分配。由于不同的地区在市场份额、业务发展规模、用户偏好、消费结构、收支能力、自然环境、经济发展等各方面都有显著差异，一个项目在某个地区可行、赢利，在另一个地区则可能由于造价剧增、市场不利等造成推进困难而陷入亏损。因此，对于不同区域的投资应当充分考虑引起地区差异的各种因素，一方面，保证各区域在基础资源建设方面的平衡发展；另一方面，充分把握优势区域的高效益机会，在满足各地区自身发展的同时，确保企业总体发展的稳步和均衡态势。

4. 投资后评估

后评估又称事后评估，投资后评估是指在企业完成投资计划后，从构成投资的各项目及企业整体资本开支等多个维度进行溯源性评价。一方面，对涉及的投资项目，从立项、设计、采购、建设、实施直到投产运行的全过程活动进行总结评价，对投资项目取得的经济效益、社会效益和环境效益进行综合评估，将其作为判别项目投资目标的实现程度的评价方法；另一方面，从企业年度或一个战略期间，资本开支达到的资源增加、市场扩大、业务增长、投资效益，以及整体投资的管理过程是否高效等角度，对企业投资管理的综合能力进行整体分析和评价。

1）投资的全流程评估体系

在图 11-6 中，投资计划之后的三个环节（项目前评价与决策、项目建设实施、投资后评估）是计划管理体系中对投资的前、中、后三个阶段进行的全流程评价分析。“项目前评价与决策”即对投资计划形成的每个项目方案，在投资前进行的全方位技术经济评价，通过层层把关评审，最终必须经过企业高层决策会通过，才可进入建设实施；“项目建设实施”则是按照专业工程建设的技术标准和质量要求，在项目管理方、施工方和监理方三方监督下，严格按照工程的各项工序依次开展，直至竣工决算为止；“投资后评估”则是在工程项目建设完工入网运行，承载业务一段时间后，再对项目的实际进展和效果进行全面分析，尤其是与项目前评价时的预测指标相比较，从前后的差异中分析原因及问题，并将其反馈至未来投资管理中对不确定性影响因素的预测方法修正、风险预警分析、动态管理预案等，以促使各专业投资项目前评价更加科学、理性，以及投资计划管理体系更加完善。

2）投资后评估体系

投资后评估是一个多维度、全方位且持续进行的工作。电信运营企业的投资后评估体系从局部到整体、从微观到宏观，将从项目后评估、总体后评估和规划后评估三个维度逐步展开，图 11-9 呈现了整个体系结构及三个维度后评估的主要内容。

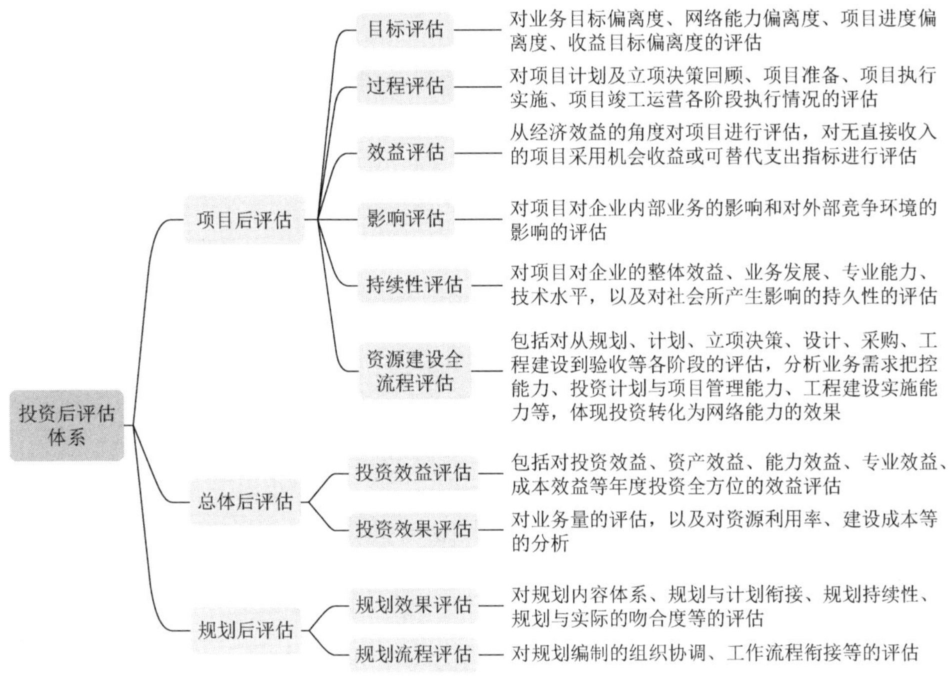

图 11-9　电信运营投资后评估体系

项目后评估以投资项目为对象，是从局部微观维度的项目管理角度，对项目从立项到并网运行的各环节进行的全面回顾。每个立项的投资项目都要先按照其专业属性进行标准化处理，再评估内容和计算、分析相关指标，最后对多个同类项目的数据分析汇总出相应的预测规律。

总体后评估是以企业的年度投资总额为对象，从整体中观维度综合考评企业总体投资的使用效率及投资获利能力，同时考察投资对业务结构、市场结构等竞争能力的影响。

规划后评估则是以企业战略规划为对象，从整体宏观维度考察企业的中长期战略指导能力，主要对规划的内容体系、规划方法、组织流程及指导效果等进行评估。

11.2.4　生产线导向的供应链管理

供应链管理是指使以核心企业为中心的供应链运作达到最优化，以最低的成本，令供应链从采购到满足最终顾客的所有过程，工作流、实物流、资金流和信息流等均高效率地操作，把合适的产品以合理的价格及时、准确地送到消费者手上[6]。

1. 电信运营产业供应链的结构及特点

电信运营产业供应链的管理围绕运营产品及服务展开，往往以电信运营企业为核心企业，利用电信运营企业的计划、采购、运维到市场、服务的整个运营过程连接起一条完整的供应链。设备材料供应商、基础网络设备供应商、工程建设服务商、咨询设计服务商、软硬件材料供应商、支撑系统/技术平台供应商、互联网/外网提供商、内容开发/应用提供商、实体渠道商、电子渠道商等均参与到这个过程中来，从而形成了较为复杂的供应生态，如图 11-10 所示。

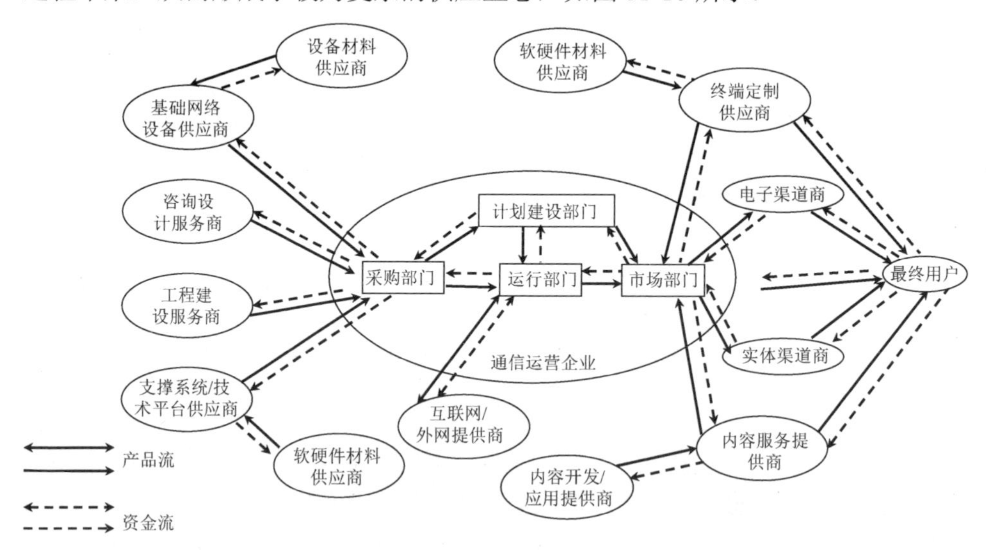

图 11-10　运营商视角下的电信运营产业供应链的结构

通信运营产业供应链是典型的网状结构，具有以下特点：

（1）物资总量大、品类多，且需求不平稳。运营商的物资可以分为网络建设物资、网络运行维护物资、市场营销物资和综合物资。物资的具体规格型号高达几十万种，而且每年的采购金额为上千亿元。在季节、地理位置、用户需求等的影响下，运营商对物资的需求存在波动，例如对工程物资的需求存在季节性周期变动，对建设物资、应急物资、营销物资的需求则更不稳定。对于周期性需求，制造商能基于历史数据预测需求，安排原材料、零部件的采购和设备的生产制造。

然而，对于需求波动大的产品，制造商难以根据预测提前做好生产准备，往往处于被动应急状态。

（2）需求地点分散，物流与配送复杂。运营商的物流除了设备供应商将物资运到不同的需求点，还包含废旧物资的回收（用户→维修商→需求点）。运营商的机房、基站、维护班组、营业厅等需求点比较多，而且分布较为分散，给物资的配送带来不少压力，提高了设备供应商、物流商、配送中心、仓储点和配送线路的设计与规划的难度。

（3）供应商众多，管理难度高。国内三大运营商的供应商数量庞大，多达数万家甚至十几万家。认证、考核、评估等工作数量庞大且难度高、全程全网特性、核心供应商替换成本高等电信服务特点决定了电信服务对供应持续的稳定性要求很高，运营商与关键供应商建立长期协作关系的需求很高。

2．集中化、信息化供应链管理体系

我国运营商的供应链管理工作早期主要体现为相对分散的物资采购管理和仓储物流管理。从 21 世纪开始，运营商的管理从粗放型走向集约化，财务管理、网络管理及采购管理都开始强化一体化、集中化管理。2004 年前后，集中化采购管理强势推进，分为一级和二级两层集中化采购管理体制，并从战略上持续开展供应链管理发展规划。从总部到各区域企业层面，将采购、物流等工作从原来从属的计划建设、行政后勤等部门独立出来，成立专门的部门来负责企业的供应链管理。运营商提出了在通过“管理集中化、运营专业化、机制市场化、组织扁平化、流程标准化”五化的供应链建设路径，高质量、快速、低成本地满足工程建设、网络运维、市场拓展等物资需求的同时，降低采购与物流运作成本，推动供应链合作共赢，支撑企业规模、有效发展、战略愿景和目标的实现。经过 20 多年的发展，运营商经历了复杂的成本合规和质量效率的平衡探索过程，供应链管理体系已经比较健全、完善，实现了集中化、标准化、规范化和信息化，基本实现了对运营商核心业务流程的全程支撑，如图 11-11 所示。

在这个发展过程中，运营商的供应链管理工作重点体现在以下 6 个方面：

（1）集中采购管理：重点开展集中化的采购模式、采购操作执行模式和采购需求管理的优化。在采购模式上，采用集中采购的模式，逐步将分散在地市公司与省公司的招标权、谈判权收归集团，提升采购集中度，通过集中采购获得规模效益，降低采购成本；在采购操作执行上，推进集团总部框架加省公司/地市公司订单签约模式，提升采购效率，支撑管理集中[7]；在需求管理上，完善需求滚动计划，改善部门的需求协同机制；在采购成本上，提倡总拥有成本（Total Cost of Ownership，TCO）理念，追求全生命周期成本最优化。

（2）物流、仓储：开展大区库建设，以大区集中物流管控为牵引，完善大区与省库/省内配送中心等仓库体系的布局建设，加强库存管控，省级集中管控整合多套物流体系，通过制定库存管控、运输配送、仓储布局的专业化运作策略，实现物流运作成本的显性化和集约化[7]。

（3）供应商与质量管理：供应商管理包括完善供应商管理组织、流程、KPI 体系的建设，加强供应商的认证、评估、沟通管理，以及建立全网供应商的信息库等[7]；质量管理则包括分层分级的质检体系、流程建设，以及质检结果的使用优化等。

（4）品类管理：针对采购、物流、质量等专业条线，研究、推进物资品类的分类管理，根据不同品类物资的管理要求与特点，制定需求管理模板、采购评估模板等管理模板和管理策略等。

（5）信息化：建设中国移动统一的供应链信息系统（包括电子采购与招标投标系统、供应商门户 B2B 互联交易平台、供应链主数据综合分析与监控、采购物料数据分析等），实现供应链全过程可视化管理，提升供应链的决策能力，保证物料主数据等基础数据的一致性等。

（6）组织人员、基础管理：完善组织人员、流程制度建设，以实现与集中的采购共享服务中心、大区库建设及其他供应链建设内容相配套等。

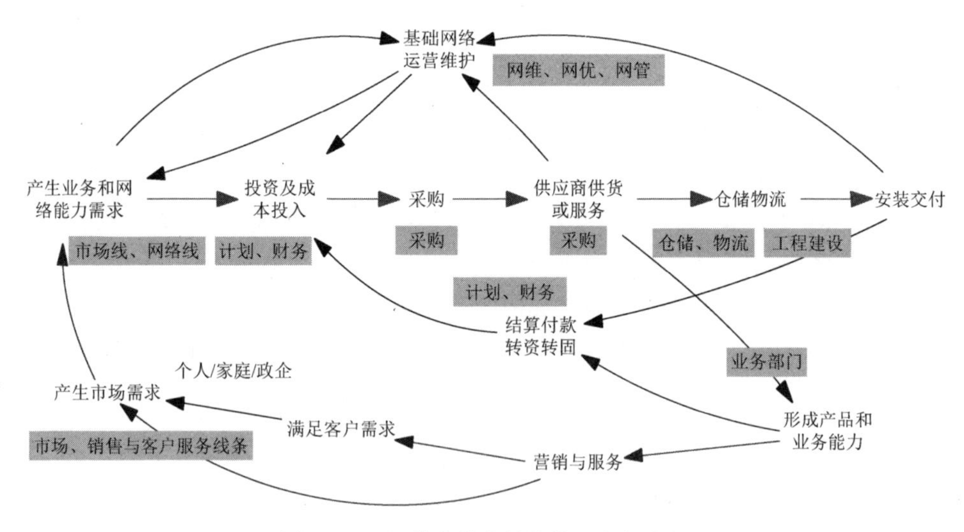

图 11-11 运营商供应链的核心业务流程

图 11-12 以中国移动的供应链管理为例，展示了集中采购模式下运营商供应链系统的核心功能结构。

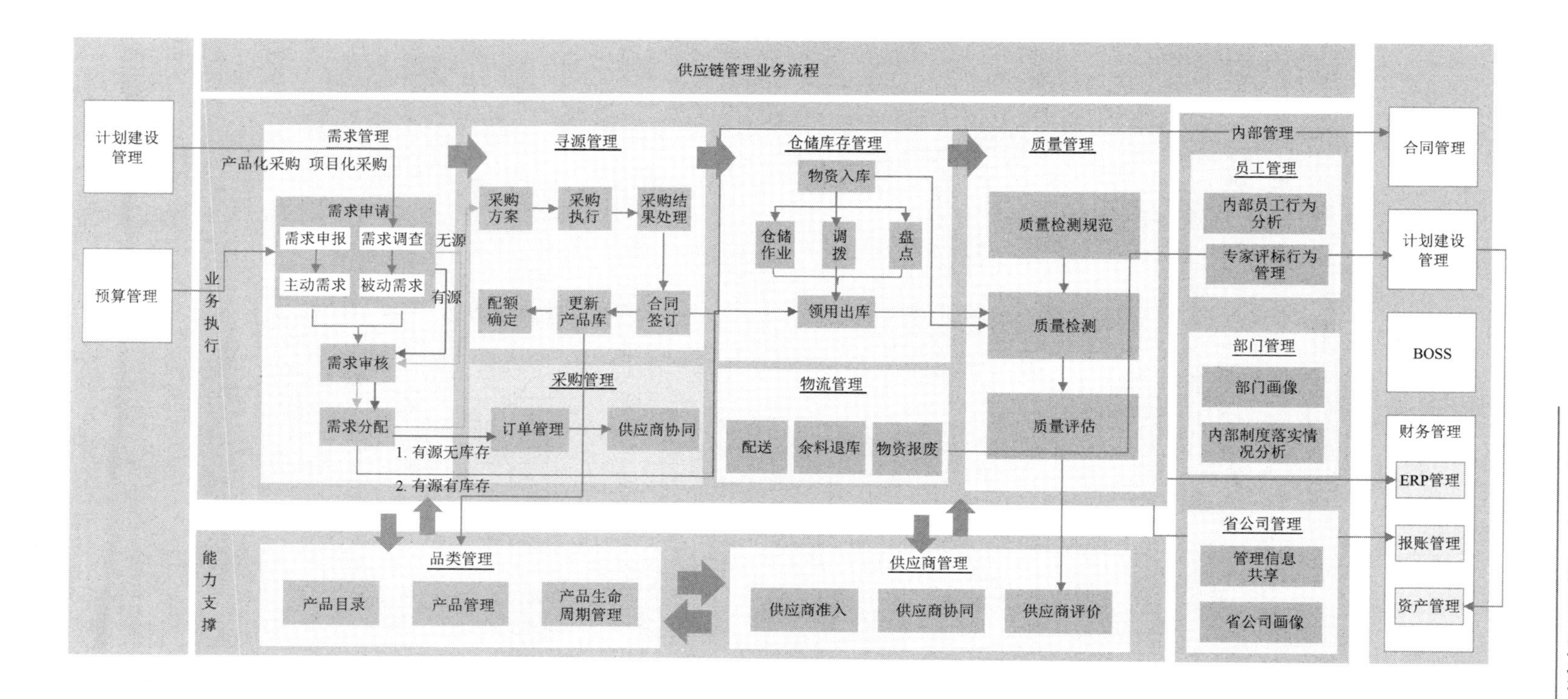

图 11-12　运营商供应链管理业务流程系统架构图（以中国移动的供应链管理为例）

11.2.5　广域分布式工程建设管理

通信工程项目按照建设施工的类型主要包括设备安装、管道工程、线路工程、土建工程、开发集成等，不同类项目的建设内容和施工场景差异非常大，且一个大型工程通常涵盖了多种施工类型。从运营商每年的投资项目立项数目来看，通信工程建设项目具有工程量巨大、多线长、分布面广、技术难度高、系统性强、施工参与方多、生产流动性大、施工环境复杂、野外作业多、自然条件多变、现场管理困难等特点。工程建设管理难点突出。

1. 通信工程的基本建设程序

通信工程的全流程包括立项、实施和验收投产三个大的阶段，而实施（工程建设）阶段是最复杂也最考验工程管理整体质量的阶段。通信建设项目的实施阶段由初步设计、年度计划、施工准备、施工图设计、施工监理招投标、开工报告、施工七个步骤组成，如图 11-13 所示。

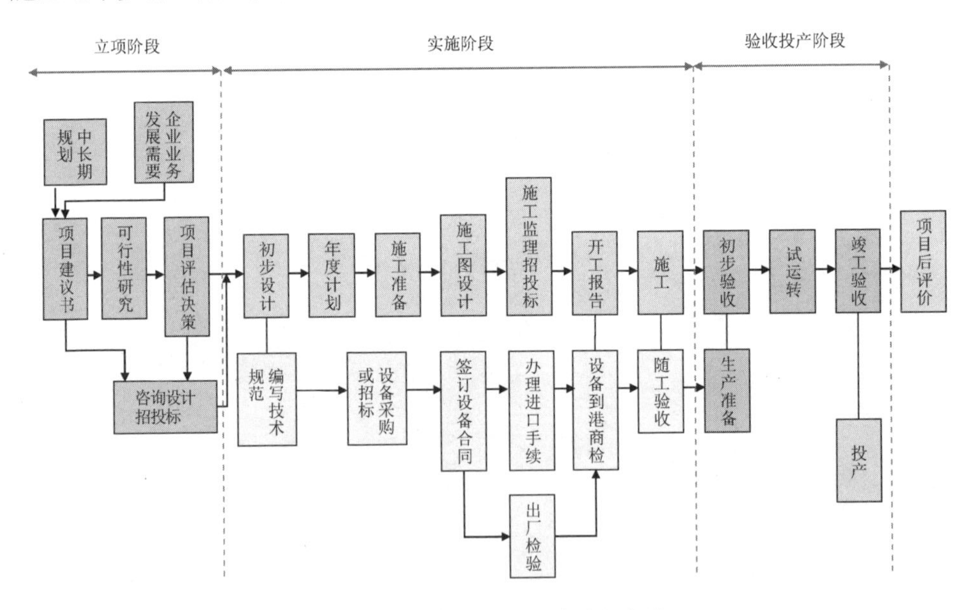

图 11-13　通信工程的基本建设程序

2. 项目管理体系

项目管理是指将组织中一次性的，具有明确目标、预算和进度要求的，以及多任务的活动，采用多种专门的知识、技能、方法和工具，为满足或超越项目有关各方对项目的要求与期望所开展的各种管理活动[8]。它是一个涉及跨部门、跨专业的团队的组织活动。20 世纪 70 年代以来，项目管理理论对大型复杂项目的实施提供了有力的支持，改善了对包括人力在内的各种资源利用的计划、组织、领导和控制的方法，并对管理实践做出了重要贡献[9]。在美国项目管理协会（Project Management Institute，PMI）所发布的项目管理知识体系（Project Management Body Of Knowledge，PMBOK）中，项目管理的九大知识领域包括项目整体管理、项目范围管理、项目时间管理、项目费用管理、项目质量管理、人力资源管理、项目沟通管理、项目风险管理、项目采购管理，如图 11-14 所示。

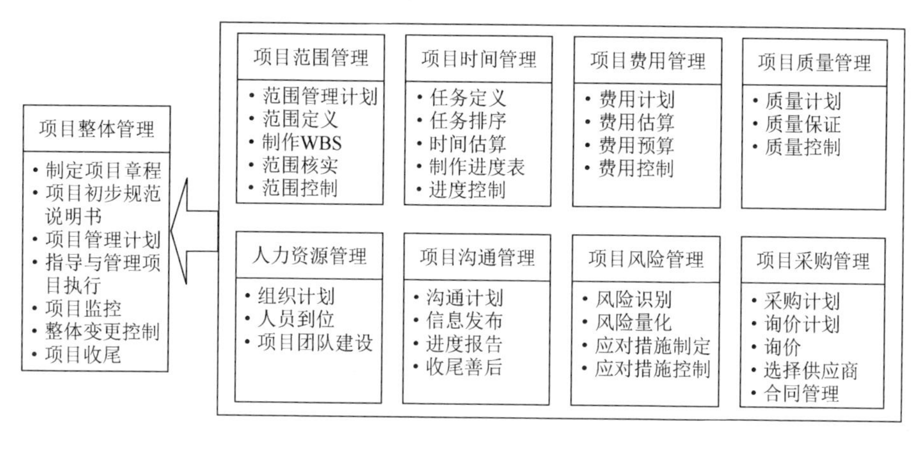

图 11-14　项目管理的九大知识领域

3. 计划建设管理系统

运营商的工程项目通常规模庞大，一个大项目中会包含众多子项目（如某地区 4G 基站扩容项目，立项的数目是一个，但其中包含了该地区几十个 4G 站点的扩容，每个站点的扩容建设就是一个单独的小项目）。一个项目的建设实施过程需要协同各子项目间、项目群的整体管理。更进一步地，工程建设是电信网络资源配置的实施落地环节，需与前端的投资计划、后端的网络运维和评估分析相衔接，才能形成完整的资源配置体系。

计划建设管理系统是运营商为实现投资项目从投资计划、项目管理、工程建设、资产管理到投资评估等一系列针对业务系统化、标准化、自动化、精细化调整的全流程管理信息系统平台，如图 11-15 所示。

计划建设管理系统实现了对项目从规划、计划、立项、设计、采购、工程实施到工程验收等全流程的综合管理。该系统通过数据共享、系统接口、流程套接等技术手段，将计划、立项、设计、采购、工程管理等项目涉及的所有部门间的业务流程贯穿起来，明确了各部门间的职责划分，实现了部门间的横向协作；同时，搭建了集团、省公司、市公司的统一管理平台，实现了各层在业务、数据、流程上的纵向贯通；着力于资金管控、进度监控、能力跟踪，把控资金流向，明确资金使用的合法性和及时性，分析投资效益，实现对固定资产投资建设的精细化管理[8]。

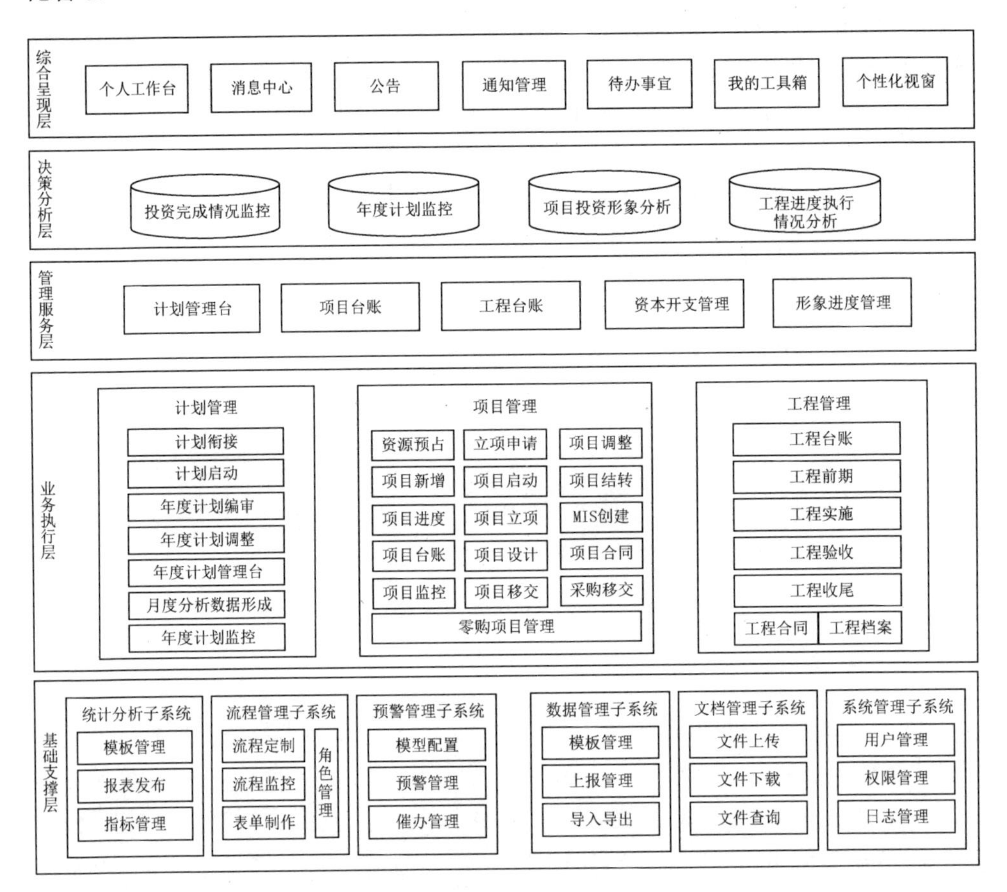

图 11-15 计划建设管理系统功能架构

11.3 新基建推动网络资源配置转型

5G 作为新基建之首，为数字经济提供最基础的通信设施保障，不但可以为大数据中心、AI 和工业互联网等其他基础设施提供重要的网络支撑，而且可以将大数据、云计算等数字科技快速赋能给各行各业，是数字经济的重要载体。

5G 网络基础建设不同于一般制造业的生产制造能力，它是建立在电信基础网络上的服务运营能力。随着电信服务从通信运营、信息运营到云网数字化运营的转型，电信网络资源的基本结构和能力内涵也都随之而变。随着 CT 的代际演进、需求通用标准化向专业个性化转变，5G 网络的资源配置基础和方式也将产生根本性的转变。

11.3.1　产品及市场导向的网络资源配置体系构建

随着 5G 进入大规模建设期，运营商投资管控面临的内外环境也发生了明显变化。对内，企业面临传统业务市场趋于饱和、4G 流量红利快速消退、5G 建设投入巨大的问题；5G 商用、网络云化转型将加速运营商对政企市场的竞争，巨大的行业数字化转型市场亟待开发并拓展应用；家庭客户的千兆带宽、智能家庭云，个人客户的娱乐畅享大流量需求对网络能力都提出了更高的要求。对外，我国在 5G 技术领域获得的国际领先地位需要通过投资和网络建设落地为产业应用实践，并为我国 CT 的领先优势提供持续创新和改进的方向指引。

内外环境的新变化给运营商带来了广阔的市场机遇，同时对现有的资源配置模式及投资管控方法提出了新的挑战。传统的以所有业务总流量需求为基础的各专业网络技术设计匹配机制及以单个项目投资效益和年度整体投资效益为控制目标的投资管控方法，都无法精准地将资源对应于不同市场的业务需求，电信网络全程全网的天然运营属性使得越是底层的基础性网络资源，与产品业务的占用关系越混沌。面对当前明显差异化的市场需求导向，厘清产品乃至不同市场对网络资源的占用关系，进而区分资源在不同产品及市场上的投资效益，结合不同市场所处的不同发展阶段和战略策略，差异化各类市场的投资效益管控标准，是当前运营商资源配置转型的根本方向。

1．基于网络资源占用分摊的市场导向资源配置模型

随着通信产品和业务的不断创新和多样性发展，针对不同类型市场和用户的业务需求也逐步表现出显著的差异。个人市场，通过“新看法、新听法、新玩法、新拍法、新用法”，使广大用户“畅享沉浸娱乐新体验”；家庭市场，依托 5G 双千兆和智能家庭云，使亿万家庭享受 “极速+”“娱乐+”“智享+”“安全+”的“畅美智慧安居新生活”；政企市场，通过打造重点行业 5G 数字化行业解决方案，携手合作伙伴“畅赢数字产业新蓝海”；新兴市场，通过布局投资、内容、金融、国际四大新兴市场，拓展发展新空间。

业务需求差异化必然引发资源供给的差异化，资源配置的本质就是业务资源

的占用关系。面向市场的专业网络资源配置体系旨在从效益角度对分市场的专业投资进行宏观把控，即通过对各市场的投资、资产、收入、成本进行合理分摊，建立市场导向的专业网络资源配置投入产出管控思路模型，如图 11-16 所示。

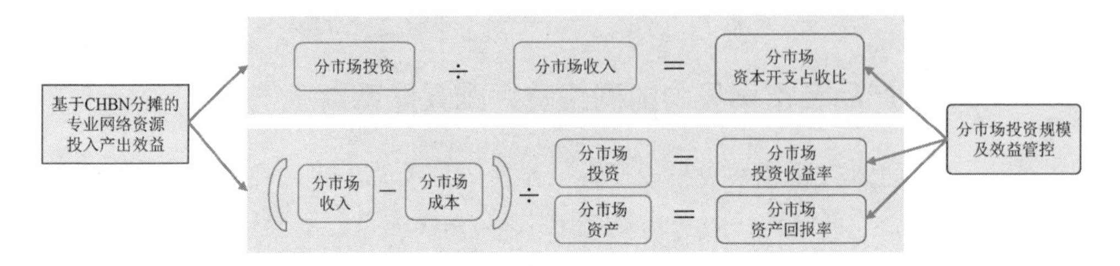

图 11-16　市场导向的专业网络资源配置投入产出管控思路模型

对于以网络投资建设为主要资源配置方式的电信运营企业，如何进行投资的市场分摊是市场导向资源配置的核心问题。

投资的市场分摊步骤如下：

（1）将各专业网络资源按照直接接入产品（业务）或通过间接支撑其他资源再支撑产品等属性，分为 3 层——业务接入层、网络支撑层及基础设施层，如图 11-17 所示。

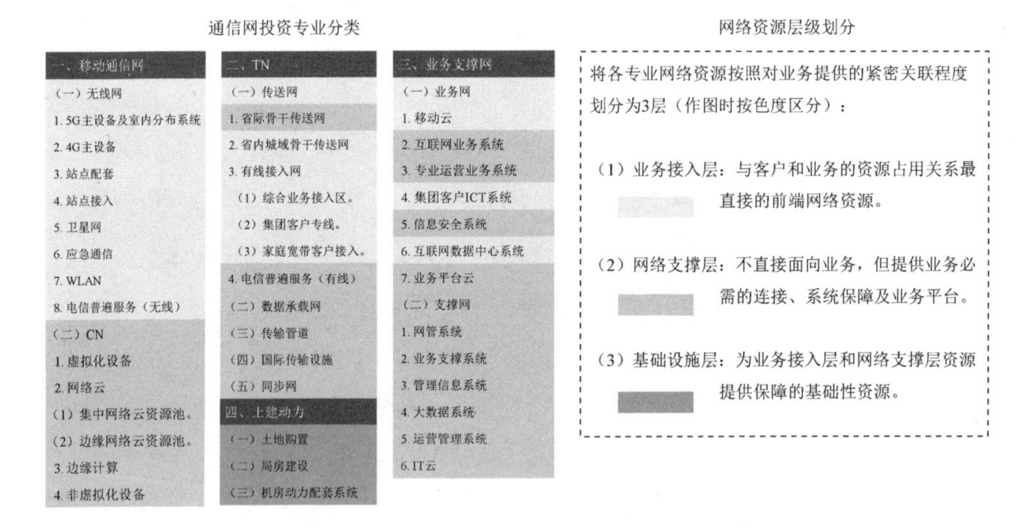

图 11-17　通信网投资专业分类及网络资源层级划分

（2）基于业务对资源的占用关系，如图 11-18 所示，采用分层渗透的方法，厘清各产品对业务接入层、网络支撑层、基础设施层等各层网络之间的资源占用关系，寻找各层网络的映射或分摊动因，最终将专业网络投资分摊至各市场。

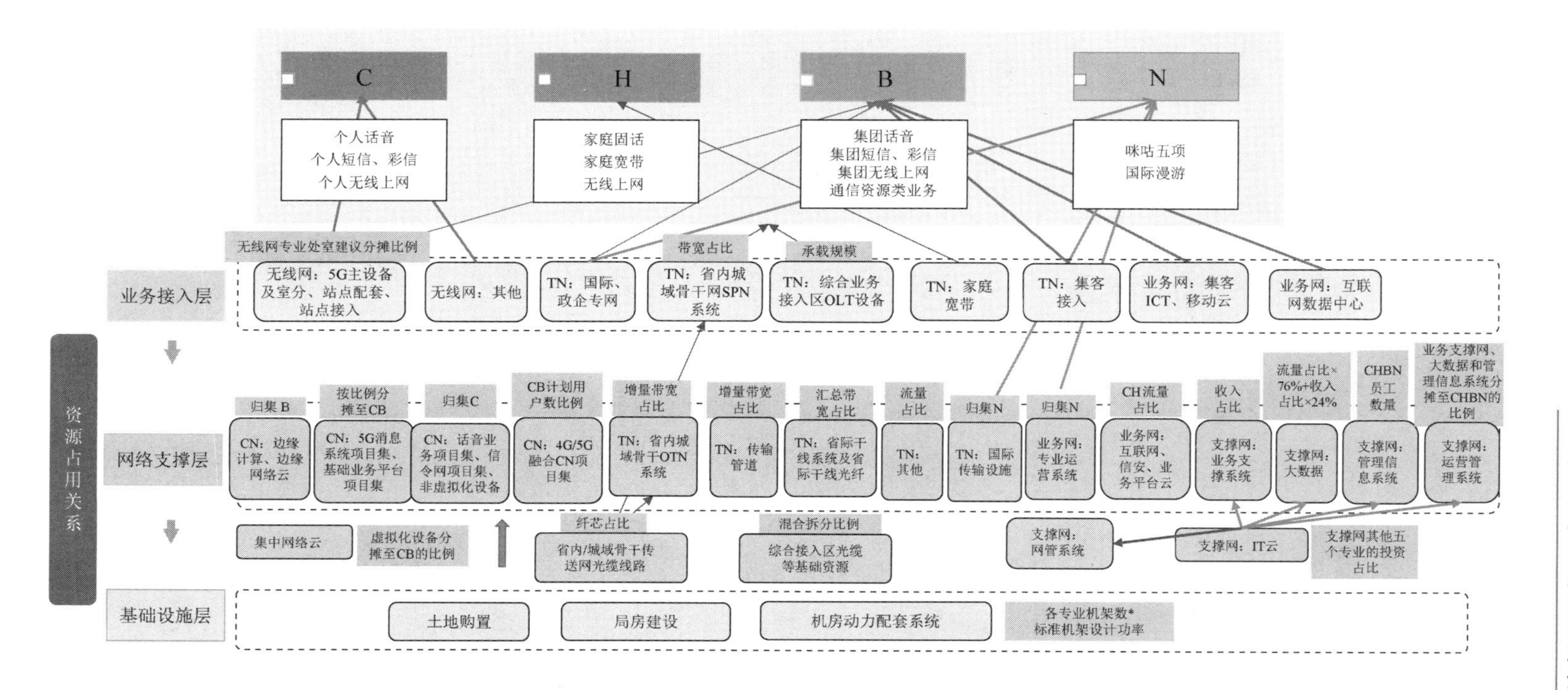

图 11-18　市场-产品-资源的占用映射关系（部分示例）

投资的实施完成将形成网络固定资产，资产折旧及相关 OPEX 又构成了主要的网络类成本，因此投资的分摊为资产和成本分摊奠定了很好的资源占用关系基础。

收入归集：将收入按照其产品的用户属性归集到各市场。在企业 BSS 中，针对每个用户都能提取出与其定制业务套餐相对应的月度业务收入，按照用户的 CHBN 属性，直接归集收入即可。

资产分摊：①可直接确认资产的产品占用属性的，通过产品的市场属性直接归集；②对资产分类与投资分类进行映射，依据投资的产品市场属性对资产进行市场属性映射。

成本分摊：①成本分为网络运行维护类成本和运营类成本；②网络运行维护类成本参照投资及资产的分摊关系，依据产品对网络资源的占用关系及相关成本的实际占用情况进行分摊和判断；③运营类成本是先将与各市场直接相关的费用对应归集，再按固定资产投资（或收入）比例进行分摊，如图 11-19 所示。

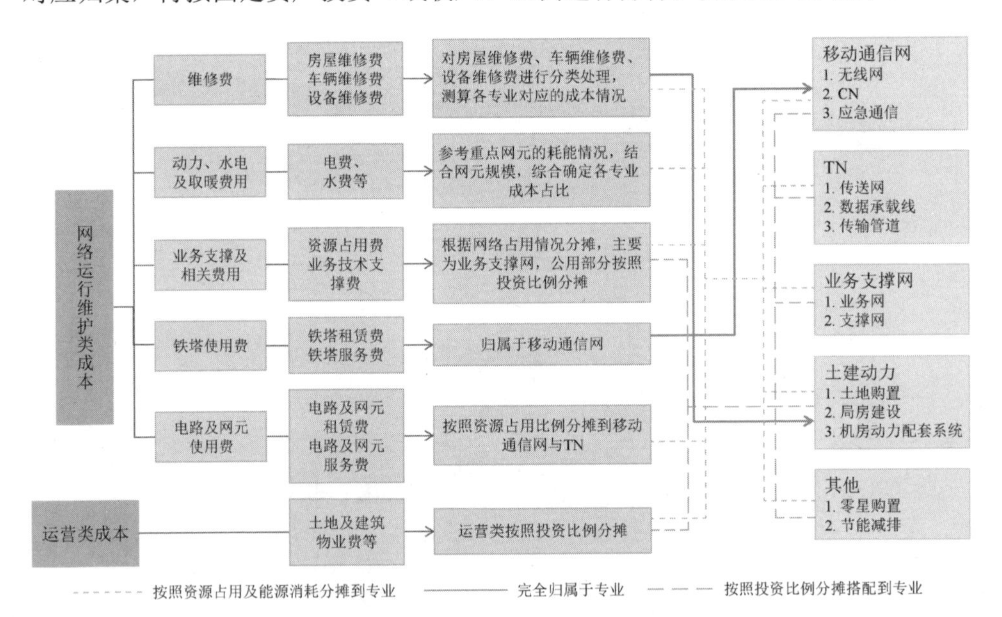

图 11-19 网络运行及维护成本分摊路径

分摊归集到市场的投资、资产、成本、收入，则可根据资本开支占收比、投资收益率、资产回报率等投资管控指标进行分析、比较，配合企业的市场竞争战略，结合不同市场的阶段发展特性，实施差异化的投资策略。

2. 投资管理信息系统优化

基于资源占用的投资、资产、成本分摊是一项非常复杂的工作，通信服务的个性化、多元化使得业务接入层的资源类型越来越多，服务标准和计量方式也日趋复杂，加上网络支撑层和底层资源本身的公用属性，不同层级间的网络资源又存在二次占用及分摊现象，分摊动因和标准更加复杂。因此，从源头上厘清网络投资的产品及市场需求动因，并在资源投产和按需调用的过程中对其实际的产品（市场）的资源占用属性进行合理标识和动态维护，将是促进资源配置产品（市场）导向转型的根本性系统改造路径，如图 11-20 所示。

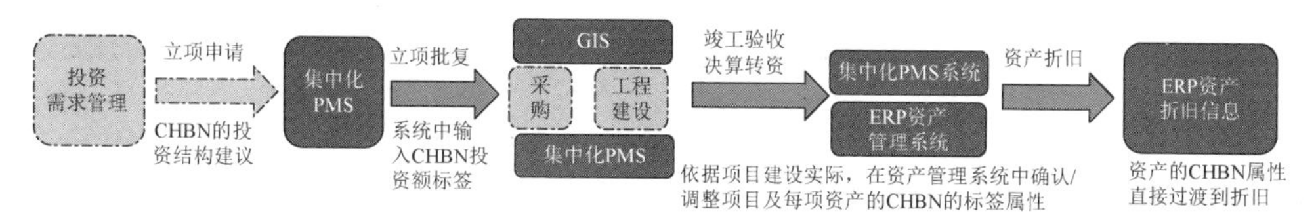

图 11-20　资源配置转型的系统改造关键点

对于每个投资项目的立项，市场及业务需求是其投资需求的根本，根据投资项目立项时的产品和用户市场属性判定（若一个项目被投资于多个产品或多个用户市场属性，则需按市场属性进行分摊），当投资项目建设完工形成资产时，对资产再次进行市场属性的确认或修正。这样从资源配置的源头厘清网络资源的产品和市场属性，可以减少后续分摊工作量，并尽可能避免分摊依据不清晰带来的计量困难。

11.3.2　供应链管理的数字化生态转型

1. 新基建带来的供应链管理挑战

以运营商的资源配置为龙头形成的“生产线”导向模式，其决策基础是对大市场的需求判断，以此配置资源进行电信运营能力生产，再将产品与服务推向市场，带动整个供应链上下游有节奏、有周期地运转。新基建的发展以数字化基础能力为重心，不同类型客户的虚拟化、个性化需求越来越多，一方面，要研发出更适用的数字化产品和服务；另一方面，要适配更多元、更灵活的产品类型和交付服务要求。运营商基于当前的供应链现状模式来满足这类需求一定是高投入、低回报的，因此寻求大规模定制化路径成为必然。

对供应链管理而言，大规模生产和大规模定制的结合是要在原来供应链生产线的基础上提高柔性和定制水平，将生产导向的推策略与需求导向的拉策略结合起来，即采用延迟制造策略。参考常馨怡于 2019 年提出的制造与服务相结合的生态型供应链结构（见图 11-21），将通用生产、通用服务与定制生产、定制服务结合起来，寻找最优的客户订单解耦点（Customer Order Decoupling Point，CODP）建立延迟生产的（拉动为主、推拉结合）供应链模型[10]。利用更多的数字化技术使基因产品（原子化通用产品组件）云化或低代码化，与定制需求的能力提供过程解耦，从而尽可能地将客户个性化需求延迟到离客户最近的时间或空间予以生产或交付。

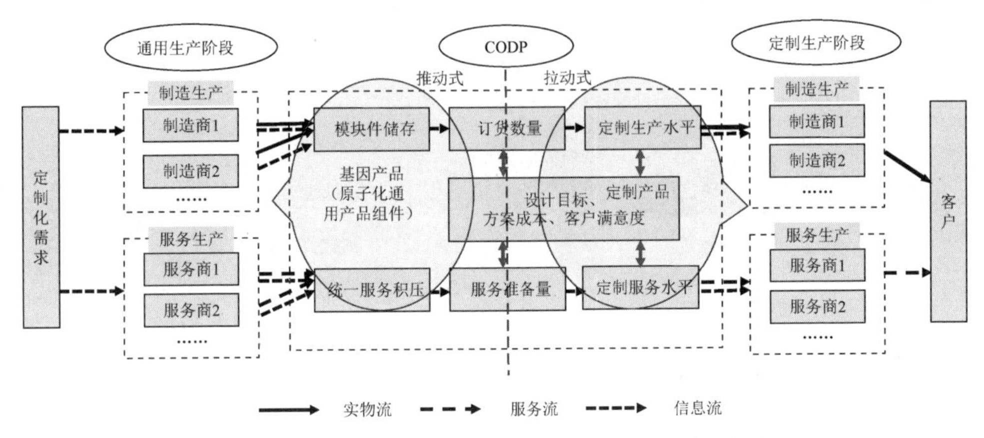

图 11-21　规模定制化的生态型供应链结构示意图[10]

显然，以电信运营企业为核心的电信运营产业供应链尚未形成延迟制造模式，但运营商已经走上这条转型探索之路。对运营商而言，其供应链管理最大的挑战表现在：如何更加灵活、有效地组织运营商内外的供应生态，将全生命周期的产品与服务的共性与个性能力要素予以拆分，面向需求灵活组织运营与交付。在这个背景下，采购要基于新生态和新能力定位，物流仓储要全程可视、更高效、低成本，供应商的管理要全程可控、可管且要面向新基建建立更灵活的合作机制，品类管理要面向运营商的需求重新构建物资供应类库，信息化要走向用数据和智能“说话”、办事的数智化，组织人员和基础管理则要与运营的数字化转型战略匹配，系统性地进行优化甚至局部重构。核心要素有两个：一是数字化，二是供应生态。

2. 构建多层级数智化供应链价值体系

在数智化技术的驱动下，供应链管理工作的目标是建立以采购价值为基本前提、以传导价值为升华关键、以生态价值为高阶目标的价值体系，如图 11-22 所示。

采购价值：“多快好省”是搭建物理世界的直接要求。以电信运营企业为核心形成的电信运营产业供应链，最基础的连接关系就是“采购”，通过采购行为快速得到了通信网的连接能力与相关产品的市场交付能力，并且借助供应链管理体系最大限度地实现了质价综合效益最优的采买目标，形成了庞大、复杂的供应商网链结构。

传导价值：运营商与设备供应商之间基于业务模型的双向信息传导是提升整

体运营效率与价值的关键。供应链的需求放大效应就是信息不对称带来的，导致供应链效率低下、货物积压浪费、需求响应迟钝，运营商的需求部门在集中采购过程中为避免供货不及时带来的进度影响会提出冗余需求计划、形成大量库存积压就属于此类现象。曲棍球棒效应是由供应链上下游企业单方思维定式下周期性的考评激励与价格折扣等形成的，会产生人、财、物资源浪费，经营性风险，以及差错率增加的影响，例如运营商年底对转资转固的考核要求会加快物资消耗和订单处理，不可避免地产生一定程度、不必要的短期资源浪费，大量的订单处理质量受制于信息化和精细化管理水平。这些都与供应链未形成高质、高效的业务模型及双向信息传导机制有关，协作计划、预测和补货方法（Collaborative Planning，Forecasting and Replenishment，CPFR）是供应链领域解决上述问题较好的业务模型。

生态价值：企业间竞争的高级形态是生态竞合，以生态为基础寻找价值突破是破解高质量发展难题的重要抓手。

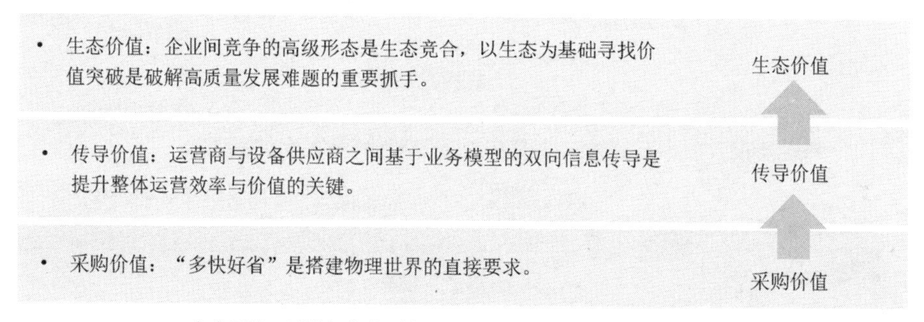

图 11-22　供应链管理价值体系

目前，在电信运营企业的供应链管理过程中普遍存在的痛点通常是由缺乏整合性、自动化及可视化造成的。缺乏整合性表现在：采购流程复杂且耗时过多，缺乏对产品和供应商的实时管控，缺少品类策略的制定，较难采购非标准化商品，缺乏有效的合同监控，以及无法对过往经验形成总结等。缺乏自动化表现在：用人力处理简单工作的工作量大，缺乏高效、统一的沟通，从采购到付款的过程中存在人为操作失误的可能，操作流程不规范，以及报告流程烦琐且产出效率低等。而缺乏可视化表现在：难以追踪订单进度，缺乏对供应商和预算开支的控制，对供应商的资质认知有限，缺乏对供应风险的评估，缺乏评估供应商绩效的标准，以及缺乏实时的反馈机制等。

因此，从采购价值的角度看，目前存在的主要问题是数字化能力不足，使得虚拟世界与物理世界的映射能力不足，导致了一些管理冲突的发生；传导价值基本局限在以采购方案为载体的单向传导阶段，没有形成以供应链业务模型为中心的价值传导与协同配合的局面；而生态构建在用户侧、能力建设侧已经被提到议事日程上来，但在运营商内部尚处于碎片化状态，体系化组织尚待时日。

3．数字化技术在供应链管理方面的深度嵌入

第一，从端到端的数字化走向数字赋能。遵循降低人工操作成本、识别需求配置和成本效能提升等规律，发挥供应链的战略能力。具体来讲，机器人流程自动化（Robotic Process Automation，RPA）、物联网、区块链、大数据、AI、移动端、云应用等新技术，在配合运营商供应链管理流程各环节的可视化、智能化、整合性需求方面，将带来全新管理体验，图 11-23 所示为新技术在运营商供应链管理系统中的应用规划示例，该图充分体现了数智化在提升采购价值、创新传导价值方面的作用。

图 11-23　新技术在运营商供应链管理系统中的应用规划示例

（1）过程类：针对以 RPA、物联网、区块链为代表的技术的管理，在采购管理中可归在过程类中，主要应用在供应链的执行流程中，例如，RPA 的合同录入管理，物联网的出入库管理，以及区块链的订单信息管理等。

（2）过程+管理类：针对以大数据为代表的技术的管理，在采购管理中可归在过程+管理类中，主要应用在供应链的执行流程和不同管理层级人员的管理视图及决策中，如大数据的多维报表查询、管理层驾驶舱应用、供应商画像等。

（3）AI 组合赋能类：针对以 AI 为代表的技术的管理，在采购管理中可归在 AI 组合赋能类中，它在供应链中的应用多依附于其他技术实现基础（如大数据、RPA、物联网、移动端等），实现对该应用的智能化赋能，例如，大数据+AI 的智

慧需求预测管理，AI+RPA 的智能自动化远程招投标监督管理，IoT+大数据+AI+移动端的智能运输计划管理，以及 IoT+大数据+AI 的智能入库收货与上架自动管理等。

（4）系统支撑类：云存储和信息管理，云应用在供应链管理中，主要作为信息的存储和管理平台，用于实现对采购数据的云端存储、计算和管理；以管理 App 的用户定制化界面的形式，支撑采购系统在手机端的便捷操作应用，如需求管理 App、供应商管理 App、物流 App 等。

第二，以 5G+业务转型为契机，深化 ICT 融合技术，撬动供应链数据资产价值，建设供应链智慧中台，从而构建新的供应链生态体系。运营商作为 5G 技术的引领者，已不能依靠传统的话音、流量等基础业务生存发展，必须以新兴技术手段构建 5G 新生态。5G 网络不但连接了通信设备厂商、运营商、互联网服务提供商，更关键的是通过 5G+赋能各行各业，渗透与连接了更多的客户产业供应链，形成了强大的牵引和溢出效应。所以，供应链管理需要寻找、突破原有的领域边界，需要在 5G 助力数字化、网络化、智能化转型的过程中，建立更强大的产业生态圈。图 11-24 所示为基于行业数字化智慧中台架构的 5GtoB 供应链生态体系，运营商的供应链管理应发挥 5G“串绳”的积极作用，创造新的生态价值。其中，灾备是“容灾和备份”的简称。

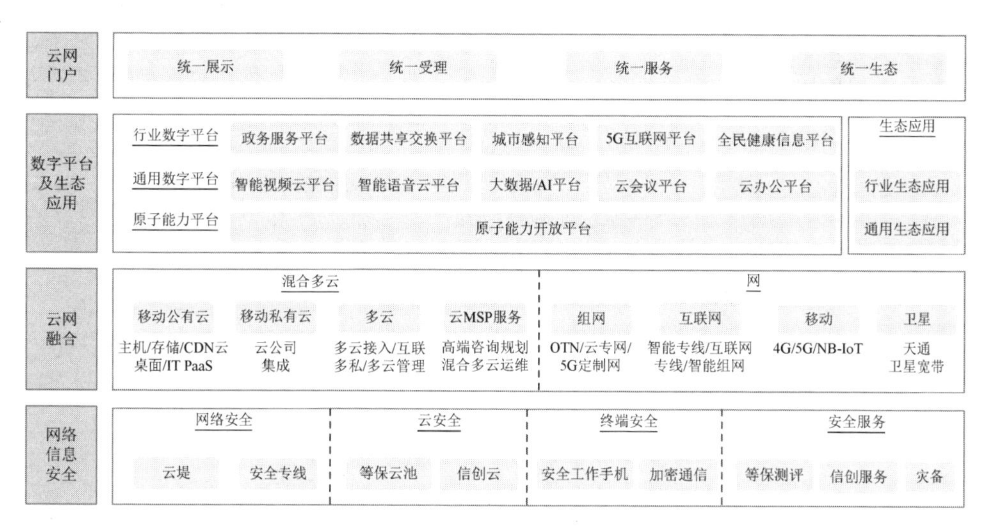

图 11-24 基于行业数字化智慧中台架构的 5GtoB 供应链生态体系

4．toB 企业在 5G 数智化潮流下的供应链生态转型

5GtoB 推动的行业数字化转型，其数字化服务的最终用户是行业企业，其数字化服务能力的核心主导权归属于 B 端企业，这打破了传统的供应链生态结构。

在图 11-24 所示的智慧中台供应链体系架构中，运营商的专业优势主要集中在下面两层，即基础云网的搭建、维护和对网信安全的保障，上面两层（数字平台应用层和门户层）则完全是基于行业企业的数智化应用需求，以行业 OT&IT 融合技术为导向的专业场景数字化应用开发为目标。相比之下，行业集成商、大型软件供应商、互联网供应商及云厂商等，都比运营商具有更强的专业场景应用开发能力。由此可见，在 5GtoB 数字化进程下的供应链生态中，运营商需根据自身的供应能力优势，结合行业数字化进程的不同发展阶段，综合判定自身在行业生态中的能力和角色定位，战略性地选择不同的供应商合作模式，如图 11-25 所示。

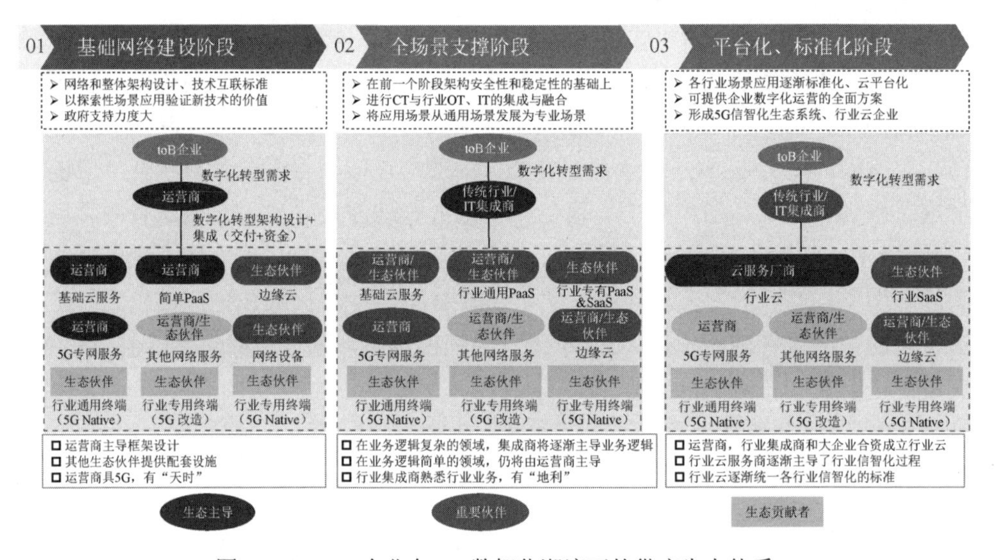

图 11-25　toB 企业在 5G 数智化潮流下的供应生态体系

（1）基础网络建设阶段：5G 网络建设是“新基建”战略的基础，其规模效应和网络效应的发挥依赖于完善的网络基础设施，按照网络强国和新基建的要求，我国三大运营商积极推动 5G 网络基建[11]，该阶段以网络及技术互联为标准，由电信运营企业主导网络和整体架构设计，并以探索性简单场景应用验证新技术的价值。

（2）全场景支撑阶段：该阶段的重点是在前一个阶段架构安全性和稳定性的基础上，进行 CT 与行业 OT、IT 的集成与融合，将应用场景从通用场景发展为行业专业场景。将引入基础云服务、行业通用 PaaS、行业专有 PaaS&SaaS 作为服务支撑。在业务逻辑复杂的领域（行业数字化场景开发领域），集成商将逐渐主导业务逻辑。

（3）平台化、标准化阶段：在本阶段，各行业场景应用逐渐标准化、云平台化，可提供企业数字化运营的全面方案，最终形成 5G 信智化生态系统、行业云企业。与前两个阶段不同的是，引入了云服务厂商，行业云及行业 SaaS 的应用将实现 5G 生态的顶层架构。

综上所述，5G 背景下的运营商供应链转型必将侧重于生态化转型，突出运营商在整个 5G 生态产业链中承上启下的重要地位。现阶段，运营商积极联合设备厂商、终端模组厂商、应用服务提供商、SI 等，与行业头部客户展开 5G 行业应用试点，探索新场景、新应用、新模式，希望以成功的试点示范带动 5G 的规模应用推广。在这一发展、探索过程中，运营商要构建更强的引导与协调生态系统的能力，希望创建新的商业生态模式，使生态型供应链具备“一站式”“渠道整合”“跨界转型”等功能特点，以增强供应链平台的柔性，应对千行百业的数字化转型需求和不确定性趋高的环境变化。一旦这个能力建成，以 5G、云计算、物联网、大数据、AI 等为代表的新一代 IT 可以全面赋能数量占比超过 80%甚至 90%的我国中小企业，推动我国 5G 产业生态体系走向繁荣。

11.3.3　工程建设的集成化转型

工程项目集成化管理的基本思想是将集成的理念和工程项目管理的实践结合起来，从工程项目的全局出发，对工程项目实施的全过程进行科学、系统的管理，克服传统项目管理的缺陷而提出的一种新型项目管理模式，它是以现代 IT 为重要支撑的管理方法。

1. ICOT 深度融合趋势带动工程建设的集成化转型

工业互联网是新基建的重要组成部分，是链接工业全系统、全产业链、全价值链，支撑工业智能化发展的关键基础设施，是新一代 IT 与制造业深度融合而形成的新兴业态和应用模式，是互联网从消费领域向生产领域、从虚拟经济向实体经济拓展的核心载体[12]。工业互联网对可靠性、安全性的需求更高，技术更复杂、更专业，随着 5G、物联网设备、云计算、边缘计算的迅速发展，以 5G 为核心的 CT 对数据流通方式的革新，工业控制系统、通信系统和信息化系统的智能化融合成为工业互联网的发展趋势，越来越多的 ICT 被引入 OT 中，IT、OT、CT 这三个原本相互独立发展的技术体系开始紧密融合。

5G 等技术加速了 OT、IT、CT 的深度融合，不仅带来了行业格局的重塑，也为运营商转型升级提供了新的机会。运营商提供的产品和服务不再局限于企业宽带、专线等连接服务或仅仅是互联网数据中心、服务器等 IT 资源，还包括深入企业 OT 的信息化解决方案。而为企业 OT 提供信息化解决方案，就需要 OT、IT、

CT 的深度融合，其中涉及的业务广泛、技术领域复杂，5G 网络系统来自 CT 厂商，边缘云/私有云系统来自 IT 厂商，工业软件系统来自 OT 厂商或者 IT 厂商，IT 厂商主要提供 AI 及大数据类应用，工业硬件系统则主要由 OT 厂商提供[13]。由于 5G 网络定义了严格的设备接入及业务数据处理流程，因此在组合式系统架构中，5G 网络系统与其他系统的组合对接是最复杂的。如果设计不当，可能引发其他系统的架构性变动，尤其是 OT 厂商提供的系统[13]。因此，运营商网络资源从工程建设开始就需要与 IT、OT 融合，这就使得运营商的工程建设向着集成化方向转型。

2. 5G 工程建设战略——边缘计算

在新一代 IT、OT 及 CT 不断更新迭代的大背景下，5G 基础网络建设与 3G、4G 基础网络建设有明显区别。5G 基础网络建设不仅要聚焦于 CN、承载网和无线设备的建设，更要关注网络云化、DC 化、集约化、泛在化等，特别是要与 AI、大数据、云计算技术结合，通过边缘计算来构建一个极简网络，借助边缘计算充分发挥极简网络在网络连接、网络安全、运维等方面的优势，实施云网融合、云边协同战略，发力行业市场，进行网络转型。软件集成比例加大是 5G 工程建设的最大特点，而边缘计算是运营商 5G 时代战略转型的关键一步。

（1）运营商处于边缘计算产业链的核心位置。边缘计算产业链可大致分为上游、中游、下游三部分，上游包括云计算企业和硬件服务商，中游包括运营商、第三方应用和内容提供商，下游则包括 OTT 厂商和一些智能终端及应用开发商。此外，还有多个产业联盟等核心研究机构。其中，运营商处于产业链中游核心地位。设备厂商的边缘硬件能力受到接入方式、空间覆盖、网络保障的限制，亟须通过 5G 等大带宽、低时延管道来选择更好的连接方式，需要运营商全方位布局的边缘节点来承载业务与算力，这对运营商在一体化交付、基础架构能力集成、边缘机房适配等领域提出了新的需求。

（2）边缘计算有望帮助运营商摆脱管道化趋势。据中国联通的专家预测，未来在整个边缘计算产业链中，管道连接价值占比仅为 10%～15%，应用服务占比为 45%～65%，为此运营商纷纷启动网络重构与转型[14]。边缘计算采用一种分布式云计算架构，运营商丰富的网络管道及地市级 DC 资源是进行边缘计算的重要基础，同时边缘计算技术与 5G 网络性能的深度结合是运营商的又一大优势，运营商有望借此进入流量之外的增值服务领域，分享更大的利润空间，摆脱日益管道化的趋势。

一直以来，云计算服务都由传统云服务商提供。这些全球云计算巨头几乎完全主导了整个云服务市场，同时它们基于云服务不断尝试向边缘计算、“SD-WAN”等新的领域扩展。但是，云服务商一般很难完全满足各类企业客户不同的云网需求：首先，企业之间存在跨区域互联的需求；其次，企业从自身的商业利益角度考虑，也不希望采用单一云服务商的服务，以免失去议价权；最后，随着 5G 的发展，企业对发展低时延业务的需求日益迫切，并更加注重产品和数据安全。由于受限于网络基础设施，传统云服务商对这些需求无法很好地满足，这给了运营商难得的机会。

（3）云网融合、云边协同成为运营商的最大优势。面对 5G 时代企业发展低时延业务和数据安全的迫切需求，运营商可充分发挥优势，提供与传统云服务商不同的、具备高度差异化的云网融合服务。运营商发展云网融合业务的优势在于其非常突出的网络连接能力，除了可以提供 DC 的虚拟云化服务，还可以提供不同云 DC 之间的互联解决方案，实现边缘计算同云专线、VPN 等的相互协同。同时，运营商在网络安全方面有丰富的经验积累，包括网络资源的保护和通信安全。另外，运营商还拥有丰富的光纤资源，可为企业客户提供不同的云间互联，更加靠近不同地理位置的客户。成熟的本地运维团队也可以快速地进行故障处理，提升企业客户服务体验。

在 5G 时代，边缘计算成为网络的重要组成部分，运营商不仅是修路者，更有可能成为生态的主导者。运营商应该积极把握自身优势，以边缘计算为主线，辐射至其他网络物联网设施建设，响应国家号召，加速建设 5G，赋能于各行各业的数字化转型。

本章参考文献

[1] 刘树成. 现代经济辞典[M]. 南京：凤凰出版社，2005.

[2] dengchao02. 新基建（新型基础设施建设）PPT 课件[EB/OL].（2020-12-30）[2023-03-21].

[3] 肖伟. 把握新型基础设施新特征[N]. 经济日报，2020-07-16（14086）.

[4] 王子锋，王珂园. 全面加强基础设施建设构建现代化基础设施体系，为全面建设社会主义现代化国家打下坚实基础[N]. 人民日报，2022-04-27（1）.

[5] 李志. 针对规划计划衔接环节的电信投资管理研究[D]. 北京：北京邮电大学，2009.

[6] 庞庆华. 企业供应链管理信息化水平的灰色关联分析[J]. 科技管理研究，2010，30（1）：152-153，162.

[7] 战培志，戴源，赵媛，关芳芳. 电信运营商供应链管理建设研究[J]. 江苏通信，2015，31（4）：50-52.

[8] 辛晃，陈震宇，王静. 基于 J2EE 架构的电信运营商计划建设管理系统设计与实现[J]. 电信科学，2014（S2）：146-152.
[9] 韩凯. 基于 SD 的船舶敏捷制造项目进度管理研究[D]. 镇江：江苏科技大学，2012.
[10] 常馨怡. 生态型供应链多解耦点优化模型及应用[D]. 成都：西南交通大学，2019.
[11] 廖文凯，李一明. 5G 产业生态体系中运营商角色及实践策略探讨[J]. 数字通信世界，2021（10）：51-54.
[12] 赵伟. 工业互联网是什么？[J]. 中国科技术语，2018，20（2）：61.
[13] 俞一帆. 5G 工业互联网的制胜之道：OICT 跨界融合[J]. 中国工业和信息，2021（5）：12-16.
[14] 王林，郭雅丽，陈歆伟，等. 通信行业边缘计算系列深度之一：边缘计算大变局，关注 SDN 车联网[R]. 2019.

第 12 章

“双碳”目标下的 ICT 使能减排与能源管理转型

ICT 的广泛应用彻底改变了传统的生产制造、生活服务与工作模式，在提升了产业效益、效率的同时，也带来了用低碳工作生活模式取代传统高碳工作生活模式的各种方式，为全社会低碳减排提供了崭新机遇。而提供 ICT 应用的庞大通信网也依赖着基础能源“电力”的供应保障，从某种程度上讲，正是“通信”的电气化衍生了“电信”这一概念。随着网络连接数与带宽的飞速提升和分布式算力的大量引入，通信网的电力消耗量及电费成本都急剧增加，电信运营能源管理体系正在经历从“配套专业”到“能源底座”的升级过程，国家“双碳”目标对电信运营能源管理提出了新的要求：碳排放视角将会叠加到降本增效上，形成“能耗孪生”运营管理体系。同时，构建的新型电力系统中，电力需求侧管理给电信运营“能耗孪生”价值输出提供了宽广的舞台。

12.1 ICT 使能减排与智慧社会

12.1.1 ICT 与未来世界

在过去的 100 年间，人类社会获得了飞速的发展，但是过去的高耗能发展模式在 21 世纪伊始逐渐走到了尽头：环境恶化、生态改变、新病毒等挑战给人类文明的繁荣带来了极大的威胁。化石能源如同高速旋转的车轮，带着人类社会飞驰百年，实现了社会繁荣。然而，化石能源是一把双刃剑，它所产生的温室气体有可能给生态系统带来毁灭性的影响。此外，人类依赖的化石能源是不可再生的，化石能源的枯竭和能源危机都不断提醒着人类：未来的世界将不可能复制 20 世纪那种发展模式了，人类必须寻找新的出路。

一般来说，人们会将环境问题和经济发展对立起来，其基本逻辑是：要满足人们更多的需求，就要使用地球上更多的资源，这会产生更多的能耗和排放；而优先推进环境保护，减少高碳排放的消费在一定程度上会限制经济的发展。

但现在，人们惊喜地发现有这样一种消费，它在满足人们需求的前提下，还带来碳排放的减少。ICT 的应用改变了传统行业的生产和服务方式，提高了传统行业的效率，用低碳的工作生活方式代替高碳的工作生活方式得以实现，为低碳减排带来了新的机会。例如，远程会议的应用并不是从限制人们的会议出行出发，而是从利用 ICT 实现远程虚拟会议出发来实现减排目标。利用 ICT，人们可以方便地开想开的商务会议，但是由商务会议带来的交通出行却减少了。

ICT 为实现低碳减排目标打开了一扇新的“窗”，当然，这只是一个直观的认识，还有一些问题值得探讨。ICT 是一种通用的技术，它需要落地到不同的场景中，才能真正地实现减排目标。此外，ICT 应用自身也会带来碳排放，并且 ICT 应用可能对该场景的需求存在着一定的放大刺激作用。但综合来看，ICT 通常会带来低碳的工作生活方式，它将是推动未来世界低碳发展的重要因素。

12.1.2　ICT 与低碳减排

“双碳”目标（2030 年的“碳达峰”目标、2060 年的“碳中和”目标）对各个行业都提出了艰巨的环境保护和可持续发展要求，在保证行业技术创新和业务发展的同时，节能减排成为最具挑战且必须完成的任务和目标。

1. ICT 与气候变化

ICT 覆盖了所有通信设备或应用软件和与之相关的各种服务，如物联网设备、视频会议和远程教学软件等。ICT 提供重要的实时信息采集、分析与系统控制功能，通常是许多行业提高效率、减少浪费的关键环节，也是实现经济增长、减少贫困和改善生活质量的重要推动力量。在过去的 50 多年里，ICT 行业的发展速度极快，在世界范围内对生产生活的改变极大，以至于被称作“一场信息技术的革命”。在 21 世纪，在社会向着低碳目标发展的过程中，ICT 产业发挥作用的潜力同样巨大。

通过降低空载率、按需关断、自然通风等提高设备使用效率的技术措施，以及建立环境（或能源）管理体系（ISO 14000 和 ISO 50001）等的管理方法，ICT 行业可以减少自身对能源、材料的耗费，从而降低自身生产和运营过程中的碳排放。此外，ICT 行业还可以通过提供低碳方案来助力社会其他行业减少能源的使用，使得其他行业相关的传统的经济增长模式和个人生活方式变为低碳的经济发展和低碳的社会生活。

应对气候变化与 ICT 行业快速发展的关系可以概括为“既是 ICT 行业的挑战，又是 ICT 行业的发展机遇”。一方面，ICT 行业的快速发展会使计算、存储和通信设备的需求量迸发，即带来社会对电力需求的快速增长。根据 Gartner 的估计，2002 年全球 ICT 行业的二氧化碳排放量占全球二氧化碳总排放量的 2%左右，到 2020 年，这一数字将增加到 3%。另一方面，为提高效率、节能减排和实现低碳转型，全社会都需要 ICT 行业提供低碳 ICT，如远程会议、VR/AR 技术、电子读物、车辆调度、建筑能耗检测、工业互联网与云技术等应用。通过这些覆盖主要应用场景的 ICT 应用，ICT 行业能够帮助全社会用低碳活动逐步代替原本的高碳活动，实现绿色发展。ICT 的减排一般是通过提高效率、改变结构及在实时监测下使用的有效减排技术来达成的，表 12-1 简单概括了这三种减排方式的原理，并列举了几个典型应用场景。

表 12-1 ICT 应用的减排原理[1]

ICT 减排方式	应用场景举例
提高效率	减少不必要的浪费，提高传统行业的能源效率，如智慧物流、智慧建筑、智能能源、智能工业等应用
改变结构	对实体材料和实体活动进行替代操作，提供虚拟方案以减少实体使用（如电子读物、远程会议、虚拟云主机等应用），即通过替代高碳排放的生产生活方式来推进产业结构低碳化升级等
减排技术	为监控、分析、控制能源消耗和二氧化碳排放提供信息化的技术（如基于通信网管系统设备运行监控的设备智能关断技术）

许多研究机构对 ICT 应对气候变化的可能贡献与潜力做了研究。GeSI 在 *SMARTer 2020:The Role of ICT in Driving a Sustainable Future* 研究报告中指出[2]，到 2020 年，全球 ICT 行业自身二氧化碳排放量将由 2002 年的 5 亿吨左右增长到 14 亿吨左右，与此同时，社会其他行业通过使用 ICT 而减少的二氧化碳排放量估计将达到 78 亿吨，相当于 ICT 行业本身二氧化碳排放量的 5 倍之多，约占 2020 年全球二氧化碳总排放量的 15%。

GSMA 与 Carbon Trust（碳信托）在 2019 年发布了 *The Enablement Effect*（使能效应）报告，对 ICT 2018 年应用于各行各业所带来的减排量进行了排序。其中，ICT 应用带来最大减排量的领域是智慧工作、生活与健康，估计占全球 ICT 带来的减排总量的 39%，此领域按减排贡献大小又可细分为共享住宿 10%（如 Airbnb 等）、视频会议 10%、视频电话 7%、手机购物 5%、手机银行 2%、居家工作 2%和其他 3%。ICT 应用带来第二大减排量的领域是智慧交通与城市，估计占全球 ICT 带来减排总量的 30%，此领域按减排贡献大小又可细分为公交可用性查询系统 7%、海运导航技术 5%、驾驶习惯引导与改善 5%、车队路由与管理 4%、共享交通工具 3%和其他 6%。此外，ICT 给其他领域带来的减排量的占比按从高到低的顺序排列依次为智慧制造 11%、智慧建筑 10%、智慧能源 7%、智慧农业 3%等。报告中指出，2018 年，移动通信技术的使能作用在全球范围内带来了减少 14.4 亿兆瓦时的耗电量、5210 亿升的燃料的结果。这些能源加起来可以为超过 7000 万个美国家庭提供一整年的能源，足够为英国 3250 万辆乘用车提供 19 年的燃料。

这些研究与实际的减排行动推动着人类朝着一个光明的方向前进，这个方向就是未来的低碳经济与信息社会。如果 ICT 的提供者、IT 的使用者和政策的制定者能够共同努力打造良性循环的低碳经济模式，那么一个智慧的社会将成为人类的美好未来。

2. ICT 与智慧社会

智慧社会是指政策制定者、ICT 提供与运营者和 ICT 使用者三者通力合作，在给未来的社会带来巨大减排量的同时，进一步提高人们的生活质量。政策制定者积极推动低碳 ICT 的发展，出台相应政策，使得低碳 ICT 产品以更低的成本生产并以更低的价格提供给使用者，从而获得更加有利的外部生存环境，促进 ICT 配套设施的发展；ICT 提供与运营者将减排能力作为产品的研发重点和宣传重点，从全生命周期考虑整个产品体系的减排，通过为其他行业提供低碳替代产品带来新的业务拓展机会，提高利润增长点；ICT 使用者将获得更加便利的服务和更加便宜的应用，在使用 ICT 应用时会考虑它的碳排放并且对自己所产生的碳排放有客观清晰的认识，有选择地避免高碳排放活动。由于配套设施的完善，ICT 的应用将更加广泛，社会生活的各个方面（工作、娱乐、医疗、教育）都将受到 ICT 的影响，各个行业的碳排放都会因 ICT 而得到监测甚至控制；ICT 大规模的应用带来成本的下降，ICT 使用者将以更低的价格获得更好的产品，运营者获得回报而研发新的低碳 ICT 产品。未来世界将不再以化石能源的燃烧驱动，而是在智慧的决策下向智慧的世界发展。

国际上很多组织和团队针对 ICT 给温室气体减排带来的影响从不同角度做过研究。由 Ecofys（荷兰可再生能源咨询公司）与世界自然基金会（World Wide Fund for Nature，WWF）合作撰写的报告《ICT 应用的全球 CO_2 减排潜力》（*The potential global* CO_2 *reductions from ICT use*）是对 ICT 解决方案的减排潜力进行的全面评估，并划分出 10 个解决方案领域，分别是智慧城市规划、智慧建筑、智慧家电、非实物化、智能最优化、智慧工业、智慧电网、综合可再生能源解决方案、智慧工作、智慧交通。The Climate Group（气候组织）对 ICT 自身二氧化碳的直接排放量和减排量进行了量化研究，并在 *SMARTer 2020:The Role of ICT in Driving a Sustainable Future* 研究报告中将 ICT 的主要应用分为 5 个重点领域：非实物化、智慧动力系统、智慧物流、智慧建筑、智慧电网。GSMA 在研究移动通信技术对低碳减排的影响报告中划分了 6 个领域，即智慧建筑，智慧能源，智慧生活、工作和健康，智慧交通和城市，智慧农业，以及智慧制造。

在智慧交通领域，ICT 适用于多种场景，可以减少交通运输的碳排放。例如，通过车辆调度平台技术帮助科学调度物流车辆，降低车辆的空载率，减少空车浪费现象；通过导航技术和车辆监管系统来指导车辆驾驶员选择最优路径和改善驾驶习惯，以减少油耗；通过卡车自动编队驾驶技术来降低物流运输过程中的车队油耗等。

在智慧建筑领域，ICT 可以凭借物联网技术带来系统自动化和远程监控能力，打造楼宇能耗管理系统、智慧照明、能耗分析等多项低碳 ICT 解决方案，实现建筑能耗的合理管控，减少电力、天然气和热力等的消耗，发挥巨大的减排效力。

在智慧能源领域，ICT 通过移动互联网和移动物联网实现能源表计的互联互通，满足用户的远程抄表和在线缴费需求，节省传统抄表员的交通出行和民众缴费的实际出行，同时将电力设备的故障诊断在线化，减少后期在运维上的出行工作量，使得运营和维护工作带来的碳排放大幅度减少。

在智慧工业领域，ICT 通过机器视觉质检提高工厂效率，减少质检和维修流程中产生的碳排放；应用 AR/VR 等多种现代 IT 实现远程专家指导，减少线下指导所需的交通出行及其产生的碳排放；通过工业数采和数字孪生技术，向 MES 传递生产设备数据，为生产质量控制和质量问题回溯提供了强大的工具等。

在智慧医疗领域，基于 ICT 的云影像技术医疗机构可以提供以互联网医院、远程诊疗、影像云存储与共享为主的各类医疗服务，这些 ICT 解决方案以信息化的方式替代高碳的实物产品和活动（如纸张、胶片、挂号出行），具有相当大的节能潜力和很好的效益。同时，基于 ICT 可辅助实现县、乡（镇）、村三级的病人分流、就近诊疗等医疗服务共同体改革，促进医疗资源的平衡发展与医患的匹配。

在智慧办公领域，ICT 解决方案使得多人能够不受地理位置约束地进行视频会议，降低沟通成本，减少商旅飞行；公文在线流转等无纸化办公解决方案使得各类工作人员能够方便、快捷地完成信息的传输和存储，真正实现网上办公，减少交通出行，节省纸张。

在智慧生活领域，移动互联网、家庭宽带、卫星网正在深入地改变用户的行为，ICT 助力各类手机低碳应用的使用，减少个人碳排放，例如网上购物、共享单车，以及 Airbnb 等共享住宿；以家庭网络支撑的家庭医疗、家庭办公和远程教育等信息化解决方案可以减少居民交通出行的需求；以物联网技术实现全屋智能家居，即家居设备互联与管控，可以明显减少家居设备的用电时长，为二氧化碳减排做出贡献。

12.2　通信能源的发展历程与转型趋势

通信能源是指为通信网系统正常运转提供的能源供给，主要包括电力能源。通信电源系统是通信系统的能源基础，稳定、可靠的通信电源系统是保证通信系统安全、可靠运行的关键，一旦通信电源系统故障，引起对通信设备的供电中断，通信设备就无法运行，这会造成通信电路中断、通信系统瘫痪，带来极大的经济效益和社会效益损失。通信网对电力供给的需求一方面产生巨大的网络 OPEX，另一方面造成巨大的间接二氧化碳排放量，如何对通信能源开展技术改进和管理转型，成为信息通信行业实现“双碳”目标的根本问题。

12.2.1　动力电源“配套专业”管理阶段

1. 动力电源“配套专业”系统设计模式

通信电源是向通信设备提供交直流电的电能源，是整个通信网的能量保证。通信电源系统的设备多、分布广，不仅单个电源设备的可靠性会影响系统的可靠性[3]，系统的总体结构也会对其自身的可靠性造成很大的影响。一个完整的通信电源系统一般由以下五部分组成：交流配电单元、整流模块、直流电源模块分配单元、电池组和监控系统[4]。通信电源系统在整个信息通信行业中虽然资源占比较小，但它是整个通信网的关键基础设施，通信电源系统专业是通信网上一个完整而又不可替代的独立专业。

通信电源常见的应用场景有无线基站、可再生能源系统、互联网数据中心、CN 中心机房和电信局机房等。对于各类场景的电源系统，在建设之初根据负荷分期进行电源设备容量配置，按照各专业主设备的运行电力负荷需求进行电源的专业配套设计和建设。

2. 传统电源系统面临的问题

移动通信网建设的快速发展使得通信局房用电负荷大幅增加，许多局房的电源系统需要进行扩容改造。因传统设计本身已具有整体性而不得已采用“一事一办”的方式处理负荷新增问题，极易导致电源系统的衍生问题，使其他业务因共用电源系统而存在潜在的断电风险[5]。另外，还会导致有些交换局电源系统在短期内出现多次改造，影响通信项目分期建设的整体进度。

与此同时，原有电源系统中的专业设备，如变压器、油机（柴油发电机）、配电设备等，随着电信技术的飞速发展和通信网结构的愈加复杂（包括 IT 的发展等），对电源技术提出了更高的要求。例如，节能、节电、节材、体积减小、质量减轻、环保、可靠性和安全性，这驱使通信电源系统朝着高效、节能、网络化管理和全数字控制、低电流谐波处理技术的方向发展（绿色电源），以满足现代通信网更高的技术要求[6]。

3．传统通信网的节能

传统通信网的节能充分体现在对各专业设备的节能改造和对空调系统的能效提升方面。专业设备节能：在硬件改造方面，随着产业链的不断发展与成熟，以及芯片技术的不断提高，通过不断优化电路设计、硬件实现算法等，使得当前的通信设备能耗基本处于信息通信行业史上的较低水平；在软件节能方面，移动网络话务量在闲时和忙时极不平均，无线软件节能技术依据话务负荷的高低配置相应的设备资源，其余暂时不用的资源关闭，利用符号/时隙关断技术来实现无线设备的自动节能控制功能。空调系统的节能则是在提高空调设备能效的基础上，积极配合机房温控调节、室内通风改造等系列节能管理举措。

12.2.2 “能源底座”管理阶段

5G 正在加速，为了实现大带宽、海量连接和超低时延，通信网将发生三个显著变化——新频新技术引入、站点新增、MEC 下沉[7]，这将进一步增加网络能耗，需要更复杂的运维及更多样性的供电制式。面对这些变化，传统通信能源方案将产生高昂的部署和改造成本、网络运维成本，电费也会显著增加[7]。

1．5G/F5G 快速发展，通信能源面临改造难、效率低等挑战

5G/F5G 具有大带宽、低时延特征。大带宽意味着需要新建海量站点，从基站、接入机房、汇聚机房到核心机房也需新增或升级设备，从端到端加宽管道；低时延意味着网络架构发生空前变化，云端算力、应用将下沉到用户侧和网络内的接入机房、汇聚机房、核心机房等，组成 IT 设备与 CT 设备共存的分布式边缘节点。这些变化都需新建或改造、升级站点能源，随之带来了工程量大、周期长、成本高等挑战，还存在有限的机房空间难以容纳新增电源柜和备电困难等问题，严重阻碍了 5G/F5G 的快速部署。因此，站点能源需要向高密集成化、模块化、一体化发展，以尽量做到免改机房、免改市电、免改线缆等，从而实现 5G/F5G 的高效部署[6,8]。

面向后期运营运维，一方面，随着网络传输和处理的数据流量倍增，网络整体能耗大幅提升；另一方面，由于缺乏对能源的高效管控和精准配置，产生了资源浪费，这给运营商带来了越来越大的电费支出压力。与此同时，由于当前网络能源未能实现完全可管、可视、可控、可预测，导致运维人员多次上站处理和运维不及时，而出现运维效率低、运维成本高的问题。因此，能源网络需向高效化、智能化发展[6,8]。

2．“能源底座”的管理理念及三层目标网络

“能源底座”的管理理念主张从接入机房、汇聚机房、核心机房、DC的全网络视角思考能源战略，以“极简、绿色、智能、可靠”四大理念，构筑数字世界的目标能源基础[9]。通信能源目标网聚焦面向未来网络，以全面的数字化为基础，通过关键部件工程设计创新、数字化、AI智能控制技术应用，最终实现5G通信能源极简部署、极简运维、极简演进；提升资源利用效率，减少市电、线缆等周边设施的改造；提升能源利用效率，降低能耗成本[7]。

图12-1所示为极简、智能、绿色建设三层目标网络。其中，第一层为站点物理层，在这一层中，考虑将多种场景供电方案融合统一，并将电源控制器作为智能特性的执行者；第二层为智能网管层，在这一层中，可以实现接入层站点的智能运维，同时实现智能控制器及智能设备的物联网组网管理；第三层为具有AI功能的训练平台和数据池，在这一层中，可以实现网络能源效率的自动优化。

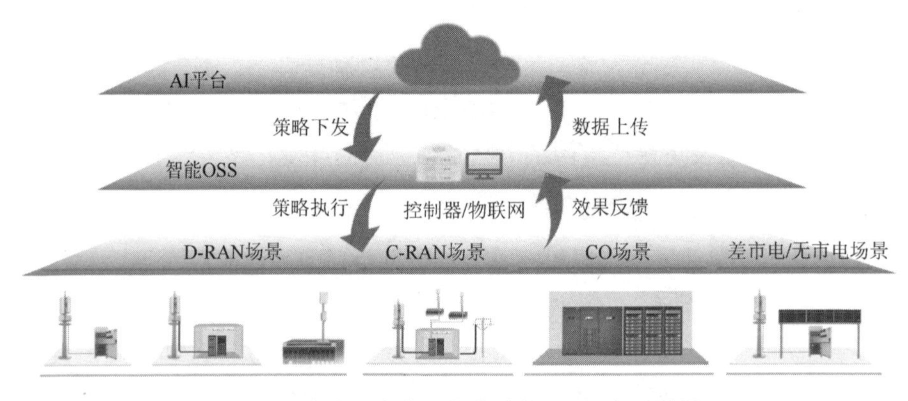

图12-1　极简、智能、绿色建设三层目标网络[7]

极简：对于站点，在不同场景下实现免市电改造、免建机房、免增机柜、免换线等，通过一站一柜、一站一刀、一柜替一房、一柜实现ICT融合等解决方案，助力客户快速部署5G，实现TCO最优的目标；对于DC，通过模块化、预制化手段实现极简交付，使业务快速上线，且支持弹性架构，满足机柜功率扩容，支持未来演进[7]。

绿色：从部件、站点/机房、网络三个层面追求能效提升，采用业界领先的高效整流模块；引入太阳能等清洁能源，实现绿色供电；通过AI技术，优化整网能效，最终实现5G演进不增电费的目标[8]。

智能：针对传统“哑设备”不可视、异常能耗高、运维复杂等核心痛点，通过引入AI、大数据等智能技术，优化电源、站点/机房、网络系统的协同调度，实现基础设施的智能协同和智能运维，驱动能源网络走向自动驾驶[7]。

可靠：从部件级到设备级再到系统级，多种手段保障站点及数据中心基础设施的可靠性，尤其是借助 AI 技术，提前预测、辨明隐患节点，变被动维护为主动预防[7]。

3. 5G 通信能源目标网场景

通过高密度、全面模块化、数字化、智能化、绿色能源使用等多重性能提升及新技术引入，可以实现通信网面向未来的极简部署、极简运维、极简演进，最大化资源利用效率，减少周边改造，节省 OPEX，降低排放量[10]。5G 通信不同场景的需求匹配如图 12-2 所示。

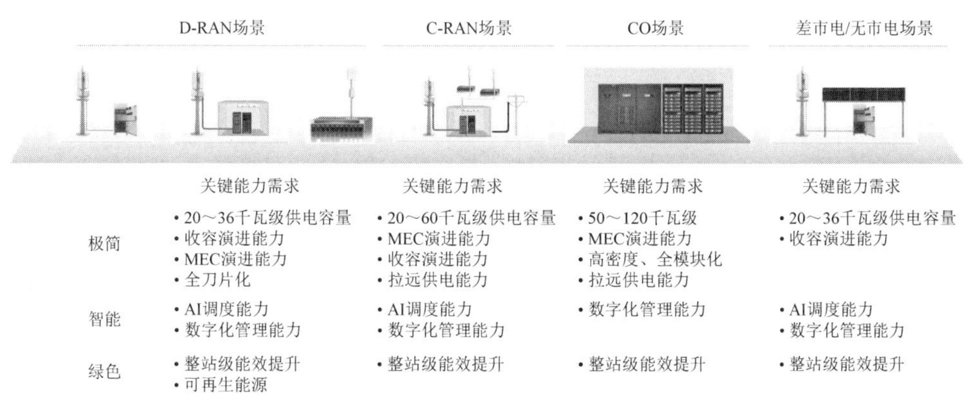

图 12-2 5G 通信不同场景的需求匹配[7]

“能源底座”管理促使 5G 网络能源从传统方案各子系统独立设计转变为面向整站系统的一体化设计，从聚焦部件性能转变为聚焦整站性能，运用更多的智能技术加速绿色能源的规模应用，使能网络的极简运维，降低每比特成本和每连接成本，构建更美好的全连接世界[7]。

12.2.3 “能耗孪生”管理阶段

截至 2022 年底，我国累计 5G 基站已达 2312 万个，该数量超过全球总量的 60%，因此我国的 5G 网络是全球规模最大的 5G 网络，且未来将进一步扩大，这也意味着能耗将持续快速增长。对电信运营企业而言，通信网的能耗占比可以达到总能耗的 80%～90%。因为采用传统的网络运维管理体系，目前运营企业还不具备全面掌握细分场景用能主体及其用能特征的能力，更没有碳计量的数据基础。在国家“双碳”目标、企业自身低碳降费目标的双重推动下，必须在现有网络管理体系的基础上，叠加数字化的能源运营管理体系，即走向“能耗孪生”管理阶段。

1. 能源运营方法论

信息通信行业处于能源需求侧，其能源运营的核心是降低能耗总成本，从低碳降费出发总结能源运营方法论，可得到以下能源成本公式：

能耗总成本=业务能耗×PUE×能源价格因子

其中，业务能耗是承载信息通信业务的设备能耗，例如承载移动通信业务的无线网、CN 主设备，以及承载互联网数据中心业务的服务器设备产生的能耗等。业务能耗规律的本质是业务与能耗的孪生关系。构建业务“能耗孪生”关系的关键在于建立业务的能耗视角，业务的设计、定义、优化中要增加考虑原来经常忽略的能耗要素。信息通信业务是信息驱动社会发展的关键，业务“能耗孪生”关系引入了能量的作用，为深入研究能量、信息共同作用于人类社会发展的内在机制贡献了一条可行之路。

电源使用效率（Power Usage Effectiveness，PUE）是信息通信系统总能耗与业务能耗的比值，其值大于 1，越接近 1 表明总能耗中空调等非业务设备耗能越少，即能效水平越高。对信息通信领域而言，PUE 的大小主要取决于对业务能耗产生热量的迁移效率，因此 PUE 规律的本质是基于具体场景（基站、机楼、互联网数据中心机房等）的热力学孪生模型的构建。

信息通信系统消耗的主要能源为电能，能源价格因子主要取决于电价。电力具有一般商品属性，其价格主要取决于成本，在“双碳”目标带来的新型电力系统构建背景下，电力成本将会越来越多地跟碳排放关联，因此能源价格因子的本质是能耗与排放的孪生关系。

由此，可以通过降低业务能耗、降低 PUE 和降低能源价格因子来分析三个可行的实现路径：

第一，降低业务能耗，即降低主设备用能。运营商在这方面进行过不少尝试，比如目前针对无线基站场景大规模推行的无线小区“软关断节能技术”就已取得明显成效。中国移动通信集团广东有限公司（简称广东移动）2021 年实现了小区级软硬关联动节能，建立了业内首个端到端落地的 AI 软硬关融合节能平台（4G/5G 无线网络 AI 能耗管理平台），可实时提取网络大数据分析结果，结合递归神经网络（Recurrent Neural Network，RNN）定制化节能算法，输出从小区级到网络级的节能模型，制定“一站一策”基站节能策略，实现对基站动态关断/开启和特殊情况下 15 分钟智能开启。通过时空双域节能，无线网络降本增效明显，一期配置全量开启了 2.7 万个 5G 小区动态节能，全年节约用电约 4380 万千瓦时，合计电费成本约为 3000 万元，同时减少了 4.2 万吨碳排放。

除此之外，在分布式通信网设计、DC 的服务器上架效率与降低单位算力、各类机房机柜设备整合、用能设备智能管理等方面，都存在提效降耗优化空间。

第二，降低 PUE。降低 PUE 通常是指在节能改造技术和运维优化两个方向减少配套设备的能耗。运营商通过各种尝试积累了一定的经验，比如针对 DC 应用场景，基于数据分析，调整、优化空调负荷，挖潜改造机房空间，使用室外方舱发电机、室外方舱空调主机、机房微模块等，提高室内机房利用率，或者应用空调水侧间接蒸发冷却、高温冷冻水等技术等，促使 DC 的 PUE 值有明显下降。

第三，降低能源价格因子。在供能、用能和储能的全产业链路上实现协同，通过用电渠道转供改直供、能源柔性调度、能源价格动态主动管理及采纳绿色电力（简称绿电）等方式直接或间接地降低平均用电价格。首先，用电渠道转供改直供是最直接、有效的降价方式。近年来，国家与地方出台了相关政策，鼓励一户一表改造实现直供，以及产业园区自愿移交电网直供或改制为增量配电，提出了转供体收取的电费不高于向电网缴纳的电费、降价政策不允许截留等要求。2022 年 6 月 8 日，国家发展改革委等部门下发了《关于做好 2022 年降成本重点工作的通知》，指出要清理转供电环节不合理加价，支持地方对特殊困难行业用电实行阶段性优惠政策。其次，在能源柔性调度方面，可采用多业务模型下的可调能源负荷多时空精准预测技术，将业务需求、网络能力与网络能耗柔性结合，实现用电路由合理规划、智能化动态匹配热源与冷源用电需求等目的。此外，结合本地电网峰谷定价策略，可适配电池充放电策略，包括引入光伏一体化备储系统等新型绿电供能技术等。目前，随着绿电技术的快速发展，在保证网络系统设备运行质量、安全风险控制的前提下，运营商不同用电场景的叠光放电与储能解决方案，以及风电、水电等新能源的应用都是需要关注的方向，要真正从“双碳”视角的能源发展观开展通信网的能源运营管理。

2. 数字化“能耗孪生”运营管理体系

“能耗孪生”的实现需要构建集能耗基础数据采集、设施设备运维和管理控制于一体的数字化“能耗孪生”运营管理体系，该体系需要具备以下三种能力：

第一，能耗态势全面感知能力。一方面，基于端（设备）、边（汇聚节点）、云（中心节点）的高效协同技术，实现 DC、核心机楼、汇聚机房、基站机房等不同场景下业务主设备与配套设备的动态能耗数据采集，通过有效对接综合资源管理、网管等设备运行管理系统，结合数据稽核等数据治理手段来保证数据质量，提供准确、有效、及时的能耗基础数据，在保障各类设施设备安全运行的前提下，建立用电告警、用电性能、储备电容量等动态监测指标体系。另一方面，利用大数据、AI 等技术构建能耗洞察与决策分析能力，包括：构建分时空、分业务场景的能耗标杆模型，提出降维方法；构建通信网不同拓扑结构下的设备级、网元及暖通、围护结构，以及发热、制冷局房级“能耗孪生”仿真模型，利用数字镜像技术掌握用能主体特征及影响因素等。

第二，数字化闭环能耗运维能力。建立不同业务场景、重点设施设备的能耗运维管理全过程管理制度、标准规范及操作规程，并最大化嵌入运维管理系统或运维管理平台；依托能耗态势全面感知能力，构建能耗影响因素分析模型，提出相应的节能策略，并进行智能化或自动化部署，评估运维效果，寻求最佳节能配置方案，逐步形成以精准感知为基础、以智慧分析为手段的高效节能运维执行的闭环体系。

第三，数字化能耗绩效管控能力。实现不同管理层次、不同管理周期的自动化、可视化绩效评估与管控。一方面，要建立一套能耗运营管理绩效指标体系，包括：基础指标，如 PUE、制冷负载系数（Cooling Load Factor，CLF）、供电负载系数 （Power Load Factor，PLF）、水资源利用效率（Water Use Efficiency，WUE）、可再生能源利用率（Renewable Energy Ratio，RER）等；能耗效率指标，如单位比特能耗等；供需柔性匹配指标等。另一方面，支持绩效管控策略实施的全过程，包括控制优化方案的制订、执行与反馈评估，生成智能化策略集，形成管理信息、能耗运营与实施协同的立体化管控模型。

3. “能耗孪生”运营管理示例

以 DC 为例来看一下“能耗孪生”在运营管理领域减重是如何实现的。

随着全社会数字化进程的加快，包括 DC 在内的 ICT 类能源消费占全国能源消费的比例逐年提高。据测算，我国 DC 机架规模近五年的复合年均增长率超过 30%，以标准机架功率 2.5 千瓦统计，截至 2022 年底，我国在用 DC 机架规模为超过 650 万架标准机架。DC 的能耗设施设备主要包括 IT 设备、软件及配套的辅助基础设施，IT 设备和软件属于耗电量最大的业务能耗，其次是制冷系统，电气系统能耗占比较小，后两者属于配套设备。能耗运营管理对 DC 而言，犹如一条正态分布的长尾曲线（见图 12-3），曲线的头部由 IT 设备能源、空调能源、电源能耗、建筑群体能耗等大指标构成，曲线的尾部则由气流组织设计、机柜间距、维护难易程度等小指标构成。所以，能耗管理要实现大指标和小指标的综合管理，形成体系化的 DC 节能方案，应建立能耗监测系统，并构建智能化运维系统[11]。

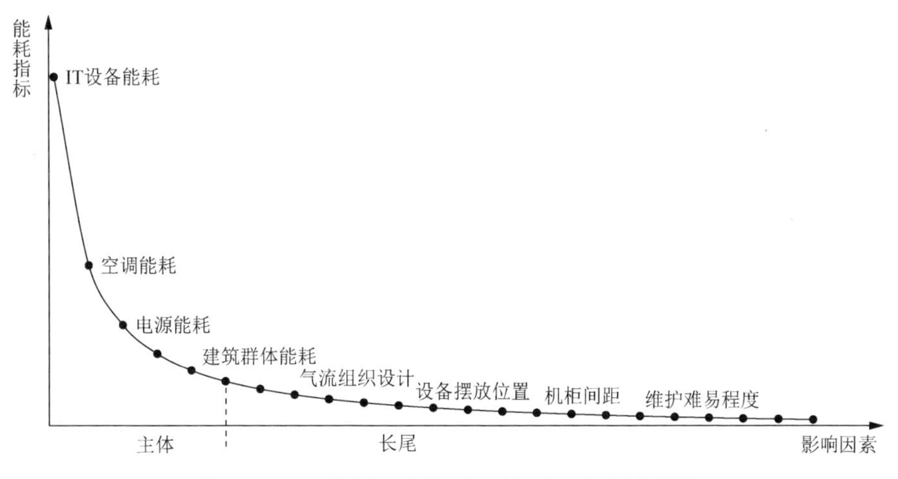

图 12-3 DC 能耗运营管理影响因素的长尾曲线[11]

DC 的能耗监测系统通常包括各种智能化的电力设备、传感器、存储设备、应用系统、控制系统等。能耗监测对象包括 IT 设备、动力系统（包括高压变配电设备、中压变配电设备、低压配电设备、整流配电设备、变流设备、发电和储能设备等）、空调设备（包括冷冻系统、空调系统、配电柜、分散式空调等）、机房环境（包括环境条件、图像监控、门禁等）。能耗监测系统应实现对所有耗电设备的监控和管理，实现数据采集和分析功能，包括用电量分时段统计、分析、预测及预警等；实现对用电设备的基础信息、配置信息等的详细管理，并可根据机房环境温度和上级指令有选择地对智能/非智能耗能设备予以开启和关闭。

构建智能化运维系统：通过技术改造，将原有系统升级为智能化运维系统，使系统能够根据设备状态、负载率等运行状态的实时变化，结合内、外部不同温度、湿度、水温、储冷量、峰谷电价等综合因素，及时调整各系统的工作状态，使各设备、系统能够在满足冗余需求的前提下，尽量工作在能源效率最优状态。有条件的 DC 可采用大数据、AI 算法等手段实现空调系统的智能、节能调节。

分布式绿色发电技术应用：融合 AI 和大数据分析技术，分析当地负载与 DC 的用电需求。白天，光伏优先被 DC 及本地负载使用，多余的存储在储能系统中；夜晚，由储能系统供电，实现 24 小时绿电供应。除此之外，在夜间低谷电价时，可反向给储能系统充电，将所得电能用在白天高峰时刻，以此来进一步降低用电成本。

12.3 电信运营能源管理转型的对外输出

我国现在处于数字化转型的经济发展时期，在“双碳”目标引领、企业降本增效的内驱作用下，电信运营能源管理转型的根本目标是在提高比特数字价值的同时，尽可能地减少瓦特占用。一方面，不断利用数字化技术，努力对通信基础设施主设备、配套设备的用能效率与质量进行优化，通过存量节能改造、增量新节能设备采纳、全量运维节能、主配用电柔性匹配、智能管控等手段实现能源运营管理的转型提升。另一方面，随着我国新型电力系统的构建，党中央、国务院及地方政府都针对发电、供电、用电产业链的协同运营密集出台了多项政策予以牵引和鼓励，对电力需求侧管理提出了新期望新要求，更为用电侧的降碳降费带来了更大可能的空间。电信运营企业以“能耗孪生”运营管理体系为基础，辐射周边电力需求侧实施能源运营管理，即充分将分布式通信网设施用能场景下的基于储能的柔性管理能力延伸到周边用电单位，并对其他行业提供能源运营管理相关服务，这样既能实现自身的降碳目标，又能更好地赋能社会。

12.3.1　电力需求侧分布式储能

随着具有随机性、波动性和不可控性的新能源资源的大规模并网，以及电动汽车、分布式电源等交互式设备的大量接入，新型电力系统将呈现高比例新能源、高比例电力电子化的“双高”特点，我国开始重视通过管理调度潜能大、成本低的电力需求侧来维持系统功率平衡和平抑可再生能源间歇性。将电力需求侧响应与储能技术纳入电网调度运行，借助电力需求侧管理与储能技术对负荷分布的调控能力，在提高新能源的消纳水平的同时，响应了节能减排要求。

1. 供给不确定性提升

新能源发电装机量逐年大幅度提升，电力供给不确定性提升，我国风电、光伏发电项目在国家一系列优惠鼓励政策的实施下，进入了高速发展的新阶段。受国家煤电停、缓建政策的影响，火电装机容量占电力装机容量的比例呈逐年下降态势，为保证电力电量供应，新能源装机占比不断提升。2022 年上半年，我国全国可再生能源新增装机 6502 万千瓦，占全国新增发电装机的 77%；全国可再生能源发电量 1.52 万亿千瓦时，占全国发电量的 31.8%。但新能源资源的顶峰能力严重不足，且受地理环境和气象条件影响较大，例如以风电、光伏为代表的新能源资源不能运输与储存，更不能突破资源上下限进行调节，并且与常规电源相比，新能源发电机组的并网特性较差，若其大规模接入电网，会导致电力系统的调频能力下降，以及无功电压的控制难度提高[12]。因此，新能源电源高比例并网会使电力供给不确定性提升，供电保障难度会更高，电力系统的安全稳定性会受到一定程度的威胁。

2. 需求负荷预测难度提高

电力需求侧不确定性因素增加，负荷预测难度提高。在“碳达峰”“碳中和”目标下，不仅电力供给不确定性提升，电力需求侧不确定性因素也在增加。在“新基建”战略下，未来 5G 基站、边缘计算服务器、电动汽车充电桩将带来大量的负荷增长，显著增加负荷的随机特性和不确定性。同时，随着电动汽车等新型负荷的不断涌现，分布式能源、储能、虚拟电厂的推广应用和电力市场现货交易机制的不断完善，在新型电力系统中，供电和用电环节清晰的角色界限逐渐模糊，用户可以通过参与电力需求侧响应来平衡电力系统，从消费者转化为“产消者”，负荷不再只从电网获取电能，而是参与电网侧的双向能量交换。受到环境、心理、市场规则的影响，电力需求侧的用电行为更加复杂，获得准确的电力需求侧的用电负荷特性和分布规律等参数信息也会更加困难，负荷预测难度显著提高。

3. 储能成为供需调节的主要手段

新能源发电侧与需求侧的匹配难度提高，储能成为调节电力供需的主要手段。

在传统电力系统中，往往通过控制常规发电机组来平衡负荷的随机波动。而在高比例新能源电力系统中，新能源出力波动大且具有不确定性，与用电负荷曲线不易匹配，加重常规电源的调节负担[13]。针对大规模可再生能源发电的接入，储能在电力系统发、输、配、用等环节的应用日趋广泛[14]：在发电侧，储能系统利用其响应速度快、短时功率调节能力强等优势，发挥调频、调压作用，提升电力系统调节能力，减少弃光弃风；在输电侧，储能系统可参与电网调频，改善网络潮流分布及电网稳定性，提高分布式电源渗透率，提升配电网运行稳定性和经济性；在配电侧，通常利用储能系统在负荷低谷时储能、在负荷高峰时发电，平滑负荷曲线，延缓设备扩容，提高电网运行经济性；在用户侧，通过储能系统降低基本电费，再搭配峰谷电价差获利、用户自身优化运营，有可能实现盈亏平衡[15]。

当前，储能并行多种技术路线，主要可分为物理储能技术、化学储能技术，被广泛应用的有抽水蓄能、压缩空气储能、超级电容器储能、电化学储能等，储能技术的种类较多，且各自具有优缺点。但是，大部分储能技术受制于自然条件约束或转换效率问题，难以完全满足新能源装机规模快速扩大时的调峰、调频需求。电化学储能安装灵活、响应速度快，可被用于提供调频、备用、调压等多种辅助服务。其在抑制新能源发电快速波动、电网调频、微电网能量管理和稳定性支撑、分布式电源接入等方面具有显著的技术优势[16]。因此，以电化学储能为主的新型储能技术近年来取得快速发展。截至 2021 年底，我国电化学储能装机规模为 5.12 吉瓦，且已开展多项兆瓦级的锂离子电池、液流电池、铅酸电池、超级电容等电化学储能技术的示范应用。

我国为推动储能技术的发展，已出台多项相关政策，“十四五”规划阶段又将发展储能技术列为构建能源体系中的重要一环。国家发展改革委、国家能源局在 2022 年 1 月 30 日印发的《关于完善能源绿色低碳转型体制机制和政策措施的意见》中明确提出，积极推进分布式发电市场化交易，支持分布式发电（含电储能、电动车船等）与同一配电网内的电力用户通过电力交易平台就近进行交易，电网企业（含增量配电网企业）提供输电、计量和交易结算等技术支持,完善支持分布式发电市场化交易的价格政策及市场规则。通过市场化激励政策和电价补偿引导用户侧可控负荷资源响应电网调控，不仅充分发挥了负荷侧资源的调控潜力，还实现了发电侧、电网侧和用户侧的共赢。

4．储能发展经济可行

在电力需求侧，分布式储能形态为主要形态，峰谷电价差、需求响应奖励等政策使储能发展具有经济可行性。

在高比例新能源接入成为新型电力系统的基本特征和发展形态的背景下，海量分布式新能源机组（风电、光伏等）不断向配电网渗透，新能源发电逐渐呈现分散化的特征，电网拓扑结构也随之发生改变，配电网将呈现新的形态[17]。分布式储能因其具有位置分散、安装灵活、容量较小、形式多元、应用场景多样等特征，更能适应新型配电网的运行要求。一方面，分布式储能可平抑新能源出力波动；另一方面，分布式储能可参与电网侧“削峰填谷”，提高新能源消纳能力，实现系统的灵活、经济运行[18]。分布化是电力系统的重要趋势之一，而分布式储能和分布式新能源发电的联合运行将是新型配电网的发展趋势[19]。同时，新型储能产业“探索初期”将过，我国分时电价政策的加速推进，峰谷电价差的不断拉大，以及电力需求侧响应机制的不断完善，为用户侧储能提供了客观、合理的寻利空间。

（1）用户侧电价改革政策。2021 年 7 月，《国家发展改革委关于进一步完善分时电价机制的通知》发布，完善了现行分时电价机制，各地也纷纷出台了相应政策，进一步细化了电价。各地均根据自己区域的用电情况，在不同程度上拉大了峰谷电价差，优化时段划分，更有部分地区通过建立尖峰电价机制进一步拉大峰谷电价差，从经济方面促进用户侧储能的发展。《关于进一步推动新型储能参与电力市场和调度运用的通知》中指出，独立储能电站向电网送电的，其相应充电电量不承担输配电价和政府性基金及附加。这一规定将大幅降低储能充电成本，提高峰谷电价差收益。另外，调峰补偿费用也处于上升趋势，例如南方的广东、广西等地在 2022 年的调峰补偿已明显高于 2020 年。

（2）电力需求响应政策。国家发展改革委、国家能源局在 2022 年 1 月 30 日印发的《关于完善能源绿色低碳转型体制机制和政策措施的意见》中明确提出，要“推动电力需求响应市场化建设”“拓宽电力需求响应实施范围”“探索建立以市场为主的需求响应补偿机制”。2022 年 3 月印发的《“十四五”现代能源体系规划》中明确提出，力争到 2025 年，电力需求侧响应能力达到最大用电负荷的 3%～5%，其中华东、华中、南方等地区达到最大负荷的 5%左右。近年来，为保障供电稳定，包括重庆、广东、河北、贵州、安徽、山东、福建在内的多地先后发文，鼓励实施电力需求侧响应。2022 年 5 月 23 日，福建省发展和改革委员会印发了《福建省电力需求响应实施方案（试行）》；2022 年 6 月 6 日，山东省发展和改革委员会、山东省能源局印发了《2022 年全省电力可中断负荷需求响应工作方案》。这两个文件中都指出，电动汽车充电桩、用户侧储能、虚拟电厂运营商及储能运营商可作为市场主体参与并获得收益，参与电力需求响应可分档获得不同的容量补偿和能量补偿。

（3）电力辅助服务市场政策。2021 年 12 月，国家能源局印发了《电力并网运行管理规定》和《电力辅助服务管理办法》，将电力辅助服务新主体由发电厂扩大到包括新型储能、聚合商、虚拟电厂等主体，推动合理建立电力用户参与辅助服务的费用分担共享机制。

（4）可再生能源并网政策。2021 年 7 月 29 日，国家发展改革委、国家能源局印发的《关于鼓励可再生能源发电企业自建或购买调峰能力增加并网规模的通知》中规定，“引导市场主体多渠道增加可再生能源并网规模”“为鼓励发电企业市场化参与调峰资源建设，超过电网企业保障性并网以外的规模初期按照功率15%的挂钩比例（时长 4 小时以上，下同）配建调峰能力，按照 20%以上挂钩比例进行配建的优先并网”。其旨在通过市场化的方式提升电网可再生能源的消纳能力，促进储能市场的发展。

以上措施均会明显提高社会资本参与独立储能的收益，进而促进储能市场的发展。因此，用户侧储能已具备一定的经济性与投资价值。

5．案例参考

特斯拉打造能源业务生态闭环。特斯拉不仅是新能源汽车制造企业，更是可再生能源服务企业，其业务涵盖新能源汽车、新能源发电与储能及其配套服务。在世界多国提出“碳中和”方案的背景下，特斯拉积极布局能源业务，打造生态闭环，推进光伏发电-储能-新能源汽车垂直产业链的发展。2015 年 3 月，特斯拉推出特斯拉储能设备，并相继发布针对户用储能的 Powerwall 产品和针对企业及公用事业储能的 Powerpack、Megapack 产品。2016 年，特斯拉收购 SolarCity 公司，布局光伏发电，利用 SolarRoof 产品抢占户用光伏市场，推出“光伏发电+储能”产品体系，形成“存储+充放”的有机循环。受益于家庭储能需求提高及全球“碳中和”背景下储能支持政策的加速出台，特斯拉发电与储能业务规模迅速扩大，2021 年，特斯拉前三季度的发电与储能业务营收同比提升 69.16%。同时，随着光储成本的持续下降，消费者购买（而非租赁）设备的意愿逐步增强，特斯拉发电与储能设备销售收入环比提升 1.38%，租赁收入环比下降 2.70%，设备销售收入占比持续提升。

12.3.2 电信网络的备储一体体系

电信网络是原生的分布式储能体系，天然具有参与电力需求侧管理的基础。而我国信息通信行业耗电量占全社会总耗电量的比例不断提升，且随着信息应用的高速增长及 5G 网络的大规模商用，耗电比例持续提升是不争的事实。通过优先利用可再生能源、应用节能低碳技术等手段推动电信网络的建设，可以推动实现信息通信基础设施节能减碳。

1. 电信网络体系适配电网需求调度

电信网络体系与电力需求侧的调度要求有高度适配性。

首先，移动通信网的站址数量多，可预期的调度电量空间巨大。截至 2022 年底，全国移动通信基站总数达 1083 万个，并且站内已配备备用电池，若按每站配两小时可调储能估算，可调度电量空间预计可达 1000 万千瓦时。2021 年 10 月 24 日，国务院下发的《国务院关于印发 2030 年前碳达峰行动方案的通知》中提出，要积极发展“新能源+储能”、源网荷储一体化和多能互补，支持分布式新能源合理配置储能系统；到 2025 年，新型储能装机容量达到 3000 万千瓦以上。移动通信网现有的可调度电量空间可为国家实现该目标贡献大约 1/3 的新型储能装机容量。电信运营企业在“双碳”领域的探索和转型创新已拉开序幕。

其次，电信网络具有的分布式布局特点，可实现任一大小区域范围内的响应，将海量设施运行数据进行集中处理，为能源调度、电力需求侧响应提供基础，支持电力精准区域调度的要求。

再次，电信网络已具备远程调控能力，并且其响应速度快，可实现分钟级电力调度响应，满足支持电力临时性调度的要求。

最后，电信网络的站址空间仍有富余。2022 年 8 月 25 日，工业和信息化部发布了《信息通信行业绿色低碳发展行动计划（2022—2025 年）》，该计划提出要有序推广锂电池使用，探索氢燃料电池等应用，推进新型储能技术与供配电技术的融合应用。可结合电信网络站址所在区域的可再生能源资源情况及站址空间利用情况，综合考虑绿色用能方案，在电信网络中安装储能设备，其调度能力具有进一步提升的空间。

2. 运营商积极参与电力需求侧响应

已有多家运营商积极参与了电力需求侧响应。

2021 年 2 月 8 日，国网浙江综合能源服务有限公司与中国铁塔股份有限公司浙江省分公司在杭州顺利签订《共同推进新型基础设施建设战略合作框架协议》和《5G 基站能源托管合作协议》，该合作成为我国首个电信行业省域级基站能源托管项目。2022 年 3 月 29 日，国网安徽综合能源服务有限公司亳州分公司与中国铁塔股份有限公司亳州市分公司完成电力需求侧响应代理协议的签署，双方将利用通信基站备用电池参与电网削峰填谷，确定中国铁塔股份有限公司亳州市分公司以 13550 千瓦参与电力需求响应，助推双方实现绿色发展和降本增效。

可见，电信网络不仅能够良好地适应新型配电网的运行要求，而且由于其天生具有分布式用电网络特点和足够的用电规模，其在参与电力需求响应，实现电力削峰填谷，以及促进可再生能源消纳和推动源网荷储协同调节方面都能起到重要而积极的作用，在实现自身降本增效的同时，还能更好地赋能社会节能降碳。

12.3.3 “能耗孪生”运营管理的价值输出

以供电侧虚拟电厂政策推进为基础，基于既有分布式通信网设施节点与“能耗孪生”运营管理体系，进一步以基站、类基站能源设施为中心，不断聚合周边社会耗电、发电、储能等产业链主体，形成提供区域电力虚拟聚合能力的新的服务模式，实现对区域电能使用的统一调度、电力供需平衡控制，提升“能耗孪生”运营管理的社会化价值，赋能区域能源产业链的“双碳”目标，即运营商的“能耗孪生”运营管理的价值输出从“基站能源”走向“类基站能源”再到“社会化虚拟电厂”。

1. 基站消费侧柔性联动

基站消费侧柔性联动是指能耗运营管理从通信“基站储能侧”柔性调度走向“基站消费侧”的主动柔性联动。

基于既有场地、设备、网络管理能力等现有条件，在基站、汇聚机房等中小型站址范围内，实现通信网能源需求侧与供给侧的柔性匹配，即根据供电策略调节用电需求，并不断尝试新能源、新技术应用，降低自身能源费用，支持电网能源调度。在此基础上，构建以基站主设备为核心的能源孪生运营管理能力，更加主动地分析主设备能源消费特征，结合自身用电需求和储备能力，考虑电力供给侧的峰谷模式，以形成更为精准的联动策略模型。比如，用电高峰期使用储能，同时在不影响正常通信业务的前提下最小化主设备负载，延长可响应时长；基于对主设备业务量的预估，设定合理的电力响应可达范围和能力等，最大限度地发挥通信网的能源管理柔性作用。

2. 社会化能源调度管理

以通信用能场景为核心，吸纳周边用能单元，形成“类基站能源”用能区域，实现社会化能源调度管理。

进一步扩大管理能力边界，利用“能耗孪生”平台，吸纳基站、汇聚机房等中小型站址，以及 DC、核心机楼、办公园区、生产厂区等大型站址周边的全场景自有电力消费设施设备能源需求，进行能源供给侧、能源需求侧的综合能源调度管理，通过聚积多组织和多类型设备能耗设施管理能力、增加配置储能设备等手段，不断积累用电单位能源调度管理经验，形成跨组织的社会化能源调度能力。

3. 虚拟电厂聚合服务

逐步提供社会化虚拟电厂服务。虚拟电厂是目前各地推进电力需求侧响应的主要形式，其本质是通过 ICT 把散落于不同地区、不同客户端的各类用电设备、储能等电力负荷和光伏等新能源整合起来，实现统一、精准的智能控制和协调优化。例如，在对数目较多且响应性能差异明显的可控负荷进行聚合管理时，在考虑可控负荷的功率特性的同时，还要考虑其时域响应性能与不同辅助服务需求的契合度[20]。此外，为促进新能源的消纳和绿色能源的发展，可提供碳排放的虚拟电厂调度策略，发挥聚合商的调控作用，降低部分用电负荷，缓解虚拟电厂整合其他发电功率的压力，并利用高碳能源设备、低碳能源设备及储能装置等共同协调作用，在满足用户用电负荷的基础上降低系统总的碳排放，提供虚拟电厂的最优调控策略[21]。

2022 年 8 月 26 日，深圳虚拟电厂管理中心举行揭牌仪式，它是我国首家虚拟电厂管理中心，其成立标志着深圳虚拟电厂迈入快速发展的新阶段。该管理中心设在深圳供电局有限公司，由深圳市发展和改革委员会管理，此次首批接入分布式储能、DC、充电站、地铁等类型的负荷聚合商 14 家，接入容量达到 87 万千瓦，接近一座大型抽水蓄能电厂的装机容量。虚拟电厂管理平台采用“互联网+5G+智能网关”的先进 IT，打通了电网调度系统与聚合商平台接口，实现了电网调度系统与用户侧可调节资源的双向通信，可满足电网调度对聚合商平台的实时调节指令、在线实时监控等技术要求，为用户侧可调节资源参与市场交易、负荷侧响应，以及实现电网削峰填谷提供强大的技术保障。未来，深圳虚拟电厂管理中心将加快推动分布式光伏、用户侧储能、V2G（Vehicle to Grid，电动车与电网互动）

等分布式能源接入虚拟电厂集中管理；探索开展分布式能源市场化交易平台建设、运营和管理；研究分布式能源交易及消纳量的核算、监测和认证；配合开展绿电交易业务，并提供相关服务等工作。

运营商借助已有的“能耗孪生”运营管理体系形成用电聚合能力后，可以提供多种与虚拟电厂有关的服务，一方面，可以利用自有站址空间和储能，增加与周边生产单位电力网络的联通，实现储能共享、统一调度、收益共享；另一方面，可以面向集团类等大中型客户，对外提供整套虚拟电厂软硬件解决方案与个性化服务支撑。

电信运营行业的能源管理转型已在路上。2022 年 9 月 1 日，宁德时代新能源科技股份有限公司与中国移动签署战略合作框架协议，双方将在零碳 DC 建设、分布式储能与电网智能协同、备储一体化智能锂电池及运营管控平台开发、虚拟电厂建设运营、新一代通信业务、工业互联网智能应用、跨国业务连接、泛行业生态融合等领域开展合作。2022 年 9 月 20 日，中国铁塔股份有限公司与中国绿发投资集团有限公司签署战略合作协议，双方将在绿色能源综合服务、战略性新兴产业投资布局、智能化运营、新能源业务应用、资本战略合作及创新技术研发等领域开展全方位合作，增强双方在行业价值链上的竞争力，这些合作包括利用通信站址资源开展分布式光伏建设、助力通信基础设施绿色低碳转型，积极探索储能产业合作和供电保电业务合作，以及携手推动双方在能源综合服务领域高质量发展。此外，双方将建立中央企业创新联合体，推动 IT、边缘算网、绿色能源等领域的研发，共同打造原创技术策源地。

我们有理由相信，以电信运营企业为代表的通信运营行业在积极落实国家“双碳”目标的实践中，将基于现有 ICT 基础设施资源，积累能源管理优势，充分挖掘能源资源价值与增长空间，在构建通信运营行业新型绿色生态的同时，对千行百业输出电力需求侧能源管理解决方案，助力我国的“碳中和”目标早日实现。

12.4 专题：ICT 使能减排量测算的方法论和标准

12.4.1 ICT 使能减排量测算的国际方法论和标准

许多国际环保组织，如世界自然基金会、国际能效评估组织（Efficiency Valuation Organization，EVO）、英国标准学会（British Standards Institution，BSI）、政府间气候变化专门委员会（Intergovernmental Panel on Climate Change，IPCC）等，对二氧化碳减排的量化方法已经有相当多的研究成果，而且大多数研究都是基于全生命周期评估（Life Cycle Assessment，LCA）方法来分析的。这些研究大致可以分为两类；一类是站在公司的角度进行的研究，另一类是站在项目的角度进行的研究。

站在公司的角度进行的研究通常会为分析公司节能状况提出原则和方法。例如，世界可持续发展工商理事会（World Business Council for Sustainable Development，WBCSD）和世界资源研究所（The World Resources Institute，WRI）在2004年提出的*GHG Protocol for Corporate Accounting*讲的是以公司为考察对象的碳减排量计算方法，其中包含了量化和报告公司温室气体（GHG）减排量的系统原则、概念和方法。此外，ISO 14064：2006《温室气体计算与验证》是由国际标准化组织（ISO）制定的标准，该标准第一部分详细规定了公司温室气体清单的原则和要求，通过该标准可以帮助公司在计算减排量时确定比较基准的二氧化碳排放量。

站在项目的角度进行的研究主要讨论了项目实施前后的减排量计算框架和程序。例如，《国际节能绩效测量和验证规程》（*International Performance Measurement and Verification Protocol*，IPMVP），由EVO于2002年提出了项目实施前后量化节能量和节水量的测算和验证计划，该计划定义了四个基本选项方法，用于得出基准年能源使用的常规调整方法。其他研究包括*GHG Protocol for Project Accounting*（由WBCSD和WRI于2005年提出）针对节能减排项目的减排量计算方法，其中包含量化和报告项目温室气体减排的原则、概念和方法。此外，ISO 14064：2006在其第二部分着重讨论了减少温室气体排放量或加快温室气体清除速度的项目，包括确定项目基线和与基线相关的监测、量化和报告项目绩效的原则与要求。基于《联合国气候变化框架公约》京都议定书，联合国建立了清洁发展机制（Clean Development Mechanism，CDM）。基于CDM复杂的方法论，可以对不同节能减排项目定义该项目的边界和基准，并计算项目二氧化碳的排放量和减排量。

在实际中，我们一般通过分析低碳ICT产品应用前后应用方的主要活动与能耗使用的变化来计算ICT赋能的减排量。也就是说，我们把ICT的应用看成是一个项目，由此“项目核算”（Project Accounting）减排量计算方法是适用的。

12.4.2 ICT使能减排量测算的国内方法论和标准

我国政府和各类环保组织对二氧化碳减排的量化方法也有相当多的方法论和标准，这些成果大致可以分为两类：一类是站在分析企业节能量的角度获得的成果，另一类是站在分析项目节能量的角度获得的成果。

站在分析企业节能量的角度获得的成果主要是由国家市场监督管理总局（原

“国家质量监督检验检疫总局”）和国家标准化管理委员会发布的一些国家标准。例如，GB/T 13234—2009《企业节能量计算方法》规定了企业节能量的分类、企业节能量计算的基本原则、企业节能量的计算方法以及节能率的计算方法；GB/T 32151《温室气体排放核算与报告要求》规定了发电企业、钢铁生产企业等 12 个重点行业企业温室气体排放量的核算和报告相关的术语、核算边界、核算步骤与核算方法、数据质量管理、报告内容和格式等内容，该系列标准有助于企业在计算减排量时确定基准年二氧化碳排放量；GB/T 13234—2018《用能单位节能量计算方法》规定了用能单位节能量计算的总则、整体法、措施法以及技能率的计算、节能量计算的要求和报告。

站在分析项目节能量的角度获得的成果主要是那些在国家主管部门备案的国家核证自愿减排量（Chinese Certified Emission Reduction，CCER）方法学，这些方法学是指不同的自愿减排项目根据自身生产过程的差异制定出碳减排量计算方法，主要参考 CDM 中的方法学。根据中国自愿减排交易信息平台上的数据，截至 2020 年底，登记备案的 CCER 方法学共有 200 个，已备案减排量项目达到 254 个，这些方法学和备案项目的适用领域基本涵盖了所有联合国 CDM 方法学的范围，主要集中在可再生能源（风电、光伏、水电等）、废物处理（垃圾焚烧、垃圾填埋）、生物质发电、避免甲烷排放（沼气回收）等领域。目前，中国自愿减排交易信息平台还没有与电信行业有关的碳减排量计算方法学和 ICT 自愿减排量项目。因此，学术界还需推动低碳 ICT 产品赋能场景减排量在 CCER 方法学层面的突破。

此外，2017 年，GB/T 33760—2017《基于项目的温室气体减排量评估技术规范 通用要求》发布。该标准把项目分成新建项目、改造项目和扩建项目三种类型，并规定了每类项目基准线情景的确定方法。它与 *GHG Protocol for Project Accounting* 及 ISO 14064-2 是兼容的，也可以用于对应用低碳 ICT 后碳排放变化的评估。

本章参考文献

[1] 杨天剑，胡一闻，郑平，等. 低碳通信方案在中国：减排贡献及减排潜力[R]. 2010.

[2] GeSI. SMARTer 2020：The Role of ICT in Driving a Sustainable Future[R]. 2012.

[3] 袁喆，吕俊辉. 通信电源的现状与发展[J]. 硅谷，2008（11）：44.

[4] 广州邮科网络设备有限公司. 通信电源用了什么技术_电源系统有哪几部分组成[EB/OL].（2021-11-08）[2023-03-10].

[5] 李巧玲. 通信局房电源系统扩容改造问题分析[J]. 邮电设计技术，2014（6）：87-92.

[6] 网优雇佣军自由媒体. 5G 时代的站点能源变革[EB/OL].（2020-09-18）[2023-03-21].

[7] wanggx999. 通信能源目标网白皮书 2020[EB/OL].（2019-11-20）[2023-03-21].

[8] 行云流水. 5G 时代的站点式能源变革史[EB/OL].（2020-09-19）[2023-03-21].

[9] 华为. 共建数字世界能源底座[EB/OL].（2020-07-30）[2023-03-21].

[10] 李玉昇，刘宝昌，何茜，等. 面向 5G 的站点供电技术应用探讨[C]//中国通信学会通信电源委员会. 2020 年中国通信能源会议论文集. 武汉：武汉普天文化传媒发展有限公司，2020：19-22，46.

[11] 侯晓雯，李程贵. 空调系统节能方案在数据中心中的应用[J]. 通信电源技术，2020，37（12）：112-116.

[12] 范偲偲. 新能源高比例发展对电力系统的影响分析与应对措施[J]. 机电信息，2021，（5）：61-62.

[13] 李明节，陈国平，董存，等. 新能源电力系统电力电量平衡问题研究[J]. 电网技术，2019，43（11）：3979-3986.

[14] 任丽彬，许寒，宗军，等. 大规模储能技术及应用的研究进展[J]. 电源技术，2018，42（1）：139-142.

[15] 刘志清，王春义，王飞，等. 储能在电力系统源网荷三侧应用及相关政策综述[J]. 山东电力技术，2020，47（7）：1-8，21.

[16] 李建林，田立亭，来小康. 能源互联网背景下的电力储能技术展望[J]. 电力系统自动化，2015，39（23）：15-25.

[17] 董旭柱，华祝虎，尚磊，等. 新型配电系统形态特征与技术展望[J]. 高电压技术，2021，47（9）：3021-3035.

[18] 赵冬梅，徐辰宇，陶然，等. 多元分布式储能在新型电力系统配电侧的灵活调控研究综述[J]. 中国电机工程学报，2022，93（8）：1-23.

[19] 刘静琨，张宁，康重庆. 电力系统云储能研究框架与基础模型[J]. 中国电机工程学报，2017，37（12）：3361-3371，3663.

[20] 祁兵，赵燕玲，杜亚彬，等. 双碳背景下基于需求响应的虚拟电厂调度策略研究[J]. 内蒙古电力技术，2022，40（1）：33-37.

[21] 关舒丰，王旭，蒋传文，等. 基于可控负荷响应性能差异的虚拟电厂分类聚合方法及辅助服务市场投标策略研究[J]. 电网技术，2022，46（3）：933-944.

附录 A　缩略语表

缩　略　语	英 文 全 称	中 文 全 称
3GPP	3rd Generation Partnership Project	第三代合作伙伴计划
5GC	5G Core	5G 核心网
5GDN	5G Deterministic Networking	5G 确定性网络
5G NR	5G New Radio	5G 新空口技术
ACNA	Alibaba Cloud Native Architecture	阿里巴巴云原生架构
AGV	Automated Guided Vehicle	自动导引车
AI	Artificial Intelligence	人工智能
AIOps	Artificial Intelligence for IT Operations	智能运维
AMCP	Advanced Multimedia Communication Protocol	高级多媒体通信协议
AOA	Angle-Of-Arrival	到达角度测距
AON	All Optical Network	全光网
aPaaS	application PaaS	应用程序平台即服务
API	Application Programming Interface	应用程序编程接口
AR	Augmented Reality	增强现实
ARM	Advanced RISC Machine	进阶精简指令集机器
ARPU	Average Revenue Per User	每用户平均收入
ASIC	Application Specific IC	专用集成电路
ASICs		各种专用集成电路
AWS	Amazon Web Service	亚马逊网络服务
B2B	Bussiness to Bussiness	企业对企业
BI	Business Intelligence	商业智能
BIM+GIS	Building Information Model + Geographic Information System	建筑信息模型+地理信息系统
BOSS	Business & Operation Support System	业务运营支撑系统
BSI	British Standards Institution	英国标准学会
BSS	Business Support System	业务支撑系统
C2M	Customer to Manufacturer	从消费者到生产者
CA	Certificate Authority	证书授权
CaaS	Connection as a Service	连接即服务
CAE	Computer Aided Engineering	计算机辅助工程
CAN	Computing-Aware Network	算力感知网络
CAPP	Computer Aided Process Planning	计算机辅助工艺规划

续表

缩 略 语	英 文 全 称	中 文 全 称
CAX		计算机辅助技术集成
CCER	Chinese Certified Emission Reduction	国家核证自愿减排量
CDM	Clean Development Mechanism	清洁发展机制
CDN	Content Delivery Network	内容分发网络
CFN	Computing First Network	计算优先网络
CI/CD	Continuous Integration/Continuous Deployment	持续集成/持续部署
CJM	Customer Journey Map	客户旅程地图
CLF	Cooling Load Factor	制冷负载系数
CO	Central Office	中心机房
CODP	Customer Order Decoupling Point	客户订单解耦点
COS	Cloud Operating System	云操作系统
CP	Content Provider	内容提供商
CPE	Customer Premises Equipment	用户驻地设备
CPFR	Collaborative Planning, Forecasting and Replenishment	协作计划、预测和补货方法
CPS	Cyber Physical System	信息物理系统
CPU	Central Processing Unit	中央处理器
C-RAN		集中式无线电接入网
CRM	Customer Relationship Management	客户关系管理
CT	Communication Technology	通信技术
CUII	China Unicom Industrial Internet	中国联通工业互联网,即中国联通 A 网
CX	Customer eXperience	客户体验
DBMS	Data Base Management System	数据库管理系统
DCS	Distributed Control System	分布式控制系统
DCN	Data Communication Network	数据通信网
DEX	Digital Employee Experience	数字化员工体验
DICT	Data Technology、Information Technology、Communicaiton Technology	数据技术、信息技术与通信技术的融合
DOU	Dataflow Of Usage	每户流量消费额
D-RAN		分布式无线电接入网
eMBB	enhanced Mobile Broadband	增强型移动宽带
ERP	Enterprise Resource Planning	企业资源计划
ETL	Extract, Transform, Load	抽取、转换、装载
EVO	Efficiency Valuation Organization	国际能效评估组织
FCAPS	Fault, Configuration, Accounting, Performance and Security	错误、配置、记账、性能和安全
FPGA	Field Programmable Gate Array	现场可编程门阵列
GPU	Graphics Processing Unit	图形处理单元

续表

缩 略 语	英 文 全 称	中 文 全 称
GSMA	Global System for Mobile communications Association	全球移动通信系统协会
HMI	Human Machine Interface	人机界面
HSE	Health, Safety and Environment	健康、安全与环境
IaaS	Infrastructure as a Service	基础设施即服务
ICT	Information Communication Technology	信息通信技术
IoT	Internet of Things	物联网
IP	Internet Protocol	互联网协议
iPaaS	integration PaaS	集成平台即服务
IPCC	Intergovernmental Panel on Climate Change	政府间气候变化专门委员会
IPMVP	International Performance Measurement and Verification Protocol	《国际节能绩效测量和验证规程》
IPRAN	Internet Protocol Radio Access Network	无线电接入网 IP 化
ISV	Independent Software Vendor	独立软件开发商
IT	Information Technology	信息技术
ITU	International Telecommunication Union	国际电信联盟
KPI	Key Performance Indicator	关键绩效指标
KQI	Key Quality Indicator	关键质量指标
LAN	Local Area Network	局域网
LBO	Local Break Out	本地疏导
LCA	Life Cycle Assessment	全生命周期评估
LIMS	Laboratory Information Management System	实验室信息管理系统
LIS	Logistics Information System	物流信息系统
LTE	Long Term Evolution	长期演进技术
M2M	Machine to Machine	机器到机器
MAC	Media Access Control	媒体访问控制
MC	Marginal Cost	边际成本
MEC	Mobile Edge Computing	移动边缘计算
MES	Manufacturing Execution System	制造执行系统
MIS	Management Information System	管理信息系统
mMTC	massive Machine Type Communication	海量机器类通信
MOU	Minutes Of Usage	每户通话时间
MPLS	Multi-Protocol Label Switching	多协议标签交换
MRO	Maintenance, Repair and Operations	维护、维修与运营
MSP	Managed Service Provider	托管服务提供商
MSS	Management Support System	管理支撑系统
NaaS	Network as a Service	网络即服务
NB-IoT	Narrow Band Internet of Things	窄带物联网

续表

缩　略　语	英　文　全　称	中　文　全　称
NFC	Near Field Communication	近场通信
NFV	Network Functions Virtualization	网络功能虚拟化
NGN	Next Generation Network	下一代网络
NGSN	Next Generation Service Network	下一代业务网络
NPU	Neural Processing Unit	神经处理单元
OA	Office Automation	办公自动化
OAM	Operation, Administration and Maintenance	操作、管理与维护
OFDM	Orthogonal Frequency Division Multiplexing	正交频分复用
OGB	Online Group Buying	在线群购
OPEX	Operating Expense	运营成本
OSS	Operational Support System	运行支撑系统
OT	Operation Technology	运营技术
OTA	Over-the-Air	空中激活
OTT	Over The Top	互联网公司越过运营商，发展基于开放互联网的各种视频及数据服务业务
PaaS	Platform as a Service	平台即服务
PCS	Process Control System	过程控制系统
PLC	Programmable Logic Controller	可编程控制器
PLF	Power Load Factor	供电负载系数
PLM	Product Lifecycle Management	产品生命周期管理
PMBOK	Project Management Body Of Knowledge	项目管理知识体系
PMI	Project Management Institute	项目管理协会
PMS	Project Management System	项目管理系统
PON	Passive Optical Network	无源光网络
POS	Point Of Sale	电子付款机
PUE	Power Usage Effectiveness	电源使用效率
QMS	Quality Management System	质量管理系统
QoS	Quality of Service	服务质量
RAN	Radio Access Network	无线电接入网
RER	Renewable Energy Ratio	可再生能源利用率
RNN	Recurrent Neural Network	递归神经网络
ROE	Return On Equity	净资产收益率
RPA	Robotic Process Automation	机器人流程自动化
RRPC	Revert-Remote Procedure Call	还原远程过程调用
SaaS	Software as a Service	软件即服务
SBA	Service-Based Architecture	基于服务的架构
SCADA	Supervisory Control And Data Acquisition	监视控制与数据采集

续表

缩 略 语	英 文 全 称	中 文 全 称
SCM	Supply Chain Management	供应链管理
SD	System Dynamics	系统动力学
SDK	Software Development Kit	软件开发工具包
SDN	Software Defined Network	软件定义网络
SFTP	Secure File Transfer Protocol	安全文件转换协议
SI	System Integrator	系统集成商
SLA	Service Level Agreement	服务水平协议
SP	Service Provider	增值服务提供商
SR-MPLS	Segment Routing-MPLS	基于 MPLS 转发平面的段路由
SRv6		IPv6 段路由
TCO	Total Cost of Ownership	总拥有成本
toC	to Customer	直接面向个人客户
TOF/TDOA	Time Of Flight/Time Difference Of Arrival	时差法/时差定位技术
toH	to Home	直接面向家庭客户
TSN	Time-Sensitive Networking	时间敏感网络
UDN	Ultra Dense Network	超密集组网
UPF	User Plane Function	用户面功能
URLLC	Ultra-Reliable & Low-Latency Communication	低时延高可靠通信
UWB	Ultra Wide Band	超宽带
VIP	Very Important Person	贵宾
VoLTE	Voice over Long-Term Evolution	长期演进语音承载
VPN	Virtual Private Network	虚拟专用网
VR	Virtual Reality	虚拟现实
vRAN	virtualized Radio Access Network	虚拟化无线电接入网
WBCSD	World Business Council for Sustainable Development	世界可持续发展工商理事会
WBS	Work Breakdown Structure	工作分解结构
WDM	Wavelength Division Multiplexing	波分复用
WiMAX	World Interoperability for Microwave Access	全球微波接入互操作性
WMS	Warehouse Management System	仓库管理系统
WRI	The World Resources Institute	世界资源研究所
WUE	Water Use Efficiency	水资源利用效率
WWF	World Wide Fund for Nature	世界自然基金会
XR	eXtended-Reality	扩展现实

反侵权盗版声明